Unity 2018 AR与VR
开发快速上手

吴雁涛 著

清华大学出版社
北京

内 容 简 介

Unity3D 是一款跨平台 3D、2D 游戏及互动内容开发引擎，并有着广泛的影响力。随着近年增强现实和虚拟现实的兴起，很多增强现实和虚拟现实的技术提供方都提供了基于 Unity3D 的 SDK 包。本书讲解 Unity 平台 AR 与 VR 开发，通过本书读者可以快速了解增强现实和虚拟现实的基本概念、应用实例，学习相关 SDK 的使用，并且参照例子上手制作出自己的 AR/VR 作品。

本书共分为 18 章，详细讲解 Unity 的安装和使用、AR（增强现实）背景、EasyAR 开发 AR 及实例、Vuforia 开发 AR 及实例、ARCore 开发 AR 及实例、Mapbox 与 ARCore 的配合使用及实例、VR（虚拟现实）背景、Google VR 开发 VR 及实例、VRTK 开发 VR 及实例等内容，使读者掌握 Unity3D 制作 AR/VR 产品的方法，快速进入 AR/VR 应用开发之门。

本书适合使用 Unity3D 平台开发 AR/VR 游戏和应用的移动开发人员，也适合高等院校和培训机构移动游戏开发课程的师生教学参考。

本书封面贴有清华大学出版社防伪标签，无标签者不得销售
版权所有，侵权必究。侵权举报电话：010-62782989　13701121933

图书在版编目（CIP）数据

Unity 2018 AR 与 VR 开发快速上手/吴雁涛著．—北京：清华大学出版社，2020.7
ISBN 978-7-302-55880-4

Ⅰ．①U… Ⅱ．①吴… Ⅲ．①游戏程序－程序设计 Ⅳ．①TP317.6

中国版本图书馆 CIP 数据核字（2020）第 109162 号

责任编辑：夏毓彦
封面设计：王　翔
责任校对：闫秀华
责任印制：杨　艳

出版发行：清华大学出版社
网　　址：http://www.tup.com.cn，http://www.wqbook.com
地　　址：北京清华大学学研大厦 A 座　　　　　邮　编：100084
社 总 机：010-62770175　　　　　　　　　　　邮　购：010-62786544
投稿与读者服务：010-62776969，c-service@tup.tsinghua.edu.cn
质量反馈：010-62772015，zhiliang@tup.tsinghua.edu.cn

印 装 者：三河市铭诚印务有限公司
经　　销：全国新华书店
开　　本：190mm×260mm　　　印　张：42.25　　　字　数：1082 千字
版　　次：2020 年 8 月第 1 版　　　　　　　　　印　次：2020 年 8 月第 1 次印刷
定　　价：129.00 元

产品编号：081010-01

前　言

　　Unity3D 是由 Unity Technologies 开发的一个让玩家轻松创建诸如三维视频游戏、建筑可视化、实时三维动画等类型互动内容的多平台的综合型开发工具，是一个全面整合的专业游戏引擎。因其良好的生态及广泛的支持，使其在增强现实（AR）和虚拟现实（VR）开发上也获得了众多厂商的青睐。很多增强现实和虚拟现实的技术提供商都提供了基于 Unity3D 的 SDK 包。

　　本书面向的读者是没有接触过 Unity3D 的游戏开发初学者。读者可以通过该书快速地了解 Unity3D、增强现实以及虚拟现实的基本概念和一些实例，并且快速地参照例子制作出自己的 AR/VR 作品。

本书内容介绍

　　第 1~3 章介绍 Unity3D 基础，内容包括 Unity3D 的基础知识、操作界面、基本概念等，让读者对 Unity3D 有一个总体的了解，并能进行一些基本操作、代码编写。

　　第 4~13 章介绍增强现实开发，内容包括增强现实的基本概念、一些优秀的实例。详细讲解如何使用 Unity3D 和 EasyAR、Vufoira、ARCore 三款增强现实 SDK 开发图片识别、物体识别、环境认知等相关的增强现实内容。其中每个 SDK 介绍完以后都有一个具体的例子，让读者可以了解如何思考并着手使用 Unity3D 进行相关内容的开发。此外，还将详细讲解用 Unity3D 和 Mapbox 开发地理信息定位的增强现实内容，并提供了一个 Pokemon Go 的例子。

　　第 14~16 章介绍虚拟现实开发，包括虚拟现实的基本概念，以及如何使用 Unity3D 和 Google VR、VRTK 两款虚拟现实 SDK 开发响应式虚拟现实内容。

　　第 17~18 章介绍其他 Unity3D 相关的内容，包括 Unity3D 访问 Web API 和其他常用的一些技术。

资源下载与技术支持

　　本书配套的源代码和资源请扫描右边二维码获得。本书阅读过程中，如有疑问或者建议，可以发邮件至 booksaga@163.com，邮件主题为"2018 AR 与 VR 开发"。

关于作者

吴雁涛，2000 年西北工业大学材料科学与工程专业毕业，同年开始从事计算机相关工作，技术方向包括 Web 应用、Web 前端、Unity3D 开发等，著有图书《Unity3D 平台 AR 与 VR 开发快速上手》。

吴雁涛
2020 年 5 月

目 录

第 1 章 Unity 的基本介绍 ··· 1
1.1 功能特点 ·· 1
1.1.1 Unity 简介 ·· 1
1.1.2 Unity 的特点 ··· 1
1.2 版本及费用 ··· 2
1.3 下载和安装 ··· 3
1.3.1 Unity 版本的选择和 Unity Hub ·· 3
1.3.2 下载 ··· 3
1.3.3 Unity Hub 安装和许可证激活 ·· 4
1.3.4 用 Unity Hub 安装 Unity ··· 7
1.4 Unity 官方提供的学习资源 ·· 10
1.4.1 Unity Hub 的链接资源 ··· 10
1.4.2 官方网站上的资源 ·· 11
1.4.3 Unity 商城 ··· 12

第 2 章 Unity 的世界和编辑器主要界面介绍 ·· 13
2.1 理解 Unity 的世界 ·· 13
2.1.1 虚拟的三维世界 ··· 13
2.1.2 必须存在的转换 ··· 14
2.1.3 层级的结构 ·· 14
2.1.4 组件决定游戏对象 ·· 14
2.1.5 场景和摄像机 ·· 14
2.2 理解 Unity 项目的结构 ·· 15
2.3 关于翻译 ··· 16
2.4 启动界面 ··· 17
2.4.1 新建项目 ··· 17
2.4.2 添加已有项目 ·· 18
2.4.3 打开项目 ··· 18
2.4.4 版本变更 ··· 19
2.5 默认界面 ··· 20
2.6 场景窗口 ··· 21
2.6.1 基本操作 ··· 21
2.6.2 变形工具 ··· 22
2.6.3 其他辅助工具 ·· 24
2.7 "Game" 窗口 ··· 25
2.8 "Hierarchy" 窗口 ·· 26
2.9 "Inspector" 窗口 ··· 27

2.10	"Project" 窗口	30
2.11	"Console" 窗口	32

第 3 章 Unity 快速入门 33

3.1	场景	33
3.2	游戏对象	35
3.3	摄像机游戏对象	36
3.4	组件	39
3.5	预制件	40
3.6	其他常用内容	41
	3.6.1 3D 模型	41
	3.6.2 刚体	42
	3.6.3 重力	43
	3.6.4 物理特性	44
	3.6.5 穿透	45
	3.6.6 粒子系统	45
	3.6.7 声音播放	46
	3.6.8 视频播放	47
3.7	Unity GUI	48
	3.7.1 渲染模式	48
	3.7.2 矩阵变换（Rect Transform）	50
	3.7.3 响应脚本	52
3.8	脚本	54
	3.8.1 基本介绍	54
	3.8.2 MonoBehaviour	55
	3.8.3 Transform 属性	56
	3.8.4 GameObject	58
	3.8.5 常用事件	58
	3.8.6 Instantiate	59
	3.8.7 Destroy	60
	3.8.8 获取指定游戏对象	61
	3.8.9 获取指定的组件	62
	3.8.10 协程	63
	3.8.11 场景切换	63
	3.8.12 DontDestroyOnLoad	64
	3.8.13 SendMessage	64
3.9	资源包的导入和导出	66
	3.9.1 导入资源包	66
	3.9.2 导出资源包	66
3.10	生成应用	67
	3.10.1 生成 Windows 应用	68
	3.10.2 生成 Android 应用	70
	3.10.3 发布 iOS 应用	74

3.11　Unity 商城资源下载和导入 ··················· 76
3.12　Unity 程序设计新手建议 ··················· 79

第 4 章　增强现实介绍 ··················· 81

4.1　基本概念 ··················· 81
4.2　支持平台 ··················· 81
4.3　实现方式 ··················· 81
4.4　典型案例 ··················· 83
4.5　常用增强现实 SDK ··················· 88
4.6　现状和前景 ··················· 89

第 5 章　基于 EasyAR SDK 的增强现实的开发 ··················· 90

5.1　EasyAR 简介 ··················· 90
 5.1.1　基本介绍 ··················· 90
 5.1.2　版本和功能 ··················· 90
 5.1.3　支持平台 ··················· 91
 5.1.4　官方演示例子 ··················· 91
5.2　获取 Key ··················· 91
5.3　下载导入开发包 ··················· 93
5.4　EasyAR SDK 概述 ··················· 94
 5.4.1　总体结构 ··················· 94
 5.4.2　EasyAR_Tracker（EasyAR 追踪器）··················· 96
 5.4.3　CameraDevice（摄像设备）··················· 97
 5.4.4　ARCamera（Unity 摄像机）··················· 97
 5.4.5　EasyAR SDK 中类的使用 ··················· 98
 5.4.6　图片识别度检测 ··················· 98
5.5　识别图片显示 3D 模型 ··················· 98
 5.5.1　最基础的例子——识别一个图片显示 3D 模型 ··················· 98
 5.5.2　图片识别的两个关键类 ··················· 100
 5.5.3　从多张图片中只识别出一张图片 ··················· 103
 5.5.4　从多张图片中同时识别出多张图片 ··················· 107
5.6　识别图片播放视频 ··················· 109
 5.6.1　在平面上播放视频 ··················· 109
 5.6.2　视频播放的关键类 ··················· 115
 5.6.3　在 3D 物体上播放视频 ··················· 116
 5.6.4　播放透明视频 ··················· 117
5.7　识别物体 ··················· 118
5.8　相关的程序控制 ··················· 122
 5.8.1　图片识别后的控制 ··················· 122
 5.8.2　通过程序控制图片识别 ··················· 126
 5.8.3　物体识别后的控制 ··················· 128
 5.8.4　视频播放控制 ··················· 131
5.9　涂涂乐 ··················· 135
5.10　脱卡 ··················· 140

第 6 章 EasyAR SDK 示例开发 · 145

- 6.1 主要思路 · 145
- 6.2 示例设计 · 145
    - 6.2.1 添加基本内容 · 145
    - 6.2.2 演示的功能设计 · 146
    - 6.2.3 Unity3D 场景设计 · 148
    - 6.2.4 界面设计 · 150
- 6.3 准备工作 · 151
- 6.4 新建项目 · 155
- 6.5 启动加载场景开发 · 155
    - 6.5.1 设置场景 · 156
    - 6.5.2 脚本编写 · 159
- 6.6 主菜单场景开发 · 161
    - 6.6.1 设置场景 · 161
    - 6.6.2 脚本编写 · 163
- 6.7 关于场景开发 · 165
- 6.8 返回功能开发 · 165
    - 6.8.1 设置场景 · 165
    - 6.8.2 脚本编写 · 166
    - 6.8.3 其他场景的设置 · 168
- 6.9 识别单图场景开发 · 169
    - 6.9.1 准备工作 · 169
    - 6.9.2 场景基础设置 · 169
    - 6.9.3 识别图片显示文字 · 170
    - 6.9.4 识别图片显示 UI · 171
    - 6.9.5 识别图片跳转 URL · 173
    - 6.9.6 识别图片显示 3D 模型 · 174
- 6.10 识别多图场景开发 · 175
    - 6.10.1 场景互动基本思路 · 175
    - 6.10.2 用有限状态机的理念重新整理思路 · 177
    - 6.10.3 场景基础设置 · 179
    - 6.10.4 3D 模型动作关系修改 · 181
    - 6.10.5 3D 模型添加碰撞 · 185
    - 6.10.6 Yuko 相关逻辑的编写 · 188
    - 6.10.7 UTC 相关逻辑的编写 · 191
    - 6.10.8 Misaki 相关逻辑编写 · 198
    - 6.10.9 清理警告和错误提示 · 202
- 6.11 物体识别用的模型准备 · 203
    - 6.11.1 寻找合适的模型 · 203
    - 6.11.2 模型修改 · 205
    - 6.11.3 模型导出和转换 · 206
    - 6.11.4 纸模转换制作 · 209
    - 6.11.5 模型制作 · 212

- 6.12 物体识别场景开发 ·············· 213
  - 6.12.1 设置场景 ·············· 213
  - 6.12.2 脚本编写 ·············· 215
- 6.13 视频播放场景开发 ·············· 217
  - 6.13.1 设置场景 ·············· 217
  - 6.13.2 脚本编写 ·············· 219
- 6.14 控制识别对象场景开发 ·············· 221
  - 6.14.1 设置场景 ·············· 221
  - 6.14.2 脚本编写 ·············· 222
- 6.15 涂涂乐场景开发 ·············· 224
  - 6.15.1 涂涂乐内容的准备 ·············· 224
  - 6.15.2 设置场景 ·············· 226
- 6.16 脱卡场景开发 ·············· 229
  - 6.16.1 设置场景 ·············· 229
  - 6.16.2 脚本编写 ·············· 232
- 6.17 打包 ·············· 235

第 7 章 基于 Vuforia Engine 的增强现实的开发 ·············· 238

- 7.1 Vuforia Engine 简介 ·············· 238
- 7.2 Vuforia 概述 ·············· 239
- 7.3 获取 Key ·············· 240
- 7.4 导入开发包 ·············· 242
- 7.5 导入 Key 和 VuforiaConfiguration ·············· 246
  - 7.5.1 导入 Key ·············· 246
  - 7.5.2 VuforiaConfiguration ·············· 247
- 7.6 添加和导入 Database ·············· 248
  - 7.6.1 添加 Database ·············· 248
  - 7.6.2 添加图片识别对象 ·············· 249
  - 7.6.3 添加方块识别对象 ·············· 251
  - 7.6.4 添加柱体识别对象 ·············· 252
  - 7.6.5 添加物体识别对象 ·············· 253
  - 7.6.6 下载 Database ·············· 256
  - 7.6.7 导入 Database ·············· 257
- 7.7 识别图片显示模型 ·············· 258
  - 7.7.1 识别显示单个图片 ·············· 258
  - 7.7.2 识别显示的多张图片 ·············· 262
- 7.8 识别图片播放视频 ·············· 262
  - 7.8.1 官方示例说明 ·············· 262
  - 7.8.2 借用官方例子的方法实现视频播放 ·············· 263
- 7.9 识别方块显示模型 ·············· 266
- 7.10 识别柱体显示模型 ·············· 268
- 7.11 识别物体显示模型 ·············· 269

7.12 模型数据获取及识别模型 272
    7.12.1 模型数据的获取 272
    7.12.2 识别模型 277
7.13 环境认知 280
    7.13.1 Ground Plane 281
    7.13.2 Mid Air 282
7.14 程序控制 284
    7.14.1 识别后的控制 284
    7.14.2 虚拟按钮及程序控制 290

第 8 章 用 Vuforia 做一个 AR 解谜小游戏 294

8.1 起因 294
8.2 思路整理 294
8.3 准备工作 296
    8.3.1 拼图可行性测试 296
    8.3.2 图片准备 297
    8.3.3 文字和音频内容准备 298
    8.3.4 其他内容准备 299
8.4 程序设计 300
    8.4.1 添加基本内容 300
    8.4.2 场景设计 301
    8.4.3 主场景关键流程设计 302
8.5 项目搭建 303
8.6 启动场景开发 308
    8.6.1 设置场景 308
    8.6.2 脚本编写 311
8.7 添加系统变量 313
8.8 菜单场景开发 314
    8.8.1 设置场景 314
    8.8.2 脚本编写 315
8.9 主场景开发 318
    8.9.1 设置场景 318
    8.9.2 识别后事件脚本的编写 319
    8.9.3 添加音频播放功能的编写 322
    8.9.4 添加文字显示功能 324
    8.9.5 根据识别图片获取信息并处理 326
    8.9.6 按钮解锁功能的编写 328
    8.9.7 虚拟按钮解锁功能的编写 339
    8.9.8 初始提问的编写 345
    8.9.9 回答阶段的编写 355
    8.9.10 添加修改解谜类型随机的方法 358
8.10 发布 360
8.11 后记 362

第 9 章　基于 ARCore 的增强现实开发 …… 363

- 9.1　ARCore 简介 …… 363
- 9.2　环境准备 …… 364
  - 9.2.1　SDK 下载和导入 …… 364
  - 9.2.2　相关设置 …… 365
- 9.3　ARCore 基本结构 …… 367
- 9.4　SessionConfig 的配置 …… 368
- 9.5　在平面上放置模型 …… 369
- 9.6　光照评估 …… 373
- 9.7　图片识别 …… 375

第 10 章　ARCore 的例子 …… 380

- 10.1　说明 …… 380
- 10.2　场景搭建 …… 380
- 10.3　菜单场景 …… 382
- 10.4　异常判断和返回菜单功能 …… 386
- 10.5　空中画线 …… 388
  - 10.5.1　设置场景 …… 388
  - 10.5.2　记录运动轨迹的组件 …… 390
  - 10.5.3　脚本的编写 …… 392
  - 10.5.4　脚本及按钮设置 …… 394
- 10.6　运动轨迹的显示 …… 396
  - 10.6.1　添加 ARCore Device …… 396
  - 10.6.2　添加第二个 Camera 并设置 …… 396
  - 10.6.3　添加记录轨迹的线 …… 399
  - 10.6.4　场景中其他内容的设置 …… 401
  - 10.6.5　编写脚本 …… 403
  - 10.6.6　脚本设置 …… 403
- 10.7　传送门 …… 405
  - 10.7.1　导入透明材质 …… 405
  - 10.7.2　建立隐身房间预制件 …… 406
  - 10.7.3　设置场景 …… 412
- 10.8　发布 …… 414

第 11 章　基于 ARCore 的室内导航 …… 416

- 11.1　室内导航简介 …… 416
- 11.2　Unity NavMeshComponents 简介 …… 417
- 11.3　程序设计 …… 418
  - 11.3.1　添加基本内容 …… 418
  - 11.3.2　功能和场景设计 …… 419
- 11.4　图片识别内容开发 …… 422
  - 11.4.1　准备工作 …… 422
  - 11.4.2　图片识别功能场景的设置 …… 426

11.4.3　ARCore 错误提示功能脚本的开发 …………………………………… 434
11.4.4　图片识别功能脚本的开发 …………………………………………… 435
11.5　Debug 模式开发 ……………………………………………………………… 437
11.6　对应实际场景内容搭建和矫正 ……………………………………………… 449
11.7　导航内容的开发 ……………………………………………………………… 452
11.7.1　新建场景并复制导航内容 …………………………………………… 452
11.7.2　设置场景导航内容 …………………………………………………… 452
11.7.3　导航脚本的开发 ……………………………………………………… 455
11.8　添加墙壁 ……………………………………………………………………… 459
11.9　添加显示的模型和菜单 ……………………………………………………… 460
11.10　添加 Debug 按钮 …………………………………………………………… 464

第 12 章　Mapbox 的简单使用 ……………………………………………………… 467

12.1　Mapbox 简介 ………………………………………………………………… 467
12.2　获取 token …………………………………………………………………… 467
12.3　下载导入开发包 ……………………………………………………………… 468
12.4　Mapbox 总体结构 …………………………………………………………… 470
12.5　Mapbox Studio ……………………………………………………………… 471
12.5.1　Dataset ………………………………………………………………… 472
12.5.2　Tileset ………………………………………………………………… 480
12.5.3　Style …………………………………………………………………… 481
12.6　Mapbox 显示地图 …………………………………………………………… 487
12.6.1　General 项目配置 …………………………………………………… 488
12.6.2　Image 项目配置 ……………………………………………………… 491
12.6.3　Map Layers 数据配置 ………………………………………………… 492
12.6.4　动态生成多边形区域内容 …………………………………………… 493
12.6.5　动态生成线内容 ……………………………………………………… 496
12.6.6　动态生成点内容 ……………………………………………………… 497
12.6.7　动态生成内容的修改 ………………………………………………… 498
12.7　Mapbox 当前位置定位 ……………………………………………………… 501

第 13 章　用 Mapbox 和 ARCore 做 Pokemon Go ………………………………… 503

13.1　主要思路 ……………………………………………………………………… 503
13.2　CinemaChine 介绍 …………………………………………………………… 503
13.2.1　CinemaChine 的导入 ………………………………………………… 503
13.2.2　CinemaChine 基本结构 ……………………………………………… 504
13.2.3　官方提供的 Camera …………………………………………………… 507
13.3　示例设计 ……………………………………………………………………… 511
13.3.1　基本内容设计 ………………………………………………………… 511
13.3.2　场景设计 ……………………………………………………………… 511
13.3.3　界面设计 ……………………………………………………………… 512
13.4　准备工作 ……………………………………………………………………… 513
13.5　新建项目 ……………………………………………………………………… 514
13.6　单实例类基础内容开发 ……………………………………………………… 515

13.7 启动场景开发 516
13.7.1 设置场景 516
13.7.2 脚本编写 520
13.8 ARCore 测试场景开发 522
13.8.1 导入并设置相关 SDK 522
13.8.2 设置场景 524
13.8.3 脚本编写 525
13.9 设置场景开发 526
13.9.1 文本滚动条预制件的制作 526
13.9.2 选择按钮预制件的制作 530
13.9.3 设置场景 533
13.9.4 脚本编写 536
13.10 地图寻找场景开发 541
13.10.1 导入模型和摄像机插件 542
13.10.2 3D 模型动作关系修改 543
13.10.3 设置场景 547
13.10.4 玩家动作和镜头切换 552
13.10.5 捕捉的宠物制作 554
13.10.6 玩家控制脚本的编写 555
13.10.7 宠物控制脚本的编写 556
13.10.8 设置预置宠物 560
13.10.9 编写随机宠物初始化脚本 563
13.10.10 编写宠物单击处理 566
13.11 普通捕捉场景开发 567
13.11.1 添加陀螺仪控制 Camera 旋转 567
13.11.2 添加显示摄像头内容 569
13.11.3 双摄像头显示设置 571
13.11.4 添加抓捕特效 573
13.11.5 宠物生成和抓捕脚本的编写 574
13.12 ARCore 捕捉场景开发 578
13.12.1 场景设置 578
13.12.2 脚本编写 579
13.13 打包 581

第 14 章 虚拟现实简介 583
14.1 虚拟现实基本概念 583
14.2 VR 设备总体介绍 583
14.3 Google Cardboard 584
14.4 HTC Vive、PSVR、Oculus Rift 584
14.5 VR 应用介绍 585
14.6 VR 开发常见的问题 586

第 15 章 基于 Google VR SDK 针对 Cardboard 的虚拟现实的开发 588
15.1 Google VR 简介 588

- 15.2 下载导入开发包 · 588
- 15.3 Google VR SDK 概述 · 590
- 15.4 制作一个 VR 场景 · 592
  - 15.4.1 设置场景 · 592
  - 15.4.2 添加 DOTween 插件 · 597
  - 15.4.3 添加注视计时单击功能 · 599
  - 15.4.4 添加移动脚本 · 600
  - 15.4.5 添加退出脚本 · 601

第 16 章 基于 VRTK 的虚拟现实的开发 · 602

- 16.1 VRTK 简介 · 602
- 16.2 下载导入开发包 · 603
- 16.3 VRTK 基本结构 · 603
  - 16.3.1 VRTK 基本结构概述 · 603
  - 16.3.2 VRTK 基本结构搭建 · 604
  - 16.3.3 VRTK 模拟器的操作 · 608
- 16.4 手柄按键事件响应 · 609
- 16.5 手柄射线 · 612
- 16.6 传送 · 617
- 16.7 与物体交互 · 621
- 16.8 UI 操作 · 630

第 17 章 Unity 访问 API · 632

- 17.1 UnityWebRequest 简介 · 632
- 17.2 聚合数据的免费天气 · 632
- 17.3 获取天气信息 · 634
- 17.4 JSON 的处理 · 639

第 18 章 其他 Unity3D 相关的内容 · 645

- 18.1 单一数据存储 · 645
- 18.2 少量初始数据的存储 · 646
  - 18.2.1 将数据存储在预制件里 · 646
  - 18.2.2 利用 ScriptableObject 将数据存储为资源 · 647
- 18.3 用 iTween 插件进行移动、缩放、旋转操作 · 649
  - 18.3.1 下载并导入插件 · 649
  - 18.3.2 iTween 的基本调用 · 650
  - 18.3.3 常见参数 · 650
  - 18.3.4 iTween 实现移动 · 651
  - 18.3.5 iTween 实现旋转 · 652
  - 18.3.6 iTween 的变化值 · 652
  - 18.3.7 iTween Visual Editor 导入 · 654
  - 18.3.8 iTween Visual Editor 控制变化 · 655
  - 18.3.9 iTween Visual Editor 指定运动路径 · 656
- 18.4 插件推荐 · 659

第 1 章
Unity 的基本介绍

1.1 功能特点

1.1.1 Unity 简介

Unity 是由 Unity Technologies 开发的一个让玩家轻松创建诸如三维视频游戏、建筑可视化、实时三维动画等类型的互动内容的多平台综合型开发工具,它是一个全面整合的专业游戏引擎。Unity 是一款类似于 Director、Blender Game Engine、Virtools 或 Torque Game Builder 等以交互的图形化环境为首要开发方式的软件。Unity 的编辑器运行在 Windows 和 Mac OS X 系统上,可将游戏发布至 Windows、Mac、Wii、iPhone、WebGL、Windows phone 8 和 Android 平台。

Unity 2018 版于 2018 年 5 月 2 日正式上线,本书后文凡是没有特别指出,默认都是指 Unity 2018 版。Unity 官方网站地址为 https://unity.com/ 和 https://unity.cn/。

1.1.2 Unity 的特点

1. 基于 Mono

Mono 是一个由 Xamarin 公司(先前是 Novell,最早为 Ximian)所主持的自由开放源代码项目。与微软公司的.NET Framework 不同,Mono 项目不仅可以运行于 Windows 系统,还可以运行于 Linux、FreeBSD、UNIX、OS X 和 Solaris 系统,甚至可以运行于一些游戏平台,例如 PlayStation 3、Wii 或 XBox 360。

简单地说,Mono 是一个非微软提供的跨平台的开源.NET。

Unity 是基于 Mono 的,也就是说,一些程序上的问题可以直接参看 C#。从基本的数据结构、语句、方法、事件、代理等,到不常用的网络通信、数据库访问等方面,基本都和 C#一样。

Unity 2018 版之前还支持使用 Boo、JavaScript 来编写代码,到了 2018 版就只支持 C#了。

2. 跨平台

Unity 可以在 Windows 和 Mac 平台进行编辑,然后可发布并运行于 20 多个平台。

这种跨平台的优点是,可以节省开发的时间和学习的成本。但是,它的缺点也挺多,生成的应用之性能会低于源生应用的性能。

不过，Unity 2018 版比之前的版本增强了对多核 CPU 和 GPU 的支持，因而在性能上有很大的提升。

另外，Unity 在写入文件时会受到限制。例如，截图以后想把图片移动到设备的相册目录，这个功能仅靠 Unity 自身无法实现，而必须依靠插件。

Unity 2018 以后，对 Web 平台的支持有了很大的提高，Unity 官方中文文档的网站就是用 Unity 开发的，比以前的网站好很多，但是和普通网站相比还是不够理想。

想用 Unity 开发一个从微信公众号打开的网页游戏目前还无法实现。如果要开发网页游戏，最好还是使用其他游戏引擎。

3．良好的生态系统

Unity 有一个不错的商城，不仅有各种资源，还有各种模板、例子、插件。这意味着不少开发人员可以通过直接购买成品或者半成品来实现自己的产品。这既可以提高开发效率和速度，同时对学习 Unity 也有很大的帮助。

4．广泛的影响力

"凡是少的，就连他所有的，也要夺过来。凡是多的，还要给他，叫他多多益善。"马太效应就是这样的。Unity 作为非常有影响力的一款引擎会引来更多的支持。比如近年热门起来的增强现实（Augmented Reality，AR）技术。很多增强现实的 SDK 提供方都提供了支持 Unity 引擎的插件，而提供支持虚幻（Unreal Engine，UE）引擎的插件明显就少很多，支持其他引擎的插件就更少了。

另外，广泛的影响力意味着有更多的学习资源、教程、实例，遇到问题以后，更容易搜索和查找到解决方法。

在 Unite 2019 大会上，Unity 宣布已经成为继 Google 和 Facebook 之后的第三大网络广告商。

1.2　版本及费用

Unity 2018 现在分为个人版、加强版和专业版 3 个版本，主要的区别是在后期的分析、支持方面有所区别。

个人版是免费的。当年收入超过 10 万美元的时候，或者有超过 10 万美元启动资金的时候，必须使用加强版。当年收入超过 20 万美元的时候，或者有超过 20 万美元启动资金的时候，必须使用专业版。

对于普通的开发和学习，收费版和免费版最明显的区别是免费版启动画面是 Unity 的（见图 1-1），而且不可以修改。

图 1-1

版本和费用的详细信息请查看 Unity 的官方网站。此外，Unity 还提供了企业版，不过这个版本不在本书讨论范围内。

1.3 下载和安装

1.3.1 Unity 版本的选择和 Unity Hub

Unity 版本选择

自从 Unity 2017 开始,Unity 的版本除了常见的测试版和正式版以外,多了一个 LTS 版(长期支持版)。

以 Unity 2017 为例,开始是 Unity 2017.1、Unity 2017.2,到了 Unity 2017.4 的时候成为 Unity 2017.4 LTS,即长期支持版。

从 Unity 2017.1 到 Unity 2017.3,Unity 都会不断地加入新功能,也会修补一些 bug,但是有些 2017.1 的 bug 也许会到 2017.2 去修补。长期支持版本不再引入新的功能,而是以修补 bug 为主。总而言之,长期支持版本的 bug 最少。

作为学习 Unity 或者用 Unity 进行开发,推荐使用长期支持版本,其他的版本则主要以学习新内容为主。

Unity Hub

Unity Hub 是 Unity 2017 以后推出的一个安装管理工具,现在已经到 2.0 版本了。在一台计算机上可以安装多个不同版本的 Unity,Unity Hub 可以方便地管理本机上的所有 Unity 的版本和项目,使用起来很方便,还附带一些零零碎碎的其他功能。虽然 Unity 仍然支持过去的那种具体版本的安装方式,但是推荐使用 Unity Hub 来安装管理 Unity 内容。

1.3.2 下载

Unity 官方网站下载地址为 https://unity.cn/releases。

打开这个网址以后,可以选择主版本,下面会列出所有子版本的下载,如图 1-2 所示。直接下载旁边的"Unity Hub",不用在意下载的是哪个版本。如果想用传统的方式安装,则下载前面具体版本的安装包。

图 1-2

Unity 的官方网址有时无法访问，这里提供另外一个 Unity Hub 的下载地址，是由 Unity Connect 提供的。

- Mac 版本：https://public-cdn.cloud.unity3d.com/hub/prod/UnityHubSetup.dmg。
- Windows 版本：https://public-cdn.cloud.unity3d.com/hub/prod/UnityHubSetup.exe。

1.3.3　Unity Hub 安装和许可证激活

Unity 2018 版移除了对 MonoDevelop 的支持，改用微软的 Visual Studio 2017 Community。这意味着安装空间的要求比之前一下大了好几个吉字节（GB）。此外，Visual Studio 需要微软账户登录后才能使用，所以还需要注册一个微软账户。在第一次启动 Visual Studio 的时候会有提示。

另外，也可以使用第三方的编辑器来编写代码，例如 Visual Studio Code，这个编辑器小很多，也灵巧很多。对于初学者，建议还是使用 Visual Studio，如果有兴趣可以升级到 2019 版，在代码提示操作等各方面确实很不错。Visual Studio Code 更适合有编程经验的人使用。

1. Unity Hub 的安装

单击安装程序，如图 1-3 所示。

单击"我同意"按钮，接受许可协议，如图 1-4 所示。

选择安装路径，然后单击"安装"按钮，如图 1-5 所示。

图 1-3

图 1-4

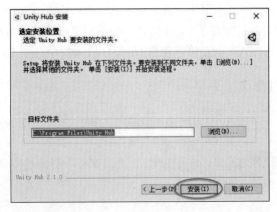

图 1-5

安装结束，单击"完成"按钮，如图 1-6 所示。

2. 登录 Unity Hub

单击 Unity Hub 右上角的图标，在下拉列表中选择"登录"选项，如图 1-7 所示。

如果没有注册，可以单击"立即注册"链接注册新的 Unity 账户，如图 1-8 所示。

注册需要填写一些内容，然后单击"立即注册"按钮。Unity 还支持微信登录，如图 1-9 所示。

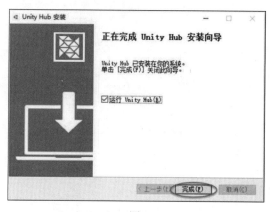
图 1-6
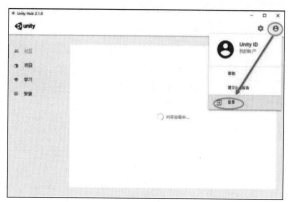
图 1-7

图 1-8
图 1-9 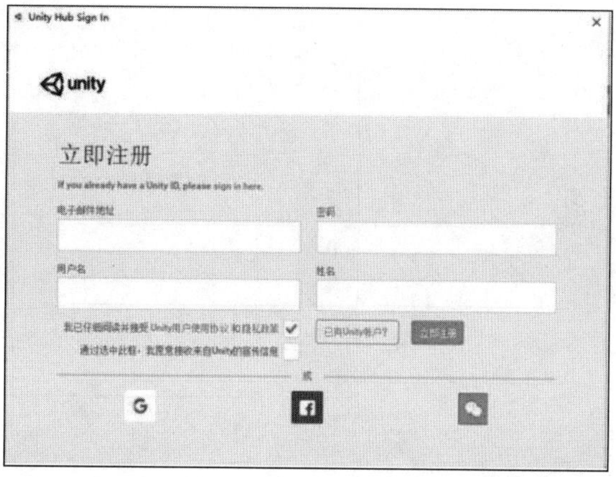

如果已经有账户，在之前的界面单击"已有 Unity 账户"按钮，即可进入到登录界面。输入"邮箱"和"密码"，单击"登录"按钮即可，如图 1-10 所示。

图 1-10

3. 添加许可证

登录以后，单击 Unity Hub 右上角的图标，在下拉列表中选择"管理许可证"选项，如图 1-11 所示。

在许可证界面中，单击"激活新许可证"按钮，如图 1-12 所示。

图 1-11

图 1-12

这里可以选择许可证类型，一般学习和使用推荐使用"Unity 个人版"，选择对应内容，单击"完成"按钮，如图 1-13 所示。

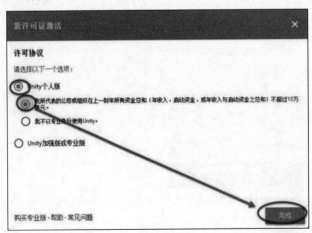

图 1-13

Unity 个人版虽然不收费，但是也是有使用限制的。如果是商业应用，务必先了解清楚各个版本的使用要求。

添加完许可证后，单击"偏好选项"可以回到 Unity Hub 的主界面，如图 1-14 所示。

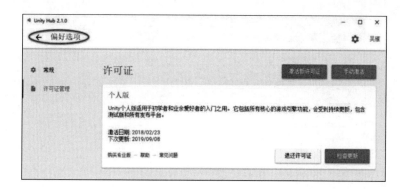

图 1-14

1.3.4 用 Unity Hub 安装 Unity

在 Unity Hub 的主界面中，单击左边列表的"安装"选项会转到安装界面，单击"安装"按钮，可以安装 Unity，如图 1-15 所示。

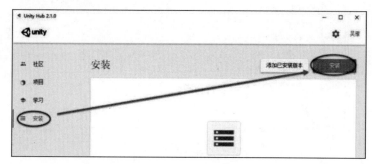

图 1-15

在弹出窗口中选择 Unity 的版本，单击"下一步"按钮，如图 1-16 所示。

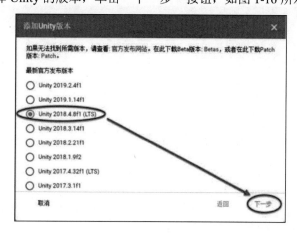

图 1-16

长期支持版本都用"(LTS)"的缩写来表示。

选择需要安装的模块。Unity 2018 默认的代码编辑器是微软的 Visual Studio 2017，如果需要使用其他的代码编辑器，就取消对这个选项的勾选，如图 1-17 所示。

图 1-17

支持发布的平台如图 1-18 所示,其中包括一些其他的模块,例如 Vuforia 的 AR 模块。

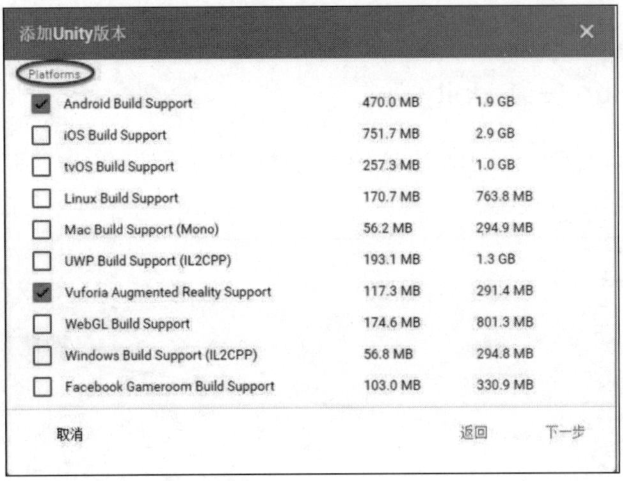

图 1-18

在模型选择最下面还有文档和语言支持,可以添加简体中文的模块,但是不要有太高的期望。所有模块选好以后,单击"下一步"按钮即可,如图 1-19 所示。

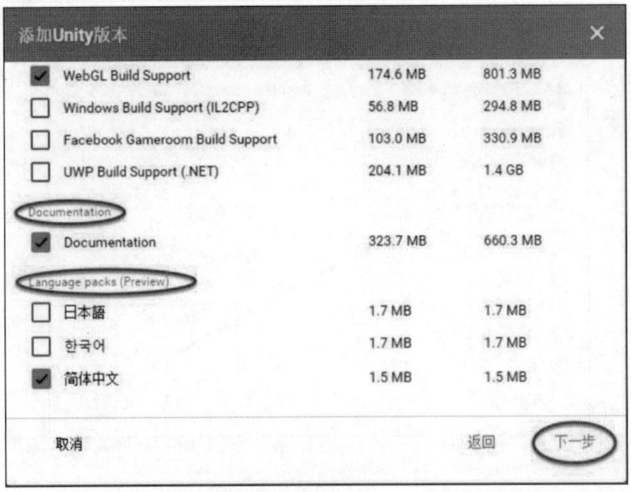

图 1-19

如果选择了使用微软的 Visual Studio 2017 作为代码编辑器,就会弹出 Visual Studio 2017 许可协议的框,选中"我已阅读并同意上述条款和条件",单击"完成"按钮即可,如图 1-20 所示。

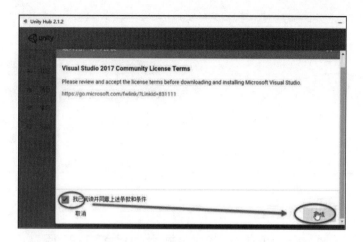

图 1-20

安装过程会比较慢，需要有耐心，如图 1-21 所示。

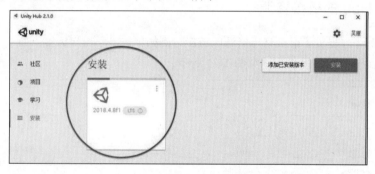

图 1-21

如果选择了使用微软的 Visual Studio 2017 作为代码编辑器，安装过程中会出现 Visual Studio 的安装界面，如图 1-22 所示。

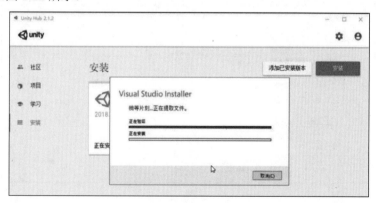

图 1-22

安装完成以后界面如图 1-23 所示。如果安装了多个 Unity 版本，则会显示多个。

每一个安装版本都会显示具体的版本、支持的平台图标，单击右上角的按钮，则可以添加模块或者卸载已安装的 Unity，如图 1-24 所示。

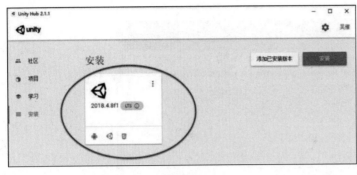
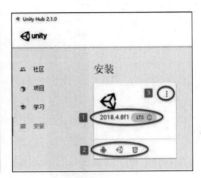

图 1-23　　　　　　　　　　　　　　图 1-24

1.4　Unity 官方提供的学习资源

1.4.1　Unity Hub 的链接资源

在 Unity Hub 中，提供了很多官方资源的链接，例如单击"学习"标签下的"教程"选项，可以链接到官方网站提供的很多教程，如图 1-25 所示。

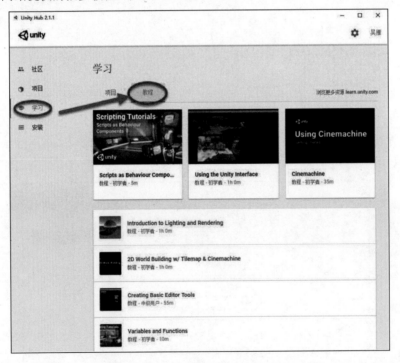

图 1-25

单击"学习"标签下的"项目"选项，可以下载官方提供学习用的示例项目，如图 1-26 所示。
单击"社区"标签能看到官方社区的动态，很多是直播和视频分享，如图 1-27 所示。

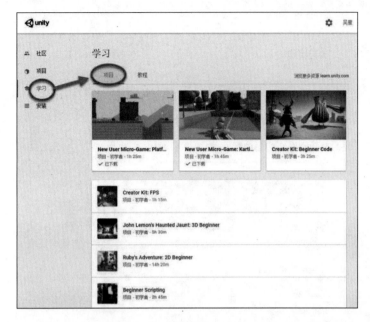

图 1-26

图 1-27

1.4.2 官方网站上的资源

官方网站除了提供论坛和文档外,还提供了不少教程,地址为 https://learn.unity.com/,如图 1-28 所示。

安装主题、项目和课程等分成了几个大类,使用者可以根据自己的喜好进行学习。

Unity 官方的学习内容很多都是英文的,社区里的直播中文则比较多。Unity 官方的学习视频都在 Youtube 上,不过在国内的一些视频网站有好心的"搬运工",推荐使用 B 站,没有广告。

图 1-28

1.4.3 Unity 商城

Unity 官方在商城里面还提供了大量的资源、各种各样的示例，以及一些很好用的工具、模型、特效等。当然，Unity 商城里面还有很多非官方提供的内容，挺不错的。

官方的商城资源地址为 https://assetstore.unity.com/publishers/1，如图 1-29 所示。

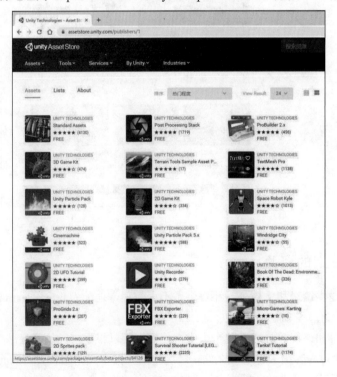

图 1-29

第 2 章
Unity的世界和编辑器主要界面介绍

2.1 理解 Unity 的世界

2.1.1 虚拟的三维世界

和现实世界类似，Unity 创造的世界空间上是三维的。其实，Unity 只能创造三维的世界，尽管 Unity 也能创造二维的内容，但那只是看上去是二维的，其本质上还是三维的。对于虚数空间、高维空间，Unity 就无能为力了，不过平行世界还是可以做到的。

Unity 的虚拟世界使用的是左手坐标系，和一些 3D 软件使用的右手坐标系不一样，某些情况下在模型导入的时候需要注意。

左手坐标系和右手坐标系的简单区别就是，当 X 轴正方向朝右、Y 轴正方向朝上的时候，左手坐标系的 Z 轴正方向是我们面向的方向，而右手坐标系正好相反，如图 2-1 所示。

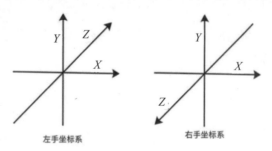

图 2-1

在 Unity 的虚拟世界中，长度单位是米，在实现增强现实（Augmented Reality，AR）和虚拟现实（Virtual Reality，VR）的时候要特别注意。

另外，Unity 的虚拟世界在一定程度上支持牛顿力学三大定理，但是不支持万有引力，更不支持相对论。Unity 的虚拟世界默认是地球重力，可以在"Project Settings"窗口修改，如图 2-2 所示。

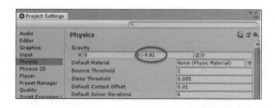

图 2-2

2.1.2 必须存在的转换

任何存在于现实世界的物体或者东西都有一个位置。例如，在地球范围，任何物体或东西的位置都可以用经度、纬度和海拔来确定。Unity 虚拟世界也是类似的，任何东西都可以用（X, Y, Z）来确定位置。

在 Unity 的虚拟世界里，任何物体或东西都有一个统称，叫游戏对象（GameObject）。每一个游戏对象都有一个转换（Transform），转换不光包含位置信息，还包含旋转和缩放信息，如图2-3所示。

图 2-3

虽然每个游戏对象都有转换信息，但是对于开发者而言仅凭转换信息无法直观地了解到各个游戏对象）之间的位置关系，需要用"场景（Scene）"窗口来直观地了解并设置各游戏对象之间的位置关系。

2.1.3 层级的结构

现实中，很多东西都具有层级结构。例如，计算机由 CPU、内存、输入输出等部件（或组件）组成，而 CPU 又由运算器、寄存器、控制器等部件组成。Unity 的虚拟世界也是一样的，具有层级结构。每个游戏对象（GameObject）都可以有子游戏对象。上级游戏对象的转换（Transform）信息会影响到下级游戏对象。

Hierarchy（层级）窗口（见图 2-4）就是用来查看并设置各游戏对象层级关系的。

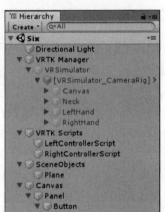

图 2-4

2.1.4 组件决定游戏对象

在现实世界中，不同的东西是由不同的物质或者元素组成的。Unity 的虚拟世界也是类似的，只不过组成游戏对象（GameObject）的东西就被称为组件（Component）。不同的组件组成了不同的游戏对象，使其拥有了不同的功能。开发者编写的代码也就是脚本（Scripts），也是一种重要的组件。

Inspector（检查器）窗口（见图 2-5）很重要的一个作用就是用来查看和设置游戏对象是由哪些组件所组成。

图 2-5

2.1.5 场景和摄像机

要一次把一整个 Unity 的虚拟世界全部创造出来，很累，也没有必要，所以每次创造的都是 Unity 虚拟世界的一个碎片，这个碎片就叫场景（Scene）。Unity 通过不同的场景来讲述或者展现被创造出来的一个或者几个虚拟世界。

场景中还存在一种特殊的游戏对象（GameObject），就是摄像机（Camera），现实世界必须通过摄像机才能看到场景中的内容。

所以，每个 Unity 的项目至少需要一个场景，否则不能发布成应用或者程序。在每个场景中，必须至少有一个摄像机，否则不能显示任何内容。

2.2 理解 Unity 项目的结构

Unity 项目的结构如图 2-6 所示，说明如下。

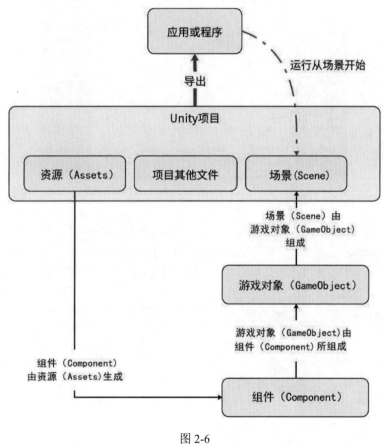

图 2-6

- 项目（Project）：包含整个工程的所有内容，表现为一个目录。
- 场景（Scene）：一个虚拟的三维空间，以便游戏对象在这个虚拟空间中进行互动，表现为一个文件。
- 游戏对象（GameObject）：场景中进行互动的元素，依据其拥有的组件不同而拥有不同的功能。
- 组件（Component）：组成游戏对象的构件。
- 资源（Assets）：项目中用到的内容，可以构成组件，也可以是其他内容。每个资源就是一个文件。

Unity 项目的结构简单而言就是资源（Assets）构成组件（Component），组件构成游戏对象（GameObject），游戏对象构成场景（Scene），场景构成项目（Project），项目可以发布成为不同平台上可运行的程序或应用。

2.3 关于翻译

Unity 2018 提供了中文语言包，如果在安装的时候安装了"简体中文"的模块，如图 2-7 所示。

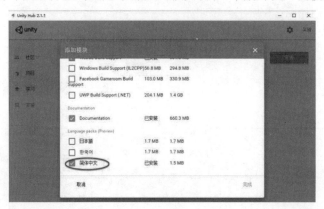

图 2-7

那么进入编辑器界面以后，依次单击菜单选项"Edit→Preferences"，就会打开"Preferences"窗口，利用"Languages"标签下的"Editor Language"下拉列表即可修改界面的语言，如图 2-8 所示。但是怎么看都是半成品（见图 2-9），好多词条都没有翻译，而且界面会变得很丑。

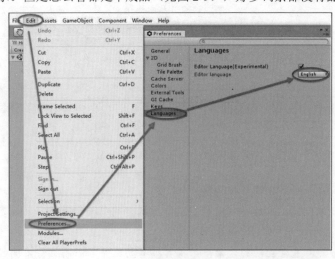

图 2-8

图 2-9

在本书后续章节的内容中，凡是遇到 Unity 专有名词的，如"GameObject""Transform"等，会尽可能参照官方中文语言包中的翻译。不过，本书选用英文界面的 Unity 编辑器进行讲述。

常见的一些专有英文名词对应的中文翻译名词列表如表 2-1 所示。

表 2-1 常见的一些专有名称的翻译列表

英文	中文	英文	中文
GameObject	游戏对象	Assets	资源
Transform	转换	Prefab	预制件
Component	组件	Build	生成
Scripts	脚本		

2.4 启动界面

默认启动界面会显示"项目"标签（也称为页签），在"项目"标签下，会显示出当前已知的项目，包括项目的名称、路径和项目使用的 Unity 版本等信息。单击项目名称即可打开对应的项目，如图 2-10 所示。

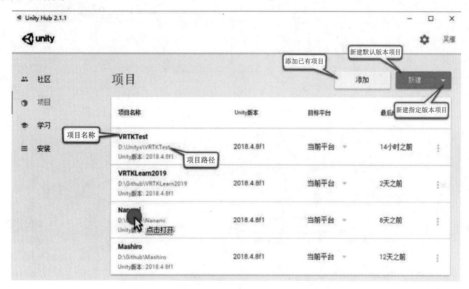

图 2-10

在右上角的"新建"按钮用于添加新的 Unity 项目，"添加"按钮用于添加已有的 Unity 项目。此外，单击"学习"标签可以查看学习资源，单击"安装"标签可以安装其他版本的 Unity。

2.4.1 新建项目

在启动界面单击"新建"按钮以后会显示新建项目的界面，如图 2-11 所示。

通常不需要修改左边的项目类型，输入"项目名称"，如果需要就再修改一下"位置"，之后单击"创建"按钮即可。

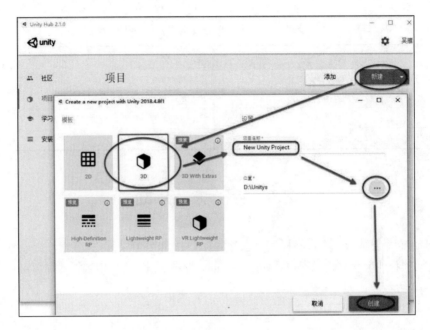

图 2-11

2.4.2 添加已有项目

在启动界面单击"添加"按钮以后会显示添加项目的界面，如图 2-12 所示。

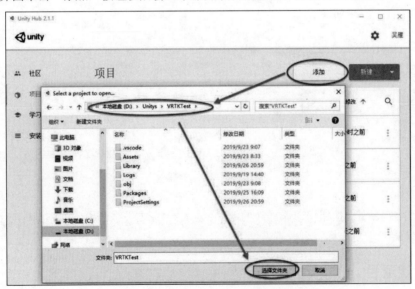

图 2-12

找到要添加的项目目录，单击"选择文件夹"按钮，就能将已有项目添加到列表中。

2.4.3 打开项目

在启动界面的"项目"列表中，直接单击要打开的项目即可，如图 2-13 所示。

第 2 章　Unity 的世界和编辑器主要界面介绍

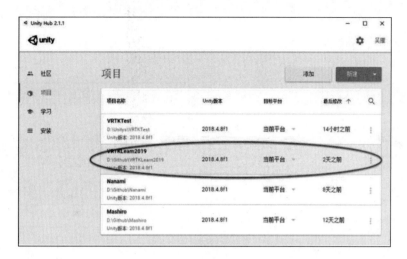

图 2-13

.NET 或者 Java 的项目都有个总的项目文件，双击项目中的某个文件即可打开项目，而 Unity 的项目必须用上面介绍的方法打开，否则容易出现错误。

2.4.4　版本变更

当已有项目使用的编辑器版本和当前打开项目所使用的编辑器版本不一致时，会出现图 2-14 所示的提示。

如果项目没有备份，先单击"Quit"按钮再备份。如果项目已有备份，可以单击"Continue"按钮，项目会被导入成新的版本。

项目版本变更的时候很容易出错，一定记得先备份。

当把 Unity 2018 以前版本的项目升级到 2018 的时候会出现下面图 2-15 所示的提示。

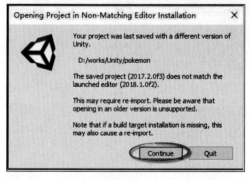

图 2-14　　　　　　　　　　　图 2-15

简单地说就是可以把原来项目中的"UnityPackageManager"目录删掉，以后不会再用，如图 2-16 所示。

通常还会有图 2-17 所示的提示，该项目包含了已经失效的脚本或者程序集。单击"I Made a Backup, Go Ahead!"按钮就会自动把已经失效的脚本或者程序集更新到最新。也可以单击"No Thanks"按钮，不自动更新，之后手动更新。

19

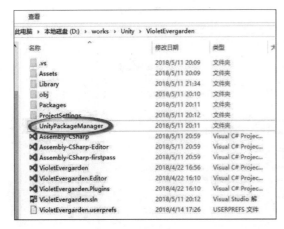
图 2-16

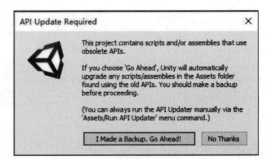
图 2-17

2.5 默认界面

Unity 默认界面如图 2-18 所示。

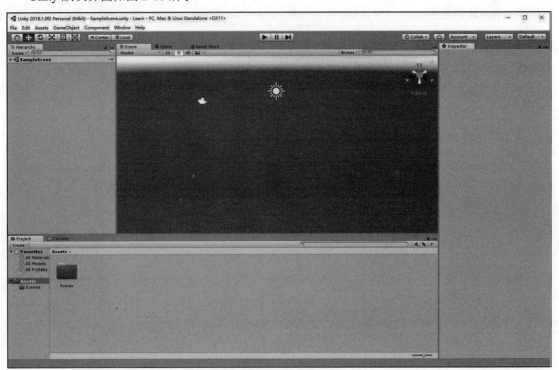

图 2-18

如果需要恢复到默认界面，依次单击菜单选项"Window→Layouts→Default"即可。利用"Window"菜单也可以打开其他窗口。

2.6 场景窗口

场景（Scene）窗口的主要目的和作用是让使用者能够直观地了解并且调整场景中各个游戏对象之间的位置关系。Unity 的 2D 场景依旧是一个虚拟的三维空间，只是 Unity 摄像机的设置不同而已，如图 2-19 所示。

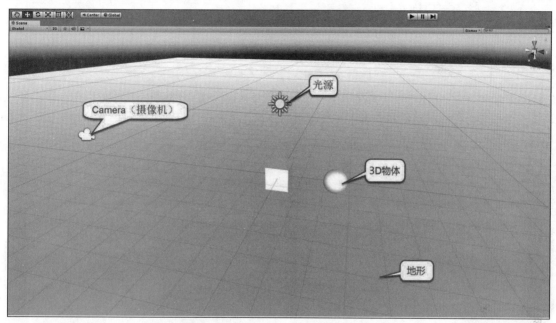

图 2-19

2.6.1 基本操作

场景窗口的基本操作包括以下几个：

- 旋转操作："Alt"键+"鼠标左键"。
- 拉近/拉远操作："Alt"键+"鼠标右键"、"鼠标滚轮"。
- 居中操作："F"键（被选中的游戏对象居中显示）。
- 飞行浏览："鼠标右键"+"W/A/S/D"（以第一人视角在场景视图中漫游）。
- 选中游戏对象："鼠标左键"单击。

在"File"菜单下，可以新建、打开和保存游戏场景，如图 2-20 所示。

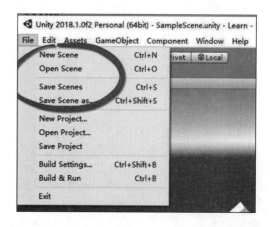

图 2-20

2.6.2 变形工具

在场景窗口的左上角有一组变形工具（Transform Tools），用来在场景中移动和操作游戏对象。选中不同的工具之后，"鼠标左键"会有不同的效果，如图2-21所示。

（1）手形工具（Hand Tool）

选中手形工具（Hand Tool）之后，可以通过"鼠标左键"的拖动来让使用者的视角在场景中移动，这个操作只影响编辑时的视角，不影响运行结果。

图2-21

（2）移动工具（Translate Tool）

选中移动工具（Translate Tool）之后，可以通过"鼠标左键"单击拖动被选中的游戏对象上的3个轴来改变该游戏对象在一个轴上的坐标或者单击拖动中心处的方块来同时改变游戏对象在两个轴上的坐标，如图2-22所示。

（3）旋转工具（Rotate Tool）

选中旋转工具（Rotate Tool）之后，可以通过"鼠标左键"单击拖动被选中游戏对象上的圆弧线让游戏对象沿某个轴转动，也可以单击拖动游戏对象中心进行任意角度的旋转，如图2-23所示。

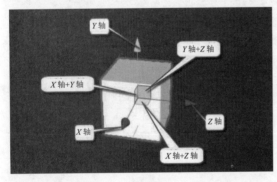

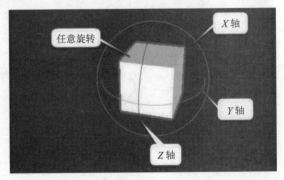

图2-22　　　　　　　　　　　　　图2-23

（4）缩放工具（Scale Tool）

选中缩放工具（Scale Tool）之后，可以通过"鼠标左键"单击拖动3个轴上的方块来实现游戏对象在该轴上的缩放或者单击拖动中心的方块实现整体的缩放，如图2-24所示。

（5）矩形工具（Rect Tool）

矩形工具（Rect Tool）主要针对2D对象和UI对象，选中矩形工具之后，可以通过"鼠标左键"单击拖动4个角上的圆点改变游戏对象的形状和大小，或者单击圆点外侧旋转游戏对象，或者单击拖动整个游戏对象改变其坐标，如图2-25所示。

（6）综合工具

综合工具是Unity 2018新增的，是把移动工具（Translate Tool）、旋转工具（Rotate Tool）和缩放工具（Scale Tool）合在了一起，如图2-26所示。

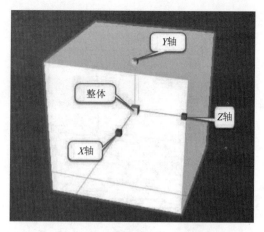

图 2-24　　　　　　　　　图 2-25

（7）变化设置开关

在上述 5 个工具旁边还有 2 个设置开关，如图 2-27 所示。

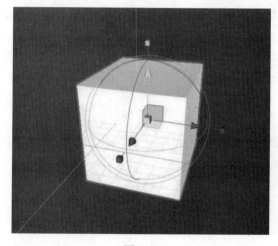

图 2-26　　　　　　　　　图 2-27

- Center（中心）

当开关为 Center（中心）的时候，变形工具会出现在整个游戏对象（包括其子对象在内）的中心位置。如果是多个游戏对象，则出现在所有游戏对象的中心位置。整个变形都是以该中心为参照，如图 2-28 所示。

- Pivot（轴心）

当开关为 Pivot（轴心）的时候，变形工具会出现在当前选中的游戏对象（不包括子游戏对象）的中心位置。如果是多个游戏对象，则出现在最初选中的游戏对象中心位置。整个变形以各自的游戏对象中心为参照，如图 2-29 所示。

- Global（全局）

当开关为 Global（全局）的时候，变形工具会以整个 Unity 虚拟世界作为参照系，是全局空间坐标，如图 2-30 所示。

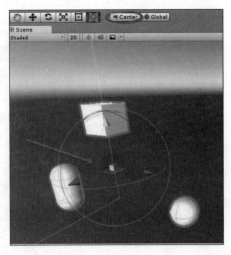
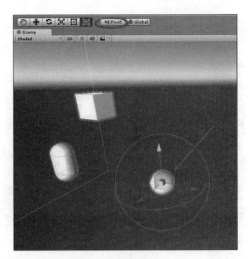

图 2-28　　　　　　　　　　　　图 2-29

- Local（局部）

当开关为 Local（局部）的时候，变形工具会以该游戏对象的父对象作为参照系，是局部空间坐标，如图 2-31 所示。

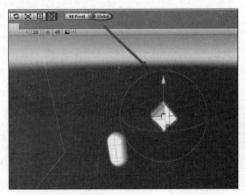
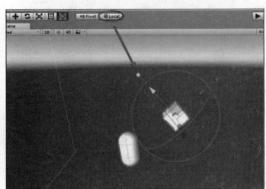

图 2-30　　　　　　　　　　　　图 2-31

2.6.3　其他辅助工具

场景窗口还提供了一些其他的辅助工具，如 2D、3D 切换开关，搜索框，视角切换工具等，如图 2-32 所示。这些工具都不会影响最终运行结果，主要功能是帮助使用者快速找到要找的游戏对象，更好地了解场景中游戏对象的情况和关系。

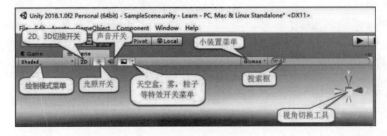

图 2-32

2.7 "Game"窗口

"Game"（游戏）窗口显示的是最终运行情况和表现，主要用作调试，如图2-33所示。

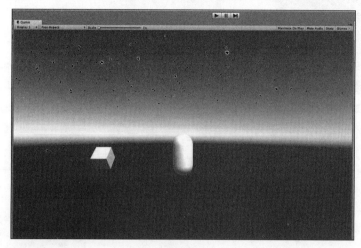

图 2-33

- 运行模式按钮（Play Mode Button）

该按钮可以随时在当前状态下运行和测试游戏，可以选中运行、暂停或者逐帧运行，如图2-34所示。

- 分辨率下拉菜单（Aspect Drop-Down）

在这里可以设置游戏运行显示的分辨率，在测试游戏UI的时候非常有用。分辨率可以是一个比例，例如4∶3或者16∶9，也可以是一个具体的数值，例如1024×768，如图2-35所示。

单击下方的加号，可以自己添加需要的分辨率，如图2-36所示。

- 状态开关（Stats Toggles）

打开以后，会有一个半透明的文本框，显示场景里音频和图形的渲染以及网络情况的简单统计数据，对于监测游戏运行时的表现很有用，如图2-37所示。

图 2-34

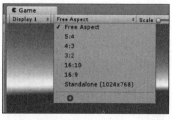

图 2-35

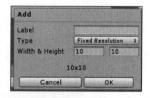

图 2-36

- 显示下拉菜单（Display Drop-Down）

当场景里面有多个摄像机（Camera）的时候，可以通过设置摄像机的属性来指定对应的显示（Display），如图2-38所示。这个功能主要用于在多显示器中显示的时候。

- 缩放滑动条（Scale Slider）

用来对游戏画面进行放大，以便检查游戏视图的区域，如图 2-39 所示。

图 2-37

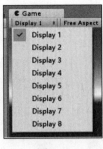

图 2-38

图 2-39

2.8 "Hierarchy" 窗口

"Hierarchy"（层级）窗口以层级的方式显示出一个场景里面的游戏对象，如图 2-40 所示。父级游戏对象的转换属性会影响到子级游戏对象。

- 单击左边的三角符号可以展开或关闭子对象。
- 单击"鼠标右键"可以在其下新建子级的游戏对象，如图 2-41 所示。
- 可以通过拖动改变对象的父子关系。
- 双击一个游戏对象，会在场景窗口内居中显示该对象。

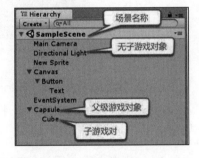

图 2-40

"GameObject"菜单（见图 2-42）也可以添加游戏对象，与在层级窗口中单击鼠标右键的效果类似。

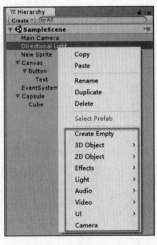

图 2-41

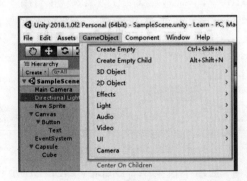

图 2-42

在搜索框中输入文字，可以对游戏对象名称进行搜索，并且在场景窗口和层级窗口都突显出来。

例如，在执行搜索操作之前如图 2-43 所示；输入文本"cub"以后，进行搜索，搜索结果如图 2-44 所示。

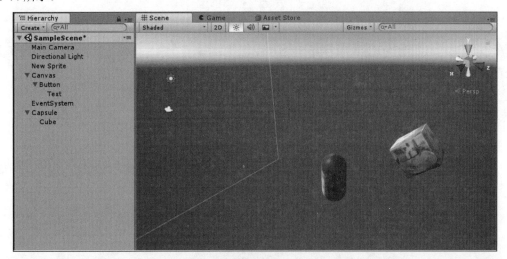

图 2-43

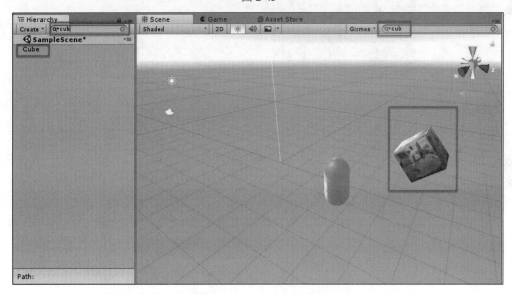

图 2-44

2.9 "Inspector"窗口

"Inspector"（检查器）窗口可以查看和编辑选中内容的属性或进行参数的设置，可以理解为用于查看属性和设置属性的窗口。当选中的是游戏对象的时候，显示的是该游戏对象下面的组件，如图 2-45 所示。

当选中的是一个资源（Assets）的时候，显示的是该资源的属性和设置，如图 2-46 所示。

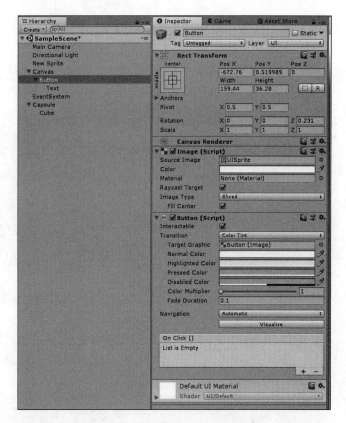

图 2-45

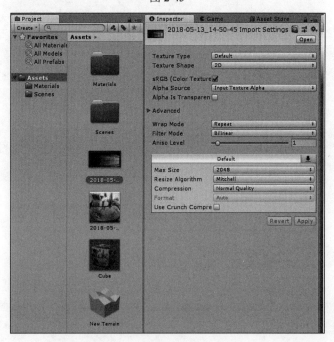

图 2-46

检查器窗口也可以用来查看和设置生成设置和项目的属性，如图 2-47、图 2-48 所示。

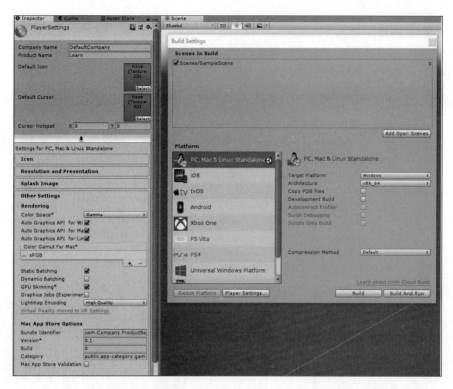

图 2-47

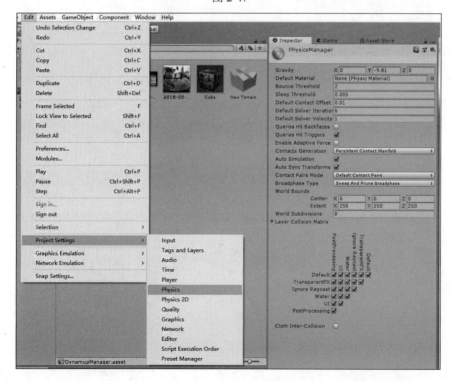

图 2-48

检查器窗口显示选中的游戏对象所包含的组件。其中，转换是每个游戏对象都拥有的。

- Position:坐标。
- Rotation:旋转角度。
- Scale:放大缩小比例。

选中游戏对象以后,可以通过"Component"菜单添加组件,如图2-49、图2-50所示。

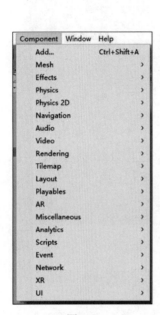

图 2-49

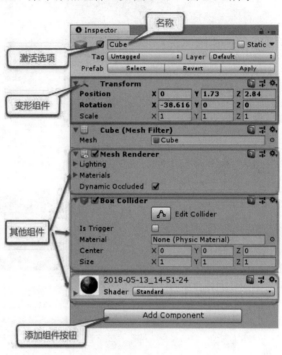

图 2-50

2.10 "Project"窗口

"Project"(项目)窗口显示的是整个项目的资源,和操作系统中的文件夹是对应的,如图2-51所示。

图 2-51

资源列表里有一些特殊的目录，一定要注意。另外，文件夹命名请尽可能规范，可以参考官方示例中文件夹的命名。

- Editor（编辑器）

以 Editor 命名的文件夹允许其中的脚本访问 Unity Editor 的 API。如果脚本中使用了在 Unity Editor 命名空间中的类或方法，它必须放在名为 Editor 的文件夹中。Editor 文件夹中的脚本不会在打包时被包含其中。在项目中可以有多个 Editor 文件夹。

- Plugins（插件）

Plugins 文件夹用来存放各种平台的插件，它们会被自动打包到对应平台。注意，这个文件夹只能是 Assets 文件夹的直接子目录。例如：Plugins/x86、Plugins/x86_64、Plugins/Android、Plugins/iOS。

- Resources（资源）

Resources 文件夹中的资源允许在脚本中通过文件路径和名称来访问。放在这一文件夹的资源永远被包含进 build 中，即使它没有被使用。项目中可以有多个 Resources 文件夹，因此不建议在多个文件夹中放同名的资源。这个目录常用来实现动态加载资源。Resources 目录中的资源会被压缩。

- StreamingAssets

和 Resource 文件夹类似，但是这个目录下的内容不会被压缩，通常用来存放视频等内容。

如果要导入资源，最简单的方法就是将资源文件拖到列表里。注意：拖动一个和已有资源同名的文件到列表里面，会产生一个副本而不是覆盖原有资源。如果需要覆盖已有资源，要单击"鼠标右键"，选择"Show in Explorer"选项（见图 2-52），打开操作系统的资源管理器，在资源管理器中实现。

在项目窗口单击鼠标右键或者通过"Assets"菜单可以添加资源并进行操作，如图 2-53 所示。

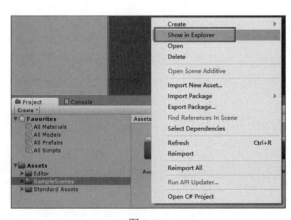

图 2-52

图 2-53

2.11 "Console"窗口

"Console"（控制台）窗口输出项目已有的错误（红色）、警告（黄色）和信息（白色）。如果控制台窗口有无法清除的错误，游戏就无法被预览和打包。这里介绍的不是 Unity 的全部窗口，只是常用的窗口，如图 2-54 所示。

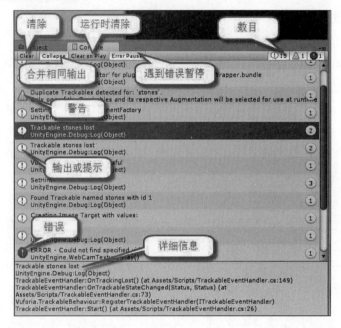

图 2-54

第 3 章
◀ Unity快速入门 ▶

3.1 场　　景

1. 场景基本介绍

当建立了一个新的项目时，Unity 2018 会默认自带一个名为"SampleScene"的场景（Scene），该场景中只有一个名为"Main Camera"摄像机游戏对象和一个名为"Directional Light"光源游戏对象，如图 3-1 所示。

场景是一个虚拟的三维空间，通过摄像机游戏对象作为窗口显示其中的内容，场景的默认单位是米。在多数 3D 模型制作工具中都是以米为单位制作而成的，Unity3D 开发 3D 内容时，也尽可能以米为单位来进行开发。

2. 场景操作

利用菜单"File"可以新建场景（New Scene）、打开已有场景（Open Scene）、保存当前打开的场景（Save）或者另存当前打开的场景（Save As…），如图 3-2 所示。场景不能直接在项目窗口中复制，所以如果需要复制场景，只能通过打开后另存。

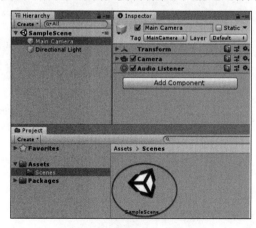

图 3-1

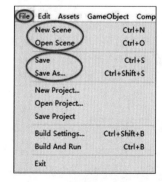

图 3-2

在"Project"窗口中，单击鼠标右键，在弹出的快捷菜单中依次单击菜单选项"Create→Scene"命令，可以在指定目录中新建场景，如图 3-3 所示。

在"Project"窗口中，双击场景文件可以打开场景。

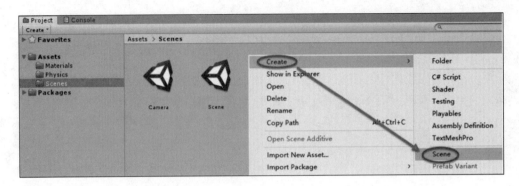

图 3-3

3. 打开多个场景

将"Project"窗口的场景文件拖到"Hierarchy"窗口中，可以同时打开多个场景。

在"Project"窗口中单击场景名称右边的下拉列表，可以保存或者移除打开的场景。

同时打开多个场景可以方便地把一个场景中的游戏对象拖到另外一个场景中，如图 3-4 所示。

4. 场景和项目

依次单击菜单选项"File→Build Settings"，可以打开"Build Settings"窗口，在这里可以看到要生成的场景，如图 3-5 所示。

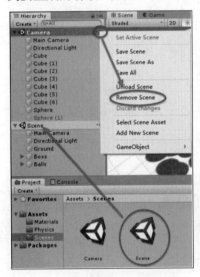

图 3-4

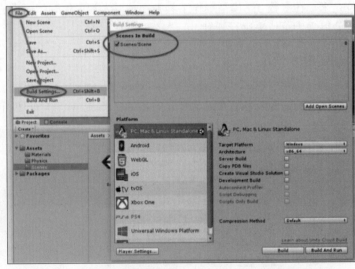

图 3-5

- 每一个项目可以有若干不同的场景，但是这些场景文件不一定都会被发布到应用中，只有在"Scenes In Build"列表中的场景才会被发布到项目中。
- 项目启动时，默认启动的是"Scenes In Build"列表中的第一个场景。
- 用鼠标单击拖动的方式把场景添加到"Scenes In Build"列表。
- 选中以后用鼠标拖动的方式修改场景顺序，或选中以后按键盘上的"Delete"键删除场景。
- 场景切换的时候，会释放上一个场景的所有内容。但是，可以通过程序保留制定的内容到下一个场景继续使用。

- Unity 还允许同时运行多个场景。
- 场景允许异步加载。异步加载场景最常用的方式是显示加载进度。

3.2 游戏对象

游戏对象（GameObject）是场景中各种对象的总称。在"Hierarchy"（层级）窗口中，每行是一个游戏对象。

1. 游戏对象操作

单击菜单"GameObject"可以向当前场景中添加根一级的游戏对象，如图 3-6 所示。

在"Hierarchy"窗口中选中游戏对象，在其上单击鼠标右键，在弹出的快捷菜单中可以选择复制、粘贴、重命名或删除游戏对象，也可以为选中的游戏对象添加子游戏对象，如图 3-7 所示。

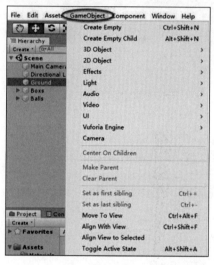

图 3-6

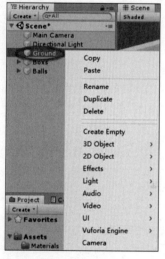

图 3-7

选中后通过鼠标的拖动操作可以修改游戏对象的层级。

2. 游戏对象的禁用

选中游戏对象后，在"Inspector"窗口中取消选中游戏对象左上角的复选框即可禁用该游戏对象。禁用的游戏对象虽然还在场景中，但是不能产生任何影响，游戏对象对应的脚本也不会运行，如图 3-8 所示。

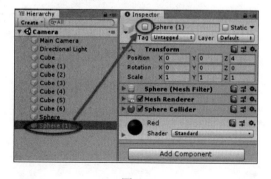

图 3-8

3. 转换（Transform）

游戏对象最基本的属性是转换（Transform）组件，每个游戏对象都有一个 Transform 组件或 Rect Transform 组件，它决定了游戏对象在场景中的位置、角度和缩放，如图 3-9 所示。

35

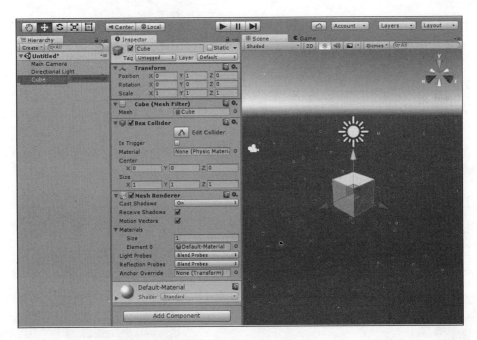

图 3-9

游戏对象可以有父子关系,子对象的启用、大小、位置和缩放以它的父对象为准。一个游戏对象被禁用时,其下的所有子游戏对象都被禁用。

在图 3-10 中,球体的位置虽然是(0,0,0),但是因为其父游戏对象的位置不在场景的(0,0,0)位置,所以该球体位置也不在(0,0,0),而是以其父游戏对象的位置为坐标原点。

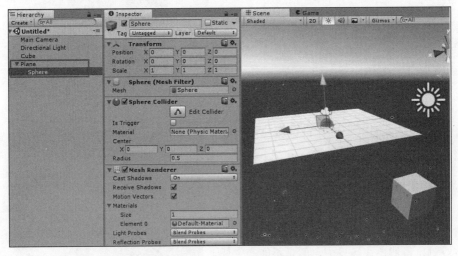

图 3-10

3.3 摄像机游戏对象

摄像机(Camera)是观察场景的窗口,每个场景至少需要一个摄像机才能显示其中的内容。

一个场景中可以存在多个摄像机。例如，在 3D 游戏中，要动态显示小地图，其中的一个方法就是添加一个从顶部垂直往下观看的摄像机，这样就能显示当前玩家所在的位置以及玩家周围的环境和情况。

摄像机最常用的属性有"Culling Mask""Projection""Depth"，如图 3-11 所示。

- Projection

Projection（投影）模式有两种：Perspective（透视）和 Orthographic（正交）。在 Perspective（透视）模式下，物体近大远小，主要用在 3D 游戏下。在 Orthographic（正交）模式下，物体不会因为远近而有大小的变化，主要用在 2D 游戏中。

例如：在场景中，前后错落地设置了几个方块，如图 3-12 所示。当投影为透视模式时，方块近大远小，显示的结果如图 3-13 所示。当投影为透视模式时，方块不会因为距离远近而有大小变化，显示的结果如图 3-14 所示。

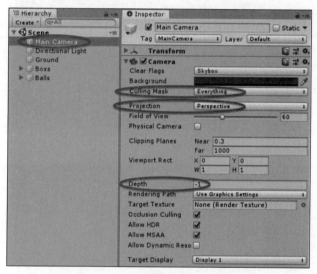
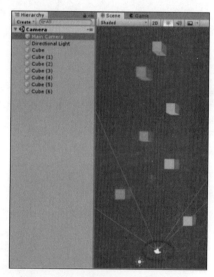

图 3-11　　　　　　　　　　　　　　　　　图 3-12

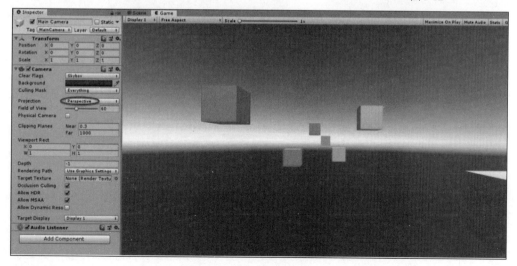

图 3-13

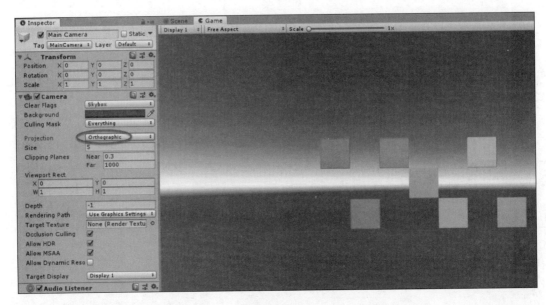

图 3-14

- **Culling Mask**

Culling Mask（剔除遮罩）设置摄像机能够看到的对象。每个游戏对象都有一个 Layer（图层）属性，根据游戏对象的图层和摄像机的剔除遮罩设置，可以决定该物体是否在摄像机中显示。游戏对象默认的图层是 Default。

例如：将摄像机的 Culling Mask（剔除遮罩）设置为只显示图层为 Default 的游戏对象，如图 3-15 所示。

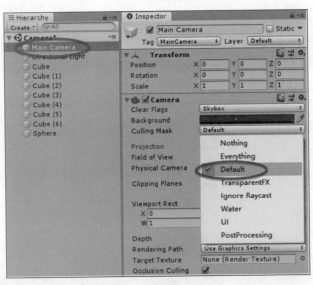

图 3-15

在摄像机前面添加一个球体，如图 3-16 所示。将球体的图层设置为 Default 之后，在运行状态就看不到球体了，如图 3-17 所示，需要注意的是，这样设置只是摄像机看不到了，但是这个球体真实存在并且会起作用。

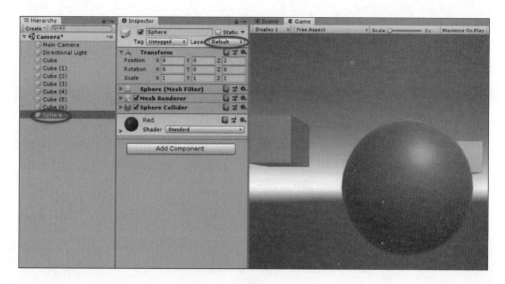

图 3-16

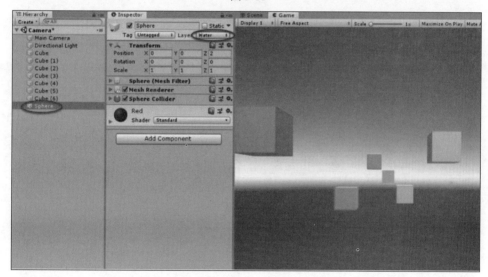

图 3-17

- **Depth**

当一个场景中出现多个摄像机的时候,Depth(深度)属性决定显示的前后。

3.4 组　　件

游戏对象由组件(Component)所组成,不同的功能组件组成了不同功能的游戏对象。

在"Hierarchy"窗口内选中游戏对象以后,单击菜单"Component"中相应菜单选项可以为选中的游戏对象添加组件,如图 3-18 所示。

在"Hierarchy"窗口中,选中游戏对象以后,可以在"Inspector"窗口最下面单击"Add Component"按钮添加组件,这里还可以输入关键词搜索和筛选游戏组件,如图 3-19 所示。

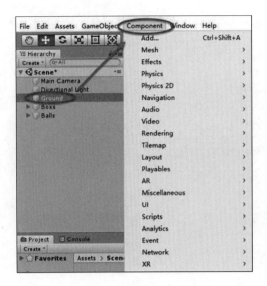

图 3-18

如果是脚本资源,可以在"Hierarchy"窗口内选中游戏对象,然后将脚本从"Project"窗口中拖到"Inspector"窗口中,并设置为组件,如图 3-20 所示。

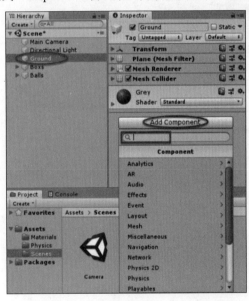

图 3-19

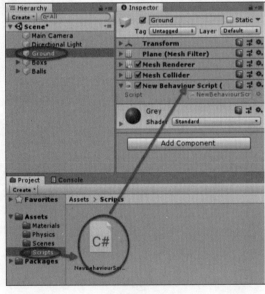

图 3-20

3.5 预 制 件

预制件(Prefab)是将游戏对象的组合固定下来,并作为特殊的资源,以便反复使用。

单击"Hierarchy"窗口中的游戏对象,将其拖动到"Project"窗口中,即可生成预制件,如图 3-21 所示。

使用的时候,将预制件拖到"Hierarchy"窗口或者"Scene"窗口即可,如图 3-22 所示。

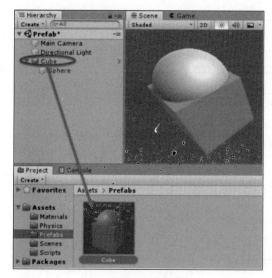
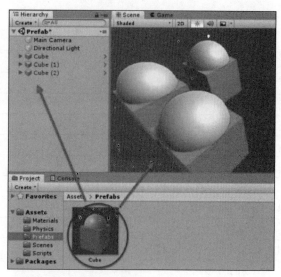

图 3-21　　　　　　　　　　　　　　图 3-22

选中预制件以后，在"Inspector"窗口中单击"Open Prefab"按钮，可以修改预制件，如图 3-23 所示，预制件修改后，所有场景中引用过的该预制件都会被同步更新。

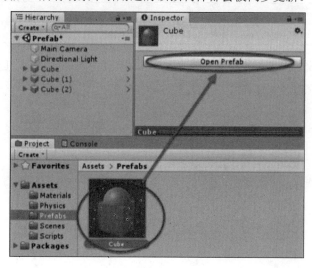

图 3-23

3.6　其他常用内容

3.6.1　3D 模型

Unity 可以导入多种格式（见表 3-1）的 3D 模型，但是并不是对每一种外部模型的属性都支持。不过，在 Unity 中建议使用 ".fbx" 格式的 3D 模型。

表 3-1 Unity 支持多种格式的 3D 模型

种 类	网 络	材 质	动 画	骨 骼
Maya 的.mb 和.mal 格式	√	√	√	√
3D Studio Max 的.maxl 格式	√	√	√	√
Cheetah3D 的.jasl 格式	√	√	√	√
Cinema 4D 的.c4dl 2 格式	√	√	√	√
Blender 的.blendl 格式	√	√	√	√
Carraral	√	√	√	√
COLLADA	√	√	√	√
Lightwave	√	√	√	√
Autodesk FBX 的.dae 格式	√	√	√	√
XSI 5 的.xl 格式	√	√	√	√
SketchUp Pro	√	√		
Wings 3D	√	√		
3D Studio 的.3ds 格式	√			
Wavefront 的.obj 格式	√			
Drawing Interchange Files 的.dxf 格式	√			

可以通过将图片资源直接拖曳到模型上，从而生成模型的贴图。此外，Unity3D 还提供了一些简单的基础模型，如立方体、球体等，如图 3-24 所示。

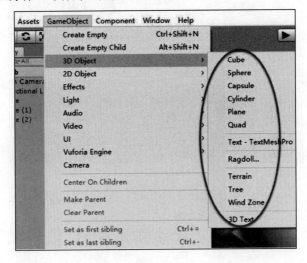

图 3-24

3.6.2 刚体

当为一个包含碰撞器（Collider）组件的游戏对象添加了刚体（Rigidbody）组件后，该游戏对象就变成一个可以赋予物理特性的游戏对象，如图 3-25 所示。其中，可以设置刚体的质量（Mass）、阻力（Drag）、是否受重力影响（Use Gravity）等，如图 3-26 所示。

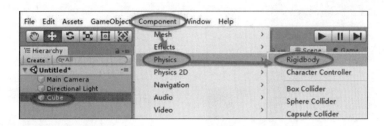

图 3-25

图 3-26

刚体的边缘并不是模型的边缘,而是由模型的碰撞器(Collider)组件来决定的。碰撞器属性默认与模型一样,但是可以编辑大小,即图 3-27 中的外部线框(在软件中应该显示为绿色线框)。另外,导入的 3D 模型默认没有碰撞器组件。

图 3-27

3.6.3 重力

在 Unity3D 虚拟空间中,默认的重力和地球的重力一样。

依次单击菜单选项"Edit→Project Settings→Physics"(见图 3-28),打开设置重力的窗口中,可以在"Gravity"选项中编辑重力的大小和方向(见图 3-29)。

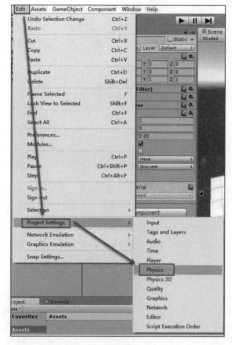

图 3-28

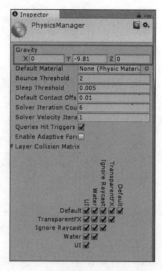

图 3-29

3.6.4 物理特性

依次单击菜单选项"Assets→Create→Physic Material"可以添加物理特性材质，如图 3-30 所示。

其中，可以设置移动中的动态摩擦力（Dynamic Friction）、静态摩擦力（Static Friction）、弹力（Bounciness），数值都是 0 到 1 的浮点数，0 最小，1 最大，如图 3-31 所示。

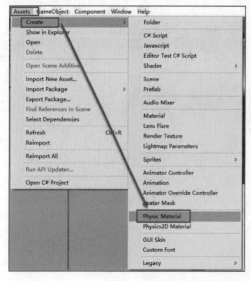

图 3-30

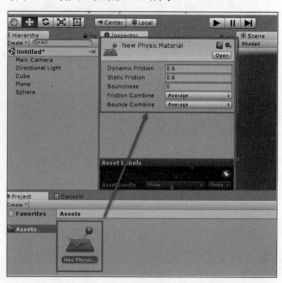

图 3-31

将该资源拖入碰撞器组件的"Material"属性之后，就可以让该游戏对象拥有对应的物理特性，如图 3-32 所示。

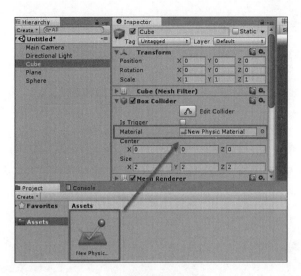

图 3-32

3.6.5 穿透

碰撞器组件中的触发器（Is Trigger）属性可以让具有物理特性的游戏对象被穿透。在两个 3D 游戏对象中有一个的"Is Trigger"属性被选中的情况下（见图 3-33），两个 3D 游戏对象就可以相互穿透。

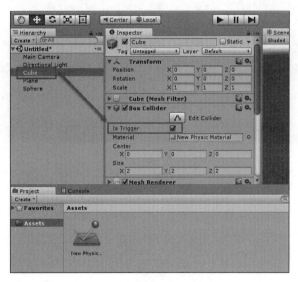

图 3-33

3.6.6 粒子系统

子系统用来在 Unity3D 中模拟流动的液体、烟雾、云、火焰和魔法等效果。用粒子系统模拟出这类效果与用 3D 模型动画和其他方法模拟出这类效果，前者更节省资源。

依次单击菜单选项"GameObject→Effects→Particle System"，就能在场景中添加一个粒子效果，如图 3-34 所示。

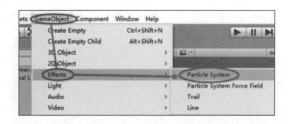

图 3-34

粒子系统有众多的选项可以挑选，也可以通过图片的方式制作出各种效果，如图 3-35 所示。

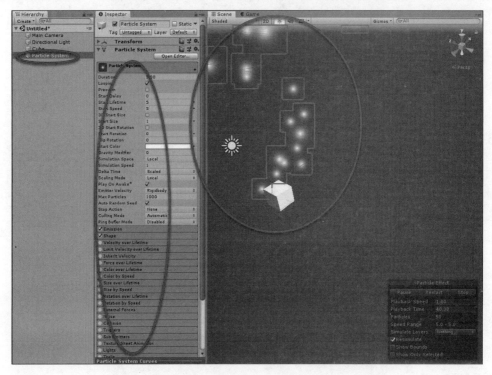

图 3-35

3.6.7 声音播放

选中游戏对象以后，依次单击菜单选项"Component→Audio→Audio Source"就可以在游戏对象上添加音频源组件，如图 3-36 所示。

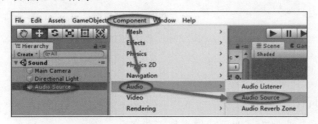

图 3-36

将要播放的音频源拖到"AudioClip"属性中，完成赋值操作，如图 3-37 所示。

确保场景中有一个被激活的音频侦听器（Audio Listener）就可以播放音频了，如图 3-38 所示。

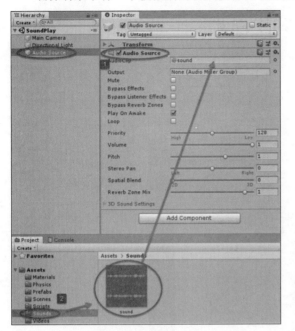

图 3-37　　　　　　　　　　　　　　　图 3-38

3.6.8　视频播放

选中一个带碰撞器（Collider）组件的游戏对象，依次单击菜单选项"Component → Video → Video Player"，即可添加视频播放器组件，如图 3-39 所示。

将要播放的视频拖到"Video Clip"属性中为该属性赋值，如图 3-40 所示。

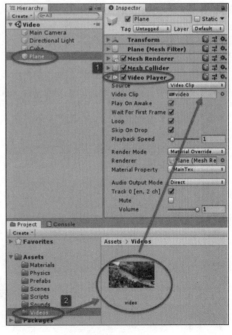

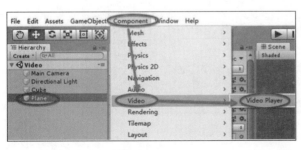

图 3-39　　　　　　　　　　　　　　　图 3-40

这样播放视频只适合播放很小的视频，如果要播放比较大的视频，就需要动态载入。另外，视频播放不但可以在平面上播放，还可以在其他 3D 模型上播放。

3.7　Unity GUI

Unity GUI 提供了常用的 UI（即用户界面），包括按钮、文本、文本框、滚动条、下拉框等。依次单击菜单选项"GameObject→UI"，从中选择需要添加的具体 UI 即可，如图 3-41 所示。

图 3-41

Unity GUI 所有对象都需要归集在画布（Canvas）游戏对象下，并且需要一个事件系统（Event System）游戏对象，如图 3-42 所示。

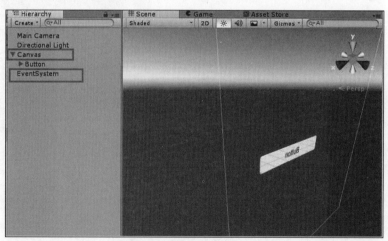

图 3-42

3.7.1　渲染模式

渲染模式（Render Mode）如图 3-43 所示。

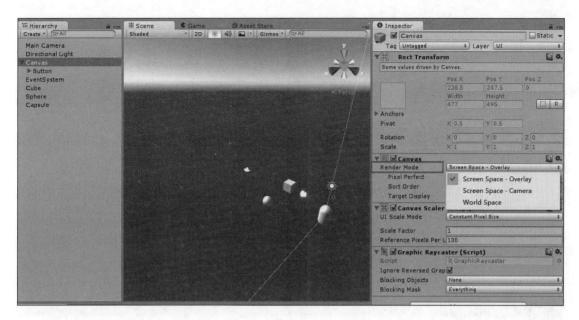

图 3-43

1. 屏幕空间－覆盖（Screen Space – Overlay）

该模式下，UI 会始终出现在 3D 物体的最前方，如图 3-44 所示。

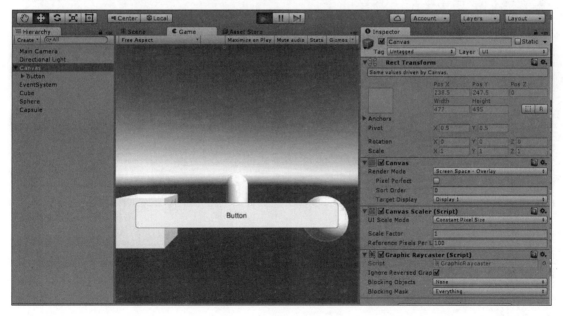

图 3-44

2. 屏幕空间－摄像机（Screen Space – Camera）

该模式下，UI 会出现在距离摄像机一定位置的距离上，其中 Plane Distance 就是 UI 所在平面距离摄像机的位置，如图 3-45 所示。

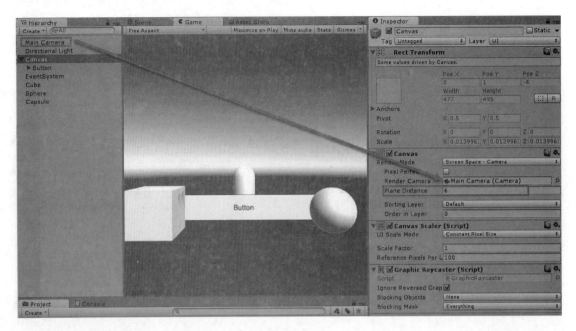

图 3-45

3. 世界空间（World Space）

该模式下，UI 会变成一个场景中的平面对象，如图 3-46 所示。

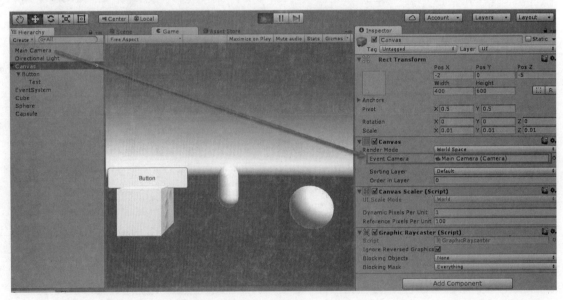

图 3-46

3.7.2 矩阵变换（Rect Transform）

Unity GUI 的游戏对象使用矩阵变换来设置位置，通过锚点（Anchors）属性来定位一个位置，可以是点、线或者面。根据锚点定位的位置来定位游戏对象的位置，如图 3-47 所示。

Unity 提供了一些预设的常用锚点，方便使用者使用，如图 3-48 所示。

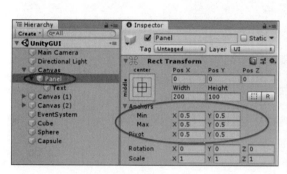
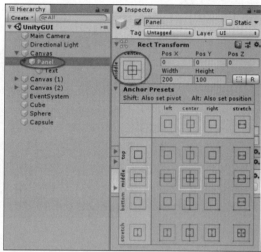

图 3-47　　　　　　　　　　　　　　　图 3-48

1. 绝对定位

以父游戏对象的某个点作为锚点时，子游戏对象不会因为父游戏对象的大小变化而跟着改变，会始终保持大小不变，但是界面的 UI 元素可能会因为屏幕大小的变化跑到屏幕显示区域以外，如图 3-49 所示。

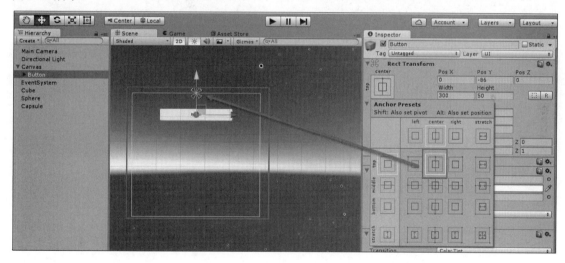

图 3-49

2. 相对定位

以父游戏对象的某条线或区块为锚点时，子游戏对象会因为父游戏对象的大小变化而跟着改变，因此界面的 UI 元素不会因为屏幕大小的变化而跑到屏幕显示区域以外，如图 3-50 所示。

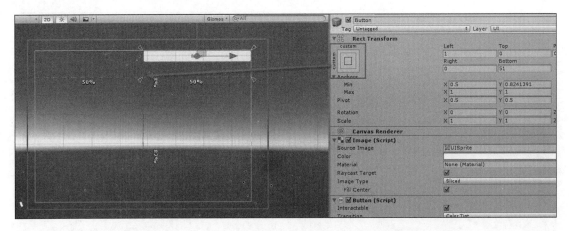

图 3-50

3.7.3 响应脚本

Unity GUI 响应 UI 事件的脚本有两种主要的方式：一种是结合 Unity 编辑器设置的脚本；另一种是完全在脚本中响应。

两种方法各有利弊：结合 Unity 编辑器设置的脚本代码简单，耦合低，可以方便地复用，但是脚本多的时候相互之间的逻辑不易看出来；完全在脚本中设置的话，代码略显复杂，但是可以统一管理逻辑。

1. 结合 Unity 编辑器设置的脚本

新建一个脚本，拖到一个空的游戏对象下，如图 3-51 所示。

脚本中需要一个公有的方法，内容如下：

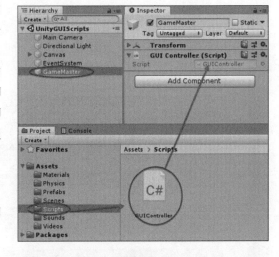

图 3-51

```
using UnityEngine;

public class GUIController : MonoBehaviour
{
    public void OnClicked()
    {
        Debug.Log("按钮被按下");
    }
}
```

以按钮为例，选中"Button"游戏对象，单击"On Click"标签下的"+"按钮，将包含脚本的游戏对象"GameMaster"拖到其中，在下拉列表中设置响应单击事件的方法是"GUIController"脚本的"OnClicked"方法，如图 3-52 所示。

运行以后，单击按钮就能在控制台窗口看到提示信息，如图 3-53 所示。

这种方法还可以传参数，Unity 简单的基本类都可以当作参数。

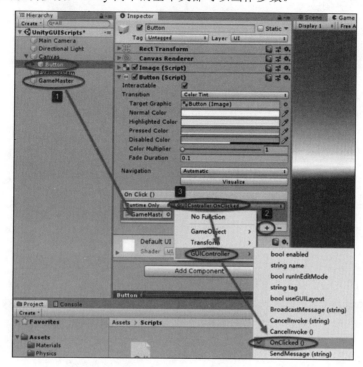

图 3-52

在脚本中添加以下内容：

```
public void OnClicked(string str){
    Debug.Log(str);
}
```

界面设置和之前一样，设置完成之后会多出一行，用于输入参数，如图 3-54 所示。

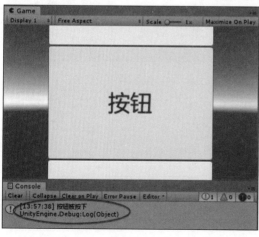

图 3-53

图 3-54

此时运行效果如图 3-55 所示，单击后显示参数的内容。

2. 完全在代码中响应

在脚本中添加如下代码，设置脚本所在的按钮游戏对象之单击响应事件：

```
void Start()
{
    Button btn = GetComponent<Button>();
    if(btn!=null){
        btn.onClick.AddListener (ScriptOnCliced);
    }
}
private void ScriptOnClicked(){
    Debug.Log("脚本直接获取");
}
```

图 3-55

只要将脚本拖到按钮游戏对象上成为组件即可，不需要更多设置，如图 3-56 所示。

其他 UI 设置的方法都是类似的，如图 3-57 所示。

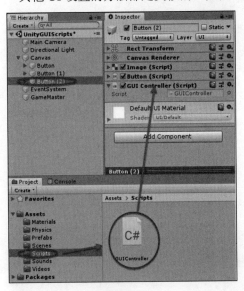

图 3-56

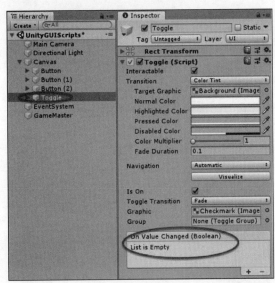

图 3-57

3.8 脚　　本

3.8.1 基本介绍

Unity3D 是基于 Mono 项目实现的，而 Mono 项目可以简单地理解为第三方实现的跨平台的.net framework。

在这里，就不介绍 C#语言的基础，读者可以直接查阅微软的资料，基本数据类型、语法、类的操作等不变。这里只介绍与微软 C#的不同之处。

在"Project"窗口中单击鼠标右键，依次选择"Create→C# Script"就可以添加脚本组件，如图 3-58 所示。

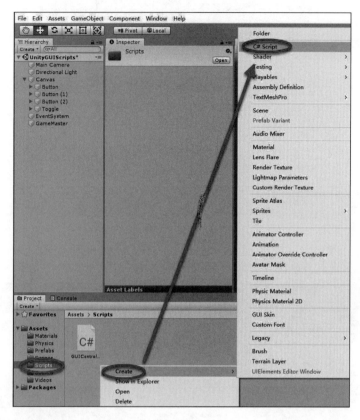

图 3-58

3.8.2 MonoBehaviour

一个脚本想要成为组件，必须继承 MonoBehaviour 类。

在脚本继承了 MonoBehaviour 类之后，公有属性的默认值，可以在 Unity 编辑器中进行设置。例如添加脚本：

```
using UnityEngine;

public class MonoController : MonoBehaviour
{
    public string str;
    public Vector3 vector3;
    public Color color;
    public GameObject go;
    public float f1;
}
```

新建一个游戏对象，将脚本拖到该游戏对象下成为组件，如图 3-59 所示。

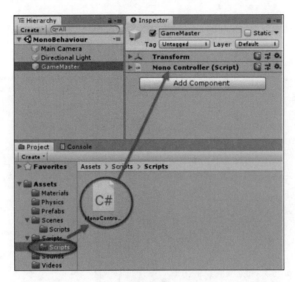

图 3-59

这时,可以直接在脚本组件上设置公有属性的值,如图 3-60 所示。

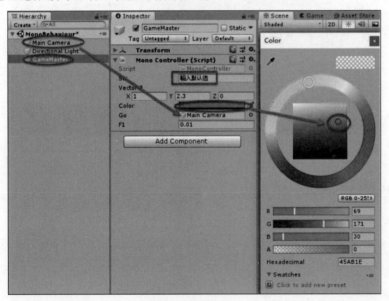

图 3-60

3.8.3 Transform 属性

Transform 属性可以用来设置游戏对象的位置、角度和缩放,等同于在编辑界面修改转换的值。

1. 设置游戏对象位置

对于游戏对象的位置,设置对象的 transform.position 属性即可,代码如下:

```
this.transform.position = new Vector3 (1f, 2f, 3f);
```

等效于在编辑器中直接修改 Position 的值,如图 3-61 所示。

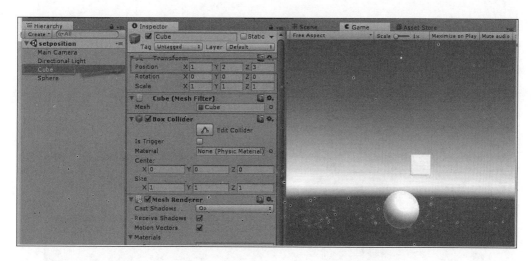

图 3-61

2. 设置游戏对象角度

设置对象的 transform.eulerAngles 属性即可，代码如下：

```
transform.eulerAngles = new Vector3(45f, 10f, 30f);
```

等效于在编辑器中修改 Rotation 的值，如图 3-62 所示。

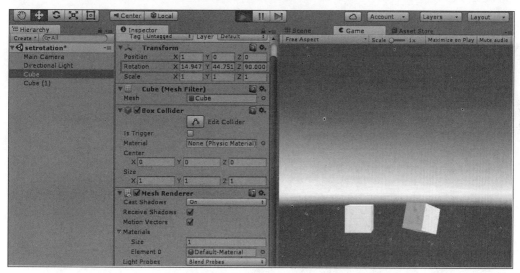

图 3-62

3. 设置游戏对象的缩放

对于游戏对象的缩放，设置对象的 transform.localScale 属性即可，代码如下：

```
transform.localScale = new Vector3 (1.5f, 2f, 3f);
```

等效于在编辑器中修改 Scale 的值，如图 3-63 所示。

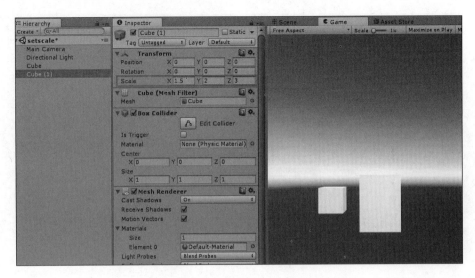

图 3-63

3.8.4 GameObject

GameObject 用来控制游戏对象本身，最常用的方法是启用或者禁用游戏对象，代码如下：

gameObject.SetActive(false);

等效于在编辑器中设置游戏对象的禁用/启用选项。当传入值为 false 时，游戏对象被禁用；当传入值为 true 时，游戏对象被启用，如图 3-64 所示。

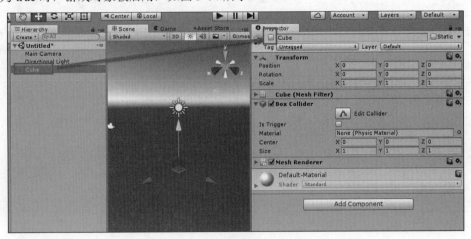

图 3-64

3.8.5 常用事件

- Awake

这个函数总是在任何 Start()函数之前、一个预设对象被实例化之后被调用，如果一个游戏对象是非活动的（Inactive），那么在启动期间 Awake 函数是不会被调用的，直到这个游戏对象是活动的（Active）。

- OnEnable

这个函数只有在游戏对象被启用（Enable）且处于活动（Active）状态才会被调用。会发生在一个 MonoBehaviour 实例被创建时，例如当一个关卡被加载或者一个带有脚本组件的游戏对象被实例化。

- Start

只要脚本实例被启用了 Start()函数就会在 Update()函数第一帧画面之前被调用。

- FixedUpdate

FixedUpdate 函数经常会比 Update 函数更频繁地被调用。一帧画面会被调用多次，如果帧率低，那么可能不会在帧之间被调用，调用不受硬件性能影响。所有的图形计算和更新在 FixedUpdate 之后会立即执行。当在 FixedUpdate 函数中执行移动计算时，并不需要 Time.deltaTime 乘以帧率值，这是因为 FixedUpdate 是按独立于帧率的真实时间来被调用的。

- Update

每一帧都会调用这个函数。对于帧的更新，它是主要的负荷函数，调用次数会随硬件性能的高低而变化。

- LateUpdate

LateUpdate 会在 Update 结束之后调用每一帧，在 Update 执行结束后 LateUpdate 开始运行。LateUpdate 常用于第三人称视角摄像机的跟随效果。

- OnDisable

当行为变为禁用（Disable）或非活动（Inactive）时调用这个函数。

3.8.6 Instantiate

Instantiate 方法（也称为函数）是用来实例化一个预制件的方法，支持泛型，关键代码如下：

```
public GameObject perfab;

public void AddGameObject(){
    Instantiate (perfab);
}
```

新建一个预制件，如图 3-65 所示。将预制件赋值给脚本，如图 3-66 所示。

运行效果如图 3-67 所示，每次单击都会生成一个新的游戏对象。

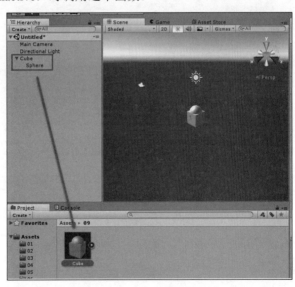

图 3-65

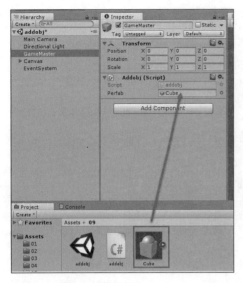
图 3-66

图 3-67

3.8.7 Destroy

Destroy 方法用来删除一个游戏对象或者组件。当传入参数的类型是游戏对象时,将删除该游戏对象;当传入参数的类型是非游戏对象时,将删除该组件,如图 3-68 所示。

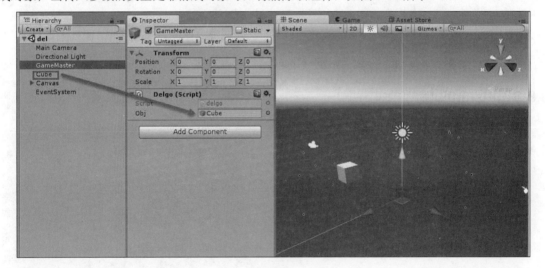
图 3-68

关键代码如下:

```
public GameObject obj;
public void Del(){
    Destroy (obj);
}
```

初始状态如图 3-69 所示,单击"Destroy"按钮以后如图 3-70 所示。

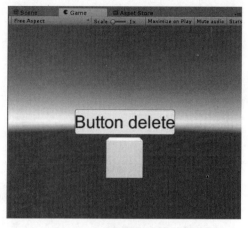

| 图 3-69 | 图 3-70 |

3.8.8 获取指定游戏对象

获取指定游戏对象的基本方法有 4 种。

1. 通过公有属性定义在编辑器中的设置

代码如下：

```
public GameObject go1;
```

将要对应的游戏对象拖到属性中，完成赋值操作，如图 3-71 所示。

这样做相当于设置了静态的值，在运行中无法再次修改。好处是，即使处于非活动状态的游戏对象也能赋值。

2. 调用 GameObject.Find 方法找到游戏对象

代码如下：

```
var go = GameObject.Find("Green");
```

这个方法是在当前运行场景中寻找名为"Green"的游戏对象，如果有多个，则返回第一个。这个方法不能找到被禁用的游戏对象。输入值是要查找的游戏对象的路径和名称，例如可以是"/GameMaster/Grey/Sand"，如图 3-72 所示。

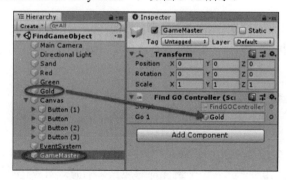

| 图 3-71 | 图 3-72 |

3. 调用 transform.Find 方法找到游戏对象

代码如下：

```
var go = transform.Find("Grey").gameObject;
```

transform.Find 方法找到的其实不是 gameObject 属性的对象，找到的是 transform 属性的对象。不过任何组件都有 gameObject 属性和 transform 属性。

这个方法的缺点是，只能找到指定的 Transform 下的游戏对象，好处是能够查找到未处于活动状态的游戏对象。输入值是要查找的游戏对象的路径和名称，即可以是"/GameMaster/Grey/Sand"。

4. 调用 FindWithTag 方法找到游戏对象

代码如下：

```
var go = GameObject.FindWithTag ("Player");
```

将要查找的游戏对象的"Tag"属性设置为对应值，如图 3-73 所示。

这个方法也不能找到处于非活动状态的游戏对象。

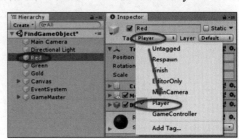

图 3-73

3.8.9 获取指定的组件

获取指定组件的基本方法有 3 种。

1. 通过公有属性定义在编辑器中的设置

代码如下：

```
public Camera cam;
```

将要包含对应组件的游戏对象拖到属性中，完成赋值操作，如图 3-74 所示。

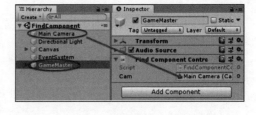

图 3-74

这样做相当于设置了静态的值，在运行中无法再次修改。好处是，即使是处于非活动状态的游戏对象也能赋值。

2. 调用 GetComponent 方法找到游戏对象

代码如下：

```
var audio = GetComponent<AudioSource>();
```

这个方法用于从指定的 Transform 对象中获取组件，如果没有具体指定，则在脚本所在的当前游戏对象下获取组件。

3. 调用 FindObjectOfType 方法获取游戏对象

代码如下：

```
var canvas = FindObjectOfType<Canvas>();
```

这个方法是从当前场景中获取指定类型的组件。因为每个组件都对应具体的游戏对象，所以这种方法也可以用于获取拥有特定组件的游戏对象。

3.8.10 协程

在 Unity 中当某些内容需要等待时，可以使用协程。代码如下：

```
void Start()
{
    Debug.Log("start");
    StartCoroutine(WaitTime());
    Debug.Log("go on");
}
IEnumerator WaitTime(){
    Debug.Log("start wait");
    yield return new WaitForSeconds(5);
    Debug.Log("End wait");
}
```

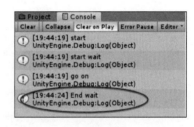

图 3-75

该程序运行时，Debug.Log("End wait");并不会马上被执行，而是等待时间到了才执行，如图 3-75 所示。

3.8.11 场景切换

切换的场景必须都在 Scenes In Build 里。

1. 直接切换

代码如下：

```
SceneManager.LoadScene("First");
```

这时会直接切换到指定场景，但是当指定场景加载比较慢的时候会显示出卡顿的情况，如图 3-76 所示。

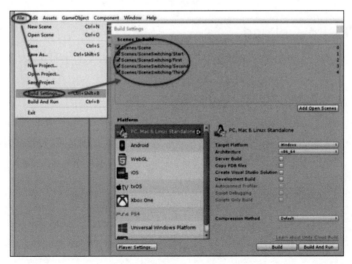

图 3-76

2. 异步切换

代码如下:

```
SceneManager.LoadSceneAsync("Second");
```

异步切换会先加载场景,加载完以后再切换。执行切换以后,仍然可以继续操作,直到加载完成再切换。

3. 带进度条的切换

代码如下:

```
public Slider slider;
private AsyncOperation asyncOperation;
void Update()
{
   if (asyncOperation != null)
   {
      slider.value = asyncOperation.progress;
   }
}
IEnumerator loadScene()
{
   asyncOperation = SceneManager.LoadSceneAsync("Third");
   yield return asyncOperation;
}
public void AsynScene()
{
   StartCoroutine(loadScene());
}
```

这个其实是异步切换的加强版,通过滚动条来显示加载的进度,这种方法用得最多。

3.8.12 DontDestroyOnLoad

调用 DontDestroyOnLoad 可以将对象所在的游戏对象保留,当场景切换时不被销毁,代码如下:

```
DontDestroyOnLoad(gameObject);
```

当有内容需要在不同的场景中进行传递时,可以将信息挂在一个统一的游戏对象下,然后将这个游戏对象用该方法设置为不会因为场景切换而卸载,实现信息在不同场景中的传递。

3.8.13 SendMessage

SendMessage 方法可以用来调用指定游戏对象中脚本组件的方法,无论该方法是否是公有方法。

代码 1(见图 3-77):

```
public GameObject go;
```

```
public void Send(){
    go.SendMessage("Show");
}
```

代码 2（见图 3-78）：

```
private void Show(){
    Debug.Log("SMGetController 脚本被执行了。");
}
```

将按钮单击事件设置为 Send 方法，单击后，就能看到其他脚本的 Show 方法被执行了，如图 3-79 所示。

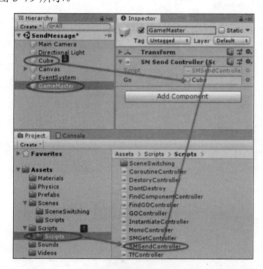

图 3-77

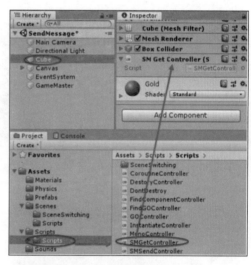

图 3-78

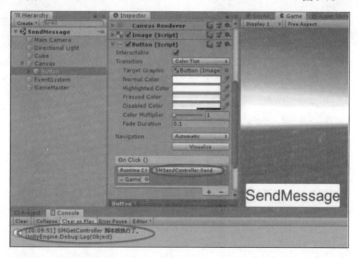

图 3-79

SendMessage 方法可以用来解耦合，因为不需要知道指定游戏对象上的具体类就可以运行。但是这种方法效率很低，所以在效率比较重要的场合，还是推荐使用获取指定游戏对象上的脚本组件以后运行相应的方法。

3.9 资源包的导入和导出

3.9.1 导入资源包

可以直接双击资源包文件来打开资源包，也可以依次单击菜单选项"Assets→Import Package→Custom Package..."，如图 3-80 所示。选中要导入的资源包文件，单击"打开"按钮，如图 3-81 所示。

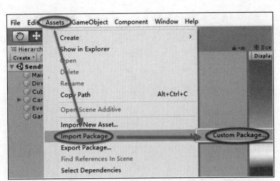

图 3-80

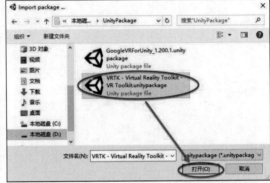

图 3-81

随后确认窗口会提示导入内容的情况，可以选择导入的内容。单击"Import"按钮即可导入，如图 3-82 所示。

3.9.2 导出资源包

选中要导出的内容，依次单击菜单选项"Assets→Export Package"，如图 3-83 所示。在之后的窗口中确认要导出的内容，其中"Include dependencies"选项表示是否包含相关的依赖项目，确定以后，单击"Export..."按钮，如图 3-84 所示。

在弹出窗口中，确定路径，输入资源包名称，单击"保存"按钮即可，如图 3-85 所示。

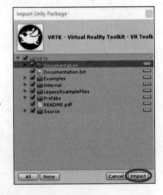

图 3-82

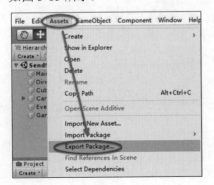

图 3-83

图 3-84

第 3 章 Unity 快速入门

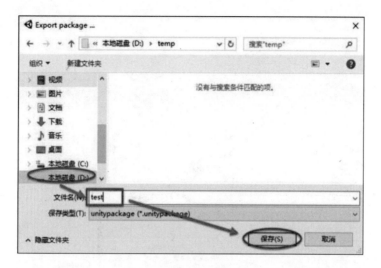

图 3-85

3.10 生 成 应 用

单击"Build Settings"界面中的"Player Settings"按钮，可以在"Inspector"（检查器）窗口中看到运行设置，如图 3-86 所示。单击选择想要生成的平台，此外必须安装过对应平台的支持包，否则就没有对应的"Build"按钮。

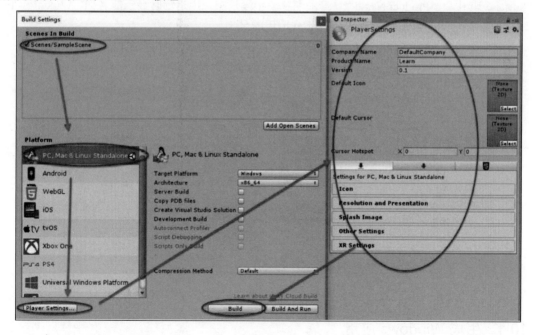

图 3-86

如果要切换生成的平台，在选中其他平台时，对应的"Build"按钮会变成"Switch Platform"，单击"Switch Platform"按钮即可，如图 3-87 所示。

67

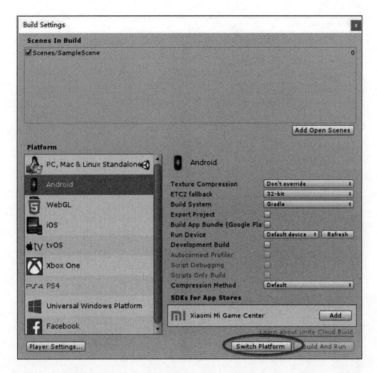

图 3-87

单击"Player Settings..."按钮后，在"Inspector"（检查器）窗口最上面显示通用设置，如图 3-88 所示，其中，"Product Name"（产品名称）字段是指应用运行时显示的名称，Windows 平台会显示在菜单栏上，Android 和 IOS 会显示成应用的名字。

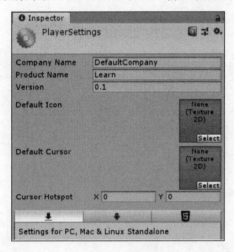

图 3-88

3.10.1 生成 Windows 应用

生成 Windows 平台的应用比较简单，在"Build Settings"界面中设置是否支持 64 位处理器，如图 3-89 所示。生成 Windows 常用的其他设置如图 3-90 所示。

第 3 章 Unity 快速入门

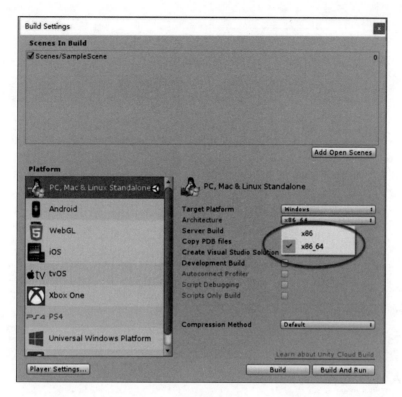

图 3-89

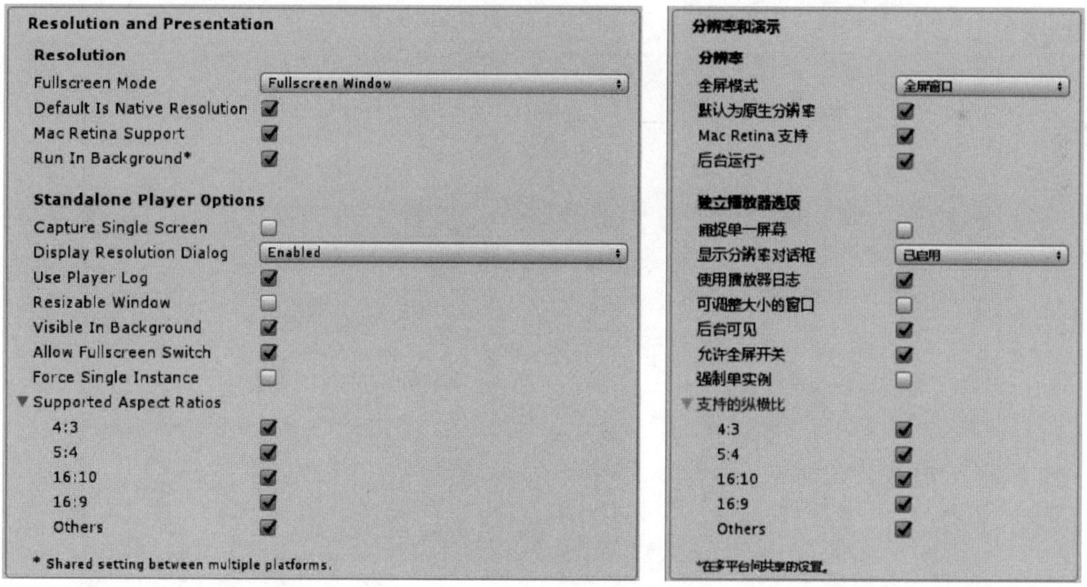

图 3-90

单击"Build"按钮以后，选择保存路径和文件名，单击"保存"按钮，如图 3-91 所示。

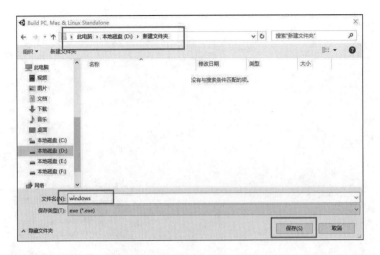

图 3-91

Unity 会生成对应的一个运行程序和目录,如图 3-92 所示。之后,直接单击 exe 文件即可运行。

3.10.2　生成 Android 应用

1. 生成 Android 应用的方式

图 3-92

生成 Android 应用有两种方式,可以在"Inspector"窗口中设置。其中,"Mono"方式需要 Android SDK 的支持,而"IL2CPP"方式需要 Android NDK 的支持,如图 3-93 所示。

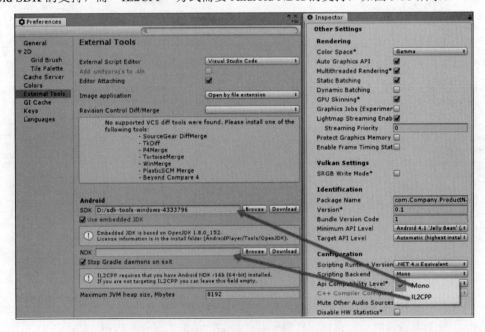

图 3-93

"Mono"的方式运行效率不如"IL2CPP",但是兼容性、稳定性好,不容易出错,因而推荐新手使用。

2. JDK 的设置

Unity 2018 更早的版本，需要安装 Java 环境。从 Unity 2018 后面的版本开始，不需要安装 Java 环境了，因为 Unity 自带了一个 OpenJDK。（以前 JDK 是可以随意使用的，后面 Oracle 将 JDK 改成不允许商用，大概是 Unity 自带 OpenJDK 的原因之一。）

这里推荐使用 Unity 提供的 OpenJDK，不需要更改。当然，如果需要使用其他的 JDK，只要取消对"Use embedded JDK"选项的勾选，然后选择 JDK 的目录即可，如图 3-94 所示。

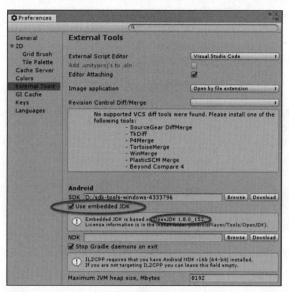

图 3-94

3. Android SDK 设置

Unity 2018.3 以后的版本，要求 Android SDK 的版本不低于 26.1.1，否则会出现提示信息。Android SDK 的下载地址为 https://developer.android.google.cn/studio。

Android SDK 下载下来只有 tools，还需要安装 build-tools、platform-tools 以及对应版本的 platforms 才能使用，而安装过程中需要 Java 环境，如图 3-95 所示。

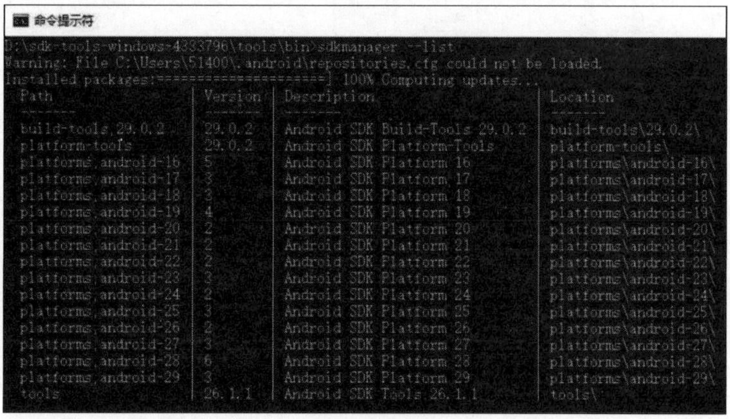

图 3-95

Unity 2018 在 Android 生成上稍微有点尴尬。考虑到 Unity 2019 会将 Android SDK 包含在安装包中，所以这里就不具体介绍 Java 环境的安装配置以及如何下载更新 Android SDK 了。

在随书附带的下载资源中打包了一个 Android SDK，虽然不全但是可以简单使用，下载"sdk-tools-windows-4333796- 21232426.rar"文件，如图 3-96 所示。将该文件解压，会得到一个"sdk-tools-windows-4333796"目录（建议不要放在系统盘），如图 3-97 所示。

图 3-96

图 3-97

在"Preferences"窗口中，将"Android SDK"的目录设置到该目录即可，如图 3-98 所示。

因为网盘文件大小的原因，只能生成 Android 5.0、6.0、7.0 和 8.0 的应用。如果需要生成其他版本的应用，需要更新 Android SDK 的内容，如图 3-99 所示。

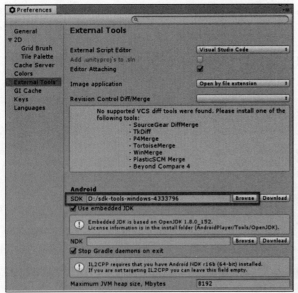

图 3-98　　　　　　　　　　图 3-99

4. 生成 Android 应用

生成 Android 应用最常见的设置之一是屏幕的方向以及是否允许屏幕旋转，如图 3-100 所示。

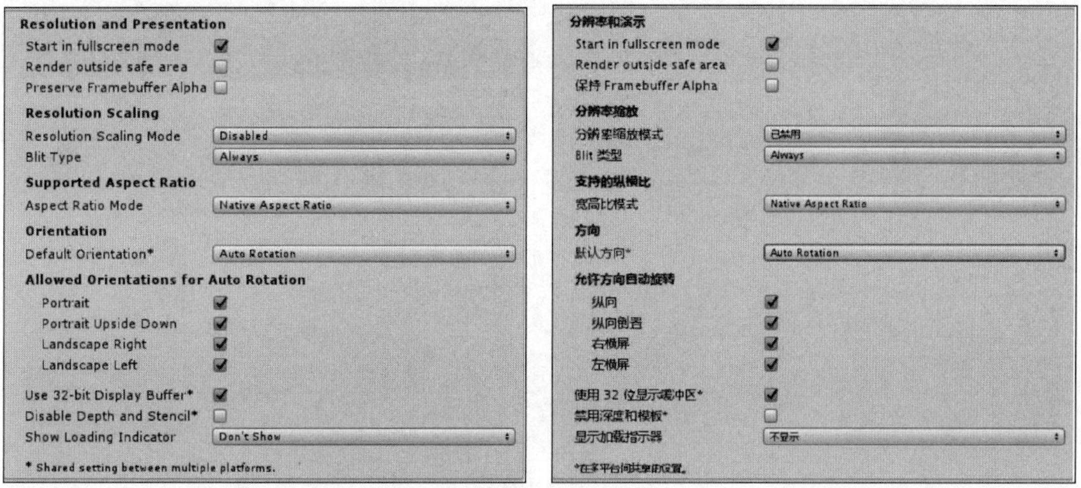

图 3-100

另外，Package Name（包名）不能使用默认的，必须修改。Package Name（包名）相当于应用的身份证号，是识别应用是否为同一个的标识，如图 3-101 所示。

在"Build Settings..."窗口中，单击"Build"按钮以后，选择生成后文件保存的目录和名称，再单击"保存"按钮即可，如图 3-102 所示。

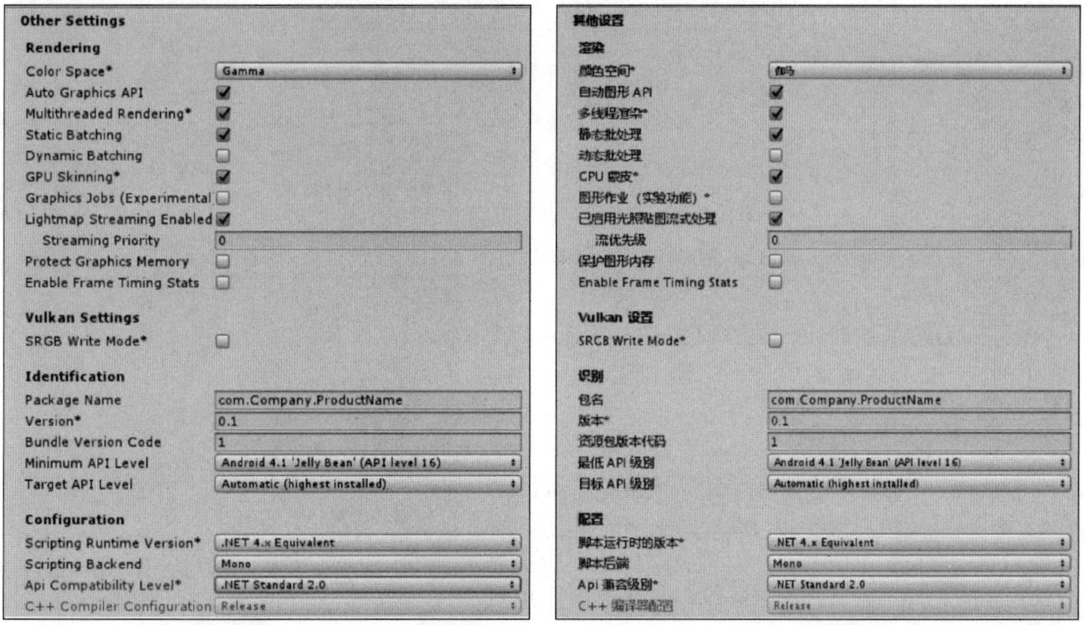

图 3-101

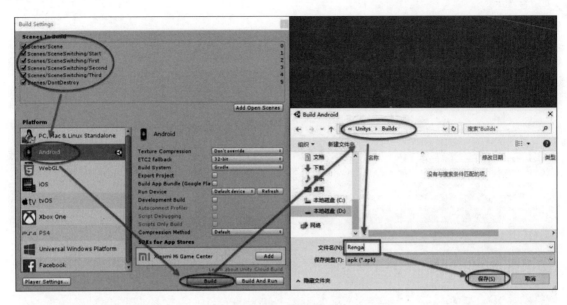

图 3-102

这里需要注意的是，第一次生成 Android 应用的时候，会在图 3-103 所示的这个阶段特别慢。这时，OpenJDK 会需要上网下载一些内容，所以需要确保网络通畅。第一次生成 Android 应用的时候，有可能会用上一个多小时，但是之后再生成的时候就正常了。

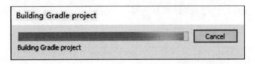

图 3-103

3.10.3 发布 iOS 应用

发布 iOS 应用，Unity 并不会直接生成最终应用，而是生成一个 Xcode 项目，再在 Xcode 里进行编译和发布。

最好用 Mac 版的 Unity 导出项目，在 Windows 版下导出的项目容易出错。

1. 导出 XCode 项目

发布 iOS 应用的常用设置，单击"Build"按钮以后，需要选择文件夹，完成以后会生成一个 Xcode 项目，如图 3-104 所示。

图 3-104

2. 用 Xcode 发布

打开项目，双击文件，如图 3-105 所示。之后选择要使用的证书，Xcode 会自动生成需要的内容，如图 3-106 所示。最后选择调试的设备，单击"运行"按钮即可在设备上进行调试运行，如图 3-107 所示。

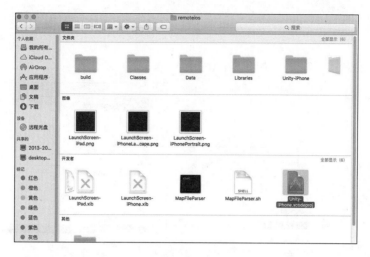

图 3-105

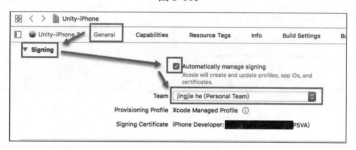

图 3-106

图 3-107

3. 为 Xcode 配置开发者账号

如果要在手机上调试，需要有苹果的开发者账号。第一次打开，需要设置开发者账号，打开"Xcode→Preferences"选项，如图 3-108 所示。

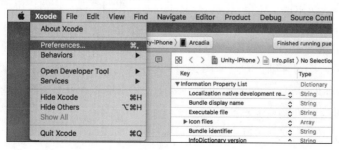

图 3-108

在"Accounts"里添加开发者账号，选中添加好的账号，单击"View Details..."按钮，如图 3-109 所示。

之后，可以设置签名和证书，如图 3-110 所示。

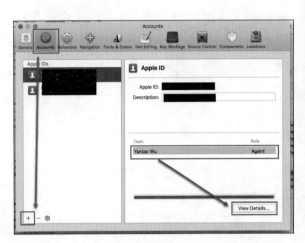

图 3-109

图 3-110

3.11 Unity 商城资源下载和导入

Unity 很重要的一个部分就是资源商城（Asset Store），里面提供了很多素材、插件、工具、案例。无论是学习或者开发，商城都是一个很重要的工具和平台。

资源商城可以在浏览器上打开，选择并购买，但是下载导入最终还是要在 Unity 里完成。

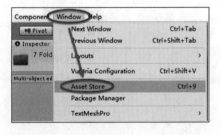

（1）在 Unity 里，依次单击菜单选项"Window→Asset Store"打开资源商城窗口，如图 3-111 所示。

图 3-111

（2）在商城页面，左边会显示一个筛选器，可以根据资源类别筛选资源。页面上方还有搜索框，可以根据名称等搜索资源。在窗口的工具栏里，有"我的资源"按钮，单击后可以看到已购买的资源，如图 3-112 所示。

输入搜索词或者选择资源以后，会列出对应的内容。如果是已购买过的资源就会显示为灰色。单击想要导入的资源，即可详细查看，如图 3-113 所示。

（3）在资源详细页面中，可以看到资源的大小、当前版本及发布日期，还有支持的 Unity 版本。在右上角的按钮会根据情况显示为"购买""下载"和"导入"。当资源已经购买并下载以后，显示"导入"时，单击即可导入资源，如图 3-114 所示。

图 3-112

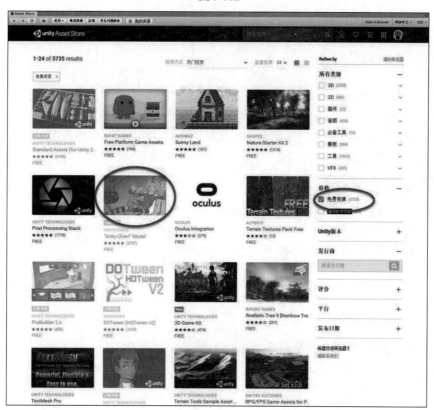

图 3-113

图 3-114

现在 Unity 商城已经支持用支付宝来支付了。

（4）单击"导入"按钮以后，会弹出提示对话框，警告有可能覆盖现有内容。如果没有问题，单击"导入"按钮即可，如图 3-115 所示。如果发现导入内容和项目中的内容有重复，会出现图 3-116 所示的提示。如果确定没有问题，单击"Install/Upgrade"按钮即可。

图 3-115

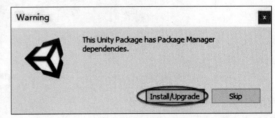

图 3-116

（5）在等待处理结束后会弹出窗口，这里会显示出新增和更新的内容。单击"Import"按钮即可完成导入，如图 3-117 所示。

图 3-117

3.12 Unity 程序设计新手建议

Unity 是基于组件的编程，和常见的网站应用程序的开发在思路上会有比较大的差别。

1. 一个场景还是多个场景

在 Unity 一个项目中，场景可以是一个，也可以是多个。在一个场景的情况下，可以通过 Instantiate 等方法加载需要的内容，用 Destroy 方法销毁不用的内容实现场景中的内容变换。当然也可以用多个场景，在不同场景之间切换，Unity 还允许同时运行多个场景。

对于才接触 Unity 的使用者，建议使用多个场景：将关联度比较高的内容放置在同一个场景，而关联度比较低的内容分配到不同的场景。这样做最大的好处是直观。打开一个场景能够很直观地看到有些什么内容。缺点是当场景特别多的时候，场景之间切换的逻辑会比较复杂。

2. 脚本放在哪个游戏对象

在 Unity 程序中，一个脚本可以在任意位置控制另外一个游戏对象及其组件。这里有个问题，就是脚本放在什么位置。比如，脚本 A 需要控制一个游戏对象移动或者访问其上脚本组件的方法，脚本 A 可以是在当前游戏对象，也可以是在父游戏对象、子游戏对象或者毫无关联的游戏对象上。

一个简单的原则是脚本只去影响或者调用本身所在游戏对象或子游戏对象上的内容，不去影响或者调用其父游戏对象上的内容，尽量避免不同游戏对象之间的调用。这样做的好处是，当一个内容或者一组游戏对象需要在另外的场景再次被使用的时候，只需要将其拖出来生成预制件即可方便地重复使用。

3. Empty GameObject 模式

Empty GameObject 是 Unity 程序最简单的开发模式。通过建立一个空的游戏对象，将不同游戏对象之间关联调用的逻辑脚本放置在该游戏对象上，实现统一的管理，其他的游戏对象之间没有关联，而只与这个空的游戏对象产生联系。这样做会使整个场景中的逻辑比较清晰，并且容易修改。

其他游戏对象与空的游戏对象联系的方法如果性能要求不高，可以调用 SendMessage 方法。这样做可以解耦合。

Empty GameObject 模式最简单，推荐刚接触 Unity 程序的开发者使用。

4. 有限状态机和行为树

有限状态机和行为树是两种常见的实现代码级 AI（人工智能）的模式。这两种方法同样非常适合用来构思如何实现整个场景或者项目的逻辑。当一个 Unity 项目不知道该从哪里下手时，可以考虑用这两种思维方式去思考并尝试找到解决方法，并不一定要在代码层面严格地实现出来。

如果确实要严格地实现有限状态机或者行为树的时候，推荐购买对应的插件：有限状态机插件 PlayMaker 或者行为树插件 Behavior Designer。这两个在 Unity 的商城里，虽然是付费的，但是很好用，因为这两个插件都实现了可视化。使用有限状态机或者行为树开发的时候，可视化可以大大地提高开发的效率并减少出错。

第 4 章
增强现实介绍

4.1 基本概念

增强现实（Augmented Reality，AR）。通过计算机等科学技术，模拟仿真后再叠加，把虚拟信息（物体、图片、视频、音频等等）融合在现实环境中，将现实世界丰富起来，被人类感官所感知，从而达到超越现实的感官体验。

4.2 支持平台

增强现实现在能在移动设备、个人计算机、网页、微信小程序和智能眼镜上使用。

- 现阶段，增强现实主要是在移动设备（如手机和平板计算机）上使用。移动设备的好处是不仅有摄像头，还有众多的传感器，例如 GPS、陀螺仪、罗盘、加速度计等，这让增强现实的实现有了更多的可能和手段。
- 个人计算机只有摄像头，能实现的方式少了很多，主要是以识别特定图片和特定物体为主。
- 网页端实现增强现实主要是为了避免下载和安装程序，但是网页端能获取的计算机性能和传感器相对有限，能实现的应用和个人计算机类似。

微信小程序和网页端的情况类似。

- 智能眼镜是普遍认为增强现实最有前景的平台。如果智能眼镜普及，增强现实很有可能成为改变世界的一种技术。现阶段，虽然很多厂商在智能眼镜上面进行了投入和研究，但是效果并不理想。一句话，前景美好，但短时间内似乎无法实现。

4.3 实现方式

1. 特定图像识别

通过对特定图像的预处理，提取图像信息点，如图 4-1 所示。其中，黄色十字就是图片的信息点，信息点越多，越容易识别。

当摄像头拍摄到的内容中有这些信息点时，可以根据信息点的位置来叠加信息。最常见的是叠加 3D 模型、视频和声音，如图 4-2 所示。

图 4-1

图 4-2

2. 特定物体识别

特定物体识别是特定图片识别的扩展，通过对特定物体表面图案的预处理，根据形状和表面图案提取信息点，实现识别特定物体的功能，如图 4-3 所示。

3. 地理信息定位

识别所在位置经纬度信息、摄像头朝向的方向等，在摄像头拍摄到的内容中叠加信息。最典型的就是 Pokemon Go，如图 4-4 所示。

图 4-3

图 4-4

4. 人体动作识别

主要是利用微软的 Kinect 识别玩家肢体位置，然后在其上叠加内容，比如虚拟试衣，如图 4-5 所示。

5. 面部识别

利用面部识别技术，识别用户面部及五官位置，然后在其上叠加内容，比如虚拟化妆，如图 4-6 所示。

图 4-5

图 4-6

6. 环境理解

检测摄像头捕获的图像中的视觉差异特征点，并且和移动设备的惯性测量结合，实现识别平面或者空间并能计算出移动设备的位置和姿态的变化。

环境理解现阶段只能在特定的移动设备（苹果最新的几款手机，谷歌，华为，小米，三星等一些较新的手机）和一些智能眼镜上实现，如图 4-7 所示。图 4-7 中圈住的部分就是识别出来的平面，而箭头所指的就是特征点。

7. 仅将现实作为背景

仅将现实作为背景，在其上实时叠加信息，算是最边缘的增强现实。

图 4-7

4.4 典 型 案 例

典型案例视频链接：https://www.bilibili.com/video/av54530601/

1. 小熊尼奥系列

这是一款基于特定图像识别、在教育行业的应用。小熊尼奥系列是国内起步较早的一家，主要面向儿童教育，通过扫描卡片显示 3D 模型和场景等信息，如图 4-8 所示。（有兴趣的话，可以自己到天猫搜索相关产品。）

图 4-8

2. Lovelive 卡片

这也是一款基于图片识别的应用,相比小熊尼奥系列,在多卡的互动方面做得比较深入,如图 4-9 所示。

3. 宜家家居

这是一款基于环境理解识别平面、提供销售支持的应用。用户可以通过识别平面以后将虚拟的宜家家居放置在家里,查看家居的大小、位置和颜色等是否合适,如图 4-10 所示。

图 4-9　　　　　　　　　　　　　图 4-10

4. Pokemon Go

Pokemon Go 是一款基于地理定位的 AR 游戏。玩家可以通过智能手机在现实世界里发现精灵,进行抓捕和战斗,如图 4-11 所示。

5. iButterfly

iButterfly 是 2010 年日本做的一个基于地理定位的 AR 应用。走到指定区域以后,可以在手机里看见有蝴蝶在飞,捕捉这些蝴蝶,可以获得优惠券,如图 4-12 所示。

图 4-11　　　　　　　　　　　　　图 4-12

6. 国家地理活动

这个应用只是将现实场景作为背景来使用。在会场指定区域附近,用摄像机拍摄,然后实时叠加上 3D 模型,再放到大屏幕上,如图 4-13 所示。

7. mini 汽车活动

这是一个基于地理定位的应用。活动的时候，打开该应用，会在地图上看到一辆虚拟的 mini 汽车。当走到距离该虚拟汽车 50 米范围内，可以将该汽车抓到自己手机上，带着走。这时，如果别人走到 50 米范围内，也可以把虚拟的 mini 汽车从手机里抓走。活动结束时，谁持有虚拟 mini 汽车时间最长，谁会获得一辆真的 mini 汽车，如图 4-14 所示。

图 4-13

图 4-14

8. Google 地图 AR 导航

Google 地图 AR 导航不仅基于地理定位，还增加了环境认知。在手机上现实周围的地点，导航的时候，能够显示出虚拟的箭头，让看不懂地图的人也能容易地跟着箭头走到目的地，如图 4-15 所示。

百度地图也有 AR 导航的功能，相比之下，Google 地图的 AR 导航加入了对周围环境的判断，定位更加准确，并且能够提示更多的信息，如图 4-16 所示。

图 4-15

图 4-16

此外，很多厂商包括高德也在尝试车载的 AR 导航。车载的 AR 导航除了能用虚拟的箭头指示线路外，还会考虑根据行车安全进行前方车辆行人的提示。

9. 宜家导购

这个是利用识别特定图像并播放视频的一个导购应用。当扫描到商品上方的图像时，会有导购视频播放，如图 4-17 所示。

图 4-17

10. AR 试衣间

这是一款利用微软 Kinect 摄像头实现人体及动作识别的应用。识别之后，将衣服贴在人体的位置实现试衣间的功能，如图 4-18 所示。

11. 面部识别

面部识别在增强现实这个概念流行起来之前就有很多了，只是最近一些增强现实的 SDK 开始把面部识别的功能添加进来。AR 的面部识别现在以识别出人脸的位置为主，不涉及人脸匹配，如图 4-19 所示。

图 4-18　　　　　　　　　　　　　　图 4-19

12. AR 测距

基于环境认知和运动追踪，以此来计算出现实世界中的距离、角度等内容。使用正确并且环境良好的情况下，计算出来的结果还是非常准确的，如图 4-20 所示。

13. 室内导航

以往的室内导航是基于蓝牙、WiFi 或者可见光的，实现之前需要在场景中布设特定设备。利用 ARKit 或者 ARCore 的环境认知中的运动跟踪功能，可以准确地计算出设备的轨迹，从而实现室内导航，如图 4-21 所示。

图 4-20　　　　　　　　　　　　　　图 4-21

14. AR 帮助说明

这是一款利用特定物体识别、显示相关信息的应用。当移动设备识别出物体以后，可以提示出该设备的相关信息，这样的说明比传统的说明书更直观、清楚，如图 4-22 所示。

图 4-22

15. Vuforia Chalk

这是 Vuforia 推出的一款远程协助应用。请求者设备将视频实时传送到协助者的设备上,协助者在设备上画下虚拟的箭头标识,而请求者可以在自己的设备上看到对方画的标志。这些虚拟的标志利用环境认知在对应位置显示,不会因为请求者的设备移动变化而造成误解。

不过,该应用无法在俄罗斯和中国地区使用,如图 4-23 所示。

图 4-23

16. 智能眼镜

智能眼镜是现在能看到的最理想的增强现实载体设备。智能眼镜上的一切应用皆是 AR,如图 4-24 所示。

图 4-24

4.5 常用增强现实 SDK

1. Vuforia

官方网址为 https://developer.vuforia.com/，Logo 如图 4-25 所示。

图 4-25

Vuforia 是国内外用得最多的一个增强现实的 SDK。除了常见的图片识别，Vuforia 还提供了柱体识别、立方体识别、物体识别、虚拟按钮、智能贴图等功能。有免费版可以使用，免费版带有一个不太大的水印。优点是稳定性和兼容性比较高，官方示例不错，更新及时，操作简单，容易上手。缺点是这是一个英文产品，官方文档资料都是英文的，网站访问有时候会很慢，好在有很多的中文教程可以在网络上搜索到。

2. EasyAR

官方网址为 http://www.easyar.cn/，Logo 如图 4-26 所示。

图 4-26

EasyAR 是国产的增强现实 SDK 中使用比较多的一款。EasyAR 的主要功能是图片识别。官方示例做得不错，还有国内常见的涂涂乐（识别图片显示 3D 模型，并将图片映射成 3D 模型纹理）。提供免费版，并且没有水印。官方文档略显简单。

EasyAR 提供了在浏览器和微信小程序上的增强现实功能的 SDK。

3. ARKit 和 ARCore

ARKit 官方网址为 https://developer.apple.com/arkit/，Logo 如图 4-27 所示。
ARCore 官方网址为 https://developers.google.cn/ar/，Logo 如图 4-28 所示。

图 4-27　　　　　　　　图 4-28

2017 年苹果公司推出了自己的增强现实 SDK，即 ARKit；随后 Google 公司推出了对应的在安卓平台上的增强现实 SDK，即 ARCore。

这两款增强现实 SDK 都率先引入了环境认知，给增强现实带来了很多新的方向。缺点是对机型有要求，并不是所有的设备都能使用。

苹果公司的 ARKit 继承了苹果封闭的坏习惯，对于 Unity 开发者来说非常不友善。

4. ARToolKit

官方网址为 https://github.com/artoolkit，Logo 如图 4-29 所示。

图 4-29

ARToolKit 是一个国外的开源的增强现实 SDK。只有图片识别功能，使用起来很不方便，文档写的也一般，唯一优点就是开源。如果需要对识别算法等底层内容进行修改或学习，可以考虑这款 SDK。不过，这款开源的 SDK 有些年头没怎么更新了。

5. mapbox

官方网址为 https://www.mapbox.cn/、https://www.mapbox.com/，Logo 如图 4-30 所示。

图 4-30

高德和百度都没有提供 Unity 的 SDK，腾讯虽有 Unity 的 SDK，但是不给个人使用，连看都看不到。所以，做地理定位增强现实的是 mapbox 这个地理信息数据平台。

虽然其在国内的地图有很多信息缺失，甚至有大片大片的空白，但是可以自己添加，总好过啥都没有。

6. 其他

国内，除了 EasyAR，还有太虚 AR、亮风台几个大的公司，百度阿里也有推出增强现实的 SDK，涉及的方向各有不同。

国外，除了 Vuforia、ARKit 和 ARCore，还有如 Wikitude、Catchoom、D'Fusion、ARmedia、8th Wall 等增强现实的 SDK。

4.6 现状和前景

增强现实现在阶段的需求有，但是不多。增强现实还能做什么，大家一直在探索，相关的企业和人员就显得更少了，比游戏制作都要少。

很多从业人员一直在努力地推动下去，不过更多的是看好增强现实的未来。如果智能眼镜能有突破并得到普及，就有可能会像苹果手机一样改变生活、改变世界。

第 5 章 基于EasyAR SDK的增强现实的开发

5.1 EasyAR 简介

EasyAR（官方网址为 http://www.easyar.cn/）是视辰信息科技（上海）有限公司的增强现实解决方案系列的子品牌，是国内增强现实 SDK 中使用较多的一款。文档尚可，同时也提供了官方的例子，使用起来比较容易上手。

5.1.1 基本介绍

本书将以 EasyAR SDK 2.3.0 版本为例子进行介绍。

EasyAR SDK 提供了图片识别、物体识别以及 SLAM（Simultaneous Localization and Mapping）实时定位与地图构建。在官方的例子中，除了识别图片显示模型、播放视频外，还提供了涂涂乐的例子。此外，EasyAR 还提供了手势识别和姿势识别的 SDK。

EasyAR 除了提供了 Unity 的开发包，还提供了 Web 的开发包，可以在网页和微信里实现 AR。

5.1.2 版本和功能

EasyAR SDK 分 Basic 版、Pro 版和 Pro 试用版，具体区别如表 5-1 所示。

表 5-1 EasyAR SDK 各版本的区别

Basic 版	Pro 试用版	Pro 版
免费	免费	2999 元/License Key
平面图像跟踪	平面图像跟踪	平面图像跟踪
多目标识别与跟踪	多目标识别与跟踪	多目标识别与跟踪
1000 个本地目标识别	1000 个本地目标识别	1000 个本地目标识别
云识别支持（注1）	云识别支持（注1）	云识别支持（注1）
	SLAM（注2）	SLAM
	3D 物体跟踪（注2）	3D 物体跟踪

（续表）

Basic 版	Pro 试用版	Pro 版
云识别支持（注1）	不同类型目标同时识别与跟踪（注2）	不同类型目标同时识别与跟踪
	录屏（注2）	录屏

注1：云识别费用另计，599 元/月。

注2：每天限制 100 次 AR 启动。

5.1.3 支持平台

支持在以下操作系统中使用：

- Windows 7 及以上版本（7/8/8.1/10）。
- Mac OS X。
- Android 4.0 及以上版本。
- iOS 7.0 及以上版本。

Unity 开发支持 Unity 4.6 到 Unity 2018。

播放视频、SLAM 和录屏功能只能在移动设备上使用。

5.1.4 官方演示例子

官方提供了 Unity 的演示例子，有图片识别、物体识别、SLAM 等。

官方演示例子下载地址为 https://www.easyar.cn/view/downloadHistory.html，效果视频网址为 https://www.bilibili.com/video/av24193142。

EasyAR 2.3.0 版本识别图片播放视频只能在 Unity 2018.1 版本下正确播放，Unity 2018 其他版本无法正确播放。

5.2 获取 Key

（1）在官方网站注册账号以后，登录进入网站，单击"开发中心"。

（2）进入开发中心后，依次单击"SDK 授权管理→添加 SDK License key"，如图 5-1 所示。

（3）选择 SDK 类型，学习的话，建议选择"EasyAR SDK Pro 试用版"。输入"应用名称"（打包安装到移动设备以后显示的名称）、"Bundle ID"和"Package Name"（iOS 和安卓应用的身份证号），之后单击"确认"按钮即可，如图 5-2 所示。

（4）创建完成以后，可以在"SDK 授权管理"界面里看到创建的 Key 的信息，如图 5-3 所示。

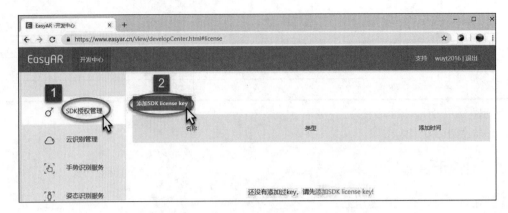

图 5-1

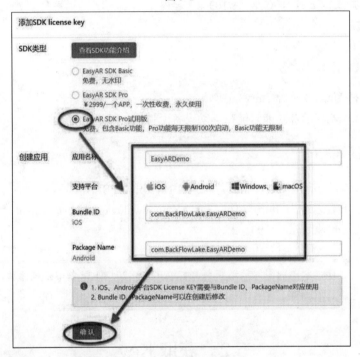

图 5-2

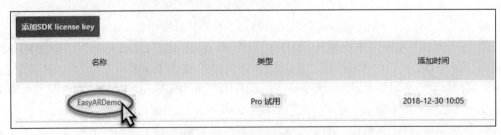

图 5-3

（5）单击 key 的名称后，可以看到 key 的详细内容。默认是 3.x 的 key，单击"查看 EasyAR SDK 1.x、2.x 的 Key"选项可以查看并复制 2.3 用的 key，如图 5-4 所示。

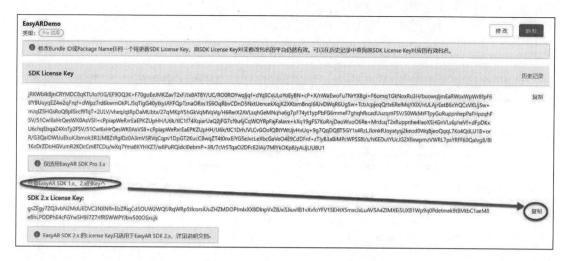

图 5-4

5.3　下载导入开发包

（1）登录官方网站以后，单击"下载"，即可看到 EasyAR SDK 的下载资源。现在的版本是 3.0，单击"历史版本"按钮，如图 5-5 所示。

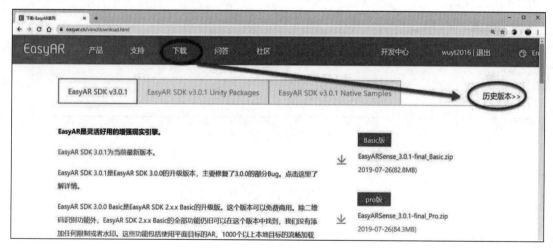

图 5-5

（2）在 2.3.0 版本下，有对应的 Unity 包下载，如图 5-6 所示。

（3）导入后的内容包括 3 个目录，其中"Scenes"目录里面只有一个 readme 文件，可以删掉。

图 5-6

5.4　EasyAR SDK 概述

5.4.1　总体结构

　　EasyAR SDK 的结构主要由"EasyAR_Tracker"追踪器的游戏对象和识别目标的游戏对象组成。其中,"EasyAR_Tracker"游戏对象的子对象内容决定了具体的识别内容和功能,如图 5-7 所示。

　　为了方便使用,官方把不同情况下的"EasyAR_Tracker"都做成了预制件放在"EasyAR/Prefabs/Composites"目录下,使用起来很方便,如图 5-8 所示。

第 5 章 基于 EasyAR SDK 的增强现实的开发

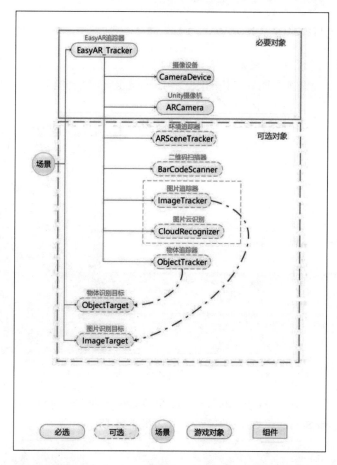

图 5-7

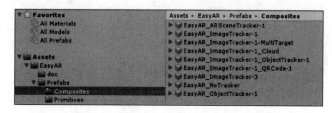

图 5-8

另外几个常用的预制件放在"EasyAR/Prefabs/Primitives"目录下,如图 5-9 所示。

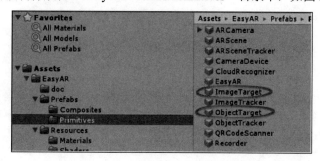

图 5-9

95

5.4.2　EasyAR_Tracker（EasyAR 追踪器）

在"EasyAR_Tracker"中主要需要填写 Key，如果没有正确填写，就会出现错误提示信息"Error:Invalid Key"。将之前在网站申请的"SDK License Key"的内容复制到"EasyAR_Tracker"的"Key"属性中，如图 5-10 所示。

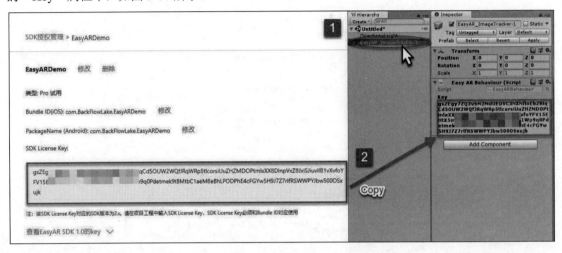

图 5-10

此外，如果要打包应用，"Package Name"必须和 Key 里面的设置对应起来。需要把"Package Name"复制到"Player Settings"对应的项目下，如图 5-11 所示。

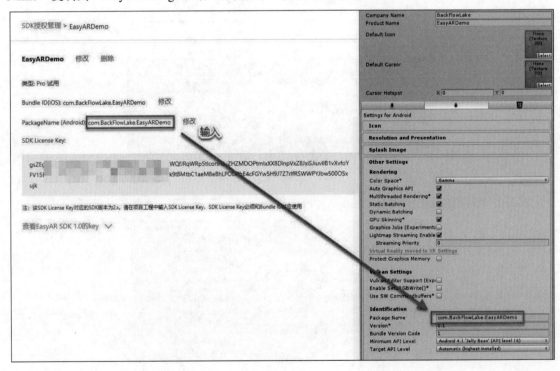

图 5-11

5.4.3 CameraDevice（摄像设备）

"CameraDevice"主要是控制计算机或者手机上摄像头状况的，如果需要在中途才打开摄像头或变更摄像头的设置，则需要对"Camera Device Behaviour"组件进行控制，如图 5-12 所示。

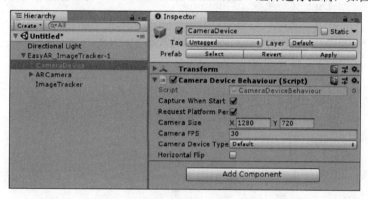

图 5-12

- Capture When Start：程序运行的时候自动打开摄像头并开始拍摄。
- Request Platform Permission：弹出需要使用摄像头的提示。如果没有选中，则不会有该提示，需要手动设置权限。
- Camera Size：设置摄像头的分辨率。
- Camera FPS：设置摄像头的帧数。
- Camera Device Type：设置摄像头类型，比如 Default（默认）、Back（后置）、Front（前置）、Index（用顺序指定）。
- Horizontal Flip：摄像头内容水平翻转。

通常情况下，这里的内容都不需要设置。

5.4.4 ARCamera（Unity 摄像机）

"ARCamera"用来设置 Unity 里的 Camera 内容，基本不用修改，如图 5-13 所示。

图 5-13

- Render Reality：是否显示摄像头设备拍摄到的内容并将其作为背景。

- World Center：有 3 种模式，即 First Target（第一目标）、Camera（摄像机）和 Specific Target（特定目标），实际效果区别不大。只有在多个识别对象交互的时候，会需要调整修改。
  - First Target：场景以第一个跟踪到的目标（Target）为中心。在这个模式下，将无法手动控制 ARCamera 的变换（Transform）。
  - Camera：场景以摄像机为中心。在这个模式下，将无法手动控制目标的变换。
  - Specific Target：场景以 CenterTarget（中心目标）所指定的目标为中心。如果这个指定的目标没有被跟踪，就将会回退到摄像机中心模式。

5.4.5　EasyAR SDK 中类的使用

EasyAR SDK 中的类多数都已经被封装，需要通过继承后对其子类进行设置调用或者在其子类上扩展功能。

例如，ImageTargetBaseBehaviour 类是图片目标的基础类，从官方例子中直接继承以后，对其子类 ImageTargetBehaviour 进行设置，从而使用 ImageTargetBaseBehaviour 类的功能。

```
public class ImageTargetBehaviour :
ImageTargetBaseBehaviour
    {
    }
```

5.4.6　图片识别度检测

EasyAR 还提供了一个在线的图片识别度检测的工具。网址为 https://www.easyar.cn/targetcode.html。

单击"浏览"按钮上传图片以后，可以看到图片识别度的评价。1、2 星是不能识别，3 星是较难识别，4、5 星是易识别，如图 5-14 所示。

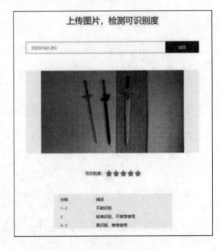

图 5-14

5.5　识别图片显示 3D 模型

5.5.1　最基础的例子——识别一个图片显示 3D 模型

（1）在导入 EasyAR SDK 以后，添加 "StreamingAssets" 目录，并将要识别的图片导入该目录中，如图 5-15 所示。

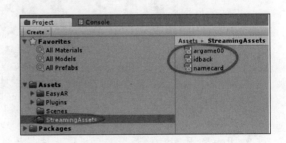

图 5-15

第 5 章　基于 EasyAR SDK 的增强现实的开发

（2）新建一个场景，删除原有的"Main Camera"，从目录"EasyAR/Prefabs/Composites"里将预制件"EasyAR_ImageTracker-1"拖动添加到场景中，并将 EasyAR 的"SDK License Key"复制到"EasyARBehaviour"组件的"Key"属性中，如图 5-16 所示。

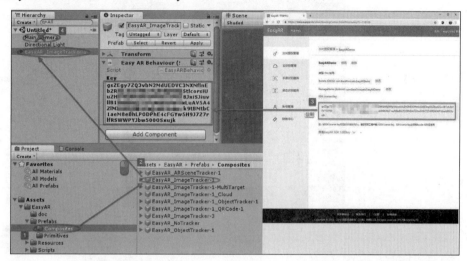

图 5-16

（3）将"EasyAR/Prefabs/Primitives"目录下的预制件"ImageTarget"拖动添加到场景中，如图 5-17 所示。

（4）将场景中的"ImageTracker"游戏对象拖入"ImageTarget"游戏对象的"ImageTargetBehaviour"组件的"Loader"属性中为该属性赋值。

（5）将要识别的图片的路径填写在"ImageTargetBehaviour"组件的"Path"属性中，路径以"StreamingAssets"目录为根目录。

（6）设置"ImageTargetBehaviour"组件的"Storage"属性为"Assets"。

（7）在"ImageTarget"游戏对象下添加子游戏对象，添加的内容就是识别以后要显示的内容。在例子中添加了一个方块，如图 5-18 所示。

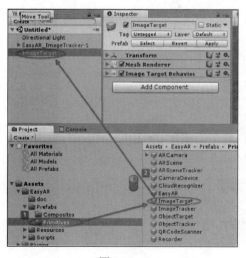

图 5-17　　　　　　　　　　　　　　　图 5-18

99

图片识别显示 3D 模型可以在 Windows 系统下调试，运行以后就可以看到当摄像头对准识别图片时会在识别图片的上方显示一个方块，如图 5-19 所示。

图 5-19

5.5.2　图片识别的两个关键类

图片识别的类结构示意图如图 5-20 所示。

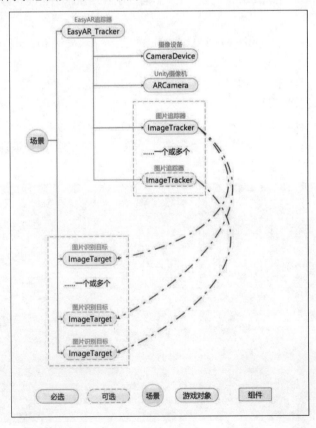

图 5-20

1. ImageTrackerBaseBehaviour

ImageTrackerBaseBehaviour 类的主要作用是设置图片识别的追踪质量和对应图片识别与显示的个数。一个 ImageTrackerBaseBehaviour 类可以对应多个 ImageTargetBaseBehaviour 类。

"Mode"属性可以设置追踪的偏好——质量还是性能，默认为"Prefer Quality"，追踪质量较好。如果需要运行速度更快，可以选择"Prefer Performance"，如图 5-21 所示。

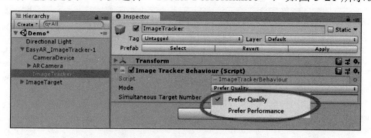

图 5-21

"Simultaneous Target Number"属性设置该追踪器同时能追踪多少个目标对象。在一个场景中，同时能被追踪的目标对象是所有追踪器对象的"Simultaneous Target Number"属性之和，如图 5-22 所示。

图 5-22

2. ImageTargetBaseBehaviour

ImageTargetBaseBehaviour 类主要用于设置被追踪的具体图片和操作追踪以后显示的内容。

"Loader"属性用来指定该目标对象受到哪个追踪器的影响。将对应的追踪器拖入该属性即可，如图 5-23 所示。

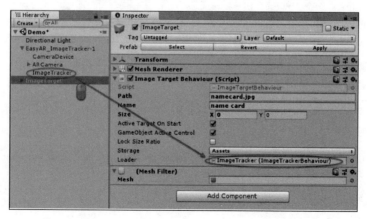

图 5-23

"Storage"属性用来指定识别图片路径的类型。Unity 下建议使用"Assets",这个是以 Unity 程序下的"StreamingAssets"目录为根目录的相对路径,通常是识别图片在打包时就已经存在。当程序打包时,识别图片不存在时,可以考虑使用"App"以程序运行目录为根目录的相对路径或者"Absolute"绝对路径。这个需要运行环境相对固定,如果考虑到各种设备的路径以及权限等问题,当程序打包时,对于识别图片不存在的情况,更推荐使用云识别,如图 5-24 所示。

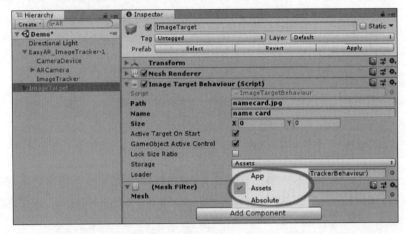

图 5-24

选中"App"时,不同系统的目录如下:

- Android:程序持久化数据目录(注意,这个目录与 Unity 的 Application.persistentDataPath 可能不同)。
- iOS:程序沙盒目录。
- Windows:可执行文件(exe)目录。
- Mac:可执行文件目录(如果 App 是一个 bundle,则这个目录在 bundle 内部)。

"Path"是被识别图片的路径,需要确保是 UNIX 方式的,使用"/"来分隔路径元素,如图 5-25 所示。

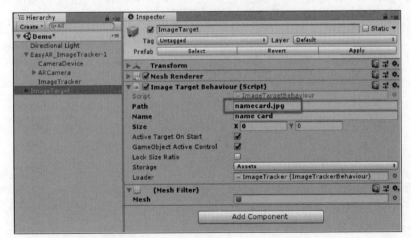

图 5-25

被识别图片是可以重复的。"Path"还可以填写识别图片的配置文件的路径,具体请参考官方文档,地址为 https://www.easyar.cn/doc/EasyAR%20SDK/Guides/EasyAR-Target-Configure.html。

5.5.3 从多张图片中只识别出一张图片

(1)在导入 EasyAR SDK 以后,添加"StreamingAssets"目录,并将要识别的图片导入到该目录中。

(2)新建一个场景,删除原有的"Main Camera",从目录"EasyAR/Prefabs/Composites"里将预制件"EasyAR_ImageTracker-1"添加到场景中,并将 EasyAR 的"SDK License Key"复制到"EasyARBehaviour"组件的"Key"属性中。

(3)将"EasyAR/Prefabs/Primitives"目录下的预制件"ImageTarget"添加到场景中。

(4)将场景中的"ImageTracker"游戏对象拖入"ImageTarget"游戏对象的"ImageTargetBehaviour"组件的"Loader"属性中为该属性赋值。

(5)将要识别的图片的路径填写在"ImageTargetBehaviour"组件的"Path"属性中,路径以"StreamingAssets"目录为根目录。

(6)设置"ImageTargetBehaviour"组件的"Storage"属性为"Assets"。

(7)在"ImageTarget"游戏对象下添加子游戏对象,添加的内容就是识别以后要显示的内容。在例子中添加了一个方块,如图 5-26 所示。

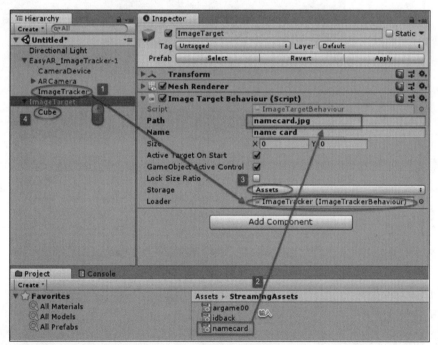

图 5-26

(8)"ImageTrackerBaseBehaviour"的"Size"属性不影响最终的运行效果,为了编辑方便,这里设置一下。根据图片的比例,设置"Size"属性即可,不过不要设置得太大,如图 5-27 所示。

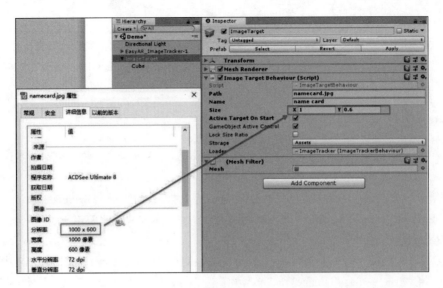

图 5-27

（9）为了在多个图片编辑的情况下便于识别，需要添加一下纹理。在 Unity 下新建一个"Textures"目录，然后将图片导入到该目录，如图 5-28 所示。

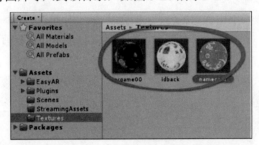

图 5-28

（10）选中导入的"Textures"目录下的图片，在"Inspector"窗口中修改"Texture Shape"属性为"2D"，然后单击"Apply"按钮确认并保存修改，如图 5-29 所示。

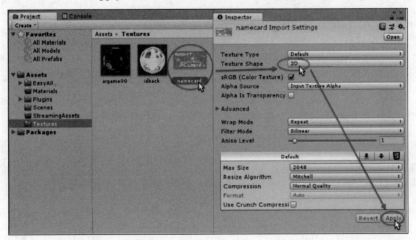

图 5-29

(11) 修改"ImageTarget"下的模型大小，使其大小合适。这时，"ImageTarget"因为没有纹理，显示为粉红色，如图 5-30 所示。

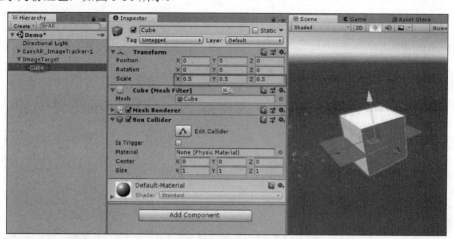

图 5-30

(12) 将与"ImageTarget"的属性"Path"对应的图片纹理拖到"Scene"窗口中的"ImageTarget"游戏对象上，如图 5-31 所示。

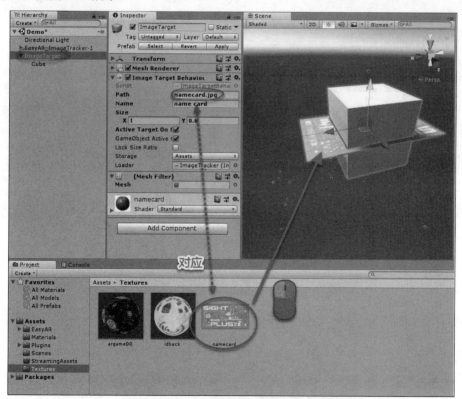

图 5-31

(13) 调整要显示的 3D 模型的大小、角度等。

（14）重复上面的步骤（3）~（13）。每次添加新的"ImageTarget"的时候，记得修改一下位置，避免重叠，虽然重叠不影响最终运行效果，但是不便于编辑，如图5-32所示。

图 5-32

运行效果如图5-33所示。

当摄像头中同时出现多个图片的时候，其中一张图片被识别以后就不再识别其他图片。

图 5-33

5.5.4　从多张图片中同时识别出多张图片

从多张图片中同时识别多张图片和从多张图片中识别出一张图片基本一致，只需要改动一个地方即可。

在上一节（从多张图片中只识别出一张图片）的基础上，修改"ImageTracker"游戏对象下的"Simulations Target Number"属性即可。

1. 单张图片追踪器

例如，将"Simulations Target Number"属性改为 3（见图 5-34），即同时识别 3 张图片。运行结果如图 5-35 所示。

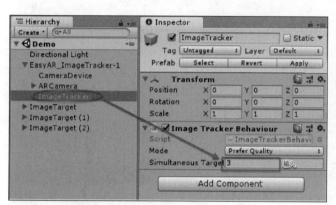 

图 5-34　　　　　　　　　　　　　　　图 5-35

将"Simulations Target Number"属性改为 2（见图 5-36），即同时识别 2 张图片。运行结果如图 5-37 所示。

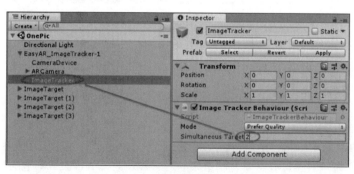 

图 5-36　　　　　　　　　　　　　　　图 5-37

在多张图片同时被识别时，具体哪张图片会被识别是由程序来控制的，一般是最先进入摄像头视野的或者识别率较高的那张图片。

2. 多张图片追踪器

在上一节（单张图片追踪器）的基础上，添加"ImageTracker"即可。

（1）复制一个图片追踪器"ImageTracker"游戏对象，如图5-38所示。

（2）将两个追踪器的"Simulations Target Number"属性都设为1，这时，会同时识别2张图片，即两个追踪器的"Simulations Target Number"属性的和，如图5-39所示。

图5-38

图5-39

（3）将namecard的"ImageTarget"游戏对象的"Loader"属性设置为复制出来的"ImageTracker(1)"游戏对象，其他不变，如图5-40所示。运行结果如图5-41所示。

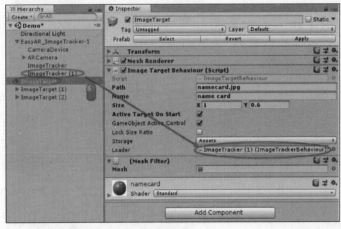

图5-40

图5-41

这时，虽然还是同时识别2张图片，和单张图片追踪器的例子很相似，但是这个例子中namecard照片每次都会被识别，而另外2张图片则随机识别其中的1张。

3. 同时识别多张相同的图片

EasyAR可以同时识别多张相同的图片，在上一节（多张图片追踪器）的基础上，添加"ImageTarget"即可。

复制namecard的"ImageTarget"游戏对象，并将新复制出来的对象显示的模型修改成其他的模型，如图5-42所示。

修改"ImageTracker(1)"游戏对象的"Simulations Target Number"属性，设为2，如图5-43所示。运行结果如图5-44所示。

图 5-42

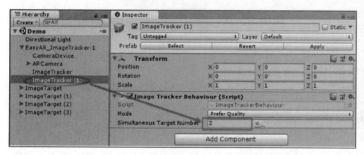

图 5-43

图 5-44

5.6 识别图片播放视频

视频播放只能在移动端进行调试。另外，视频播放对 Unity 版本有一定要求。已知在 Unity 2018.1 的版本是正常的，但是在 Unity 2018.2 的版本中会出现播放出一块黑色区域的现象。

5.6.1 在平面上播放视频

（1）在导入 EasyAR SDK 以后，添加"StreamingAssets"目录，并将要识别的图片导入到该目录中。

（2）新建一个场景，删除原有的"Main Camera"，从目录"EasyAR/Prefabs/Composites"里将预制件"EasyAR_ImageTracker-1"拖动添加到场景中，并将 EasyAR 的"SDK License Key"复制到"EasyARBehaviour"组件的"Key"属性中。

（3）将"EasyAR/Prefabs/Primitives"目录下的预制件"ImageTarget"拖动添加到场景中。

（4）将场景中的"ImageTracker"游戏对象拖入"ImageTarget"游戏对象的"ImageTargetBehaviour"组件的"Loader"属性中为该属性赋值，如图5-45所示。

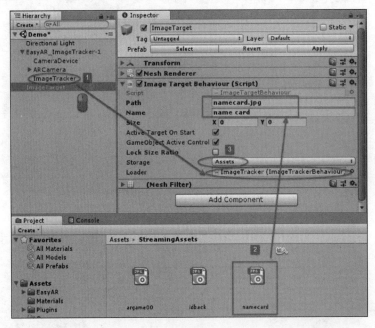

图 5-45

（5）将要识别的图片的路径填写在"ImageTargetBehaviour"组件的"Path"属性中，路径以"StreamingAssets"目录为根目录。

（6）设置"ImageTargetBehaviour"组件的"Storage"属性为"Assets"。

（7）将"ImageTarget"的"Size"属性按照要识别的图片比例进行设置。

（8）在"ImageTarget"游戏对象上单击鼠标右键，选择"3D Object→Plane"，为"ImageTarget"游戏对象添加一个类型为Plane的子对象。

（9）调整"Plane"游戏对象的大小，让其和父节点"ImageTarget"大小一致。

"Plane"的大小就是播放视频的大小，尽管与识别图片大小不一致也不会影响视频的播放，但是一般播放视频的大小和识别图片大小一致时给人的体验是最好的，如图5-46所示。

图 5-46

（10）将目录"EasyAR/Scripts"目录中的"VideoPlayerBehaviour"脚本拖到"Plane"游戏对象下。

（11）将要播放的视频导入"StreamingAssets"目录，然后修改"VideoPlayerBehaviour"组件的属性。

（12）将要播放的视频的路径填写在"VideoPlayerBehaviour"组件的"Path"属性中，路径以"StreamingAssets"目录为根目录。

（13）将"Video Scale Factor Base"的值修改为"0.1"。

（14）将所有选框都选中。

（15）设置"VideoPlayerBehaviour"组件的"Storage"属性为"Assets"，如图 5-47 所示。运行结果如图 5-48 所示。提示的内容是"Video playback is available only on Android & iOS"，即视频播放只支持在安卓和苹果的移动端运行。播放视频的程序调试起来会比较麻烦，都需要打包以后在移动设备上运行才能看到结果。

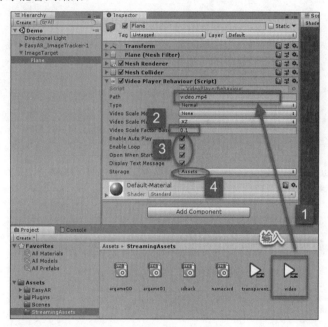

图 5-47

（16）单击"File"菜单下的"Build Settings"，打开发布设置，如图 5-49 所示。

图 5-48

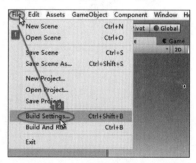

图 5-49

（17）删除"Scenes In Build"下不用的场景，单击"Add Open Scenes"将当前场景添加到"Scenes In Build"当中。也可以直接将当前场景拖到"Scenes In Build"中，如图 5-50 所示。

图 5-50

（18）单击"Platform"下的"Android"选项，然后单击"Player Settings"按钮打开运行设置窗口，如图 5-51 所示。

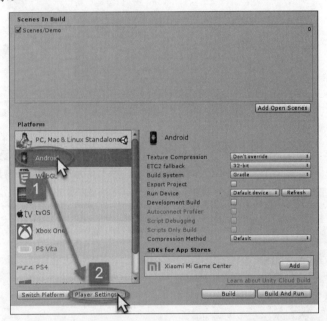

图 5-51

用安卓来调试比用苹果调试方便一些。苹果调试需要将项目先发布成 Xcode 的项目然后再调试。这个过程不光需要有苹果的手机或者 iPad，还必须有苹果计算机。所以，一般推荐使用安卓手机来调试。

（19）在"Inspector"窗口中修改"PlayerSettings"下的"Company Name"和"Product Name"的值，不能用默认的，自己取一个名称填入即可，如图 5-52 所示。

（20）单击"Other Settings"标签，将 EasyAR Key 中的"PackageName"填入到"Other Settings"下的"Package Name"中。选中发布的最低版本，只要高于 4.0 即可，如图 5-53 所示。

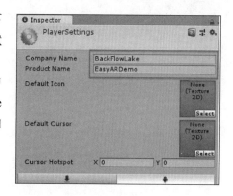

图 5-52

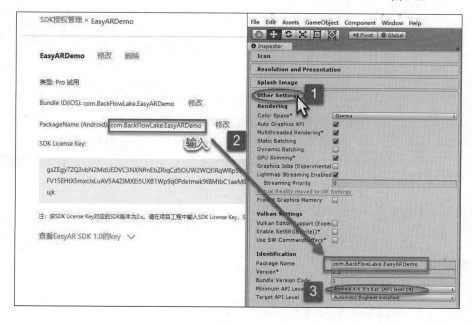

图 5-53

（21）EasyAR 在导出 Android 和 iOS 应用时需要把 Graphics API 设置为 OpenGL ES 2.0。在"Other Settings"标签下，将默认的"Auto Graphics API"的选项去掉，如图 5-54 所示。

（22）单击右边的"+"按钮，再单击"OpenGLES2"，将 OpenGL ES 2.0 添加到项目中，如图 5-55 所示。

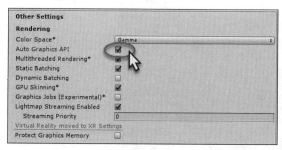

图 5-54

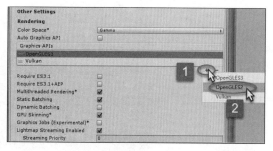

图 5-55

113

（23）选中"Graphics APIs"下的其他项目，然后单击右边的"-"按钮，删除不用的项目，如图 5-56 所示。

（24）选中"Rendering"下的"Static Batching"和"Dynamic Batching"选项，将"Rendering"下的其他选项去掉，如图 5-57 所示。

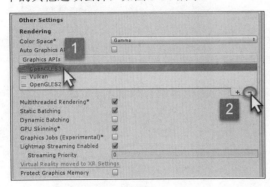 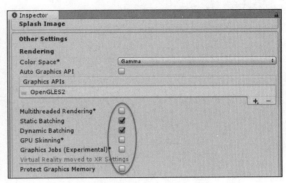

图 5-56　　　　　　　　　　　　　　图 5-57

（25）在"Build Settings"窗口中，单击"Build"按钮。

（26）在弹出的窗口中选择 apk 文件的保存路径，输入文件名，单击"保存"按钮，即可完成发布，如图 5-58 所示。将 apk 文件复制到手机上并安装，运行结果如图 5-59 所示。

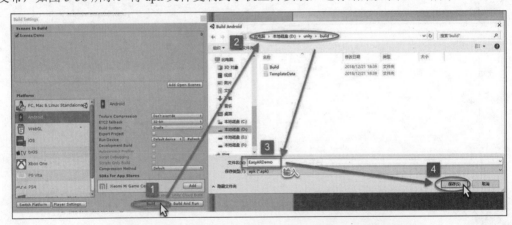

图 5-58

图 5-59

5.6.2 视频播放的关键类

VideoPlayerBehaviour 类是实现视频播放的关键类，可以被添加到任何物体上，视频将会在其上被播放，如图 5-60 所示。

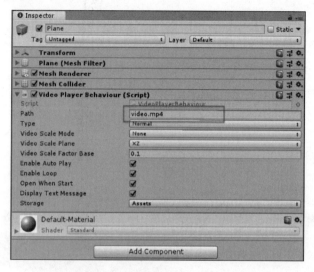

图 5-60

在"Path"属性里填写视频的路径，需要确保是 UNIX 方式的，使用"/"来分隔路径元素。

"Path"属性里的视频除了本地路径外，还可以是 URL 地址，例如官方给的 https://sightpvideo-cdn.sightp.com/sdkvideo/EasyARSDKShow201520.mp4。

"Type"属性用于设置视频的类型，普通的视频用默认的"Normal"即可。

- Normal：普通视频。
- Transparent Side By Side：透明视频，左半边是 RGB 通道，右半边是 Alpha 通道。
- Transparent Top And Bottom：透明视频，上半边是 RGB 通道，下半边是 Alpha 通道。

"Video Scale Mode"用于设置视频缩放方式。

- None：不缩放。
- Fill：填充 ImageTarget，视频会被缩放到与 ImageTarget 同样大小。
- Fit：适配 ImageTarget，视频会被缩放到最大可适配到 ImageTarget 里面的大小。在多数情况下，选择该选项即可。
- Fit Width：适配 ImageTarget 的宽度，视频宽度会被设成和 ImageTarget 的宽度相同，而视频比例不变。
- Fit Height：适配 ImageTarget 的高度，视频高度会被设成和 ImageTarget 的高度相同，而视频比例不变。

"Video Scale Plane"用于设置视频在哪个平面进行缩放。

"Video Scale Factor Base"属性用于设置视频的基础缩放系数，在视频缩放过程中缩放后的视频大小会乘以这个系数。通常可以将 plane 设为 0.1，其他简单物体设为 1。

"Enable Auto Play"属性决定当图片被识别时是否自动播放视频。"Storage"属性是设置视频的路径，和图片追踪对象的类 ImageTargetBaseBehaviour 类的 Storage 属性类似。具体可以参看 5.5.2 小节。如果需要播放的视频源于 URL 地址，则需要选择为"Absolute"。

5.6.3 在 3D 物体上播放视频

EasyAR 不仅可以在平面上播放视频，还可以在其他 3D 物体上播放视频。只要将之前例子中播放的游戏对象从"Plane"改成其他 3D 物体即可。

重复 5.6.1 小节的步骤（1）~（7），添加"EasyAR_ImageTracker-1"游戏对象和"ImageTarget"游戏对象并设置。

（8）在"ImageTarget"游戏对象上单击鼠标右键，选择"3D Object→Cube"，为"ImageTarget"游戏对象添加方块的 3D 对象的子对象。

（9）调整"Cube"游戏对象的大小和位置，让其成为在"ImageTarget"上方的一个方块，长宽略小于"ImageTarget"，如图 5-61 所示。

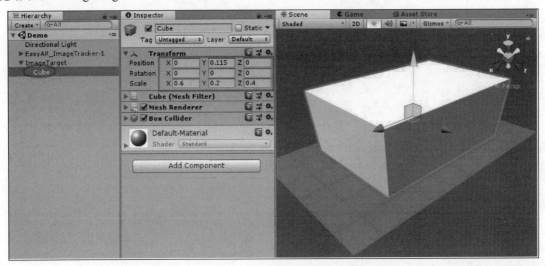

图 5-61

（10）将目录"EasyAR/Scripts"目录中的"VideoPlayerBehaviour"脚本拖到"Cube"游戏对象下。

（11）将要播放的视频导入"StreamingAssets"目录，然后修改"VideoPlayerBehaviour"组件的属性。

（12）将要播放的视频的路径填写在"VideoPlayerBehaviour"组件的"Path"属性中，路径以"StreamingAssets"目录为根目录。

（13）将"Video Scale Factor Base"的值修改为"1"。

（14）将所有复选框都选中。

（15）设置"VideoPlayerBehaviour"组件的"Storage"属性为"Assets"，如图 5-62 所示。

重复 5.6.1 小节的步骤（16）~（26），将项目打包成 apk，并安装到移动设备上，运行效果如图 5-63 所示。这时会看到视频在一个方块的几个面上同时播放。

第 5 章 基于 EasyAR SDK 的增强现实的开发

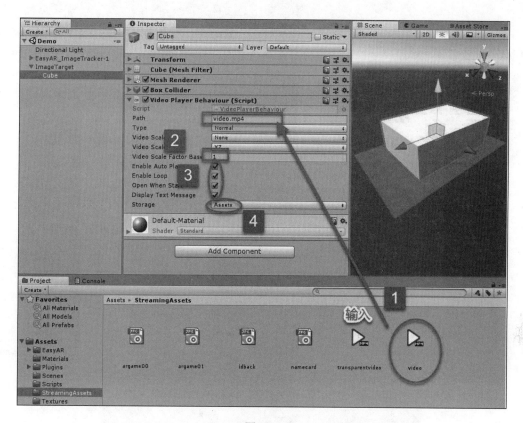

图 5-62

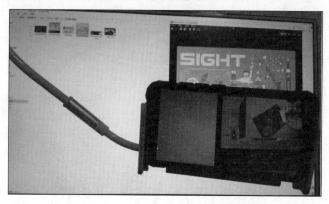

图 5-63

5.6.4 播放透明视频

透明视频是一种特殊的视频,具体制作方式可以上网搜索。官方提供的透明视频直接播放的效果如图 5-64 所示。

在透明视频播放的时候,需要 3D 物体上有特殊的纹理。透明视频播放只需要在上一小节的例子中修改两个地方,其他操作步骤都一样。

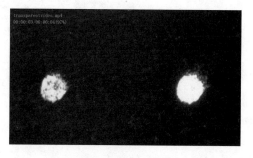

图 5-64

（1）修改 3D 物体的"Mesh Renderer"，为 3D 物体添加特殊的纹理。首先单击"Cube"游戏对象；接着单击"Mesh Renderer"组件左边的小箭头，打开详细内容；然后单击"Element 0"属性右边的按钮，在新窗口"Select Material"中选择"TransparentVideo"选项，如图 5-65 所示。

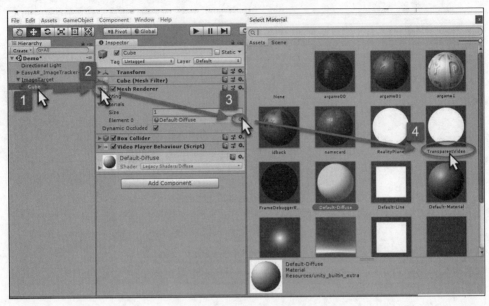

图 5-65

（2）将"Cube"游戏对象下"Video Player Behaviour"组件的"Type"属性修改为"Transparent Side By Side"，如图 5-66 所示。修改完成后，打包，发送到移动设备运行。

从技术上而言，透明视频的效果不如用 Unity 自带的粒子效果来实现更好、可控度更高、修改更方便。如果从成本上来说，某些情况下透明视频制作成本会低一些，也是一种选择，如图 5-67 所示。

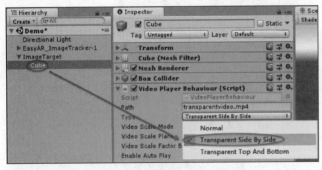

图 5-66   图 5-67

5.7 识别物体

物体识别需要将物体的 3D 信息导入到 Unity。一组物体的 3D 信息包括 3 类文件：3D 模型文件（.obj）、材质文件（.jpg 或.png 等图片文件）和材质库文件（.mtl），如图 5-68 所示。

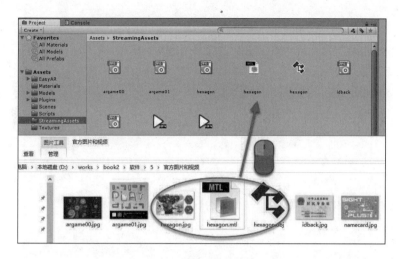

图 5-68

物体识别更多细节可以参看官方说明，网址为 https://www.easyar.cn/doc/EasyAR%20SDK/Guides/EasyAR-3D-Object-Tracking.html。

（1）在 Unity 下新建"Models"目录（也可以是其他目录），将一组 3D 信息文件导入。这里导入的文件将用于在 Unity 的场景中显示并定位物体。

（2）在 Unity 下新建"StreamingAssets"目录，再次导入这一组 3D 信息文件。这里导入的文件是提供给 EasyAR 识别的。

（3）新建一个场景，删除原有的"Main Camera"，从目录"EasyAR/Prefabs/Composites"里将预制件"EasyAR_ObjectTracker-1"拖动添加到场景中，并将 EasyAR 的"SDK License Key"复制到"EasyARBehaviour"组件的"Key"属性中。

（4）将"EasyAR/Prefabs/Primitives"目录下的预制件"ObjectTarget"拖动添加到场景中，如图 5-69 所示。

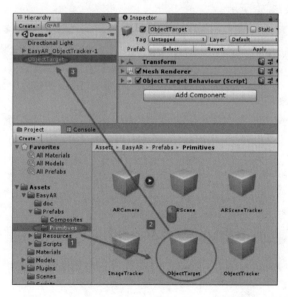

图 5-69

（5）将场景中的"ObjectTracker"游戏对象拖入"ObjectTarget"游戏对象的"ObjectTargetBehaviour"组件的"Loader"属性中为该属性赋值。

（6）将要识别的 3D 模型（.obj）的路径填写在"ObjectTargetBehaviour"组件的"Path"属性中，路径以"StreamingAssets"目录为根目录。

（7）设置"ObjectTargetBehaviour"组件的"Storage"属性为"Assets"，如图 5-70 所示。

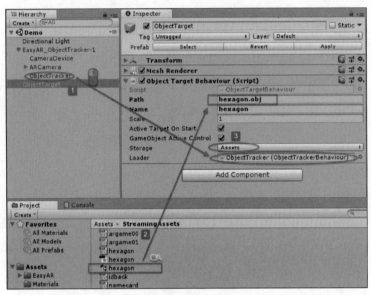

图 5-70

（8）将"Models"目录下的 3D 模型文件（.obj）拖到"ObjectTarget"游戏对象下，成为其子对象。

（9）修改 3D 模型文件的角度，设置"X"为 90、"Z"为-180。这里如果没有设置角度，识别后的位置会偏移，如图 5-71 所示。

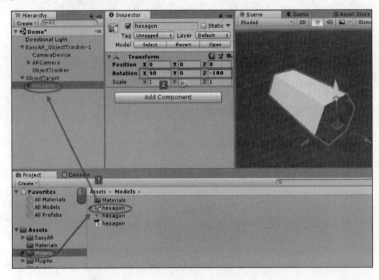

图 5-71

（10）选中场景中的 3D 模型"hexagon"游戏对象，将"Models"目录下的材质文件（.jpg）拖到 3D 模型上，如图 5-72 所示。这时运行程序脚本，当识别出 3D 物体后，会将 Unity 场景中的 3D 模型套在显示的模型上面，如图 5-73 所示。

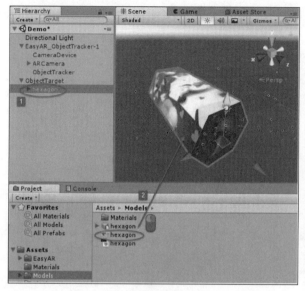
图 5-72

图 5-73

（11）为了更好理解，添加一个新的 3D 物体。在"hexagon"游戏对象上单击鼠标右键，选择"3D Object→Cube"选项，为"hexagon"游戏对象添加一个方块作为子对象。

（12）选中新添加的"Cube"游戏对象，修改其属性，使其在"hexagon"游戏对象旁边，稍微大一点，如图 5-74 所示。这时运行，当识别出 3D 物体以后，还会在旁边添加一个方块，如图 5-75 所示。

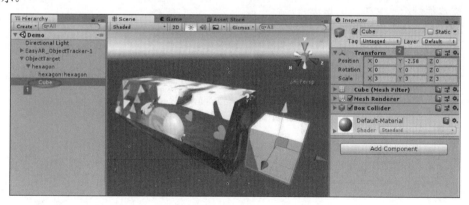
图 5-74

物体识别的类和图片识别的类使用方法基本一致，也可以识别多个、包括路径的设置等。其中也包括识别后播放视频。

在之前的项目上继续。

（13）将要播放的视频导入"StreamingAssets"目录，然后修改"VideoPlayerBehaviour"组件的属性。

（14）将要播放的视频的路径填写在"VideoPlayerBehaviour"组件的"Path"属性中，路径以"StreamingAssets"目录为根目录。

（15）将所有复选框都选中。

（16）设置"VideoPlayerBehaviour"组件的"Storage"属性为"Assets"。

重复 5.6.1 小节的步骤（16）～（26），将项目打包并安装到移动设备。运行后，视频会在 3D 模型表面播放，效果如图 5-76 所示。

图 5-75

图 5-76

5.8 相关的程序控制

EasyAR 的程序控制主要是通过继承相关的父类，然后通过在子类中扩展功能来实现。之前的例子中的脚本都继承了父类，但是没有进行扩展。

5.8.1 图片识别后的控制

AR 程序的很多控制是发生在识别以后，常见的是当图片被识别和识别图片从屏幕中消失的时候。图片识别后的控制是通过继承并扩展父类"ImageTargetBaseBehaviour"来实现的。

（1）在项目中添加一个新的脚本，命名为"ImageTargetShow"。

脚本内容如下：

```
public class ImageTargetShow : ImageTargetBaseBehaviour
{
    ...
    protected override void Awake()
    {
        base.Awake();

        // 订阅事件
        TargetFound += OnTargetFound;        // 识别成功事件
        TargetLost += OnTargetLost;          // 识别对象丢失事件
```

```
            TargetLoad += OnTargetLoad;        // 目标加载事件
            TargetUnload += OnTargetUnload;    // 目标卸载事件
            //找到文本
            uiText = FindObjectOfType<Text>();
        }
        void OnTargetFound(TargetAbstractBehaviour behaviour)
        {
            Debug.Log("Found: " + Target.Name);          // 输出到控制台
            // 输出到 UI 文本
            uiText.text = "Found: " + Target.Name + "\r\n" + uiText.text;    }
        void OnTargetLost(TargetAbstractBehaviour behaviour)
        {
            Debug.Log("Lost: " + Target.Name);           // 输出到控制台
            // 输出到 UI 文本
            uiText.text = "Lost: " + Target.Name + "\r\n" + uiText.text;
        }
        void OnTargetLoad(ImageTargetBaseBehaviour behaviour,
ImageTrackerBaseBehaviour tracker, bool status)
        {
            Debug.Log("Load target (" + status + "): " + Target.Id + " (" + Target.Name
+ ") " + " -> " + tracker);
        }
        void OnTargetUnload(ImageTargetBaseBehaviour behaviour,
ImageTrackerBaseBehaviour tracker, bool status)
        {
            Debug.Log("Unload target (" + status + "): " + Target.Id + " (" + Target.Name
+ ") " + " -> " + tracker);
        }
    }
```

脚本说明

① 引用 EasyAR：

```
using EasyAR;
```

② 将父类从 MonoBehaviour 改为 ImageTargetBaseBehaviour：

```
public class ImageTargetShow : ImageTargetBaseBehaviour
```

③ 重写 Awake 事件。因为父类变了，所以原来默认的事件有些也要修改。官方明确了 4 个（如果使用到）需要重写的事件。

```
protected virtual void Awake()
protected virtual void OnDestroy()
protected virtual void Start()
protected virtual void Update()
```

④ 在 Awake 事件中订阅对应事件：

```
protected override void Awake()
{
    ...
    // 订阅事件
    TargetFound += OnTargetFound;      // 识别成功事件
    TargetLost += OnTargetLost;        // 识别对象丢失事件
    TargetLoad += OnTargetLoad;        // 目标加载事件
    TargetUnload += OnTargetUnload;    // 目标卸载事件
    ...
}
```

⑤ 响应事件，并在对应的事件处理方法中添加需要控制的内容。在这个例子里只是把识别对象的名称显示到控制台和屏幕上。

```
void OnTargetFound(TargetAbstractBehaviour behaviour)
{
    Debug.Log("Found: " + Target.Name);        // 输出到控制台
    // 输出到UI文本
    uiText.text = "Found: " + Target.Name + "\r\n" + uiText.text;
}
```

（2）新建一个场景（Scene），如 5.5.3 小节中前两步那样添加识别图片，再添加"EasyAR_ImageTracker-1"游戏对象并设置，接着添加"ImageTarget"游戏对象，如图 5-77 所示。

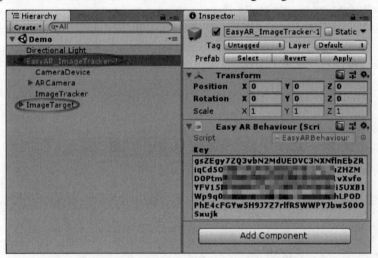

图 5-77

（3）移除"ImageTarget"游戏对象中的脚本组件，如图 5-78 所示。
（4）将刚才写好的脚本 ImageTargetShow 拖入"ImageTarget"游戏对象中，如图 5-79 所示。
（5）"ImageTarget"游戏对象的设置和 5.5.3 小节一样。

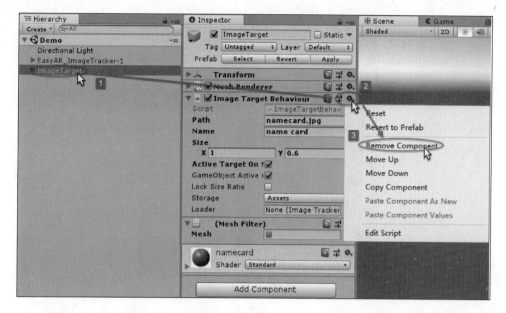

图 5-78

（6）在场景中添加一个用于文本显示的游戏对象（执行"GameObject→UI→Text"菜单命令即可），如图 5-80 所示。

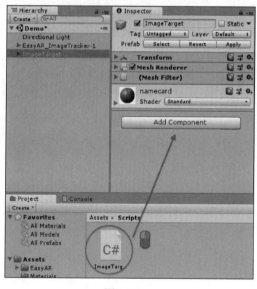

图 5-79

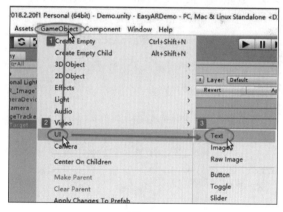

图 5-80

（7）设置"Text"游戏对象的属性、大小、定位、文字颜色。

（8）运行效果如图 5-81 所示。

当图片被识别时，就会在控制台和屏幕上显示被识别图片的 name，即"ImageTarget"游戏对象中"Name"参数的值。

图 5-81

5.8.2 通过程序控制图片识别

通过程序控制图片识别也是通过继承并扩展父类 ImageTargetBaseBehaviour 来实现的。

ImageTargetBaseBehaviour 提供了 3 个方法可以用来动态设置识别图片信息，分别是 SetupWithImage、SetupWithJsonString 和 SetupWithJsonFile。初学推荐使用 SetupWithImage。

bool SetupWithImage(string path, StorageType storageType, string targetname, Vector2 size)的 4 个参数分别是图片的路径、路径类型、名称和大小。和在 Unity 的 Editor 界面上设置的基本一致。

关于 SetupWithJsonString 和 SetupWithJsonFile 的使用，可以参考官方文档，地址为 https://www.easyar.cn/doc/EasyAR%20SDK/Unity%20Plugin%20Reference/2.0/ImageTargetBaseBehaviour.html。

（1）在项目中新建一个脚本，并命名为 ImageTargetDynamic：

```
public void ShowNamecard()
{
    SetupWithImage("namecard.jpg", StorageType.Assets, "name card", new Vector2(1f, 0.6f));
}
public void ShowIdback()
{
    SetupWithImage("idback.jpg", StorageType.Assets, "id back", new Vector2(1f, 0.618f));
}
```

其中，调用 SetupWithImage 方法分别设置所在游戏对象的识别对象是 namecard.jpg 和 idback.jpg。

（2）新建一个 Scene（场景），如 5.5.3 小节中前两步那样添加识别图片，添加"EasyAR_ImageTracker-1"游戏对象并设置，再添加"ImageTarget"游戏对象。

（3）移除"ImageTarget"游戏对象中的脚本组件。
（4）将刚才写好的脚本 ImageTargetDynamic 拖入"ImageTarget"游戏对象中。
（5）将场景中的"ImageTracker"游戏对象拖入"ImageTarget"游戏对象"ImageTargetBehaviour"组件的"Loader"属性中赋值。
（6）将"Active Target On Start"选项的勾选取消。在启动以后，这个图片识别目标不会被激活，如图 5-82 所示。

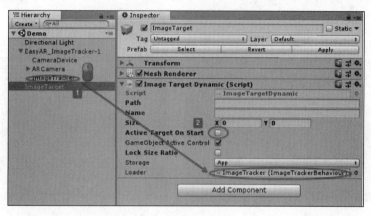

图 5-82

（7）在"ImageTarget"游戏对象下添加一个方块。
（8）在场景（Scene）中添加 2 个按钮。
（9）分别设置两个按钮的单击事件是"ImageTarget"游戏对象下的 ShowNamecard 和 ShowIdback 方法，如图 5-83 所示。

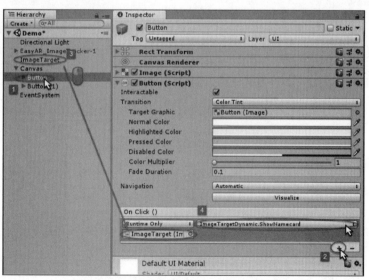

图 5-83

运行结果如下：
② 启动之后，摄像头对准识别图片并没有反应，如图 5-84 所示。

② 单击"id back"按钮后，会识别身份证背面的图片。即运行了如下的程序脚本，运行结果如图 5-85 所示。

```
SetupWithImage("idback.jpg", StorageType.Assets, "id back", new Vector2(1f, 0.618f));
```

图 5-84

图 5-85

③ 单击"name card"按钮后，会识别另外的图片。即运行了如下程序脚本：

```
SetupWithImage("namecard.jpg", StorageType.Assets, "name card", new Vector2(1f, 0.6f));
```

5.8.3 物体识别后的控制

物体识别后的控制脚本和前面小节图片识别后的控制基本上是一致的，只需要改动几个地方就可以了。物体识别后的控制是通过继承并扩展父类 ObjectTargetBaseBehaviour 来实现的。

（1）在项目中添加一个新的脚本，命名为 ObjectTargetShow：

```
public class ObjectTargetShow : ObjectTargetBaseBehaviour {
    ...
    protected override void Awake()
    {
        base.Awake();

        // 订阅事件
        TargetFound += OnTargetFound;       // 识别成功事件
        TargetLost += OnTargetLost;         // 识别对象丢失事件
        TargetLoad += OnTargetLoad;         // 目标加载事件
        TargetUnload += OnTargetUnload;     // 目标卸载事件
    }

    void OnTargetFound(TargetAbstractBehaviour behaviour)
    {
        Debug.Log("Found: " + Target.Name);     // 输出到控制台
```

```csharp
        // 输出到 UI 文本
        uiText.text = "Found: " + Target.Name + "\r\n" + uiText.text;
    }

    /// <summary>
    /// 识别对象丢失事件处理方法
    /// </summary>
    void OnTargetLost(TargetAbstractBehaviour behaviour)
    {
        Debug.Log("Lost: " + Target.Name);          // 输出到控制台
        // 输出到 UI 文本
        uiText.text = "Lost: " + Target.Name + "\r\n" + uiText.text;
    }
```

和图片识别后的控制脚本不同的地方如下：

① 继承的父类不一样，图片识别控制继承的父类是 ImageTargetBaseBehaviour，而物体识别控制继承的父类是 ObjectTargetBaseBehaviour。

```csharp
public class ObjectTargetShow : ObjectTargetBaseBehaviour {
```

② OnTargetLoad 方法和 OnTargetUnload 方法的参数不同。

```csharp
    void OnTargetLoad(ObjectTargetBaseBehaviour behaviour, ObjectTrackerBaseBehaviour tracker, bool status)
    {
        ...
    }
    void OnTargetUnload(ObjectTargetBaseBehaviour behaviour, ObjectTrackerBaseBehaviour tracker, bool status)
    {
        ...
    }
```

（2）在 Unity 下新建 "Models" 目录（也可以是其他目录），导入一组 3D 信息文件。这里导入的文件将用于在 Unity 的场景中显示和定位物体。

（3）在 Unity 下新建 "StreamingAssets" 目录，再次导入这一组 3D 信息文件。这里导入的文件是供 EasyAR 识别使用的。

（4）新建一个场景，删除原有的 "Main Camera"，从目录 "EasyAR/Prefabs/Composites" 里将预制件 "EasyAR_ObjectTracker-1" 拖动添加到场景中，并将 EasyAR 的 "SDK License Key" 复制到 "EasyARBehaviour" 组件的 "Key" 属性中。

（5）将 "EasyAR/Prefabs/Primitives" 目录下的预制件 "ObjectTarget" 添加到场景中。

（6）将 "ObjectTargetBehaviour" 游戏对象上的脚本组件删除，将新写的脚本 "ObjectTargetShow" 拖到 "ObjectTargetBehaviour" 游戏对象上，如图 5-86 所示。

（7）将场景中的 "ObjectTracker" 游戏对象拖入 "ObjectTarget" 游戏对象的 "ObjectTargetShow" 组件的 "Loader" 属性中赋值。

（8）将要识别的 3D 模型（.obj）的路径填写在"ObjectTargetShow"组件的"Path"属性中，路径以"StreamingAssets"目录为根目录。

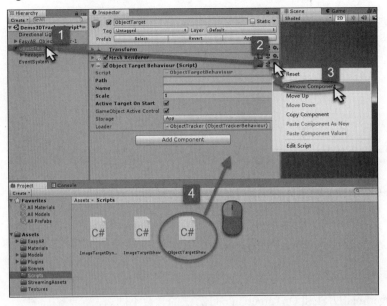

图 5-86

（9）设置"ObjectTargetShow"组件的"Storage"属性为"Assets"，如图 5-87 所示。

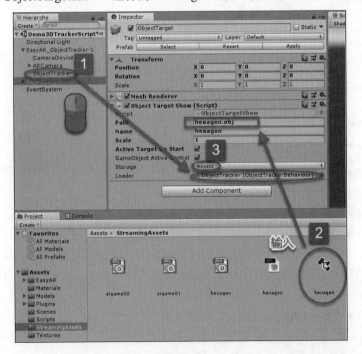

图 5-87

（10）将"Models"目录下的 3D 模型文件（.obj）拖到"ObjectTarget"游戏对象下，成为其子对象。

（11）修改 3D 模型文件的角度，设置"X"为 90，"Z"为-180。这里如果没有设置角度，识别后的位置会偏移。

（12）选中场景中的 3D 模型"hexagon"游戏对象，将"Models"目录下的材质文件（.jpg）拖到 3D 模型上。

（13）在场景中添加一个用于文本显示的游戏对象。

（14）设置"Text"游戏对象的属性、大小、定位、文字颜色。

运行效果如图 5-88 所示。当图片被识别时，就会在控制台和屏幕上显示被识别物体的 name，即"ObjectTargetShow"组件中"Name"参数的值。

图 5-88

5.8.4 视频播放控制

视频播放时，如果需要暂停并重新播放，则要通过继承并扩展父类 VideoPlayerBaseBehaviour 来实现。

（1）在项目中新建一个脚本，并命名为 VideoPlayerController：

```
public class VideoPlayerController : VideoPlayerBaseBehaviour
{
    ...

    protected override void Start()
    {
        videoReayEvent = OnVideoReady;
        videoErrorEvent = OnVideoError;
        videoReachEndEvent = OnVideoReachEnd;
        base.Start();
        // 添加事件订阅
        VideoReadyEvent += videoReayEvent;        // 视频加载成功事件
        VideoErrorEvent += videoErrorEvent;       // 视频加载失败事件
        VideoReachEndEvent += videoReachEndEvent; // 视频播放完成事件
        Open();
    }
    void OnVideoReady(object sender, System.EventArgs e)
    {
        Debug.Log("Load video success");
        txt.text = "load video success";
    }
    void OnVideoError(object sender, System.EventArgs e)
    {
        Debug.Log("Load video error");
        txt.text = "load video error";
```

```
    }
    void OnVideoReachEnd(object sender, System.EventArgs e)
    {
        Debug.Log("video reach end");
        txt.text = "video reach end";
    }
Destroy   public void VideoPlay()
    {
        Play();
    }
    public void VideoStop()
    {
        Stop();
    }
    public void VideoPause()
    {
        Pause();
    }
}
```

脚本说明

① 引用 EasyAR：

```
using EasyAR;
```

② 将父类从 **MonoBehaviour** 改为 **VideoPlayerBaseBehaviour**：

```
public class VideoPlayerController : VideoPlayerBaseBehaviour
```

③ 定义事件委托：

```
private System.EventHandler videoReayEvent;
private System.EventHandler videoErrorEvent;
private System.EventHandler videoReachEndEvent;
```

④ 添加事件委托对应的处理方法：

```
videoReayEvent = OnVideoReady;
videoErrorEvent = OnVideoError;
videoReachEndEvent = OnVideoReachEnd;
```

⑤ 添加事件订阅：

```
//添加事件订阅
VideoReadyEvent += videoReayEvent;           // 视频加载成功事件
VideoErrorEvent += videoErrorEvent;          // 视频加载失败事件
VideoReachEndEvent += videoReachEndEvent;    // 视频播放完成事件
```

⑥ 手动加载视频：

```
protected override void Start()
```

```
    {
        ...
        Open();
    }
```

⑦ 因为父类变了，所以原来默认的事件有些也要修改。官方明确了 4 个（如果使用到）需要重写的事件：

```
protected virtual void Awake()
protected virtual void OnDestroy()
protected virtual void Start()
protected virtual void Update()
```

⑧ 响应事件，当视频加载成功、失败和播放完成时，将对应的信息显示在屏幕上：

```
void OnVideoReady(object sender, System.EventArgs e)
{
    Debug.Log("Load video success");
    txt.text = "load video success";
}
```

（2）将 5.6.1 小节中"Plane"游戏对象中的"VideoPlayerBehaviour"组件删除，替换成"VideoPlayerController"。

（3）其他设置和原来一样，只是把选项全部去掉。

（4）在场景中添加一个用于文本显示的游戏对象。

（5）设置"Text"游戏对象的属性、大小、定位、文字颜色。

（6）在场景中添加 3 个按钮，操作命令如图 5-89 所示。

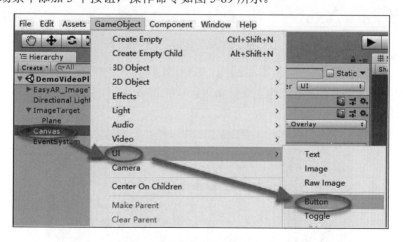

图 5-89

（7）分别设置 3 个按钮的单击事件是"Plane"游戏对象下的 VideoStop、VideoPlay 和 VideoPause 方法，如图 5-90 所示。

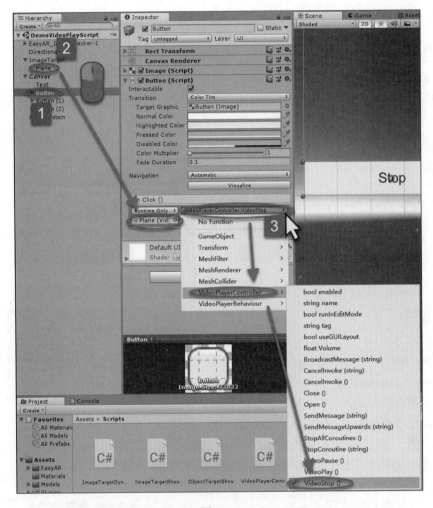

图 5-90

（8）打包应用，复制并安装到安卓设备后，运行效果如图 5-91 所示。当识别到图片以后，不会立即播放；单击"Play"按钮，视频会开始播放；单击"Pause"按钮，视频会暂停；单击"Stop"按钮，视频播放会停止。

图 5-91

5.9 涂 涂 乐

涂涂乐是国内 AR 应用常见的一种。涂涂乐的原理是识别图片为 3D 模型的 UV 展开贴图，实时地将扫描到的 UV 展开贴图贴到显示的 3D 模型上。这样当对 UV 展开贴图修改（上色）时，会立即将修改（上色）的情况反映到显示的 3D 模型上。

EasyAR 提供了涂涂乐的例子，有些可以直接拿来使用。涂涂乐的例子是基础例子中的"Coloring3D"项目。

（1）将"Coloring3D"项目下的"StreamingAssets"目录下的 bear.jpg 文件导入 Unity 项目下的"StreamingAssets"目录中。这幅图片既是要识别的图片，同时也是 3D 模型的 UV 展开贴图，如图 5-92 所示。

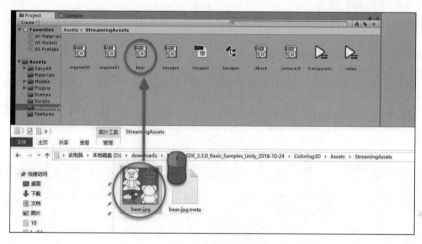

图 5-92

（2）将"Coloring3D"项目下的"Shader"目录下的 TextureSample.shader 文件导入 Unity 项目中。这个文件是表面着色器，如图 5-93 所示。

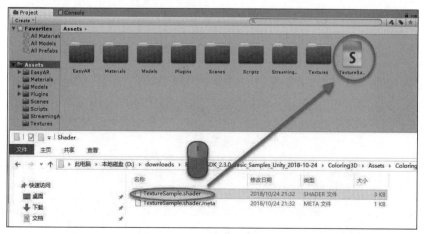

图 5-93

（3）将"Coloring3D"项目中"Scripts"目录下的 Coloring3DBehaviour.cs 文件导入 Unity 项目下的"Scripts"目录中，如图 5-94 所示。

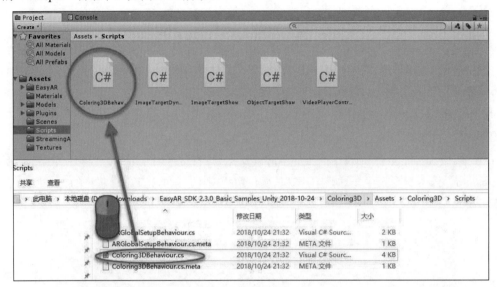

图 5-94

（4）将"Coloring3D"项目中"Resources"目录下的 bear.fbx 文件（3D 模型文件）导入到 Unity 项目下的"Models"目录中，如图 5-95 所示。

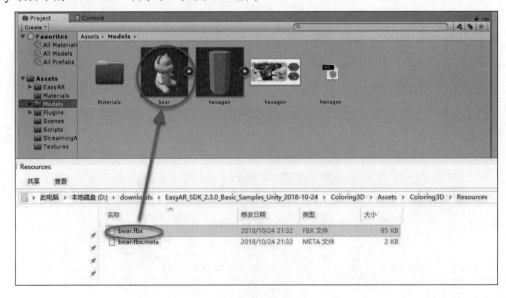

图 5-95

（5）将"Coloring3D"项目中"Materials"目录下的 TextureSample.mat 文件（3D 模型的贴图）导入 Unity 项目中，如图 5-96 所示。

（6）选中刚导入的"TextureSample"，修改其"Shader"属性为"Sample/TextureSample"，即用最先导入的表面着色器 TextureSample.shader 做纹理，如图 5-97 所示。

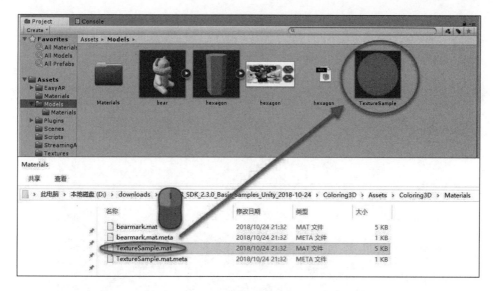

图 5-96

修改后的效果如图 5-98 所示。

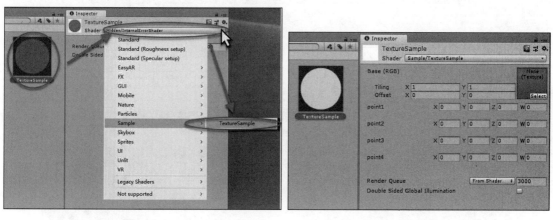

图 5-97　　　　　　　　　　　　　　图 5-98

（7）新建一个场景，删除原有的"Main Camera"，从目录"EasyAR/Prefabs/Composites"里将预制件"EasyAR_ImageTracker-1"拖动添加到场景中，并将 EasyAR 的"SDK License Key"复制到"EasyARBehaviour"组件的"Key"属性中。

（8）将"EasyAR/Prefabs/Primitives"目录下的预制件"ImageTarget"拖动添加到场景中。

（9）将场景中的"ImageTracker"游戏对象拖入"ImageTarget"游戏对象"ImageTargetBehaviour"组件的"Loader"属性中为该属性赋值。

（10）将要识别的图片路径填写在"ImageTargetBehaviour"组件的"Path"属性中，路径以"StreamingAssets"目录为根目录。

（11）修改"Size"属性，将"X"和"Y"的值均设为1。

（12）设置"ImageTargetBehaviour"组件的"Storage"属性为"Assets"，如图 5-99 所示。

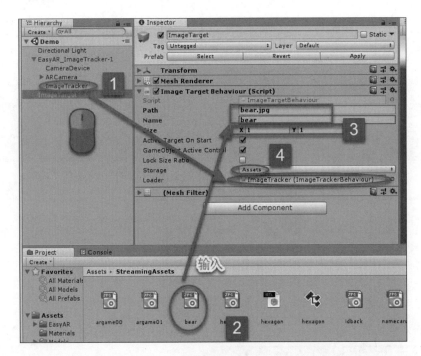

图 5-99

（13）将 "Models" 目录中小熊的 3D 模型添加为 "ImageTarget" 游戏对象的子对象，同时修改 "Bear" 模型的位置和角度，使其在 "ImageTarget" 游戏对象旁边，正面向上（Z 轴正向），如图 5-100 所示。

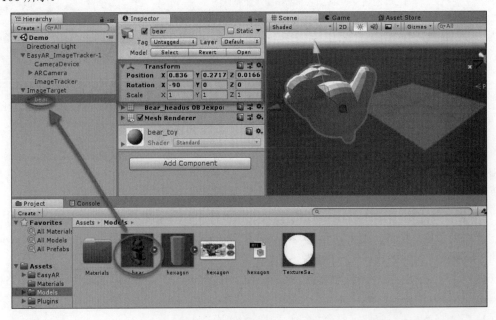

图 5-100

（14）修改模型贴图，在 "bear" 的 "MeshRenderer" 组件中，将 "Materials" 的 "bear_toy" 修改成 "TextureSample"，如图 5-101 所示。

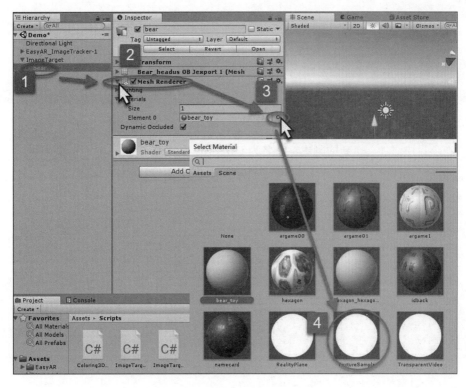

图 5-101

(15) 将脚本 "Coloring3DBehaviour" 添加为 "bear" 游戏对象的组件,如图 5-102 所示。

运行结果,如图 5-103 所示,当识别图片中的小熊颜色变化时,会立即反应到被识别的 3D 模型上。

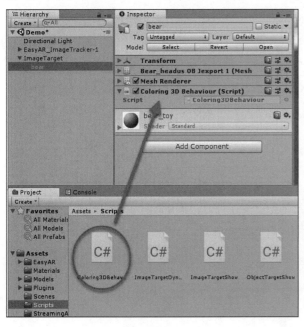

图 5-102

图 5-103

5.10 脱　　卡

脱卡也是国内 AR 常用的场景之一，原理很简单，就是当识别并出现 3D 模型以后，修改 3D 模型的父游戏对象，使其不受被识别图片的影响。

（1）在项目中添加一个新的脚本，命名为 OffCard：

```
using EasyAR;
public class OffCard : ImageTargetBaseBehaviour {
    ...
    protected override void Awake()
    {
        base.Awake();
        // 订阅事件
        TargetFound += OnTargetFound;      // 识别成功事件
        TargetLost += OnTargetLost;        // 识别对象丢失事件
        // 保存起始位置信息
        position = model.localPosition;
        rotation = model.localRotation;
        scale = model.localScale;
        offCard = false;
    }
    void OnTargetFound(TargetAbstractBehaviour behaviour)
    {
        Debug.Log("Found: " + Target.Name);        // 输出到控制台
        // 激活模型
        model.gameObject.SetActive(true);
        // 将模型放置到默认位置
        if (model.parent != transform)
        {
            model.parent = transform;
        }
        model.localPosition = position;
        model.localRotation = rotation;
        model.localScale = scale;
        // 结束脱卡状态
        offCard = false;
    }
    public void SetOffCard()
    {
```

```csharp
        // 如果模型处于显示状态,则修改模型的父游戏对象
        if (model.gameObject.activeSelf)
        {
            offCard = true;
            model.parent = null;
        }
    }
```

脚本说明

① 引用 EasyAR:

```csharp
using EasyAR;
```

② 将父类从 MonoBehaviour 改为 ImageTargetBaseBehaviour:

```csharp
public class OffCard : ImageTargetBaseBehaviour {
```

③ 在开始重写的 Awake 事件里,把模型默认的位置存储下来:

```csharp
protected override void Awake()
{
    base.Awake();
    ...
    // 保存起始位置信息
    position = model.localPosition;
    rotation = model.localRotation;
    scale = model.localScale;
    ...
}
```

④ 当识别图片时,先激活模型,然后将模型放置到正确的位置,这样只要卡牌被识别,模型就会在卡牌的位置处。

```csharp
void OnTargetFound(TargetAbstractBehaviour behaviour)
{
    // 激活模型
    model.gameObject.SetActive(true);
    // 将模型放置到默认位置
    if (model.parent != transform)
    {
        model.parent = transform;
    }
    model.localPosition = position;
    model.localRotation = rotation;
    model.localScale = scale;
    // 结束脱卡状态
```

```
        offCard = false;
    }
```

（2）在导入 EasyAR SDK 以后，添加"StreamingAssets"目录，并将要识别的图片导入该目录中。

（3）新建一个场景，删除原有的"Main Camera"，从目录"EasyAR/Prefabs/Composites"里将预制件"EasyAR_ImageTracker-1"拖动添加到场景中，并将 EasyAR 的"SDK License Key"复制到"EasyARBehaviour"组件的"Key"属性中。

（4）将"EasyAR/Prefabs/Primitives"目录下的预制件"ImageTarget"拖动添加到场景中。

（5）删除"ImageTarget"游戏对象上的"ImageTargetBehaviour"组件。

（6）将脚本"OffCard"拖到"ImageTarget"游戏对象中并设置，会多出一个"Model"属性，如图 5-104 所示。

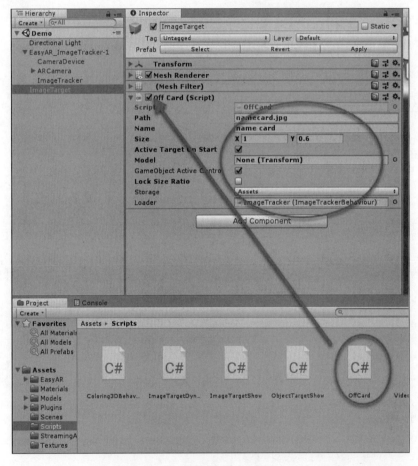

图 5-104

（7）在"ImageTarget"游戏对象下添加一个方块作为子游戏对象，调整方块的大小和位置。将方块拖入"ImageTarget"游戏对象"OffCard"组件的"Model"属性中，如图 5-105 所示。

（8）在场景中添加一个按钮并添加单击事件。设置按钮的单击事件是"ImageTarget"游戏对象下"OffCard"组件中的"SetOffCard"事件，如图 5-106 所示。

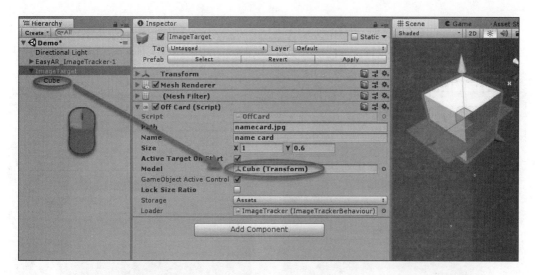

图 5-105

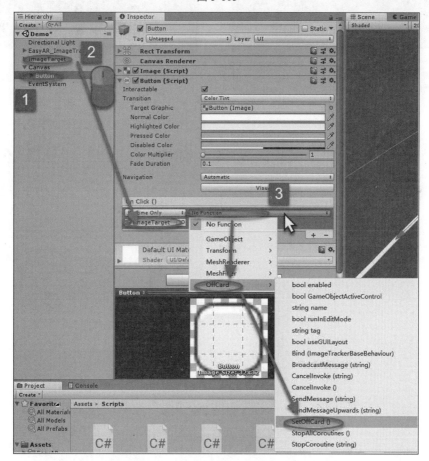

图 5-106

（9）将"EasyAR_ImageTracker-1/ARCamera"游戏对象下"ARCameraBehaviour"的"WorldCenter"属性设置为"Camera"。当进入脱卡状态以后，移动卡片，方块不会跟着卡片走。

运行项目，图片被识别以后，会显示一个方块，如图 5-107 所示。单击脱卡以后，可以将识别图片移走，方块还在原来的位置，如图 5-108 所示。这时方块和摄像头的相对位置是固定的，移动摄像头也会移动方块。

图 5-107　　　　　　　　　　　　　　图 5-108

第 6 章 EasyAR SDK 示例开发

6.1 主要思路

上一章介绍了 EasyAR SDK 的一些主要功能,本章通过一个实际的例子让大家更加了解如何使用 Unity3D 来开发一款基于 EasyAR SDK 的应用。

假设有一个情景:通过一个应用的演示,告诉一个不懂 AR 是什么的人知道用 EasyAR 能做些什么。考虑到本书面对的读者并没有太多的软件开发经验,之后的内容会详细地从设计开始,将整个示例的开发过程展示出来。这里将通过思维导图这种工具展示如何从整体到细节、从简单到复杂,一步一步地将一个 Unity3D 的应用设计做出来。

初学者经常忽略两个问题:一个是版本管理,一个是代码的规范和注释。

在这个项目中,版本管理使用复制粘贴的办法在本机完成。将项目复制一个副本,重新命名,添加后缀以便识别。

备份的时候,可以只保留项目下面的 "Assets" "Packages" 和 "ProjectSettings" 这 3 个目录,其他内容都能自动生成。

建议在每个场景完成或代码发生大的变动时都备份一次。如果能使用 svn 或者 git 来实现更好。代码的规范和注释也非常重要,好的代码不是让机器能理解,而是让别人能理解。

6.2 示例设计

设计的时候,推荐大家使用思维导图来辅助。思维导图是非常好用的工具,比普通的文字或者表格更加直观。思维导图的软件有很多,收费的、免费的、在线的都有。

接下来借助思维导图把整个项目设计一下。

6.2.1 添加基本内容

把所有想到的内容添加上去,先添加容易想到的和简单的。

(1)给项目取个名字,比如"EasyAR 演示"。
(2)添加能想到的大分类,如图 6-1 所示。

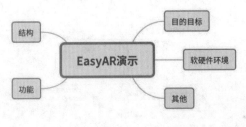

图 6-1

(3) 将简单的内容先细化。

"目的目标"虽然很多时候看上去都是废话,但是还是要添加上去,多少想一下,而且有些内容的筛选是依据目的目标来判断的。为了方便,使用思维导图下钻的功能。

关于 apk 打包成哪个版本比较好,可以参考百度流量研究院的内容(见图 6-2),虽然不权威,但是有参考价值。

从观看效果来说,多数是横屏效果好。为了简单,该项目强制横屏观看。

版本控制还是非常重要的,能够用 svn 或者 Git 最好。如果自己在本地复制粘贴,千万别忘了,丢失代码是很常见的事情。

设计模式使用最简单的 Empty GameObject 即可。总图如图 6-3 所示。

图 6-2

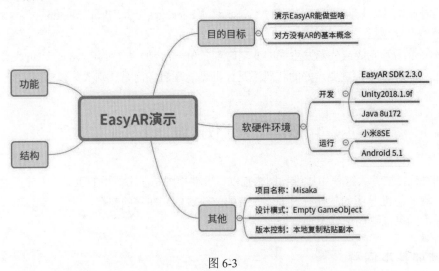

图 6-3

6.2.2 演示的功能设计

之前定义的"功能"含义比较模糊,这里重新定义为"演示的功能"。

（1）先按照之前章节中的内容将要演示的功能列出来，如图 6-4 所示。

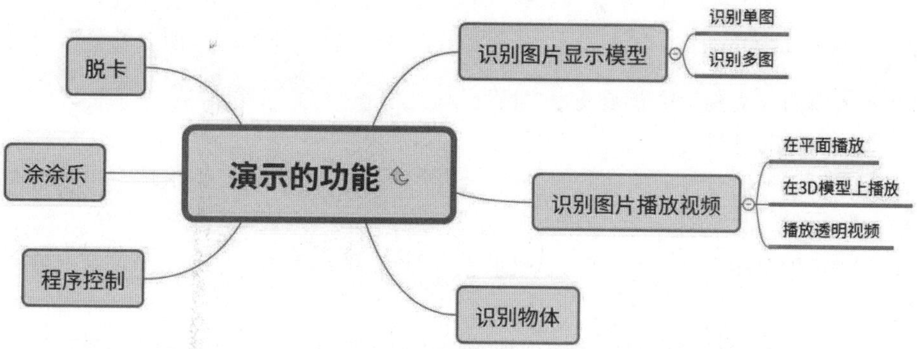

图 6-4

（2）在演示的时候，除非已经很了解对方，在没有更多信息的时候尽可能把对方考虑成什么都不懂。基于这个考虑，在 Unity3D 里面，虽然文字、模型、UI 都是游戏对象，但是对于不懂的人，可能会把这些东西理解成 3 种不同类型的东西。所以，这里需要把识别图片显示模型功能重新拆分。

（3）在程序控制中，包括识别后的控制、控制识别对象、视频播放的控制。

控制识别对象比较容易演示。识别后的控制演示参考其他 AR 产品，是通过不同识别对象的互动来实现的。实现起来也比较简单，不了解的人会以为是其他类型功能的识别后，再跳转了 URL。

（4）考虑到识别物体准备起来很麻烦，仅限制在实现"识别物体"功能的时候进行物体的识别，而其他地方都是识别图片。最后的总图如图 6-5 所示。

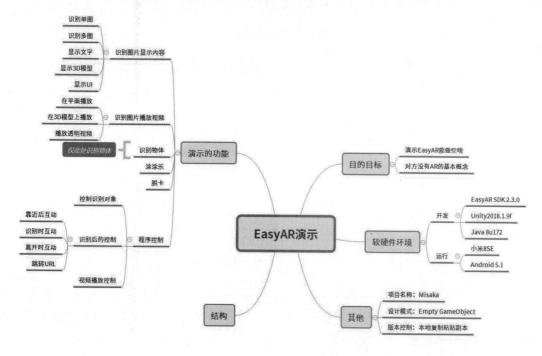

图 6-5

6.2.3　Unity3D 场景设计

基于 Empty GameObject 的设计，可以将主要的程序通过场景独立开，所以场景设计成为重点。

（1）将之前的"结构"重新定义为"场景"。

（2）添加简单的场景。

（3）为了保证不把要演示的功能遗漏掉，给每个场景一个图标，并把演示的功能和场景图标对应起来。

（4）在"识别单图"（同一时间只识别一个图片）的场景中，实现显示文字、3D 模型、UI 和跳转 URL。

（5）在演示视频播放的场景中，实现视频播放相关的功能：在平面播放，3D 模型上播放，播放透明视频。因为视频播放的控制是通用的，所以在这个场景中所有视频播放都能实现控制。

"视频播放"的场景和"识别单图"的场景可以合为同一个场景，分成两个场景的目的是减少需要识别的图片。

（6）识别多图的场景通过程序控制的靠近后互动、识别后互动、离开时互动来演示实际效果。

（7）控制识别对象的功能似乎不容易和其他场景合并到一起，所以单独在一个场景中。这样，和演示功能相关的场景就定下来了。

（8）用一个方法让使用者能在多个不同的场景之间切换。为了简单，添加一个主菜单的场景，所有场景都返回该场景，又通过该场景转到其他场景，相当于一个星形结构。此外，可以考虑添加启动加载场景和关于该应用的说明场景。

（9）为每个场景取个名字（见表 6-1）。关于程序中取名字的命名规范，对于初学者，最重要的一条是不能用汉语拼音。这个名字既是场景的名称，也是脚本的名称。

表 6-1　场景取名示例

场景名称	场景说明
Loading	启动加载
Menu	主菜单
About	关于
Object	识别物体
Choose	控制识别对象
Paint	涂涂乐
Remove	脱卡
Multiple	识别多图
Single	识别单图
Video	视频播放

在绘制过程中，发现有问题的地方要随时修改，比如"视频播放控制"在原来的图示中容易产生误解，如图 6-6 所示。

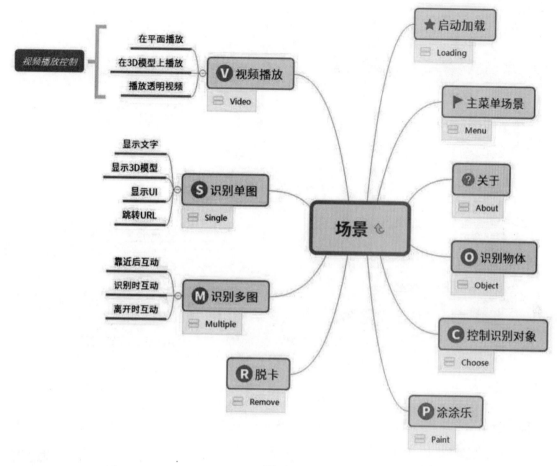

图 6-6

（10）场景中间的逻辑结构，程序从"启动加载"场景开始，进入到"主菜单"场景，"主菜单"场景可以跳转到除"启动加载"外的其他场景，其他场景只能回转到"主菜单"场景。另外，除"启动加载"外的任何场景都可以退出应用。

（11）将场景逻辑关系的图作为附件添加到之前的思维导图里。

（12）在每个场景中都有的返回和退出功能可以合并在一起，通过 DontDestroyOnLoad 方法不被销毁，从而做到只写一次却能在每个场景中使用。为了方便，这个功能在"启动加载"场景的过程中生成。

到这里，场景的设计就完成了。总的思维导图如图 6-7 所示。

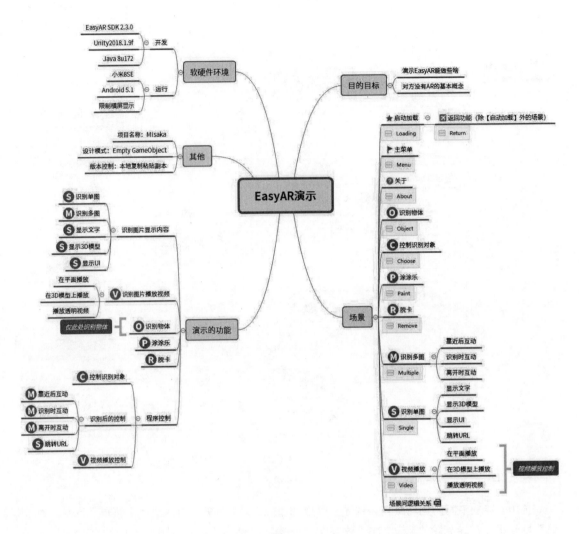

图 6-7

6.2.4 界面设计

界面设计可以用专门的软件来做，也可以在纸上画，意思表达到了即可。

根据上一节的场景设计，需要设计界面的场景，主要是"启动加载"、"主菜单"、"关于"这 3 个场景的整个界面。其他场景可以设计成一个统一的界面，根据需求略有不同。另外，返回功能需要一个界面。

这里的设计只考虑完成功能，不考虑美观，UI 元素都使用 Unity3D 自带的。

（1）启动加载

启动加载有两个作用：

- 展示制作方的 Logo。
- 如果没有这个场景，后面的场景特别大，加载的时候会很费时，让人产生死机的错觉，添加了启动加载进度条（见图 6-8）以后就会消除错觉。

（2）主菜单

移动端的按钮一定要大。Unity3D 默认的按钮在移动端很难按到，如图 6-9 所示。

图 6-8　　　　　　　　　　　　　图 6-9

（3）关于

界面设计如图 6-10 所示。

（4）返回功能

当按下手机"返回"按钮时，弹出该界面，背景半透明。如果当前场景是主菜单场景，则隐藏"返回菜单"按钮，如图 6-11 所示。

图 6-10　　　　　　　　　　　　图 6-11

（5）应用图标

找一个喜欢的图标即可。应用的图标不宜太复杂，不然缩小以后会看不清。也可以用 Logo 当应用图标。

6.3　准　备　工　作

1. 软硬件环境的确认

开始之前，先要确认软硬件环境。确认的方法很简单，下载官方的示例，在计划的软硬件环境下编译并运行，确认计划的环境下官方示例能正常运行。

如果涉及版本控制软件，还需要确认 svn 或者 git 是否开通。

2. 识别图片的准备

根据设计，除了涂涂乐，至少还需要 4 张图片。出于演示需要，识别图片最好是使用几个不同风格的。这里准备了几张不同的图片,如表6-2所示。涂涂乐的图片因为需要专门制作,在做的时候再介绍图片制作方法。

表6-2 事先准备的几张图片

图 片	图片说明
	bus.jpg 风景图片
	friend.jpg 人像图片
	nanoha.jpg 静物图片
	buddha.jpg 古画图片
	beauty.jpg 手绘风格图片 该图片由王希琳艺提供,仅限本书附带应用识别使用,未经作者同意,不得用于其他用途

(续表)

图 片	图片说明
	birds.jpg 视频截图，主要用在视频演示中

3. 3D 模型准备

3D 模型主要考虑互动的时候能有一个比较好的演示效果。模型不要太大，而且需要自带一些动作。

在 Unity3D 的商城里面有不少免费的模型，这里选取了名叫"Optimize, SD Kohaku-Chanz!"的模型，如图 6-12 所示。

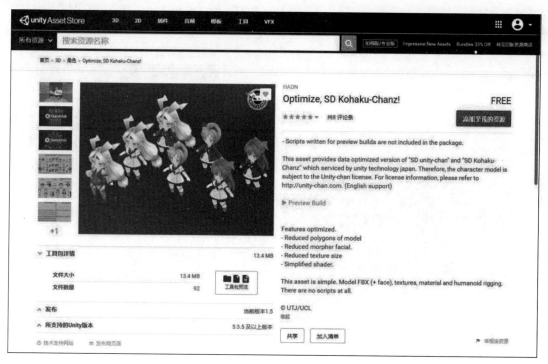

图 6-12

4. 插件准备

考虑到后面有很多物体的移动，导入 DOTween 插件，简化代码编写，如图 6-13 所示。

图 6-13

导入后会出现如图 6-14 所示的窗口，单击 Open DOTween Utility Panel 按钮打开配置窗口。单击设置按钮，如图 6-15 所示。

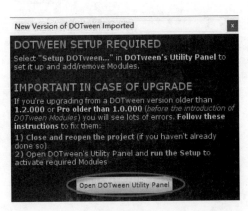

图 6-14

图 6-15

稍等一会，就会配置好。这里可以只选择"Physics"的选项，如图 6-16 所示。

5. 其他内容准备

其他准备内容还包括需要播放的视频、应用的 Logo 等。

此外，经常会漏掉的还有一个字体。当涉及中文显示的时候最好内置字体，避免在某些机型上因为没有对应的字体且没匹配到中文字体时产生乱码。这里选用的是"思源黑体"。

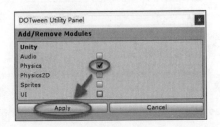

图 6-16

6.4 新建项目

(1)新建一个项目,使用的 Unity 版本及项目名称等与设计保持一致。这里,项目名称是"Misaka",Unity 版本是"2018.1.9.f2",如图 6-17 所示。

图 6-17

(2)依次单击菜单选项"Window→Package Manager",打开 Packages 窗口,删除用不到的内容。当然略过这一步也没有太多影响。这么做只是为了减小项目体积。

(3)删除新增项目时自带的目录,如图 6-18 所示。

(4)新建一个文件夹,名称即为项目的名称,这里是"Misaka"。之后除了需要放置到特殊目录的内容外,将自己添加的内容都放在"Misaka"目录下。这样可以避免导入插件和其他内容时发生冲突,也便于内容的管理,如图 6-19 所示。

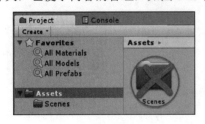

图 6-18

图 6-19

6.5 启动加载场景开发

启动加载场景很简单,利用 UI 的 Image 对象显示 Logo,利用滚动条 Slider 对象显示进度。利用动态加载的方式,在不离开当前场景的状态下加载下一个场景,等全部加载完成再切换到下一个场景。

6.5.1 设置场景

（1）在项目名称目录"Misaka"下添加两个目录，分别是"Scenes"和"Scripts"，用于存放新添加的场景和脚本，如图 6-20 所示。

（2）新建一个场景，根据设计命名为"Loading"，保存在"Misaka/Scenes"目录下，如图 6-21 所示。

图 6-20

图 6-21

（3）在项目"Misaka"目录下新增"Images"目录，用于存放图片。

（4）将 logo 导入到"Misaka/Images"目录，并设置"Texture Type"属性为"Sprite"，如图 6-22 所示。

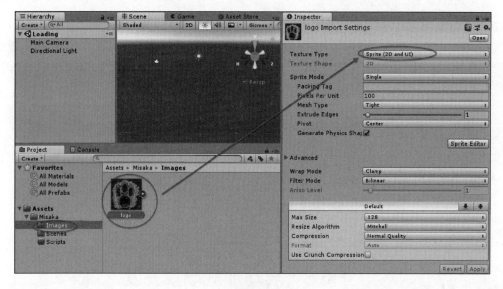

图 6-22

（5）将"Scene"窗口切换为 2D 模式，单击"Main Camera"游戏对象，将"Clear Flags"属性修改为"Solid Color"。因为这个场景不需要天空盒，有一个单一颜色的背景即可，如图 6-23 所示。

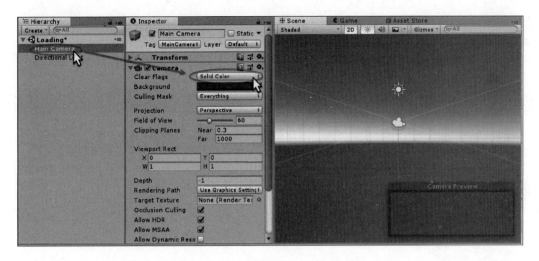

图 6-23

（6）添加一个"Image"的 UI，如图 6-24 所示。
（7）将 logo 图标拖到"Image"游戏对象的"Source Image"属性中，如图 6-25 所示。

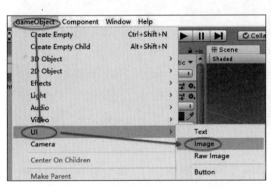

图 6-24　　　　　　　　　　　图 6-25

（8）根据百度流量研究院对移动设备分辨率的统计，大多数的移动设备宽都超过 720。在"Game"窗口中，添加新的分辨率（宽为 1280，高为 720），如图 6-26 所示。因为设计中强制横屏，所以设备的宽在这里变成了高。在这个场景中，宽不重要。添加完以后选中这个分辨率，如图 6-27 所示。

切换回"Scene"场景后，会出现一个白框，就是 1280×720 大小的框。这个框有助于判断 UI 大小在最小分辨率设备上是否合适。

在本项目中只考虑应用即使在分辨率最小的设备上也能显示完整，保证功能正常。不考虑在分辨率大的设备上显示会比较小，如图 6-28 所示。

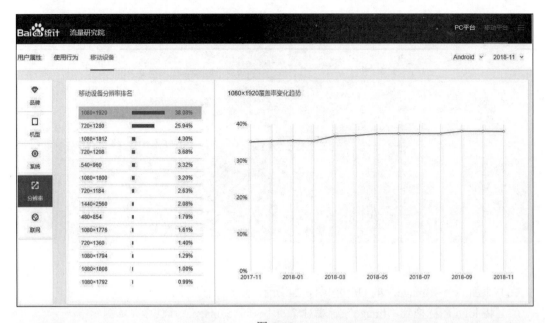

图 6-26

图 6-27

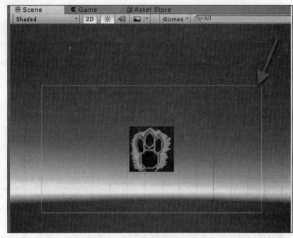

图 6-28

（9）将"Image"游戏对象设置为屏幕中心对齐，高和宽都是 256。这里可以根据自己的 logo 大小进行调节，如图 6-29 所示。

（10）在"Canvas"游戏对象下再添加一个"Slider"对象，用于显示进度条，如图 6-30 所示。

设置"Slider"游戏对象为底部对齐、左右距离为 10、高为 25、向上 50。这样，无论在什么分辨率下，进度条都略高于屏幕底部、比屏幕略窄。

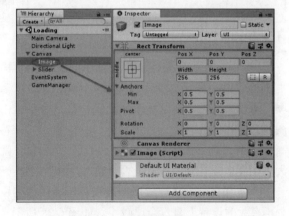

图 6-29

（11）添加一个空的游戏对象，如图 6-31 所示。

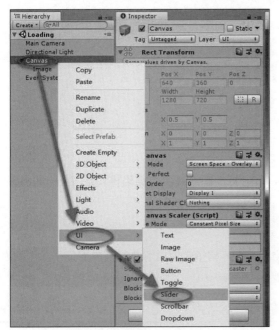

图 6-30　　　　　　　　　　　　　　　　　图 6-31

将新增加的游戏对象名改为"GameManager"。这个游戏对象只用来挂脚本。这个场景中所有的逻辑都挂在游戏对象下面，如图 6-32 所示。

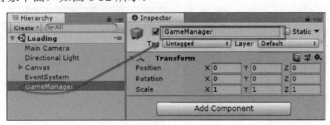

图 6-32

6.5.2　脚本编写

（1）在"Misaka/Scripts"目录下新建脚本，取名为"LoadingManager"，即每个场景对应的脚本都是场景名称加"Manager"，如图 6-33 所示。

脚本内容如下：

```
void Start()
{
    slider = FindObjectOfType<Slider>();
    // 找到场景中的滚动条并赋值
    StartCoroutine("LoadMenu");    // 启动协程
}
```

图 6-33

```
IEnumerator LoadMenu()
{
    async = SceneManager.LoadSceneAsync("Menu");    // 异步加载主菜单
    while (!async.isDone)                  // 没有加载完成则继续加载
    {
        slider.value = async.progress;  // 将异步加载进度赋值给滚动条
        yield return null;
    }
}
```

脚本说明

① 该项目命名空间即用项目名称"Misaka"。这样做的目的是避免和其他项目中的内容相互影响。

```
namespace Misaka
```

② StartCoroutine 是 Unity 的协程,可以让程序不等到指定的内容执行完成而继续后面的内容。Yield 后面的语句则必须等前面的内容执行完才能继续。

```
StartCoroutine("LoadMenu");    // 启动协程
```

（2）将脚本拖到"GameManager"游戏对象下, 如图 6-34 所示。

（3）在"Misaka/Scenes"目录下新建一个空的场景, 命名为"Menu"。

（4）将这两个场景添加到"Scenes In Build"中, 如图 6-35 所示。

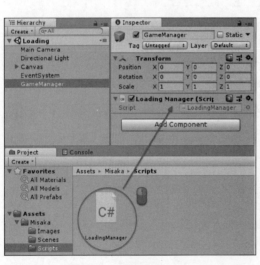

图 6-34　　　　　　　　　　　图 6-35

此时运行"Loading"场景,启动加载场景会一闪而过,立即跳到主菜单场景。

（5）为了用户无论如何都看一眼图标,修改程序,当加载完场景后不立即跳转,而是等待 1 秒以后再跳转。

修改后的脚本如下：

```
private AsyncOperation async;
void Start()
{
    slider = FindObjectOfType<Slider>();     // 找到场景中的滚动条并赋值
    StartCoroutine("LoadMenu");              // 启动协程
}
IEnumerator LoadMenu()
{
    async = SceneManager.LoadSceneAsync("Menu");    // 异步加载主菜单
    async.allowSceneActivation = false;      // 停止自动跳转
    while (async.progress<0.9f)              // 没有加载完成则继续加载
    {
        slider.value = async.progress;       // 将异步加载进度赋值给滚动条
        yield return null;
    }
    yield return new WaitForSeconds(1f);     // 等待1秒
    async.allowSceneActivation = true;       // 场景跳转
}
```

这时再运行"Loading"场景，则在加载完主菜单场景后仍然会停留 1 秒才跳转场景。

6.6 主菜单场景开发

6.6.1 设置场景

（1）打开"Menu"场景，选中"Main Camera"游戏对象，修改"Clear Flags"属性为"Solid Color"，这个场景也不需要天空盒。

（2）添加一个"Text"的 UI 对象。

（3）将"Text"游戏对象设置为占据屏幕左半边。

（4）在"Misaka"目录下添加"Fonts"目录，用来放字体文件。

（5）将字体文件拖到"Misaka/Fonts"目录下，导入字体，如图 6-36 所示。

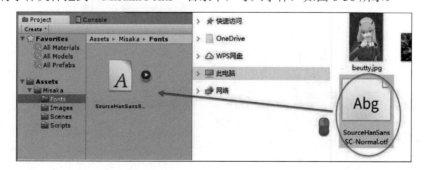

图 6-36

(6)选中"Text"游戏对象,将"Text"组件的"Font"属性修改为导入的字体,如图 6-37 所示。这样文本框里面的字体就由默认字体换成了应用自带的字体。

(7)在"Canvas"游戏对象下添加 8 个按钮。

(8)将按钮设置为铺满屏幕右边,如图 6-38 所示。

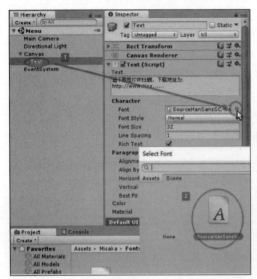

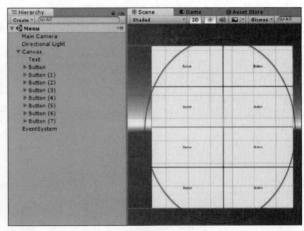

图 6-37　　　　　　　　　　　　　　　图 6-38

(9)修改按钮名称。修改"Text"游戏对象的"Text"属性,输入按钮名称。修改"Font"属性,设置为应用自带的字体。选中"Base Fit"选项,使字体自适应大小,如图 6-39 所示。

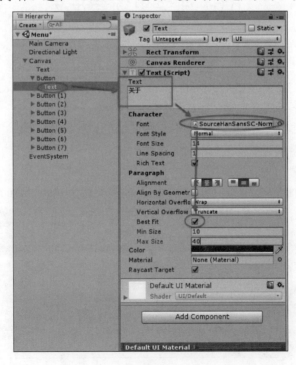

图 6-39

（10）添加一个空的游戏对象。

将新增加的游戏对象名改为"GameManager"。这个游戏对象只用来挂脚本。这个场景中所有的逻辑都挂在游戏对象下面，如图 6-40 所示。

图 6-40

6.6.2　脚本编写

（1）在"Misaka/Scripts"目录下新建脚本，取名为"LoadingManager"。

脚本内容如下：

```
public void LoadScene(string sceneName)
{
    SceneManager.LoadScene(sceneName);
}
```

这个脚本的内容很简单，只有一个方法，通过传入的场景名称加载对应的场景。

（2）将脚本拖到"GameManager"游戏对象下。

（3）选中按钮，添加"On Click"事件，如图 6-41 所示。

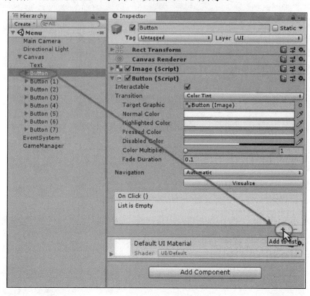

图 6-41

（4）将"GameManager"游戏对象拖到按钮的"Runtime Only"属性中，选择按钮执行的方法是"MenuManager"类的"LoadScene"方法，如图 6-42 所示。

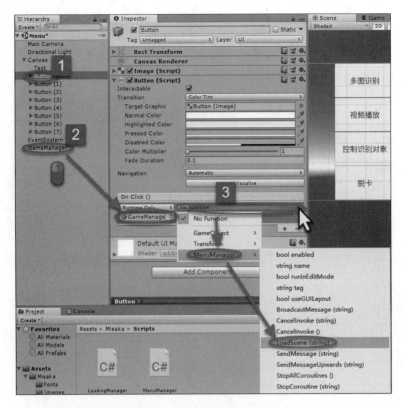

图 6-42

（5）在方法的下方文本框中输入场景的名称，如图 6-43 所示。

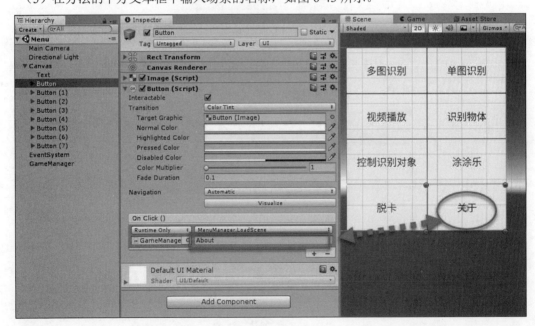

图 6-43

8 个按钮依次设置，该场景完成。

6.7 关于场景开发

（1）在"Misaka/Scenes"目录下新建一个场景，命名为"About"。
（2）选中"Main Camera"游戏对象，修改"Clear Flags"属性为"Solid Color"，这个场景也不需要天空盒。
（3）添加一个"Text"UI对象。
（4）将"Text"游戏对象设置成整个屏幕覆盖。
（5）设置"Text"的文字、字体和字体大小，如图6-44所示。

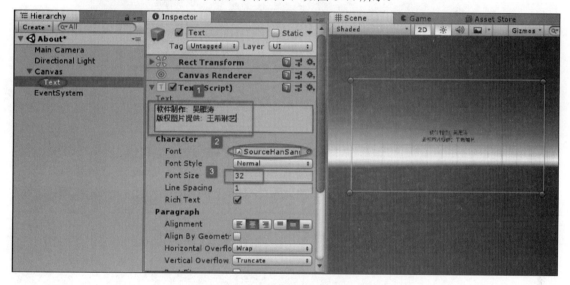

图 6-44

这个场景没有脚本，这样就可以了。

6.8 返回功能开发

"返回"功能在启动以后就会一直保留在场景中，因为启动加载场景只会出现一次，就在启动加载场景添加该功能，这样就不用去判断是否有重复的功能在同一场景中了。

6.8.1 设置场景

（1）打开"Loading"场景，新建一个空的游戏对象，命名为"Return"，返回功能的所有内容都在这个游戏对象下。再在其下新建一个空的子游戏对象，命名为"GameManager"，用于挂载返回功能的脚本。
（2）在"Return"游戏对象下，添加一个"Canvas"游戏对象，返回功能的UI都在该游戏对象下。

（3）在"Return/Canvas"游戏对象下添加一个"Panel"游戏对象，用来显示半透明背景。

单击"Panel"游戏对象的"Color"属性，可以对半透明的颜色和透明度进行调整，如图6-45所示。

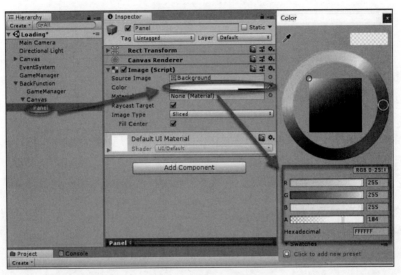

图 6-45

（4）在"Return/Canvas/Panel"游戏对象下添加两个按钮。设置按钮的位置在屏幕中央附近。

（5）因为要隐藏按钮，所以将返回按钮命名为"ButtonReturn"，将退出按钮命名为"ButtonQuit"，如图6-46所示。

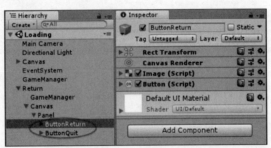

图 6-46

6.8.2 脚本编写

（1）在"Misaka/Scripts"目录下新增脚本"ReturnManager"。

脚本内容如下：

```
void Start()
{
    // 找到canvas下的返回按钮
    btnReturn = canvas.transform.Find("Panel/ButtonReturn").gameObject;

    // 不让"Return"游戏对象（当前游戏对象的父对象）在加载场景时被删除
    DontDestroyOnLoad(transform.parent);
```

```csharp
        // 不显示画布
        canvas.SetActive(false);
    }
    void Update()
    {
        // 当在 Loading 场景之外的场景中按了返回键
        if (Input.GetKeyUp(KeyCode.Escape) &&
                        SceneManager.GetActiveScene().name != "Loading")
        {
            // canvas 激活状态变更
            canvas.SetActive(!canvas.activeSelf);
            // 如果是在 Menu 场景
            if (SceneManager.GetActiveScene().name == "Menu")
            {
                if (canvas.activeSelf)
                {
                    // 画布激活时返回按钮隐藏
                    btnReturn.SetActive(false);
                }
                else
                {
                    // 重置状态
                    btnReturn.SetActive(true);
                }
            }
        }
    }
    public void ReturnMenu()
    {
        canvas.SetActive(false);        // 关闭返回的界面
        SceneManager.LoadScene("Menu");
    }
    public void Quit()
    {
      #if UNITY_EDITOR                  // Unity 编辑器中退出
        EditorApplication.isPlaying = false;
      #else
        //程序打包后退出
        Application.Quit();
      #endif
    }
```

（2）将"ReturnManager"脚本拖到"Return/GameManager"游戏对象下作为组件，同时将"Return/Canvas"游戏对象拖到"ReturnManager"组件的"Canvas"属性中，如图 6-47 所示。

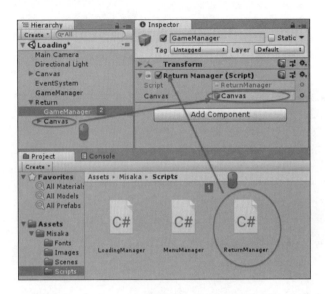

图 6-47

（3）设置"ButtonReturn"按钮的单击触发事件是"ReturnManager"对象下的"ReturnMenu"方法，如图 6-48 所示。

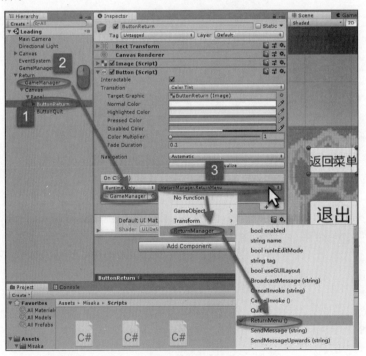

图 6-48

（4）设置"ButtonQuit"按钮的单击触发事件是"ReturnManager"对象下的"Quit"方法。

6.8.3　其他场景的设置

Unity 中的 UI 默认响应都需要有"Event System"游戏对象。因为返回功能在每个场景中都会出现。当某个场景中没有 UI 的时候，需要为该场景添加"Event System"游戏对象，返回功能才能在该场景被正确使用。

6.9 识别单图场景开发

6.9.1 准备工作

（1）下载并导入 EasyAR SDK 2.3.0。
（2）找到并导入之前选好的 3D 模型，如图 6-49 所示。

图 6-49

（3）在项目目录下新建"StreamingAssets"目录，并导入识别图片。
（4）在目录"Misaka"下新建目录"Textures"，并将图片再次导入到该目录作为贴图，如图 6-50 所示。

图 6-50

6.9.2 场景基础设置

（1）在"Misaka/Scenes"目录下新建场景并命名为"Single"。
（2）打开"Single"场景，删除默认的"Main Camera"游戏对象。将"EasyAR/Prefabs/Composites"目录下的"EasyAR_ImageTracker-1"预制件拖到场景中，并复制 EasyAR 的 Key 到其"Key"属性。

（3）将"EasyAR/Prefabs/Primitives"目录下的"ImageTarget"预制件拖到场景中。

（4）根据要识别的图片设置"ImageTarget"游戏对象的属性，填写"Path""Name""Size"属性，修改"Storage"属性为"Assets"。

（5）将"Misaka/textures"目录下对应的图片拖到"Scene"窗口中的"ImageTarget"游戏对象下。因为有多个图片，所以将"ImageTarget"游戏对象重新命名为"it"+图片名，如图 6-51 所示。

图 6-51

（6）重复上面的步骤，将 6 张图片的相关内容都添加到场景中。为了方便开发，调整 6 个游戏对象之间的位置，使其相互错开，并且修改名称，如图 6-52 所示。

图 6-52

（7）在场景中添加一个空的游戏对象并命名为"GameManager"，用于挂脚本。

（8）在"Misaka/Scripts"目录下新建脚本"SingleManager"，将"SingleManager"脚本拖至"GameManager"游戏对象下成为其组件。

6.9.3 识别图片显示文字

识别图片显示文字本质上是显示了一个特殊的 3D 模型。

（1）在"itBuddha"游戏对象下添加"3D Text"对象。
（2）将"New Text"游戏对象 X 轴旋转 90 度，让文字正面面向摄像头，如图 6-53 所示。

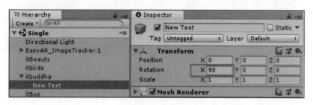

图 6-53

（3）修改"New Text"游戏对象的属性，将"Text"属性设置为要显示的文字内容，调整"Character Size"属性使显示的文字大小合适，修改"Font"属性将字体设置为应用自带字体，如图 6-54 所示。运行效果如图 6-55 所示。

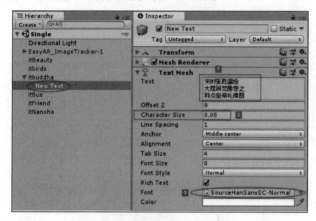

图 6-54

图 6-55

6.9.4 识别图片显示 UI

（1）在"itBirds"游戏对象下添加一个"Canvas"画布对象。
（2）在"itBirds/Canvas"游戏对象下，添加一个"Text"文本对象和一个"Button"按钮对象。添加按钮是为了更好地说明识别后能展示的是可以互动的 UI。
（3）设置"Text"游戏对象的位置是覆盖全屏幕。
（4）修改"Text"游戏对象的属性，将"Text"属性设置为要显示的文字内容，调整"Font Size"属性使显示的文字大小合适，修改"Font"属性将字体设置为应用自带字体，如图 6-56 所示。
（5）设置"Button"游戏对象的位置在屏幕下方。
（6）修改按钮的"Text"游戏对象的属性，将"Text"属性设置为要显示的"打开网址"，选中"Best Fit"使字体大小自适应，修改"Font"属性将字体设置为应用自带字体。
（7）打开脚本"SingleManager"，添加一个方法，内容如下：

```
public void OpenURL()
{
    Application.OpenURL("https://www.visitsingapore.com.cn/...");
}
```

在 Unity 中，Application.OpenURL 方法可以用浏览器打开一个超链接。

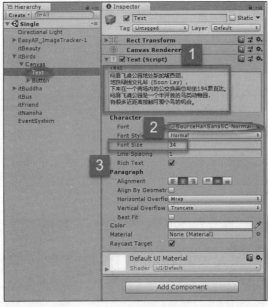

图 6-56

（8）选中"itBirds/Canvas/Button"游戏对象，添加按钮单击事件的响应方法是"GameManager"游戏对象上"SingleManager"组件下的"OpenURL"方法，如图 6-57 所示。

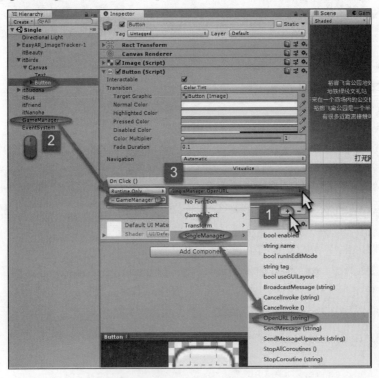

图 6-57

运行后效果如图 6-58 所示。当识别的时候，设备上会出现文字和按钮，单击按钮以后会用浏览器打开一个网址。

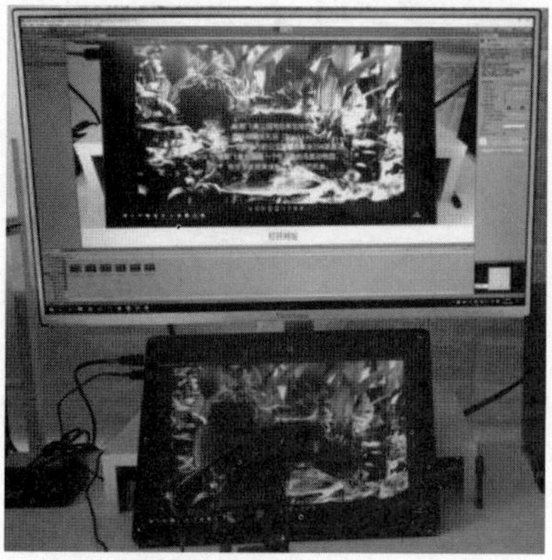

6.9.5 识别图片跳转 URL

识别图片跳转 URL 是通过程序来控制的，当图片被识别到就自动跳转。

（1）在"Misaka/Scripts"目录下新建脚本，命名为"ImageTargetBehaviour"。脚本内容如下：

```
protected override void Awake()
{
    base.Awake();
    // 订阅事件
    TargetFound += OnTargetFound;      // 识别成功事件
    TargetLost += OnTargetLost;        // 识别对象丢失事件
}
void OnTargetFound(TargetAbstractBehaviour behaviour)
{
    Debug.Log("Found: " + Target.Name);      // 输出到控制台
    // 消息推送，执行 ImageTargetFound 方法，参数为 ImageTarget
    gameManager.SendMessage("ImageTargetFound", Target);
}
```

图 6-58

通过 SendMessage 推送消息的方法，使对象中的方法被执行。这么做效率比较低，不过好在本身项目小，问题不大。好处是解耦合，只要那个游戏对象上的某个组件有这个方法，就能被执行。

（2）修改"SingleManager"脚本，添加 2 个方法。

```
public void ImageTargetFound(ImageTarget target)
{
    if (target.Name == "Nanoha")
    {
        Application.OpenURL("https://zh.moegirl.org/%E9%AD......");
    }
}
public void ImageTargetLost(ImageTarget target)
{
}
```

为了让"ImageTargetBehaviour"脚本在更多的地方能被使用，所以在"SingleManager"脚本也添加了"ImageTargetLost"方法，虽然这个方法在"SingleManager"脚本中不执行任何内容。

（3）将"itNanoha"游戏对象下旧的"ImageTargetBehaviour"组件（EasyAR 自带的）删除，把刚写的"ImageTargetBehaviour"脚本拖到"itNanoha"游戏对象下成为其组件。

（4）"itNanoha"游戏对象设置基本和原来一样，"ImageTargetBehaviour"组件的"Name"属性设置成对应图片文件名（不带扩展的文件名后缀），和程序中对应起来。将"GameManager"

游戏对象拖到"ImageTargetBehaviour"组件的"GameManager"属性中,给该属性赋值,如图 6-59 所示。

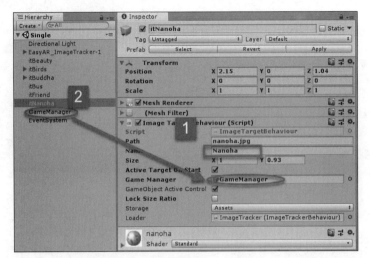

图 6-59

运行场景,只要识别到图片 nanoha.jpg 就会自动用浏览器打开网页。

6.9.6　识别图片显示 3D 模型

(1)打开导入的 3D 模型项目的文件夹,找到模型的 Prefab 文件。在"Optimize SDKohaku-Chanz/ Prefab"文件夹下,将模型文件拖动到"itBeauty"游戏对象下成为其子对象,如图 6-60 所示。

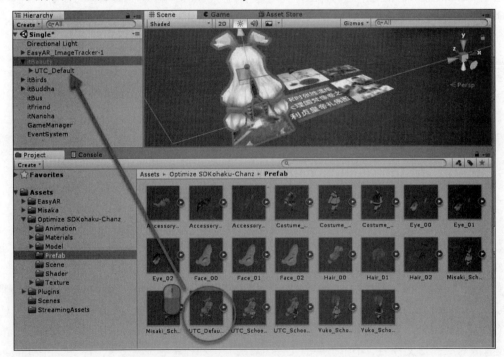

图 6-60

(2）调整 3D 模型到合适的位置和角度。运行结果如图 6-61 所示。

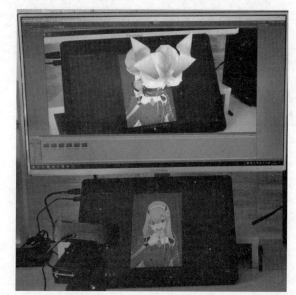

图 6-61

6.10 识别多图场景开发

识别多图场景的开发主要集中在互动上，所以场景的互动内容需要再设计一下。

6.10.1 场景互动基本思路

1．最基本的想法

假设已经识别并显示了模型 A：

- 当模型 B 被识别并显示时，模型 A 与模型 B 互动，演示识别时互动的功能。
- 当模型 C 靠近模型 A 时，模型 A 与模型 C 互动，演示靠近后互动。
- 当模型 B 离开时，模型 A 发生变化，演示离开时互动。

虽然只用 2 个模型也可以实现上述演示，但是分开会更清晰一些。

2．选取模型

打开 3D 模型的目录，Unity 商城里的项目通常会带一个演示用的场景。打开场景可以看到大概有些什么内容，如图 6-62 所示。

需要 3 个模型，为了方便后面说明，取个名字。模型都来自目录"Optimize SDKohaku-Chanz/Model/"下的 fbx 文件，当然也可以用 prefab 文件，如表 6-3 所示。

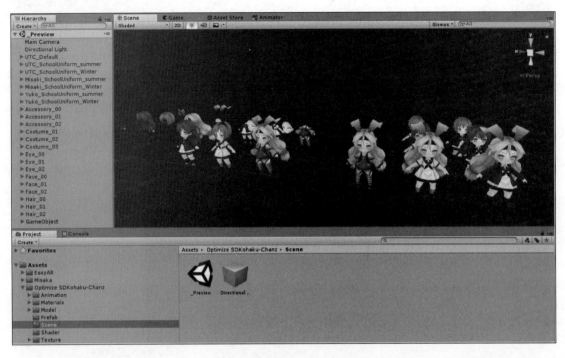

图 6-62

表 6-3 需要的 3 个模型信息

图　片	说　明
	模型 A 取名：UTC 文件名：UTC_Default
	模型 B 取名：Yuko 文件名：Yuko_SchoolUniform_summer
	模型 C 取名：Misaki 文件名：Misaki_SchoolUniform_Winter

3. 挑选动作

模型还带了动作，带动作的演示会更生动，所以再选取几个动作。

打开"Optimize SDKohaku-Chanz/Animation"下的 Animator 文件，可以看到有 9 种动作：3 种

站立动作、3 种行走动作和 3 种跑步动作。选择 2 种站立动作、1 种行走动作和 1 种跑步动作，如图 6-63 所示。

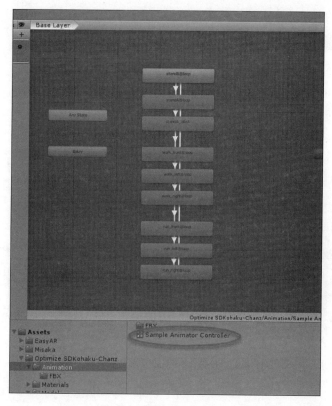

图 6-63

4．重新描述基本思路

假设已经识别并显示了 UTC：

- 当 Yuko 显示时，UTC 走到 Yuko 旁边停下，演示识别时互动的功能。
- 当 Misaki 靠近 UTC 时，UTC 走开，Misaki 跑到 UTC 旁边（UTC 不喜欢 Misaki 在旁边，Misaki 又喜欢当跟屁虫），演示靠近后互动。
- 当 Yuko 离开时，走到起始位置，演示离开时互动。

6.10.2　用有限状态机的理念重新整理思路

游戏 NPC 设计的常见思路有两种：有限状态机和行为树。相对而言，有限状态机更直观一些。虽然这不是游戏，但是和传统的软件相比更接近游戏。所以，对于初学者，如果场景内容复杂，推荐考虑用有限状态机的方法来思考和编码。有限状态机和行为树都有成熟的插件，有兴趣的可以自己试试。

有限状态机的思路很简单，每个对象处于多种不同的状态，某一时刻只能处于其中某种具体状态，不同状态不可叠加。不同的事件会使对象从一种状态转换到另外一种状态。

这里用圆角矩形表示状态，用普通矩形表示事件，用连接线表示事件触发后转到哪个状态。

在 Unity 里，两个游戏对象靠近时，可以给模型添加 Collider 组件，用 OnTriggerEnter 事件表示靠近，用 OnTriggerExit 事件表示从旁边离开。

现在从最简单的开始画有限状态机的图示，其绘图的过程也是把整个程序流程思考清楚的过程。

1. Yuko 有限状态机

Yuko 是最简单的，因为 Yuko 只影响其他的游戏对象，本身不受影响。

Yuko 这样的状态看起来有点简单和单调，因此增加一点动作。让 Yuko 站立的时候会时不时换个动作。一开始是一个动作，随机一段时间换个动作，如图 6-64 所示。

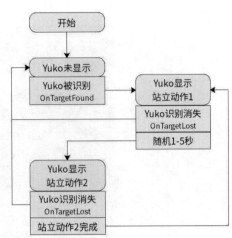

图 6-64

2. Misaki 的有限状态机

Misaki 最初的情况和 Yuko 是一样的。

当 Misaki 靠近 UTC 后（手动移动识别图片），UTC 走开一段距离，Misaki 会跟上去。这里定义 UTC 始终用走的动作，Misaki 始终用跑的动作。

当 3 个模型都被调用的时候，怎么显示。这里把 Yuko 出现设为最高级别，只要 Yuko 出现，另外两个就都会跑过去。Misaki 和 UTC 之间的动作只在没有 Yuko 的时候出现，如图 6-65 所示。

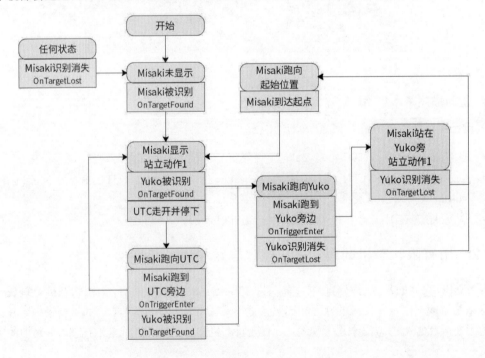

图 6-65

3. UTC 有限状态机

开始还是一样的。

当 Misaki 靠近 UTC 时，UTC 会走开一段距离并停下。

把 Yuko 的影响加进来，如图 6-66 所示。

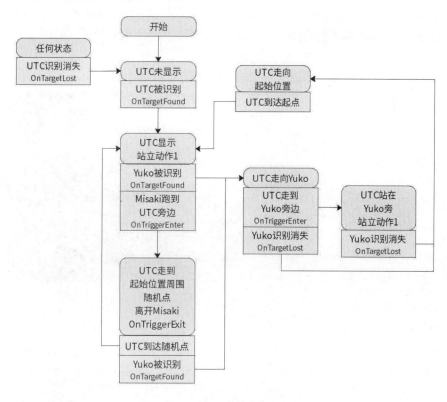

图 6-66

6.10.3 场景基础设置

（1）在"Misaka/Scenes"目录下新建场景并命名为"Multiple"。

（2）打开"Multiple"场景，删除默认的"Main Camera"游戏对象。将"EasyAR/Prefabs/Composites"目录下的"EasyAR_ImageTracker-1"预制件拖到场景中，并复制 EasyAR 的 Key 到其"Key"属性。

（3）选中"EasyAR_ImageTracker-1/ImageTracker"游戏对象，将"ImageTrackerBehaviour"组件下的"SimultaneousTargetNumber"属性改为 3，这样能同时识别 3 张图片，如图 6-67 所示。

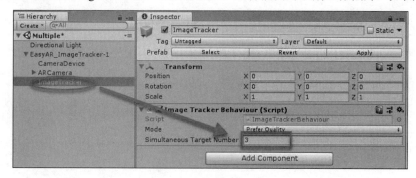

图 6-67

（4）在场景中添加一个空的游戏对象并命名为"GameManager"，用于挂脚本。

（5）将"EasyAR/Prefabs/Primitives"目录下的"ImageTarget"预制件拖到场景中。

（6）删除"ImageTarget"游戏对象下原有的"ImageTargetBehaviour"组件，将上一节写的"ImageTargetBehaviour"脚本拖到"ImageTarget"游戏对象下成为其组件。

（7）根据要识别的图片设置"ImageTarget"游戏对象的属性，填写"Path"、"Name"、"Size"属性，修改"Storage"属性为"Assets"，如图6-68所示。

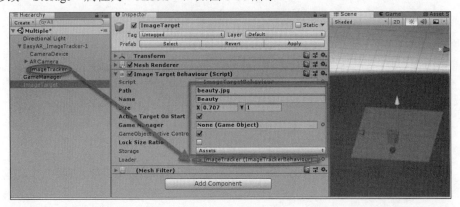

图 6-68

（8）将"Misaka/textures"目录下对应的图片拖到"Scene"窗口中的"ImageTarget"游戏对象下。因为有多张图片，所以将"ImageTarget"游戏对象重新命名为"it+图片名"。将"GameManager"游戏对象拖到"GameManager"属性中。去掉"GameObject Active Control"属性的选项，让激活或隐藏全部由自己编写的程序来控制，如图6-69所示。

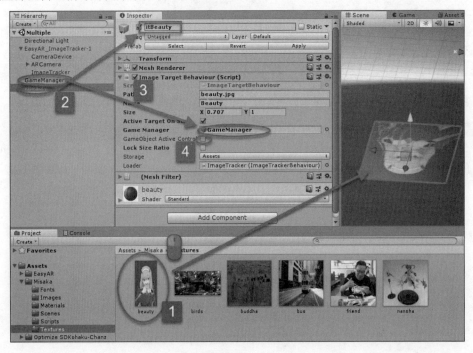

图 6-69

（9）重复上面的步骤，将 3 张图片的相关内容都添加到场景中。为了方便开发，调整 3 个游戏对象之间的位置，使其相互错开。

（10）在"Misaka/Scripts"目录下新建脚本"MultipleManager"，将"MultipleManager"脚本拖至"GameManager"游戏对象下成为其组件。

6.10.4 3D 模型动作关系修改

（1）在"Misaka"目录下新建一个"Animation"目录。

（2）在"Misaka/Animation"目录下单击鼠标右键，选中"Create→Animator Controller"，新建一个动画控制，命名为 Multiple Animator Controller，如图 6-70 所示。

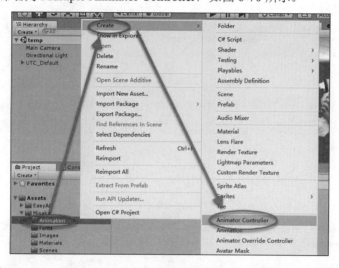

图 6-70

（3）双击"Multiple Animator Controller"，会打开"Animator"窗口，里面默认有 3 个标签，如图 6-71 所示。

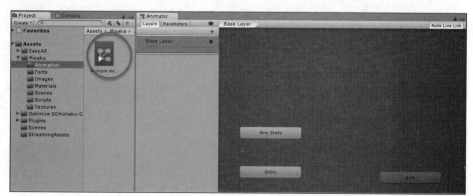

图 6-71

（4）打开"Optimize SDKohaku-Chanz/Animation/FBX"目录，下面有动作。将动作"StandB"、"StandA_idleA"、"Wallk"和"Run_set"拖入"Animator"窗口中。第一个被拖入的动作会被作为默认动作，这里是"StandB"，如图 6-72 所示。

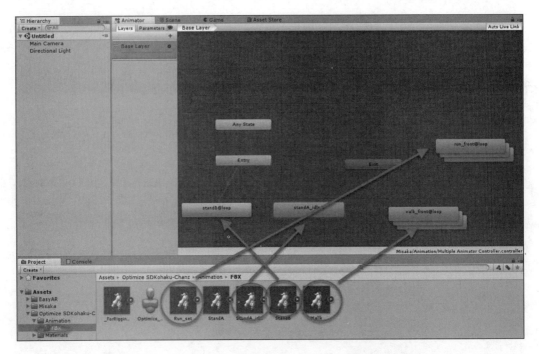

图 6-72

（5）将不用的动作删除。跑步和行走的动作都是带左右方向的，只保留往前的即可。只留下 4 个动作"standB"、"standA_idleA"、"run_front"和"walk_front"，如图 6-73 所示。

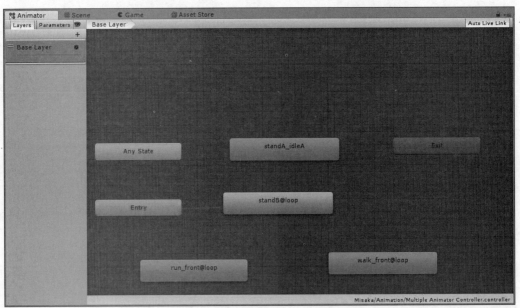

图 6-73

（6）单击"Animator"窗口下的"Parameters"按钮，开始添加变量。单击"+"下拉按钮，选择"Trigger"选项，添加名为"Pose"的变量，如图 6-74 所示。

（7）继续单击"+"下拉按钮，添加两个"Bool"变量，分别命名为"Walk"和"Run"。

（8）选中"standB@loop"，在"Inspector"窗口中修改名称为"stand"，如图 6-75 所示。这是默认站立的动作。

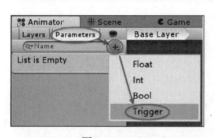

图 6-74

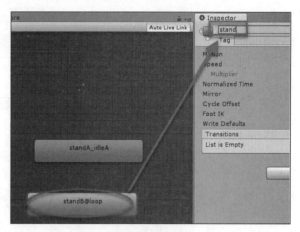

图 6-75

（9）将"stand"设为默认动作。默认动作是橘黄色，有一条从"Entry"的线连接过来。如果不是默认动作，在"stand"上单击鼠标右键，选中"Set as Layer Default State"即可设为默认动作。模型开始的时候会做这个动作，如图 6-76 所示。

（10）将"standA_idleA"改名为"pose"，如图 6-77 所示。

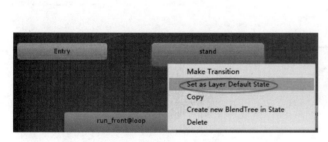

图 6-76

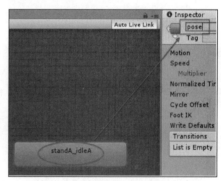

图 6-77

（11）在"stand"上单击鼠标右键，选择"Make Transition"选项，添加一个动作转换，如图 6-78 所示。这时会出现一条线，将这条线连接到"pose"上，如图 6-79 所示。

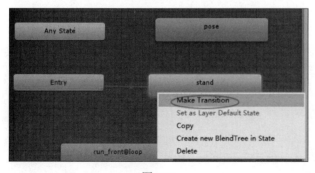

图 6-78

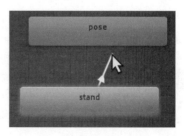

图 6-79

（12）选中连接线，在"Inspector"窗口中单击"Conditions"下的"+"按钮，如图6-80所示。

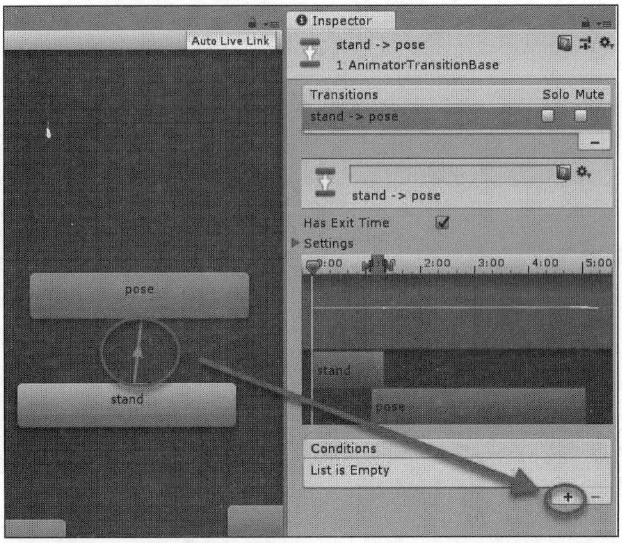

图6-80

（13）在下拉列表框中选中"Pose"。这样，当调用Animator.SetTrigger("Pose")方法时，模型的动作就会从"stand"转换到"pose"，如图6-81所示。

（14）在"pose"上单击鼠标右键，选择"Make Transition"选项，添加一个动作转换，如图6-82所示。

（15）将线连接到"stand"，这样当"pose"动作做完以后就会自动回到"stand"动作，如图6-83所示。

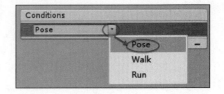

图6-81

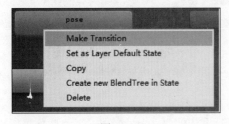

图6-82

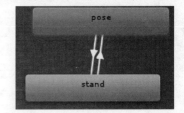

图6-83

（16）修改动作"run_front@loop"名称为"run"。

（17）用之前的方法在动作"stand"和"run"之间添加连接转换。

（18）在"stand"到"run"的转换上，添加变量"Run"，设置值为"true"。在"run"到"stand"的转换上，添加变量"Run"，设置值为"false"。

当调用Animator.SetBool("Run", true)方法时，模型的动作会从"stand"变到"run"；当调用Animator.SetBool("Run", false)方法时，模型的动作会从"run"变到"stand"。

（19）同样的，将"walk_front@loop"改名为"walk"，添加"stand"和"walk"之间的转换连接，设置"stand"到"walk"时，变量是"Walk"、值是"true"，"walk"到"stand"时变量是"Walk"、值是"false"。

6.10.5 3D 模型添加碰撞

（1）在"Misaka/Scenes"目录下新建临时场景并命名为"temp"，用完可以删掉，如图 6-84 所示。

（2）将"Optimize SDKohaku-Chanz/Model/"目录下的"UTC_Default"模型拖到场景中。

（3）修改"UTC_Default"游戏对象名称为"UTC"。

（4）设置"UTC"游戏对象的"Animator"组件的"Controller"属性为"Multiple Animator Controller"，如图 6-85 所示。

图 6-84

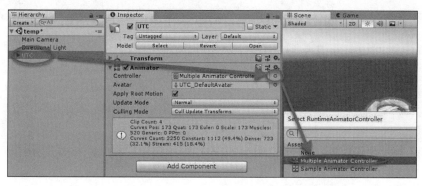

图 6-85

（5）选中"UTC"游戏对象，依次单击菜单选项"Component→Physics→Rigidbody"，为"UTC"游戏对象添加刚体，如图 6-86 所示。

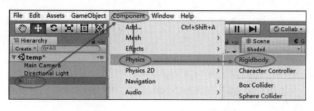

图 6-86

（6）去掉刚体的"Use Gravity"选项，使其不受重力影响。选中"Is Kinematic"选项，使其不受物理影响。选中"Freeze Rotation"冻结角度影响，如图 6-87 所示。

（7）为"UTC"游戏对象添加一个"Capsule Collider"组件，设置一个椭圆形的碰撞边界。

（8）单击"Capsule Collider"组件下的"Edit Collider"按钮可以在"Scene"窗口中调整碰撞边界的大小，利用"Direction"属性可以选择圆柱体的方向，将碰撞边界调整到比模型略大即可。然后，选中"Is Trigger"属

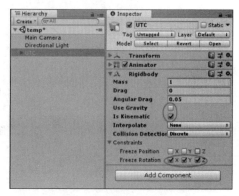

图 6-87

性，启用触发器，如图 6-88 所示。边界在后面需要对照图片大小来调整，使两张图片靠近但不重叠的时候能触发。

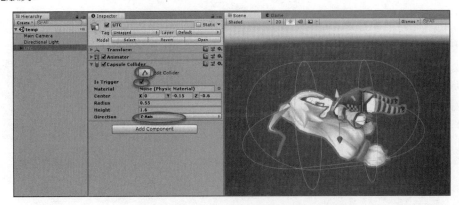

图 6-88

（9）在"Misaka/Scripts"目录下新建脚本"ModelTrigger"。脚本内容如下：

```
private void OnTriggerEnter(Collider other)
    {
        gameManager.SendMessage("ModelTriggerEnter", gameObject.name + "-" + other.gameObject.name);
    }
private void OnTriggerExit(Collider other)
    {
        gameManager.SendMessage("ModelTriggerExit", gameObject.name + "-" + other.gameObject.name);
    }
```

（10）将"ModelTrigger"脚本添加到"UTC"游戏对象下成为组件。

（11）在"Misaka"目录下新建目录"Prefabs"。

（12）将游戏对象"UTC"拖到"Misaka/Prefabs"目录下成为预制件，如图 6-89 所示。

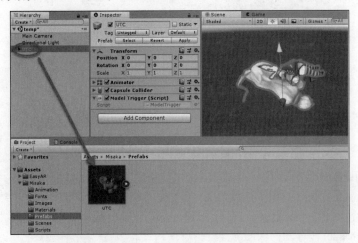

图 6-89

(13)用同样的方法完成预制件"Misaki"和"Yuko"的制作。

(14)打开场景"Multiple",将目录"Misaka/Prefabs"中的模型拖到识别图片的游戏对象下成为子游戏对象,并调整角度,如图 6-90 所示。

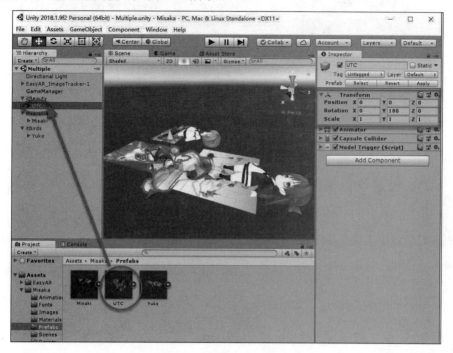

图 6-90

(15)打开脚本"MultipleManager",修改脚本,为其添加基本的信息响应,接收其他游戏对象上的脚本通过 SendMessage 方法传递过来的内容。

```
private void ModelTriggerEnter(string ModelInfo)
{
    Debug.Log("Trigger Enter");
    Debug.Log(ModelInfo);
}
private void ModelTriggerExit(string ModelInfo)
{
    Debug.Log("Trigger Exit");
    Debug.Log(ModelInfo);
}
```

运行效果如图 6-91 所示。

(16)在运行状态下,重新调整模型的触碰边界到合适大小,即两张图片靠近但又不重叠的时候发生触碰。

(17)调整完后将数值设置到预制件上,确保所有预制件和场景中模型的数值都正确。

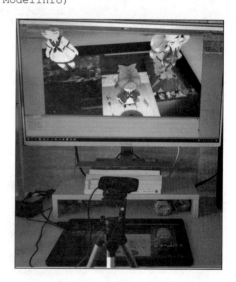

图 6-91

（18）把几张识别图片拉开足够距离，避免初始化的时候发生碰撞，如图 6-92 所示。

图 6-92

6.10.6 Yuko 相关逻辑的编写

（1）新建一个枚举类型，用来表示 Yuko 不同的状态，定义一个控制 Yuko 的对象。因为动画控制比较多，所以定义成"animator"类型。

```csharp
private enum StateYuko
{
    Hidden,
    Stand,
    Pose
}

private StateYuko stateYuko;
private Animator yuko;
```

（2）添加不同状态的方法，方法默认第一步都是修改当前状态。

```csharp
private void YukoHidden()
{
    stateYuko = StateYuko.Hidden;
}
private void YukoStand()
{
    stateYuko = StateYuko.Stand;
}
private void YukoPose()
{
    stateYuko = StateYuko.Pose;
}
```

（3）实现最基本的显示和隐藏。

① 开始的时候初始化 Yuko 的变量，并进入默认状态。

```csharp
private void Start()
{
```

```
        // 初始化 yuko 变量
        yuko = GameObject.Find("itBirds/Yuko").GetComponent<Animator>();
        YukoHidden();
    }
```

② Yuko 处于非活动状态就隐藏模型，处于活动状态就显示模型。通过修改游戏对象"Active"来实现。

```
private void YukoHidden()
{
    stateYuko = StateYuko.Hidden;
    yuko.gameObject.SetActive(false);    // 隐藏模型
}
private void YukoStand()
{
    stateYuko = StateYuko.Stand;
    yuko.gameObject.SetActive(true);     // 显示模型
}
```

③ 当图片被识别或者丢失时，调用对应的方法。这里可以用 if-else 语句，也可用 switch 语句。

```
private void ImageTargetFound(ImageTarget target)
{
    switch (target.Name)
    {
        case "Birds":
            YukoStand();
            break;
    }
}
private void ImageTargetLost(ImageTarget target)
{
    switch (target.Name)
    {
        case "Birds":
            YukoHidden();
            break;
    }
}
```

运行效果是图片识别时显示模型、图片消失的时候隐藏模型。

（4）开始添加随机时间摆造型的逻辑。

① 先添加固定时间后，Yuko 开始摆造型，假设 3 秒以后开始摆造型。这里用到了 Unity 的协程。

```
private IEnumerator YukoStand()
{
```

```
            stateYuko = StateYuko.Stand;
            yuko.gameObject.SetActive (true);      // 显示模型
            yield return new WaitForSeconds(3f);    // 等待 3 秒
            YukoPose();
        }
```

因为使用协程,所以方法的调用方式需要一起更改。

```
        private void ImageTargetFound(ImageTarget target)
        {
            switch (target.Name)
            {
                case "Birds":
                    //YukoStand();
                    StartCoroutine("YukoStand");
                    break;
            }
        }
```

② 此时,Yuko 只会摆 1 次造型,状态会停在"Pose"上,需要当动作完成后判断并修改状态。在"Update"方法中来判断状态并修改。

```
        private void Update()
        {
            // 如果 Yuko 在 Pose 状态
            if(stateYuko == StateYuko.Pose)
            {
                // 如果动作已经播放完成
                if(yuko.GetCurrentAnimatorStateInfo(0).normalizedTime > 0.9f
                    && yuko.GetCurrentAnimatorStateInfo(0).IsName("pose"))
                {
                    StartCoroutine("YukoStand");
                }
            }
        }
```

③ 测试正确后,添加随机时间。

```
        private IEnumerator YukoStand()
        {
            stateYuko = StateYuko.Stand;
            yuko.gameObject.SetActive(true);      // 显示模型

            // 随机等待 2 到 5 秒
            yield return new WaitForSeconds(Random.Range(2,5));

            YukoPose();
        }
```

(5)整理,将 Yuko 的内容用 region 框起来,这样编写后面的代码时会更清晰。

6.10.7 UTC 相关逻辑的编写

（1）建立初始的变量和方法。和 Yuko 开始一样，建立初始的变量和方法。

```
private enum StateUTC
{
    Hidden,
    Stand,
    WalkAway,
    WalkToYuko,
    StandWithYuko,
    WalkBack
}
private StateUTC stateUTC;
private void UTCHidden()
{
    stateUTC = StateUTC.Hidden;
}
private void UTCStand()
{
    stateUTC = StateUTC.Stand;
}
private void UTCWalkAway()
{
    stateUTC = StateUTC.WalkAway;
}
private void UTCWalkToYuko()
{
    stateUTC = StateUTC.WalkToYuko;
}
private void UTCStandWithYuko()
{
    stateUTC = StateUTC.StandWithYuko;
}
private void UTCWalkBack()
{
    stateUTC = StateUTC.WalkBack;
}
```

（2）代码基本和 Yuko 一样。

```
private void ImageTargetFound(ImageTarget target)
{
    switch (target.Name)
    {
        case "Birds":
```

```
            ...
            break;
        case "Beauty":
            UTCStand();
            break;
    }
}
private void ImageTargetLost(ImageTarget target)
{
    switch (target.Name)
    {
        case "Birds":
            YukoHidden();
            break;
        case "Beauty":
            UTCHidden();
            break;
    }
}
private void UTCHidden()
{
    stateUTC = StateUTC.Hidden;
    utc.gameObject.SetActive(false);          // 隐藏模型
}
private void UTCStand()
{
    stateUTC = StateUTC.Stand;
    utc.gameObject.SetActive(true);           // 显示模型
}
```

（3）编写 Misaki 的影响。

① 当 Misaki 靠近 UTC 时，UTC 进入走开状态：

```
private void ModelTriggerEnter(string ModelInfo)
{
    if (ModelInfo == "UTC-Misaki" && stateUTC == StateUTC.Stand)
    {
        UTCWalkAway();
    }
}
```

② 游戏对象"UTC"原本是游戏对象"itBeauty"的子对象，为了移动方便，先将其从"itBeauty"的子对象变成根节点的游戏对象：

```
private void UTCWalkAway()
{
    stateUTC = StateUTC.WalkAway;
```

```
        utc.transform.parent = null;        // 将 UTC 设为根游戏对象
    }
```

③ 为了不让 UTC 的移动跑到看不到的地方,所以移动时要以识别图片为中心,"itBeauty"游戏对象所在位置需要在后面获取,同时在识别图片消失的时候回到最初状态。因此新增一个变量,并修改 UTCHidden 方法。

```
        private Transform utcParent;
        private void UTCHidden()
        {
            stateUTC = StateUTC.Hidden;
            utc.gameObject.SetActive(false);      // 隐藏模型

            // 模型恢复到原有位置和角度
            utc.transform.parent = utcParent;
            utc.transform.localPosition = new Vector3(0f, 0f, 0f);
            utc.transform.localRotation = Quaternion.Euler(new Vector3(0f,
180f,0f));
        }
```

④ 走到识别图片旁边的指定点,走之前模型角度转动到面对目标的方向(调用 LookAt 方法)。用导入的"DoTween"插件实现移动。到达目标点后,修改模型动画,并进入站立的状态。

```
        private void UTCWalkAway()
        {
            stateUTC = StateUTC.WalkAway;
            utc.transform.parent = null;          // 将 UTC 设为最顶层游戏对象,方便移动
            Vector3 target = new Vector3(utcParent.position.x + 1.1f,
                utcParent.position.y,
                utcParent.position.z + 1.1f);
            utc.transform.LookAt(target);         // 面向目标点
            utc.SetBool("Walk", true);            // 模型动画变为行走
            utc.transform.DOMove(target, 0.5f)    // 向目标点移动,速度 0.5
                .SetEase(Ease.Linear)             // 线性移动
                .SetDelay(1f)                     // 1 秒以后开始移动
                .SetSpeedBased()
                .OnComplete(OnCompleteUTCWalkAway); // 完成后运行方法
        }
        private void OnCompleteUTCWalkAway()
        {
            utc.SetBool("Walk", false);
            UTCStand();
        }
```

⑤ 为了简化,在识别图片周围设 4 个点,随机获取其中一个点,并保证离开模型 Misaki 的距离足够。

首先准备 Misaki：

```
private Animator misaki;
private void Start()
{
    ...
    // 初始化 Misaki
    misaki = GameObject.Find("itNanoha/Misaki").GetComponent<Animator>();
}
```

然后添加随机点逻辑：

```
private void UTCWalkAway()
{
    stateUTC = StateUTC.WalkAway;
    utc.transform.parent = null;
    // 识别图片周围 4 个点
    float spacing = 1.1f;
    Vector3[] targets = new Vector3[4];
    targets[0] = new Vector3(utcParent.position.x - spacing,
        utcParent.position.y,
        utcParent.position.z + spacing);
    targets[1] = ...
    Vector3 target;
    // 随机选取一个，并且保证距离 Misaki 模型足够远
    do
    {
        target = targets[Random.Range(0, 4)];
    } while (Vector3.Distance(target, misaki.transform.position) < 1f);
    ...
}
```

（4）添加 Yuko 识别后走向 Yuko 的逻辑。

① 添加图片识别后转换：

```
private void ImageTargetFound(ImageTarget target)
{
    switch (target.Name)
    {
        case "Birds":
            //Yuko 显示
            StartCoroutine("YukoStand");

            // UTC 走向 Yuko
            if (stateUTC == StateUTC.Stand || stateUTC == StateUTC.WalkAway)
            {
                UTCWalkToYuko();
```

```
            }
            break;
        case "Beauty":
            UTCStand();
            break;
    }
}
```

② 和前面类似，转向，修改动作，移动：

```
private void UTCWalkToYuko()
{
    stateUTC = StateUTC.WalkToYuko;

    // 将UTC设为根节点游戏对象
    utc.transform.parent = null;
    // 面向Yuko
    utc.transform.LookAt(yuko.transform);
    // 动作变为行走
    utc.SetBool("Walk", true);

    utc.transform.DOMove(yuko.transform.position, 0.5f)  // 向目标点移动
        .SetEase(Ease.Linear)              // 线性移动
        .SetDelay(1f)                      // 1秒以后开始移动
        .SetSpeedBased();
}
```

③ 在图片被识别的时候，Unity 中的图片和模型都没能马上移动到对应位置，简单的解决办法就是延迟一下，给 UTCWalkToYuko 方法添加延迟。

```
private IEnumerator UTCWalkToYuko()
{
    stateUTC = StateUTC.WalkToYuko;

    yield return new WaitForSeconds(0.2f);
 ...
 }

private void ImageTargetFound(ImageTarget target)
{
    switch (target.Name)
    {
    ...
            // UTC走向Yuko
            if (stateUTC == StateUTC.Stand || stateUTC == StateUTC.WalkAway)
            {
                //UTCWalkToYuko();
                StartCoroutine("UTCWalkToYuko");
            }
```

```
            break;
        ...
    }
}
```

（5）添加遇到 Yuko 停下的逻辑。

① 遇到 Yuko 停下：

```
private void ModelTriggerEnter(string ModelInfo)
{
    ...
    if(ModelInfo=="UTC-Yuko" && stateUTC == StateUTC.WalkToYuko)
    {
        UTCStandWithYuko();
    }
}
```

② 停下的时候需要暂停 DoTween 的移动动画，添加一个变量；在移动动画时给变量赋值：

```
private Tween utcTween;
private IEnumerator UTCWalkToYuko()
{
    ...
    utcTween = utc.transform.DOMove(target, 0.5f)    // 向目标点移动
        .SetEase(Ease.Linear)                         // 线性移动
        .SetDelay(1f)                                 // 1 秒以后开始移动
        .SetSpeedBased();
}
```

③ 在状态开始时停止 DoTween 动画：

```
private void UTCStandWithYuko()
{
    stateUTC = StateUTC.StandWithYuko;

    // UTC 移动停止
    utcTween.Kill();
    // 停止行走动画
    utc.SetBool("Walk", false);
}
```

（6）添加 Yuko 识别消失的逻辑。

① 在图片消失的时候，修改状态：

```
private void ImageTargetLost(ImageTarget target)
{
    switch (target.Name)
    {
```

```csharp
        case "Birds":
            YukoHidden();
            if(stateUTC==StateUTC.StandWithYuko
                || stateUTC == StateUTC.WalkToYuko)
            {
                UTCWalkBack();
            }
            break;
        case "Beauty":
            UTCHidden();
            break;
    }
}
```

② 停止移动，开始行走动画：

```csharp
private void UTCWalkBack()
{
    stateUTC = StateUTC.WalkBack;

    // 停止移动
    utcTween.Complete();
    // 开始行走动画
    utc.SetBool("Walk", true);
    // 面向识别图片
    utc.transform.LookAt(utcParent);
}
```

③ 添加移动：

```csharp
private void UTCWalkBack()
{
    stateUTC = StateUTC.WalkBack;

    ...

    utcTween = utc.transform.DOMove(utcParent.position, 0.5f) // 向目标点移动
        .SetEase(Ease.Linear)            // 线性移动
        .SetDelay(1f)                    // 1 秒以后开始移动
        .SetSpeedBased();
}
```

④ 添加移动完成的方法：

```csharp
private void UTCWalkBack()
{
    stateUTC = StateUTC.WalkBack;

    ...

    utcTween = utc.transform.DOMove(utcParent.position, 0.5f) //向目标点移动
```

```
            .SetEase(Ease.Linear)              // 线性移动
            .SetDelay(1f)                      // 1秒以后开始移动
            .SetSpeedBased()
            .OnComplete(OnCompleteUTCWalkBack); // 完成后运行方法
}
private void OnCompleteUTCWalkBack()
{
    utc.SetBool("Walk", false);
    UTCStand();
}
```

⑤ 恢复 UTC 到初始状态，因为在 UTCHidden 方法里有相同的代码，把相同的代码拿出来作为一个新的方法，以便共用。

```
private void UTCHidden()
{
    ...
    UTCRestore();
}
private void UTCRestore()
{
    // 模型恢复到原有位置和角度
    utc.transform.parent = utcParent;
    utc.transform.localPosition = new Vector3(0f, 0f, 0f);
    utc.transform.localRotation = Quaternion.Euler(new Vector3(0f, 180f, 0f));
}
private void OnCompleteUTCWalkBack()
{
    utc.SetBool("Walk", false);
    utcTween.Complete();
    UTCRestore();
    UTCStand();
}
```

（7）整理，将 UTC 的内容用 region 框起来，这样编写后面代码时会更清晰。

6.10.8　Misaki 相关逻辑编写

（1）建立初始的变量和方法，代码如下：

```
private enum StateMisaki
{
    Hidden,
    Stand,
    RunToUTC,
    RunToYuko,
    StandWithYuko,
```

```csharp
        RunBack
    }
    private StateMisaki stateMisaki;
    private void MisakiHidden()
    {
        stateMisaki = StateMisaki.Hidden;
    }
    private void MisakiStand()
    {
        stateMisaki = StateMisaki.Stand;
    }
    private void MisakiRunToUTC()
    {
        stateMisaki = StateMisaki.RunToUTC;
    }
    private void MisakiRunToYuko()
    {
        stateMisaki = StateMisaki.RunToYuko;
    }
    private void MisakiStandWithYuko()
    {
        stateMisaki = StateMisaki.StandWithYuko;
    }
    private void MisakiRunBack()
    {
        stateMisaki = StateMisaki.RunBack;
    }
```

（2）实现最基本的显示和隐藏，代码基本和 Yuko 一样。

```csharp
    private void Start()
    {
        ...

        // 初始化 Misaki
        misaki = GameObject.Find("itNanoha/Misaki").GetComponent<Animator>();
        misakiParent = misaki.transform.parent;

        MisakiHidden();
    }
    private void ImageTargetFound(ImageTarget target)
    {
        switch (target.Name)
        {
            case "Birds":
                ...
                break;
```

```
            case "Beauty":
                UTCStand();
                break;
            case "Nanoha":
                MisakiStand();
                break;
        }
    }
    private void ImageTargetLost(ImageTarget target)
    {
        switch (target.Name)
        {
            case "Birds":
                ...
                break;
            case "Beauty":
                UTCHidden();
                break;
            case "Nanoha":
                MisakiHidden();
                break;
        }
    }
    private void MisakiHidden()
    {
        stateMisaki = StateMisaki.Hidden;
        misaki.gameObject.SetActive(false);
    }
    private void MisakiStand()
    {
        stateMisaki = StateMisaki.Stand;
        misaki.gameObject.SetActive(true);
    }
```

(3) 编写 UTC 的影响。

① 在 UTC 走开并停下的事件中, 添加响应:

```
    private void OnCompleteUTCWalkAway()
    {
        utc.SetBool("Walk", false);
        UTCStand();

        MisakiRunToUTC();
    }
```

② 添加 Misaki 跑向 UTC 的内容, 因为 Misaki 被设为了顶层游戏对象, 隐藏的时候要恢复初始状态。

```csharp
private void MisakiRunToUTC()
{
    stateMisaki = StateMisaki.RunToUTC;

    // 将 misaki 设为根节点游戏对象
    misaki.transform.parent = null;
    // 面向 UTC
    misaki.transform.LookAt(utc.transform);
    // 动画进入跑动
    misaki.SetBool("Run", true);
    // 移动到 UTC 位置
    misakiTween = misaki.transform.DOMove(utc.transform.position,1f)
        .SetEase(Ease.Linear)      // 线性移动
        .SetDelay(1f)              // 1 秒以后开始移动
        .SetSpeedBased();
}
private void MisakiHidden()
{
    stateMisaki = StateMisaki.Hidden;
    misaki.gameObject.SetActive(false);

    // 恢复初始状态
    misaki.transform.parent = misakiParent;
    misaki.transform.localPosition = Vector3.zero;
    misaki.transform.rotation = Quaternion.Euler(new Vector3(0f, 180f, 0f));
}
```

③ 添加当 Misaki 碰到 UTC 就停下的逻辑：

```csharp
private void ModelTriggerEnter(string ModelInfo)
{
    ...
    if(ModelInfo=="Misaki-UTC" && stateMisaki == StateMisaki.RunToUTC)
    {
        MisakiStand();
    }
}
private void MisakiStand()
{
    if (stateMisaki == StateMisaki.RunToUTC)
    {
        misakiTween.Kill();
        misaki.SetBool("Run", false);
    }

    stateMisaki = StateMisaki.Stand;
    misaki.gameObject.SetActive(true);
}
```

（4）开始添加 Yuko 的影响。这里的逻辑和 UTC 基本一致，可以把代码复制过来修改一下，之后同样整理代码。

6.10.9 清理警告和错误提示

（1）在测试的时候有警告提示，如图 6-93 所示。

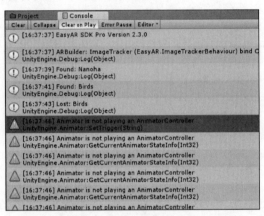

图 6-93

（2）双击以后，发现在 YuKo 摆造型的时候，YuKo 的游戏对象已经被禁用了。

（3）原因是 Yuko 显示以后有个延时，这时识别图片消失以后延时还在继续。因此，在 Yuko 隐藏的时候需要停止协程。

```
private Coroutine yukoCoroutine;
private void YukoHidden()
{
    if (yukoCoroutine != null)
    {
        StopCoroutine(yukoCoroutine);
    }
    stateYuko = StateYuko.Hidden;
    yuko.gameObject.SetActive(false);    // 隐藏模型
}
private void Update()
{
    #region Yuko

    // 如果 Yuko 在 Pose 状态
    if (stateYuko == StateYuko.Pose)
    {
        // 如果动作已经播放完成
        if (yuko.GetCurrentAnimatorStateInfo(0).normalizedTime > 0.9f
            && yuko.GetCurrentAnimatorStateInfo(0).IsName("pose"))
        {
```

```
            yukoCoroutine = StartCoroutine("YukoStand");
        }
    }
    #endregion Yuko
}
    private void ImageTargetFound(ImageTarget target)
    {
        switch (target.Name)
        {
            case "Birds":
                // Yuko 显示
                yukoCoroutine = StartCoroutine("YukoStand");
                ...
                break;
                ...
        }
    }
```

6.11 物体识别用的模型准备

EasyAR 识别物体需要一组 obj 文件用于识别，同时还需要有实体的模型。最理想的情况是有专人设计模型，然后用 3D 软件制作并绘制纹理。当然也可以先用 3D 软件设计，然后利用 3D 打印技术打印出来。

这两种方法无论哪种都很麻烦，因为这里的目的只是演示。所以，这里用的方法是，在 Unity3D 的商城里寻找合适的模型，然后导出成 obj 文件，再通过软件转换成纸模，打印后粘贴制作。

6.11.1 寻找合适的模型

为了节省工作量，需要寻找一个面数比较少的模型，这样不会把大量的时间浪费在模型制作上。另外，模型的纹理要比较丰富，适合识别使用。

这里是在 Unity3D 的商城里寻找模型。当然，也有一些软件可以从游戏中导出模型，有兴趣的话可以自己尝试。

（1）在浏览器中打开 Unity3D 的商城（网址为 https://assetstore.unity.com/）。虽然 Unity3D 也可以打开商城，但是没有在浏览器中操作方便。

（2）单击"3D"选项，选择下面的一个大类，这里选择的是"交通工具"。可以根据自己的兴趣选择其他的种类，只是不建议选择"植物"，因为会很难做。

（3）选择"价格"排序，这样可以把免费的排在前面，如果不差钱，则无视此步。

（4）看到差不多的，将鼠标指针移动到项目上以后，单击"快速浏览"，如图 6-94 所示。

（5）很多项目都会给出图片效果，单击左侧的图片列表可以看到具体的效果。图中的消防车感觉比较适合，这里就选它了，如图 6-95 所示。

图 6-94

（6）在 Unity3D 编辑器中打开商城界面，将名称输入进去，搜索项目，如图 6-96 所示。

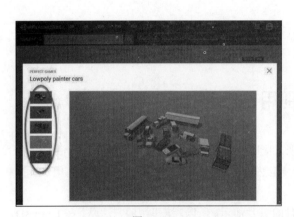

图 6-95　　　　　　　　　　　图 6-96

（7）找到项目以后，下载导入项目，如图 6-97 所示。

图 6-97

（8）导入项目以后，找到模型。注意，这里要找到的是 fbx 文件，而不是 Unity3D 的 Prefab 文件。

6.11.2 模型修改

这个模型不是单独的,由 4 个模型组成,如图 6-98 所示。

(1)在 3D 文件类型转换过程中,有时候会导致模型件的位置关系出错,同时为了减少工作量,先把零散的部件去掉,只留下最主要的部分,如图 6-99 所示。删除的过程中会提示破坏了原有的 Prefab,单击"Continue"继续就好了。

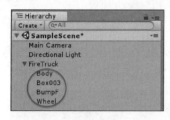

图 6-98

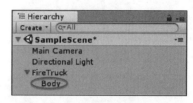

图 6-99

(2)将最主要的模型内容"Body"拖到顶层,修改"Transform"信息为初始值。

(3)为了方便,将游戏对象的名称由"Body"改为"FireTruckII",并拖到"Project"窗口中"Assets"目录中,成为一个 Prefab。

(4)将位于"Assets/PainterCars/Textures/Cars/FireTruck"目录下的"FireTruck.png"文件及该模型的纹理复制一份,改名为"FireTruckII.png",移动到"Assets"的根目录,和刚才生成的 Prefab 文件放在一起,如图 6-100 所示。

图 6-100

(5)这个模型的纹理还算比较容易识别。如果想要识别得更好,可以自己给纹理添加一些内容,比较简单的方法就是添加一些文字在上面。模型原本的纹理如图 6-101 所示,修改后如图 6-102 所示。

(6)将纹理拖到模型上,看一下效果。

(7)将游戏对象"FireTruckII"拖到 Prefab 预制件"FireTruckII"上,更新保存一次,如图 6-103 所示。

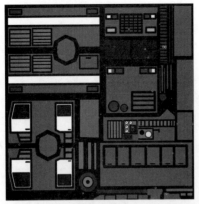
图 6-101

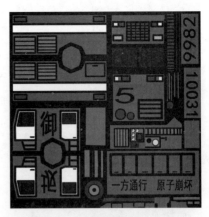
图 6-102

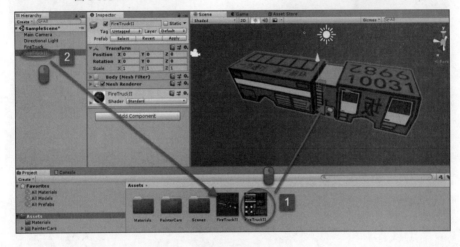
图 6-103

6.11.3 模型导出和转换

先通过插件将模型导出成 fbx 格式，再通过软件转换成 obj 格式。obj 格式既可以给 EasyAR 识别时使用，又可以导入纸模制作软件。

（1）在 Unity3D 的商城中找到 FBX Exporter 插件并导入，如图 6-104 所示。

图 6-104

（2）选中之前生成的 Prefab 文件，选择菜单"GameObject→Export To FBX..."，如图 6-105 所示。

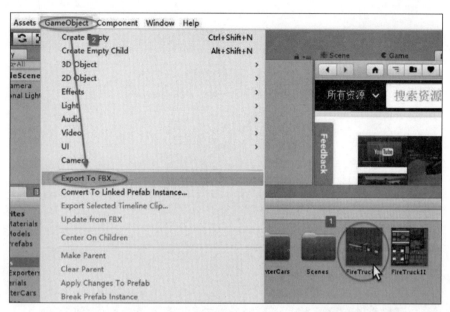

图 6-105

（3）在弹出窗口中，选择导出的路径"Export Path"，在"Include"选项中选择只导出模型，不导出动画，单击"Export"按钮即可，如图 6-106 所示。

（4）这时，在导出目录中会多出一个"FireTruckII.fbx"文件，如图 6-107 所示。

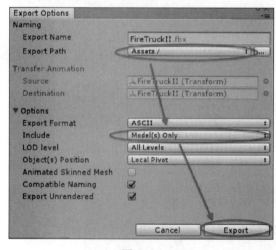

图 6-106

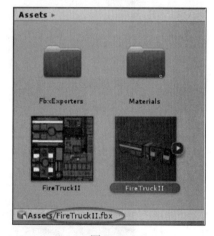

图 6-107

（5）将 fbx 文件和纹理文件复制到一个新的目录中准备转换，如图 6-108 所示。

（6）AutoDesk 公司提供了一款免费的 3D 模型文件转换的工具——FBX Converter。下载并安装（下载地址为 https://www.autodesk.com/developer-network/platform-technologies/fbx-converter-archives，如图 6-109 所示）。启动以后，界面如图 6-110 所示。

207

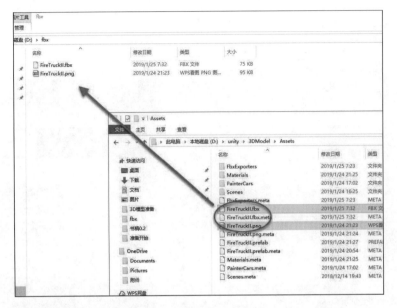

图 6-108

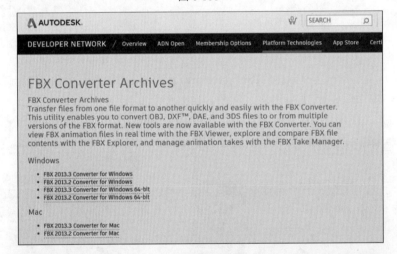

图 6-109

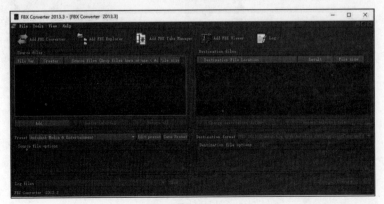

图 6-110

（7）单击左边的"Add"按钮，找到前面复制出来的 fbx 文件，选中并打开，如图 6-111 所示。

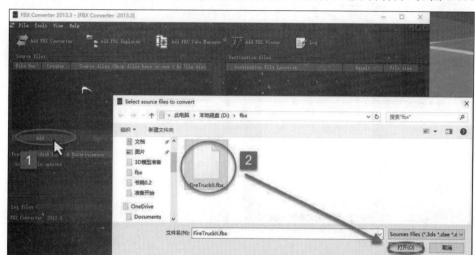

图 6-111

（8）在右边的"Destination format"下拉菜单中，选择导出格式为"OBJ"，然后单击"Convert"按钮即可将 fbx 文件转换成 obj 文件，如图 6-112 所示。

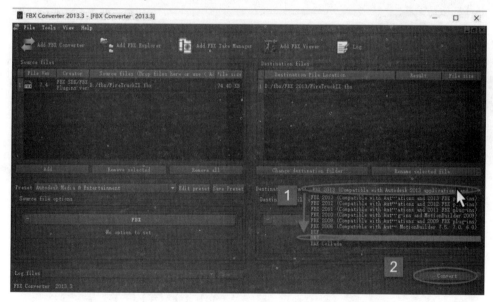

图 6-112

6.11.4　纸模转换制作

纸艺大师是一款纸模设计软件，可以将 3D 模型文件导出成纸模文件，而且有中文版使用起来很方便。

（1）下载并安装纸艺大师（下载地址为 https://tamasoft.co.jp/pepakura-cn/download/index.html），主界面如图 6-113 所示。

209

（2）单击打开图标，找到 obj 文件，选中并打开，如图 6-114 所示。

图 6-113

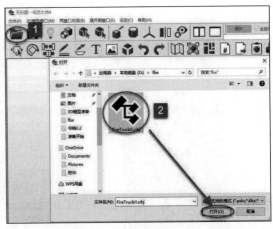
图 6-114

（3）在弹出窗口中单击"关闭"按钮。这里一般不需要更改，除非发现贴图跑到模型内部去了，如图 6-115 所示。

（4）在指定成品大小界面中单击"OK"按钮，因为后面可以调整，如图 6-116 所示。

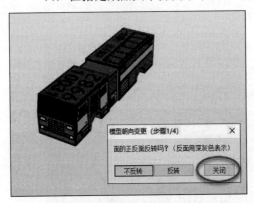
图 6-115

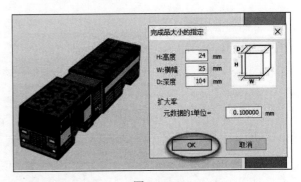
图 6-116

（5）单击菜单上的"展开"按钮，就可以把模型展开，如图 6-117 所示。展开后的效果如图 6-118 所示。

图 6-117

（6）重写调整纸模的粘接位置，太零散或者太大块制作起来都很麻烦。单击选中菜单上的"面的分离和连接"按钮，如图 6-119 所示。当鼠标指到右边图片边线上的时候，出现一条绿色的线，表示可以从绿线处将图片分成两个部分，如图 6-120 所示。

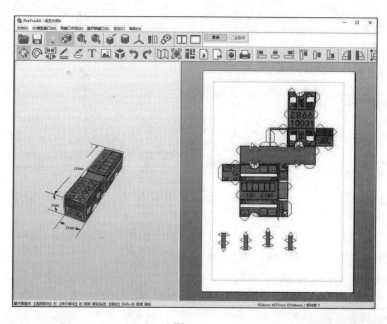

图 6-118

图 6-119

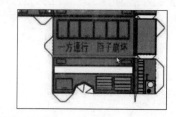

图 6-120

当鼠标指到粘贴部分的时候，会出现红线和箭头，表示可以从这里将两个部分连接在一起，如图 6-121 所示。

用以上方法调整纸膜粘接位置到合适为止，如图 6-122 所示。

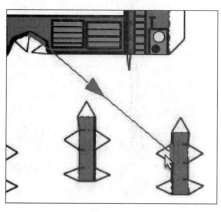

图 6-121

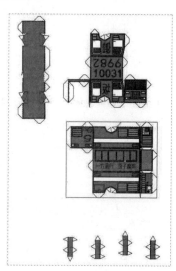

图 6-122

（7）选择菜单中的"设定→变更完成品的大小→指定尺寸和扩大率"命令，如图 6-123 所示。

（8）修改"高度"、"横幅"或者"深度"中任一数值即可调整大小，如图 6-124 所示。太大或者太小粘贴起来都很麻烦，但是宁大勿小。

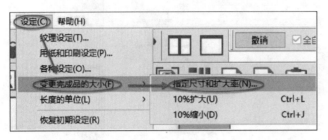

图 6-123

图 6-124

（9）通过修改大小、旋转、移动等方法将纸膜大小调整至合适的尺寸，如图 6-125 所示。

（10）选择菜单"文件→PDF 文件输出"命令，将内容导出成 pdf 文件，如图 6-126 所示。

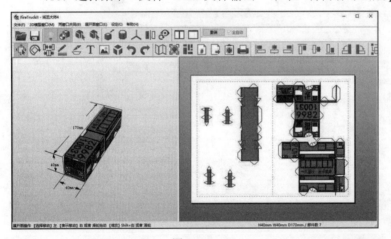

图 6-125

图 6-126

6.11.5 模型制作

将 pdf 文档打印出来（可以是黑白的），剪下来粘好即可。这个大约会用 2 小时，制作过程视频可参考 https://www.bilibili.com/video/av42027324/，最终效果如图 6-127 所示。

图 6-127

6.12 物体识别场景开发

6.12.1 设置场景

（1）在"Misaka/Scenes"目录下新建场景并命名为"Object"。

（2）打开"Object"场景，删除默认的"Main Camera"游戏对象。将"EasyAR/Prefabs/Composites"目录下的"EasyAR_ObjectTracker-1"预制件拖到场景中，并复制 EasyAR 的 Key 到其"Key"属性。

（3）将"EasyAR/Prefabs/Primitives"目录下的"ObjectTarget"预制件拖到场景中。

（4）在"Misaka/Scripts"目录下新建脚本"ObjectTargetBehaviour"。

"ObjectTargetBehaviour"脚本主要是订阅物体识别和把丢失事件发送到 GameManager 游戏对象，内容如下：

```
void OnTargetFound(TargetAbstractBehaviour behaviour)
{
    Debug.Log("Found: " + Target.Name);      // 输出到控制台
    gameManager.SendMessage("ObjectTargetFound", Target.Name);
}

/// <summary>
/// 识别对象丢失事件处理方法
/// </summary>
void OnTargetLost(TargetAbstractBehaviour behaviour)
{
    Debug.Log("Lost: " + Target.Name);       // 输出到控制台
    gameManager.SendMessage("ObjectTargetLost", Target.Name);
}
```

（5）在场景中新建一个空的游戏对象，命名为"GameManager"。在"Misaka/Scripts"目录下新建脚本"ObjectManager"，并将该脚本拖到"GameManager"游戏对象上成为其组件。

（6）删除"ObjectTarget"游戏对象下的"ObjectTargetBehaviour"组件，把"Misaka/Scripts"目录下的"ObjectTargetBehaviour"脚本拖到"ObjectTarget"游戏对象下成为其组件，如图 6-128 所示。

（7）将上一节做好的模型文件"FireTruckII.obj"、"firetruckii.mtl"和"FireTruckII.png"导入"StreamingAssets"目录下，如图 6-129 所示。

（8）将场景中的"ObjectTracker"游戏对象拖入"ObjectTarget"游戏对象的"ObjectTargetBehaviour"组件的"Loader"属性，给该属性赋值。

（9）将"GameManager"游戏对象拖入"ObjectTarget"游戏对象的"ObjectTargetBehaviour"组件的"Game Manager"属性中，给该属性赋值。

（10）将要识别的 3D 模型"FireTruckII.obj"填写在"ObjectTargetBehaviour"组件的"Path"属性中，并设置"Scale"属性为"0.1"。

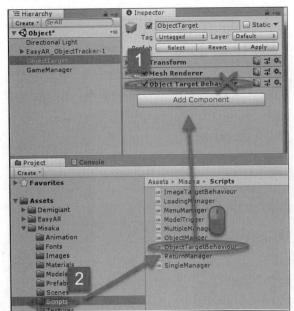

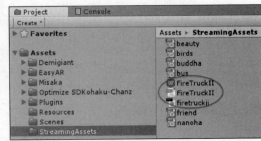

图 6-128　　　　　　　　　　　　　图 6-129

（11）设置"ObjectTargetBehaviour"组件的"Storage"属性为"Assets"，如图 6-130 所示。

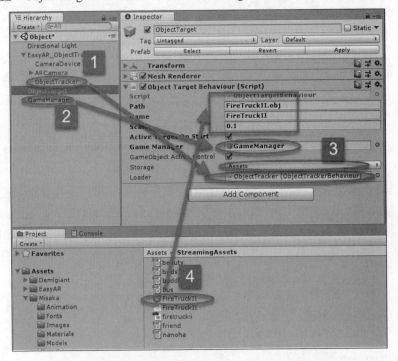

图 6-130

（12）在"Misaka"目录下新建目录"Models"。

（13）将模型文件"FireTruckII.obj"、"firetruckii.mtl"和"FireTruckII.png"导入"Misaka/Models"目录下。

（14）将"Misaka/Models"目录下的模型"FireTruckII"拖到"ObjectTarget"游戏对象下成为其子游戏对象，如图6-131所示。

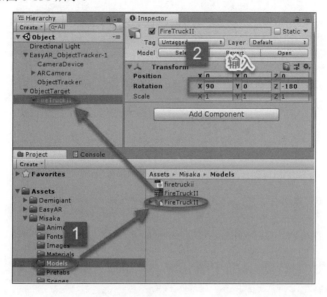

图 6-131

（15）在"ObjectTarget"游戏对象下添加一个方块"Cube"，用于识别以后显示。

（16）设置"Cube"游戏对象，这里是设置在车上方，注意调整"Cube"游戏对象的缩放大小，如图6-132所示。

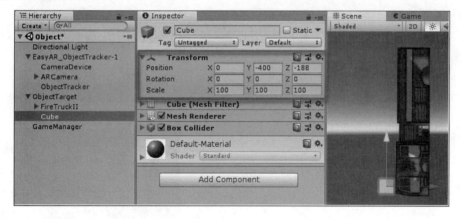

图 6-132

6.12.2 脚本编写

编写脚本内容的原则很简单：

- 当识别的时候，判断是否是名为"FireTruckII"的物体，如果是就给方块添加动画。
- 方块的对象没有在程序启动的时候给其赋值，而是在第一次用到的时候进行赋值。
- 为了在物体消失后停止动画，添加了"sequence"对象并在物体识别消失的时候调用Kill()方法删除动画。

具体脚本内容如下：

```csharp
public void ObjectTargetFound(string ObjectName)
{
    // 如果识别物体是救火车
    if(ObjectName== "FireTruckII")
    {
        // fireTruckShow 第一次使用时赋值
        if (fireTruckShow == null)
        {
            fireTruckShow = GameObject.Find("ObjectTarget/Cube").transform;
        }
        // 动画
        sequence = DOTween.Sequence();
        sequence.Append(fireTruckShow
            .DOMoveY(40, time)
            .SetRelative()
            .SetEase(Ease.Linear));
        sequence.Insert(0, fireTruckShow
            .DOLocalRotate(new Vector3(0, 90, 0), time / 4)
            .SetEase(Ease.Linear)
            .SetLoops(4, LoopType.Restart));
        sequence.Insert(0, fireTruckShow.GetComponent<Renderer>().material
            .DOColor(Color.yellow, time / 2));
        sequence.SetLoops(-1, LoopType.Yoyo);
    }
}

public void ObjectTargetLost(string ObjectName)
{
    if (ObjectName == "FireTruckII")
    {
        sequence.Kill();
    }
}
```

运行效果如图 6-133 所示。

图 6-133

6.13 视频播放场景开发

视频播放场景的内容基本和官方示例差不多，主要是添加了暂停和播放的功能。

6.13.1 设置场景

（1）在"Misaka/Scenes"目录下新建场景并命名为"Video"。

（2）打开"Video"场景，删除默认的"Main Camera"游戏对象。将"EasyAR/Prefabs/Composites"目录下的"EasyAR_ImageTracker-1"预制件拖到场景中，并复制 EasyAR 的 Key 到其"Key"属性。

（3）将"EasyAR/Prefabs/Primitives"目录下的"ImageTarget"预制件拖到场景中。

（4）根据要识别的图片设置"ImageTarget"游戏对象的属性，设置"Loader"属性，填写"Path"、"Name"、"Size"属性，修改"Storage"属性为"Assets"，如图 6-134 所示。

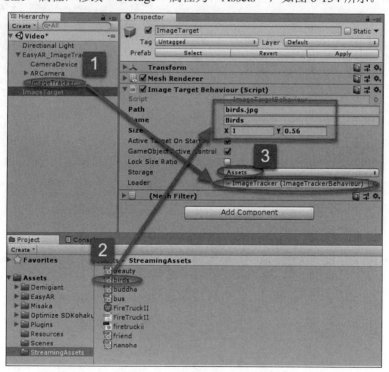

图 6-134

（5）将"Misaka/textures"目录下对应的图片拖到"Scene"窗口中的"ImageTarget"游戏对象下。将"ImageTarget"游戏对象重新命名为"it+图片名"，如图 6-135 所示。

（6）重复步骤（3）～（5），再添加一张图片。这里设置了两个图片识别对象，分别是"itBirds"和"itFriend"。

（7）将视频文件"birds.mp4"导入"StreamingAssets"目录下，如图 6-136 所示。

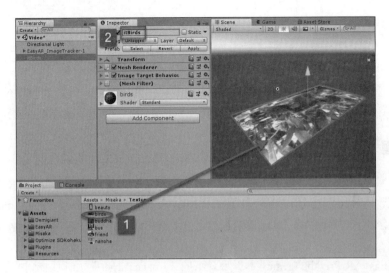

图 6-135

（8）在"itBirds"游戏对象下添加一个"Plane"对象。

（9）将"EasyAR/Scripts"目录下的脚本"VideoPlayerBehaviour"拖到"Plane"游戏对象下，成为其组件。

（10）设置视频播放组件属性："Path"属性为"birds.mp4"，"VideoScaleMode"属性为"Fit"，"VideoScaleFactorBase"属性为"0.1"，选中所有复选项，"Storage"属性为"Assets"，如图6-137所示。

图 6-136

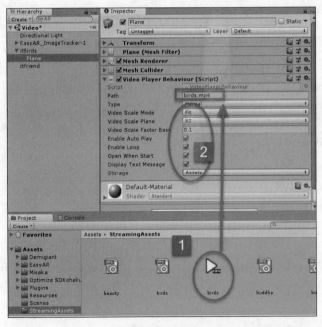

图 6-137

（11）在"itFriend"游戏对象下添加一个方块。

（12）将方块大小和位置设置为在图片上方，长宽不超过图片长宽，如图6-138所示。

图 6-138

（13）将"EasyAR/Scripts"目录下的脚本"VideoPlayerBehaviour"拖到"Cube"游戏对象下，成为其组件。

（14）视频播放设置与之前的一样，"Path"属性为"birds.mp4"，"VideoScaleMode"属性为"Fit"，"VideoScaleFactorBase"属性为"0.1"，选中所有复选项，"Storage"属性为"Assets"。

（15）在场景下新建一个空的游戏对象，命名为"GameManager"。

（16）在目录"Misaka/Scripts"目录下新建脚本"VideoManager"并拖到"GameManager"游戏对象下，成为其组件。

6.13.2 脚本编写

VideoManager 脚本内容如下：

```
void Update () {
    // 只有一个单击点并且单击完成
    if (Input.touchCount == 1 && Input.touches[0].phase ==TouchPhase.Ended)
    {
        // 被点中的游戏对象
        RaycastHit hit;
        // 将屏幕单击点转换为射线发射位置
        Ray ray = Camera.main.ScreenPointToRay(Input.GetTouch(0).position);
        // 射线单击判断
        if (Physics.Raycast(ray, out hit))
        {
            // 如果点中了Plane游戏对象
            if (hit.transform.name == "Plane")
            {
                // 如果当前视频在播放
                if (statusPlane)
                {
                    hit.transform.GetComponent<VideoPlayerBehaviour>().Pause();
                }
                else
                {
```

```
                    hit.transform.GetComponent<VideoPlayerBehaviour>().Play();
                }
                statusPlane = !statusPlane;
            }
            // 如果点中了 Cube 游戏对象
            if (hit.transform.name == "Cube")
            {
                // 如果当前视频在播放
                if (statusCube)
                {
                    hit.transform.GetComponent<VideoPlayerBehaviour>().Pause();
                }
                else
                {
                    hit.transform.GetComponent<VideoPlayerBehaviour>().Play();
                }
                statusCube = !statusCube;
            }
        }
```

脚本说明

在 Unity 中，从屏幕上点中一个游戏对象的方法是从单击处射出一条垂直于屏幕的射线，这条射线碰到的游戏对象即认为是被点中的游戏对象：

```
            // 被点中的游戏对象
            RaycastHit hit;
            // 将屏幕单击点转换为射线发射位置
            Ray ray = Camera.main.ScreenPointToRay(Input.GetTouch(0). position);
            // 射线单击判断
            if (Physics.Raycast(ray, out hit))
            {
                ...
            }
```

EasyAR 的 VideoPlayerBaseBehaviour 类并没有提供获取当前视频播放状态的方法，所以只能自己定义并记录视频的播放状态：

```
            private bool statusPlane;
            void Start()
            {
                // 默认为 true，即在播放状态
                statusCube = true;
                ...
            }
```

6.14 控制识别对象场景开发

6.14.1 设置场景

（1）在"Misaka/Scenes"目录下新建场景并命名为"Choose"。

（2）打开"Choose"场景，删除默认的"Main Camera"游戏对象。将"EasyAR/Prefabs/Composites"目录下的"EasyAR_ImageTracker-1"预制件拖到场景中，并复制 EasyAR 的 Key 到其"Key"属性。

（3）将"EasyAR_ImageTracker-1"下的"ImageTracker"游戏对象的"Simultaneous Target"属性修改为"3"，即可同时识别 3 张图片，如图 6-139 所示。

图 6-139

（4）将"EasyAR/Primitives"目录下的"ImageTarget"预制件拖入场景，并将"ImageTracker"游戏对象拖到"ImageTarget"游戏对象的"Loader"属性中。

（5）修改"ImageTarget"游戏对象名称为"itBus"。根据图片 bus.jpg 的长宽比设置"itBus"游戏对象的"Size"属性，取消选中"Active Target On Start"复选项，如图 6-140 所示。

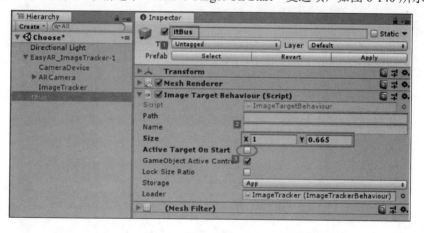

图 6-140

（6）将"Misaka/Textures"目录下的"bus"图片拖到"itBus"游戏对象上，作为贴图。这步不影响显示效果，只是为了编辑的时候容易区分。

（7）将"Misaka/Prefabs"目录下的"Misaki"预制件拖到"itBus"游戏对象下成为其子游戏对象，识别后显示用。删除场景中"Misaki"游戏对象的"Model Trigger"组件。

（8）重复步骤（4）~（7），添加另外两张图片，"itNanoha"和"itFriend"，及其识别后显示的模型，如图 6-141 所示。

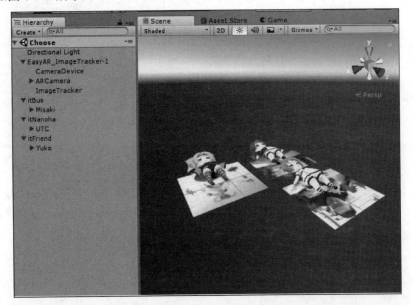

图 6-141

（9）在"Misaka/Scripts"目录下添加脚本"ChooseManager"。

（10）新建一个空的游戏对象并命名为"GameManager"，将"Misaka/Scripts"目录下脚本"ChooseManager"拖到游戏对象"GameManager"下成为其组件。

（11）在场景中添加按钮。

（12）设置按钮为底部对齐，修改按钮名称。

（13）总共添加 3 个按钮，如图 6-142 所示。

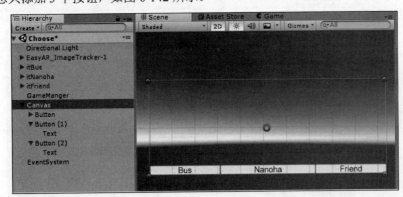

图 6-142

6.14.2 脚本编写

1. ChooseManager 脚本内容

具体代码如下：

```csharp
        EasyAR.ImageTargetBehaviour itBus;
        bool statusBus;
        public void RecognizeBus()
        {
            if (statusBus)
            {
                itBus.SetupWithImage("", StorageType.Assets, "", Vector2.zero);
            }
            else
            {
                itBus.SetupWithImage("bus.jpg", StorageType.Assets, "bus", new Vector2(1f, 0.665f));
            }
            statusBus = !statusBus;
        }
```

脚本说明

① 定义一个布尔属性来记录是否识别对应的图片：

```csharp
        bool statusBus;
```

② 定义一个 ImageTargetBehaviour 类，通过其方法来实现识别控制。因为在 EasyAR 命名空间和 Misaka 命名空间下都有相同名称的类，所以定义的时候需要添加上命名空间。

```csharp
        EasyAR.ImageTargetBehaviour itBus;
```

③ 因为启动后"itBus"游戏对象是非活动状态，所以必须调用 GameObject.Find 方法使用绝对路径才能找到游戏对象。

```csharp
        // 找到游戏对象上的组件
        itBus = GameObject.Find("/itBus")
            .GetComponent<EasyAR.ImageTargetBehaviour>();
```

④ EasyAR 的 ImageTargetBaseBehaviour 类没有提供停止识别的方法，用识别一张空的图片实现停止识别对应图片的效果。

```csharp
            if (statusBus)
            {
                itBus.SetupWithImage("", StorageType.Assets, "", Vector2.zero);
            }
            else
            {
                itBus.SetupWithImage("bus.jpg", StorageType.Assets, "bus", new Vector2(1f, 0.665f));
            }
```

2. 在按钮上添加单击事件

将"GameManager"拖到单击事件对应的游戏对象中，并选择"ChooseManager"组件上对应的方法，如图 6-143 所示。

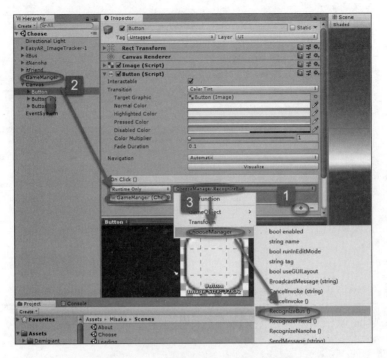

图 6-143

运行效果如图 6-144 所示，单击屏幕下方的按钮，能控制是否识别某张图片。

图 6-144

6.15　涂涂乐场景开发

6.15.1　涂涂乐内容的准备

涂涂乐是将一个 3D 模型的 UV 展开图作为识别图片，然后动态地将识别作为贴图贴到模型上。可以利用 EasyAR 提供的例子里面的部分内容简单地做一个涂涂乐场景。

(1) 在 Unity 商城里面找一个合适的模型，不要太复杂，关键是贴图只能是一张图片，而且需要有一些留白。这里选取的是卡通汽车模型，在 Unity 商城中导入资源包，如图 6-145、图 6-146。

图 6-145

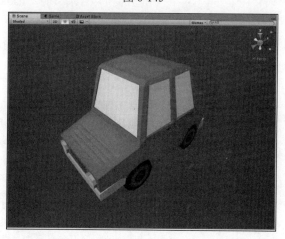

图 6-146

(2) 导入资源以后，在 "CartoonCarFree/models/Materials" 目录下找到模型的贴图，如图 6-147 所示。贴图内容如图 6-148 所示。

图 6-147

(3) 用图片编辑器修改贴图，去掉贴图的主要颜色并把边界线留出来。为了提高贴图的识别率，在空白处添加文字内容，修改结果如图 6-149 所示。

225

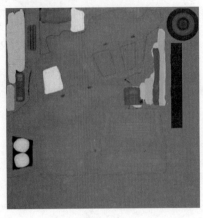

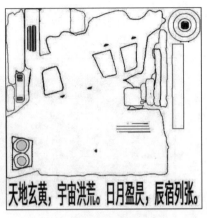

图 6-148　　　　　　　　　　　　　　　图 6-149

6.15.2　设置场景

（1）将EasyAR示例项目"Coloring3D"的资源复制到"Misaka"项目中。

① 将EasyAR示例项目"Coloring3D"下"Coloring3D"目录下的"Shader"目录复制到"Misaka"目录下。

② 将EasyAR示例项目"Coloring3D"下"Coloring3D/Materials"目录下的"TextureSample.mat"文件复制到"Misaka/Materials"目录下。

确认复制的贴图的"Shader"属性是"Sample/TextureSample"，如图6-150所示。

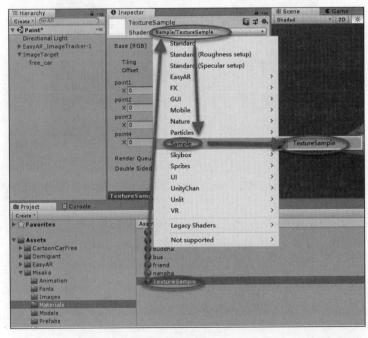

图 6-150

③ 将EasyAR示例项目"Coloring3D"下"Coloring3D/Scripts"目录下的"Coloring3DBehaviour.cs"文件复制到"Misaka/Scripts"目录下。

（2）将修改过的贴图命名为"car.jpg"并导入"Misaka/StreamingAssets"目录下，如图 6-151 所示。

图 6-151

（3）新建场景并命名为"Paint"。

（4）打开"Paint"场景，删除默认的"Main Camera"游戏对象。将"EasyAR/Prefabs/Composites"目录下的"EasyAR_ImageTracker-1"预制件拖到场景中，并复制 EasyAR 的 Key 到其"Key"属性。

（5）将"EasyAR/Prefabs/Primitives"目录下的"ImageTarget"预制件拖入场景，并将"ImageTracker"游戏对象拖到"ImageTarget"游戏对象的"Loader"属性中。根据要识别的图片设置"ImageTarget"游戏对象的属性，设置"Loader"属性，填写"Path""Name""Size"属性，修改"Storage"属性为"Assets"，如图 6-152 所示。

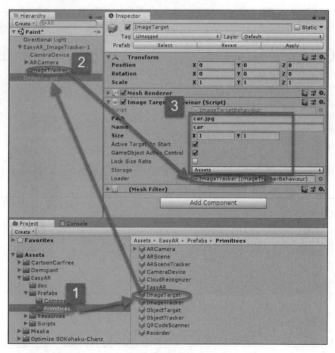

图 6-152

（6）将"CartoonCarFree/models"目录下的"free_car"模型拖到"ImageTarget"游戏对象下成为其子游戏对象，并设置模型的大小和位置，如图 6-153 所示。

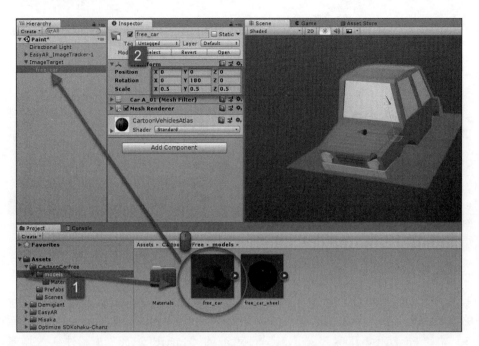

图 6-153

（7）将游戏对象"free_car"的"Shader"属性设置为"Sample/TextureSample"，即修改模型的贴图，如图 6-154 所示。

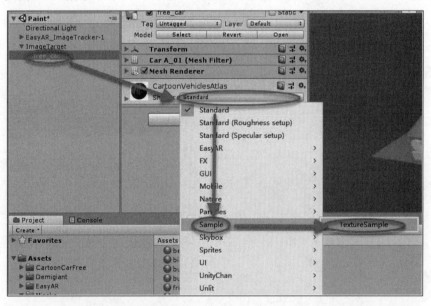

图 6-154

（8）将"Misaka/Scripts"目录下的脚本"Coloring3DBehaviour"拖到游戏对象"free_car"下成为其组件，如图 6-155 所示。

运行效果如图 6-156 所示，识别图片后会显示一个白色的模型。修改识别图片对应位置，显示的模型对应位置也会被修改。

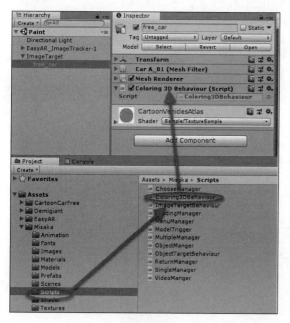

图 6-155

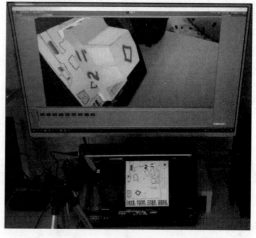

图 6-156

6.16 脱卡场景开发

6.16.1 设置场景

（1）在脱卡的场景中，通常会有模型拖动之类的触屏 Touch 功能，自己编写比较麻烦，所以通过导入插件来实现这些功能。用得最广泛的一款是 EasyTouch 插件，但是 EasyTouch 是收费的，所以在这里导入另外一款插件 Lean Touch，如图 6-157 所示。

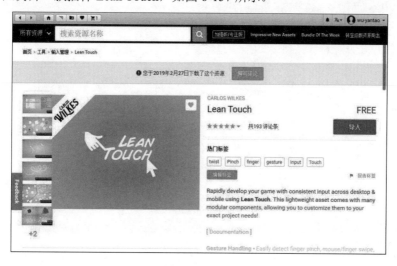

图 6-157

（2）在"Misaka/Scenes"目录下新建场景"Remove"。

（3）打开"Remove"场景，删除默认的"Main Camera"游戏对象。将"EasyAR/Prefabs/Composites"目录下的"EasyAR_ImageTracker-1"预制件拖到场景中，并复制 EasyAR 的 Key 到其"Key"属性。

（4）当脱卡以后，图片会消失，这时需要以 Camera 为坐标原点保持模型和 Camera 的位置关系。这里需要把"ARCamera"游戏对象的"World Center"属性设置为"Camera"，如图 6-158 所示。

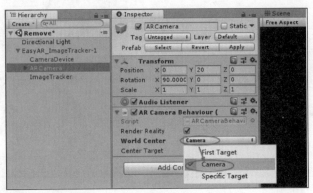

图 6-158

（5）新建一个空的游戏对象并命名为"GameManager"。

（6）将"EasyAR/Prefabs/Primitives"目录下的"ImageTarget"游戏对象拖到场景中。

（7）替换"Image Target Behaviour"组件。删除"ImageTarget"游戏对象下的"Image Target Behaviour"组件，将"Misaka/Scripts"目录下的"ImageTargetBehaviour"脚本拖到"ImageTarget"游戏对象下，成为其组件。

（8）根据要识别的图片设置"ImageTarget"游戏对象的属性，设置"Loader"属性，填写"Path""Name""Size"属性，修改"Storage"属性为"Assets"，将"GameManager"游戏对象拖到"Game Manager"属性中，如图 6-159 所示。

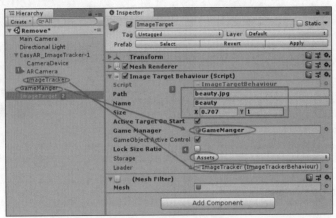

图 6-159

（9）将"Misaka/Textures"目录下对应的图片拖到"ImageTarget"游戏对象上，成为其纹理，方便编辑。修改游戏对象名称。

（10）将"Misaka/Prefabs"目录下的模型拖到"itBeauty"游戏对象下，并移除模型上的"Model Trigger"组件。

（11）为模型添加"Lean Translate"脚本组件，提供拖动功能，如图 6-160 所示。

（12）为模型添加"Lean Scale"脚本组件，提供缩放功能，如图 6-161 所示。

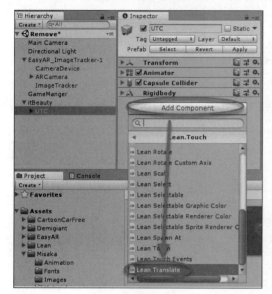 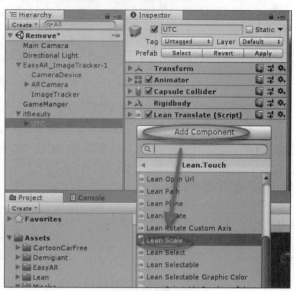

图 6-160　　　　　　　　　　　　　　图 6-161

（13）重复步骤（6）~（12），再添加几个识别图片和模型，如图 6-162 所示。

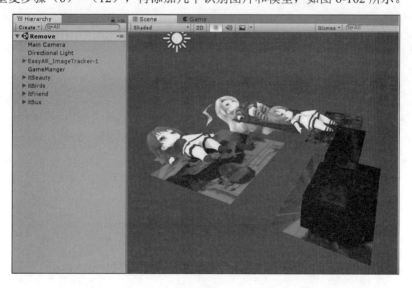

图 6-162

（14）在场景中添加"LeanTouch"游戏对象。每个场景中必须有该游戏对象，Touch 功能才能正常使用，如图 6-163 所示。

（15）在场景中添加一个按钮。

（16）设置按钮在屏幕底部中间位置，并命名为"btnRemove"，用于脱卡。

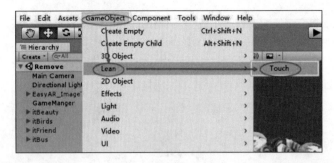

图 6-163

（17）复制"btnRemove"游戏对象并重新命名为"btnRestore"，提供用户还原功能。

（18）在"Misaka/Scripts"目录下新建脚本"RemoveManager"，并将脚本拖到"GameManager"游戏对象下成为其组件。

6.16.2 脚本编写

（1）添加接收识别事件的方法。

```
public class RemoveManager : MonoBehaviour
{
    public void ImageTargetFound(ImageTarget target)
    {
    }
    public void ImageTargetLost(ImageTarget target)
    {
    }
}
```

（2）在启动的时候要禁用按钮和插件。

```
private void Start()
{
    // 找到按钮
    btnRemove = GameObject.Find("/Canvas/btnRemove");
    btnRestore = GameObject.Find("/Canvas/btnRestore");
    // 禁用按钮
    btnRemove.SetActive(false);
    btnRestore.SetActive(false);
    // 找到插件
    leanTouch = FindObjectOfType<LeanTouch>();
    // 禁用插件
    leanTouch.enabled = false;
}
```

（3）当图片被识别的时候显示按钮并记录图片和模型的信息。

```
public void ImageTargetFound(ImageTarget target)
{
```

```
    // 根据识别图片名称获取游戏对象
    targetTransform = GameObject.Find("/it" + target.Name).transform;
    model = targetTransform.GetChild(0);
    // 记录模型位置信息
    position = model.localPosition;
    rotation = model.localRotation;
    scale = model.localScale;
    // 显示脱卡按钮
    btnRemove.SetActive(true);
}
```

（4）单击脱卡的时候，只要把模型的游戏对象设为顶层游戏对象即可，启用插件使模型可以被拖动。

```
public void Remove()
{
    // 脱卡
    model.parent = null;
    // 启用插件，允许拖动和缩放模型
    leanTouch.enabled = true;
    // 禁用脱卡按钮
    btnRemove.SetActive(false);
    // 启用还原按钮
    btnRestore.SetActive(true);
}
```

（5）还原的时候，需要把模型位置也还原。

```
public void Restore()
{
    // 模型还原
    model.parent = targetTransform;
    model.localPosition = position;
    model.localRotation = rotation;
    model.localScale = scale;
    // 禁用插件
    leanTouch.enabled = false;
    // 禁用还原按钮
    btnRestore.SetActive(false);
}
```

（6）上述代码在脱卡以后图片仍然被识别时有效。当脱卡以后，图片消失并再次被识别后会出错。所以，还原以后将模型变量清除用于再次识别的判断。图片识别时，如果在脱卡状态就先还原一次。

```
public void ImageTargetFound(ImageTarget target)
{
    // 如果已经在脱卡状态
```

```
            if (model != null)
            {
                Restore();
            }
            ...
        }
        public void Restore()
        {
            ...
            // 清除模型信息,用于再次识别的判断
            model = null;
            targetTransform = null;
        }
```

(7)设置"btnRemove"按钮的单击事件为"GameManager"游戏对象上"RemoveManager"组件的"Remove"方法,如图 6-164 所示。

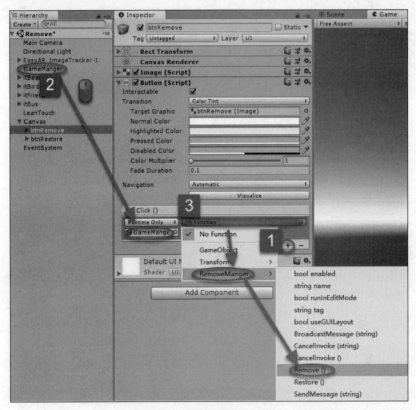

图 6-164

(8)设置"btnRestore"按钮的单击事件为"GameManager"游戏对象上"RemoveManager"组件的"Restore"方法。

6.17 打　　包

（1）返回菜单的 UI 需要场景有"Event System"游戏对象，检查每个场景，给没有"Event System"的场景添加该游戏对象，如图 6-165 所示。

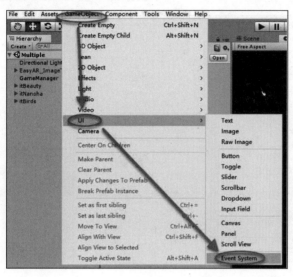

图 6-165

（2）单击菜单"File/Build Settings…"，打开"Build Settings"窗口。将所有用到的场景添加到"Build Settings"窗口的"Scenes In Build"中，如图 6-166 所示。其中，"Misaka/Scenes/Loading"场景必须在最前面，其他场景顺序不重要。

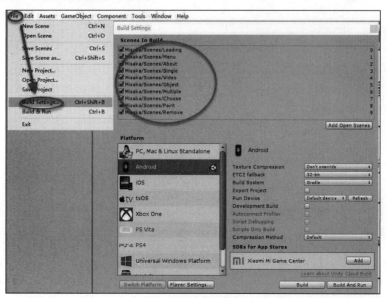

图 6-166

（3）在"Build Settings"窗口中"Platform"平台选项下拉列表中选择"Android"选项，选中安卓平台，单击"Player Settings"按钮，打开"Inspector"窗口，进行设置（见图 6-167）。

- "Company Name"是应用发布的单位。
- "Product Name"是应用安装以后显示的应用名称。
- "Default Icon"是应用图标，这里选择之前导入到"Misaka/images"目录下的 logo。

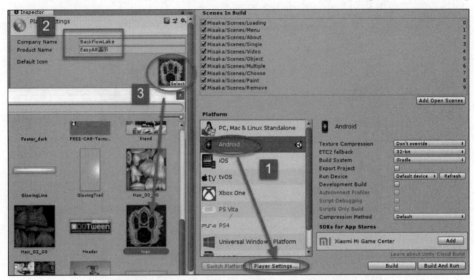

图 6-167

（4）在"Resolution and Presentation"选项组中，将"Default Orientation"设置为"Landscape Left"，即强制横屏显示，不可以旋转，如图 6-168 所示。

（5）根据 EasyAR SDK 视频播放的要求，将"Auto Graphics API"设置为只有"OpenGLES2"，如图 6-169 所示。

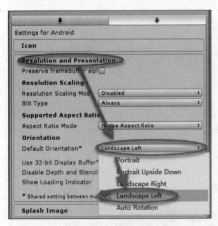
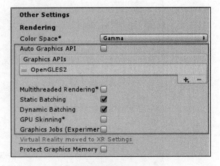

图 6-168　　　　　　　　　　　　　　图 6-169

（6）在"Other Settings"选项组中，设置"Package Name"和 EasyAR SDK Key 一致。根据设计，设置编译版本最低为 5.1，如图 6-170 所示。

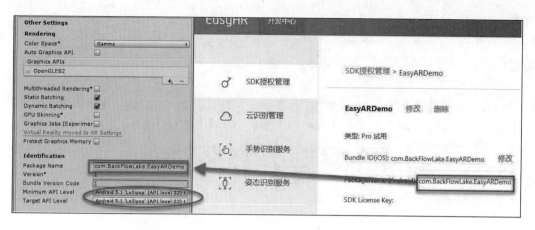

图 6-170

打包编译后,安装到手机上,效果如图 6-171 所示。

图 6-171

第 7 章 基于Vuforia Engine的增强现实的开发

7.1 Vuforia Engine 简介

1. 基本介绍

Vuforia Engine 原本是高通旗下的增强现实 SDK，2015 年卖给了 PTC。PTC 接手以后，把 Vuforia 做得更好了，还推出了 Vuforia Studio。Vuforia Engine 是国外使用比较多的一款增强现实 SDK，上手简单，可免费使用。虽然官方网站主要是英文，但是可以搜索到大量的中文教程。

Vuforia 提供了图片识别以及以图片识别为基础的方块识别和柱体（Cylinder）识别。此外，Vuforia 还提供了通过扫描物体的方法进行物体识别。在 7.0 以后，Vuforia 提供了基于 3D 模型的物体识别，并且加入了识别现实平面的环境认知。

从 Unity 2017 开始，Vuforia 已经集成到 Unity 之中成为 Unity 的组件之一，在安装 Unity 时，可以选择一同安装。

作为一个老牌的增强现实 SDK，相对而言识别效果好，稳定性好。但是，数据都需要处理以后才能使用，使用起来略显麻烦。

Vuforia Engine 不仅支持在移动设备上使用，还支持智能眼镜设备的开发。

本书将以 Vuforia Engine 8.0 版本为例子进行介绍，官方网址为 https://developer.vuforia.com/。

Vuforia Engine 提供了图片识别、物体识别以及平面识别，此外还有特有的虚拟按钮等功能。

官方提供了一个专门用于制作增强现实的工具，Vuforia Studio，可以免费试用。

2. 版本和功能

Vuforia 分开发版、经典版和云版，具体区别如表 7-1 所示。

表 7-1 Vuforia 各个版本的区别

	开 发 版	经 典 版	云 版 本	专 业 版
费用	免费	499 美元	99 美元/月	单独报价
要求	显示水印	年收入少于 1000 万美元	年收入少于 1000 万美元	无限制

(续表)

	开发版	经典版	云版本	专业版
本地图片及相关对象识别	1000 次/每月	无限制	无限制	无限制
云端对象数	1000 个		10 万个	无限制
云识别次数	1000 次/每月		1 万次/月	无限制
VuMarks	100 个（只有 1 个被激活）	100 个	100 个	无限制

3．支持平台

Vuforia 官方没有明确地给出 Vuforia Engine 8.0 支持的平台。用于开发的话，大致情况是，Unity 版本应该不低于 2017。安卓最好是支持 ARCore 的设备，苹果最好是支持 ARKit 的设备。

4．官方演示例子

官方提供了 Unity 的演示例子，有图片识别、物体识别、虚拟按钮等。官方演示例子需要通过 Unity 商城导入，地址为 https://assetstore.unity.com/publishers/24484。官方演示例子效果视频地址为 https://www.bilibili.com/video/av45498952/。

7.2 Vuforia 概述

Vuforia 提供了常用的几种识别，其中图片目标识别（ImageTarget）、多目标识别（MultiTarget）和柱体目标识别（CylinderTarget）需要将对应的图片导入到 Vuforia 网站，然后从网站导出数据（Database）。物体目标识别（ObjectTarget）针对形状不规整的物体，需要先用 Vuforia Object Scanner 扫描后将信息导入网站再导出数据（Database）。模型目标识别（ModelTarget）则需要用 Model Target Generator 软件将模型的信息转换成数据，以 Unity Assets 的方式导入，如图 7-1 所示。

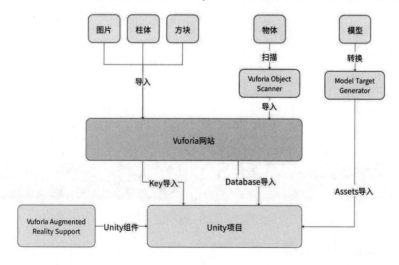

图 7-1

在场景中,"ARCamera"是必需的游戏对象,根据需要,添加对应的识别目标对象,如图 7-2 所示。

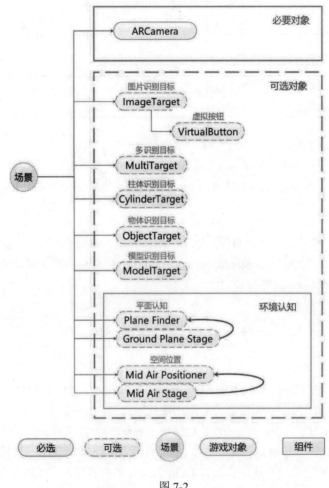

图 7-2

7.3 获取 Key

(1)在官方网站注册账号并登录以后,单击"Develop"菜单,如图 7-3 所示。

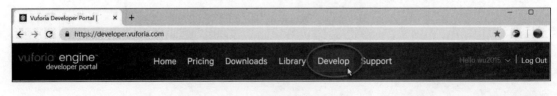

图 7-3

(2)单击"License Manager"标签后,单击"Get Development Key"按钮,添加 Key,如图 7-4 所示。

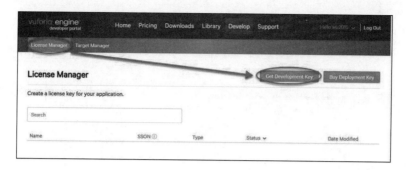

图 7-4

（3）在"License Name"框中输入 Key 的名称，选中"By checking …… Vuforia Developer Agreement"复选项，单击"Confirm"按钮即可，如图 7-5 所示。

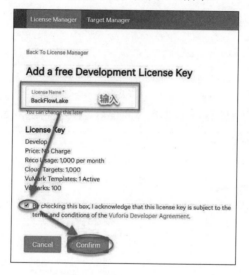

图 7-5

（4）Key 创建成功以后，在"License Manager"中可以看到一个 Key 的列表。单击 Key 列表中的项目即可看到具体信息，如图 7-6 所示。

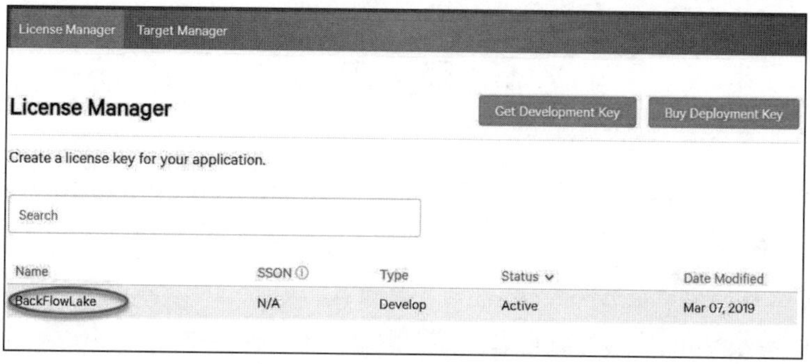

图 7-6

在"License Key"标签下，可以看到 Key 的具体内容，开发的时候需要从这里复制，如图 7-7 所示。

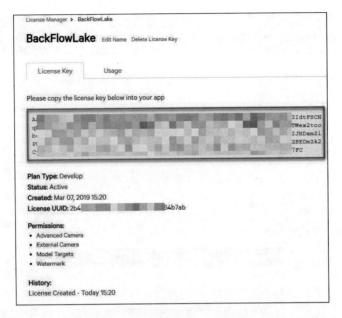

图 7-7

在"Usage"标签下,可以看到云识别和 VuMarks 的使用情况,如图 7-8 所示。

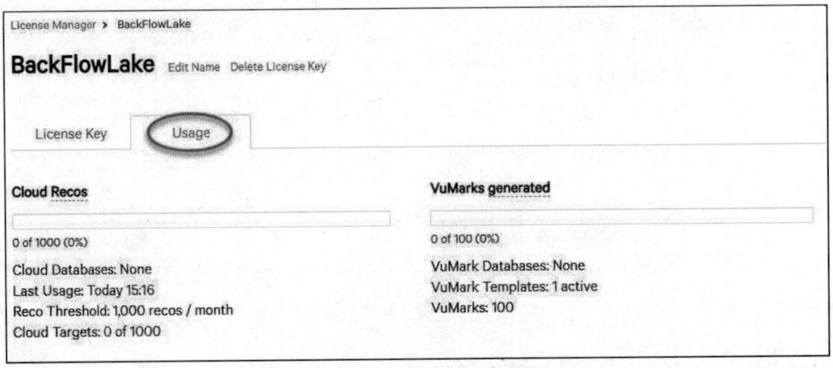

图 7-8

7.4　导入开发包

Vuforia Engine 在 Unity 2017 版已经集成到 Unity 之中成为 Unity 的功能组件之一。导入开发包的步骤如下:

- 在 Unity 本地的安装中添加 Vuforia 的支持组件。
- 在项目中导入 Vuforia 的支持内容。
- 在 PlayerSettings 中选中"Vuforia Augmented Reality Support"。
- 检查是否需要更新 Vuforia SDK。
- 确认包含"TexMesh Pro"包。

(1) 在 Unity 本地的安装中添加 Vuforia 的支持组件。

① 如果 Unity 没有用 Unity Hub 安装，需要重新下载安装程序安装，如图 7-9 所示。运行安装程序以后，在"Choose Components"界面选择组件的时候，选中"Vuforia Augmented Reality support"，之后按照安装提示安装即可，如图 7-10 所示。

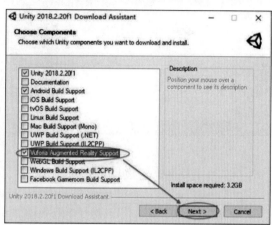

图 7-9　　　　　　　　　　　　　　　图 7-10

② 如果 Unity 用 Unity Hub 安装，就打开 Unity Hub，单击"安装"标签，单击对应版本的右上角，如图 7-11 所示。在弹出列表中单击"添加模块"选项，如图 7-12 所示。在弹出的"添加模块"窗口中，选中"Vuforia Augmented Reality"选项，然后单击"完成"按钮即可，如图 7-13 所示。

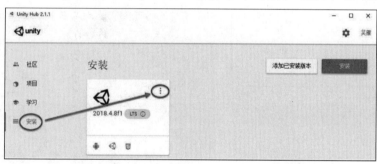

图 7-11

图 7-12

③ 安装完以后，在"GameObject"菜单中会多出一个"Vuforia Engine"选项，如图 7-14 所示。

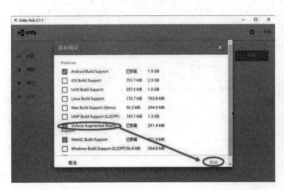
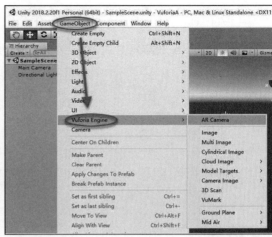

图 7-13　　　　　　　　　　　　　图 7-14

（2）在项目中导入 Vuforia 的支持内容。

新建一个空场景，依次单击菜单选项"GameObject→Vuforia Engine→ARCamera"，添加"ARCamera"游戏对象。第一次在场景中添加"Vuforia Engine"里的内容时会出现需要导入的提示。单击"Import"按钮即可，如图 7-15 所示。

（3）在 PlayerSettings 中选中"Vuforia Augmented Reality Support"。

① 在新添加的"ARCamera"游戏对象的属性中会有如图 7-16 所示的提示，因为没有在 PlayerSettings 下面添加设置。

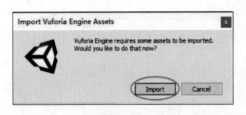
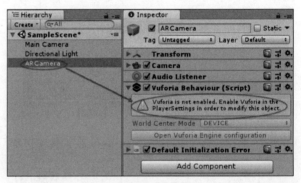

图 7-15　　　　　　　　　　　　　图 7-16

② 依次单击菜单选项"File→Build Settings..."，打开"Build Settings"窗口。在"Build Settings"窗口中单击"Player Settings..."按钮，在"Inspector"窗口中单击"XR Settings"标签，选中"Vuforia Augmented Reality Support"选项，上面的提示信息就会消失，如图 7-17 所示。

（4）检查是否需要更新 Vuforia SDK。

① 当通过 Unity 导入的 Vuforia SDK 版本较低的时候会有下面的提示信息，单击"Download new SDK Version"按钮即可，如图 7-18 所示。

② 如果没有提示框，也可以在场景中的"ARCamera"游戏对象的"Vuforia Behaviour"组件中看到下载链接，如图 7-19 所示。

第 7 章　基于 Vuforia Engine 的增强现实的开发

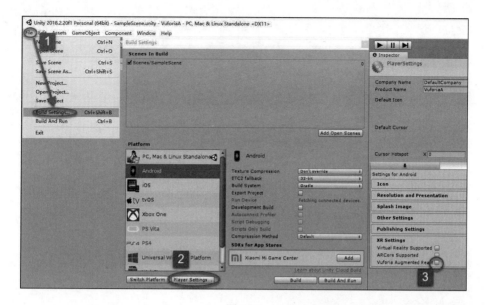

图 7-17

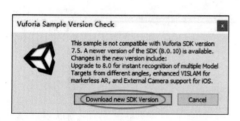

图 7-18

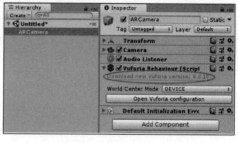

图 7-19

③ 下载以后是一个安装文件，如图 7-20 所示。

④ 单击安装文件，一直单击"Next"按钮继续即可，如图 7-21 所示。当计算机上有多个版本的 Unity 时，要确认安装路径是否正确，如图 7-22 所示。

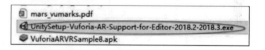

图 7-20

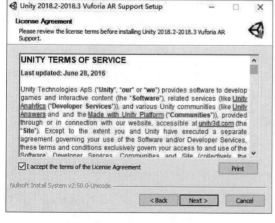

图 7-21

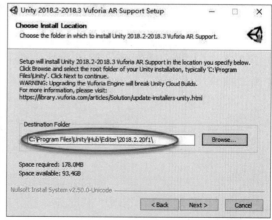

图 7-22

（5）确认包含"TextMesh Pro"包，如图 7-23 所示。Vuforia 8.0 运行中需要"TexMesh Pro"

245

扩展包的支持。新项目默认会包含，不要删除即可。

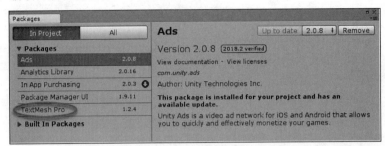

图 7-23

7.5 导入 Key 和 VuforiaConfiguration

7.5.1 导入 Key

Key 的导入很简单，在项目目录"Resources"下有个名为"VuforiaConfiguration.asset"的文件，单击以后，在"Inspector"窗口中将 Vuforia 的 License Key 复制到"App License Key"属性中即可，如图 7-24 所示。

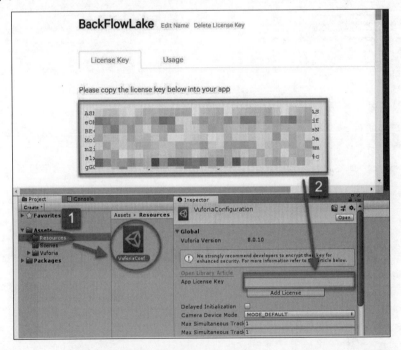

图 7-24

也可以依次单击菜单选项"Window（窗口）→Vuforia Configuration"，在"Inspector"窗口打开设置并复制粘贴 Key，如图 7-25 所示。

第 7 章 基于 Vuforia Engine 的增强现实的开发

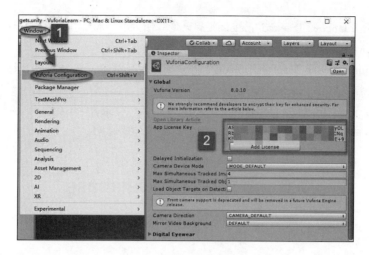

图 7-25

7.5.2 VuforiaConfiguration

VuforiaConfiguration 是主要的配置文件，设置 Vuforia 的一些基本信息，最主要的都在"Global"标签下，如图 7-26 所示。该标签下可以看到当前所用的 Vuforia 版本。

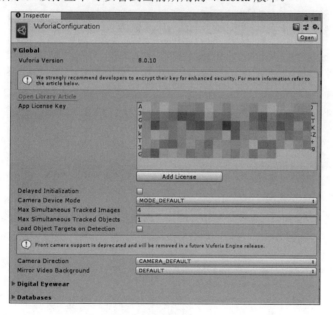

图 7-26

- "App License Key"：填写 Vuforia 的 Key。
- "Delayed Initialization"：延迟初始化。启动后，需要使用 VuforiaRuntime.InitVuforia 手动初始化引擎。
- "Camera Device Mode"：摄像机捕获和视频的渲染模式。分性能优先（MODE_OPTIMIZE_SPEED）、质量优先（MODE_OPTIMIZE_QUALITY）和平衡模式（MODE_DEFAULT）。

247

- "Max Simultaneous Tracked Images"：最大追踪图片目标数，包括图片目标（ImageTarget）、多目标（MultiTarget）和柱体目标（CylinderTarget）。
- "Max Simultaneous Tracked Objects"：最大追踪物体数，包括物体目标（ObjectTarget）和模型目标（ModelTarget）。
- "Load Object Targets on Detection"：检测时加载"Object Target"的数据。选中后会增加物体目标的检测时间，但是会减少物体目标数据加载时间。

7.6 添加和导入 Database

Database 是 Vuforia 识别的数据，包括图片、柱体、多目标和物体的数据。

7.6.1 添加 Database

（1）登录官方网站以后，在"Target Manager"中单击"Add Database"按钮，如图 7-27 所示。

（2）在"Create Database"窗口中填写名称并选择类型。"Device"是本地识别，"Cloud"是云识别，如图 7-28 所示。

图 7-27

（3）如果选择了"Cloud"或者"Vumark"，需要选择对应的 Key，如图 7-29 所示。

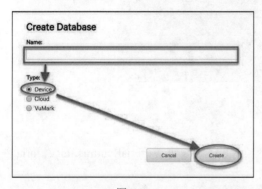

图 7-28

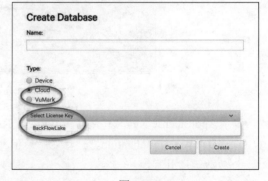

图 7-29

（4）新建完 Database 以后，可以在列表中看到新增的数据库，单击进入可以看到数据库的详细内容，如图 7-30 所示。

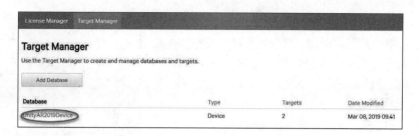

图 7-30

其中以列表的形式显示了识别对象的名称、类型、识别率等信息，如图 7-31 所示。

图 7-31

7.6.2 添加图片识别对象

（1）在 Database 的详细信息界面，单击"Add Target"按钮，如图 7-32 所示。

（2）在弹出的窗口中，选择"Single Image"，单击"Browse"按钮上传图片，填写"Width"（宽度）和"Name"（名称），然后单击"Add"按钮添加，如图 7-33 所示。

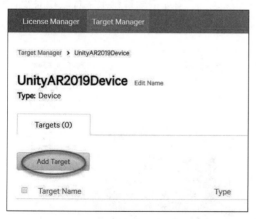

图 7-32　　　　　　　　　　图 7-33

"Name"在对应的 Database 中必须是唯一的。图片要求".jpg"或".png"格式，图片文件大小最大不超过 2MB。

"Width"指的不是图片的分辨率,而是作为识别对象的实际宽度,单位是米。例如,这张图片最终是打印在 A4 纸上识别,最终宽度就是 0.229(米),如图 7-34 所示。

(3)添加完以后,会有一个处理的过程,稍微等一会就好,如图 7-35 所示。

(4)处理完以后,就可以看到图片的识别评分,即图 7-36 中的五角星。五角星越多,识别效果越好。

(5)在列表中单击目标,可以进入到图片对象的详细信息页面,如图 7-37 所示。在这里,单击左下角的"Show Features"。

图 7-34

图 7-35

图 7-36

(6)在这个界面可以看到识别的具体信息(见图 7-38)。图片中的黄色十字代表信息点,信息点越多,识别效果越好。这个界面有助于理解 Vuforia 是如何识别图片的,对提供图片的识别效果很有帮助。

图 7-37

图 7-38

7.6.3 添加方块识别对象

（1）在 Database 的详细信息界面，单击"Add Target"按钮，如图 7-39 所示。

（2）在弹出的窗口中，选择"Cubold"，填写"Width"（宽度）、"Height"（高度）、"Length"（长度）和"Name"（名称），然后单击"Add"按钮添加，如图 7-40 所示。

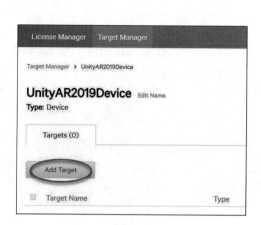

图 7-39

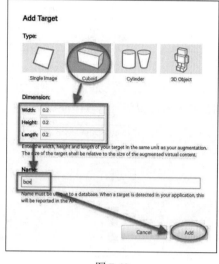

图 7-40

"Name"在对应的 Database 中必须是唯一的。这里的长、宽、高都是指最后识别物体的实际长、宽、高，单位是米。

（3）添加完以后会回到 Database 的详细界面，这时，单击名称进入添加图片，如图 7-41 所示。

（4）左边是根据之前填写的长宽高生成的 3D 模型，可以用鼠标旋转；右边有 6 个按钮，单击后分别上传方块 6 个面的图片，如图 7-42 所示。

图 7-41   图 7-42

（5）单击上传图片按钮后，在弹出框中单击"Browse"按钮找到并选中图片，然后单击"Upload"按钮上传图片。这里的图片要求是".jpg"或者".png"格式，图片文件的大小最大不超过 2.25MB，如图 7-43 所示。

（6）所有面的图片上传完的效果，如图 7-44 所示。可以转动左边的方块确认效果，避免图片传错位置。

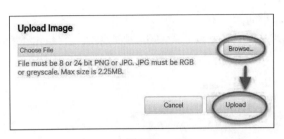
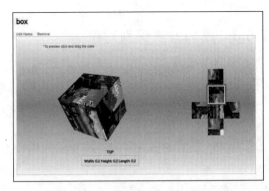

图 7-43　　　　　　　　　　　　　图 7-44

（7）在数据库详细页面中，方块类的对象不会显示识别评分，如图 7-45 所示。因为方块类型的识别是基于图片识别，所以保证每个面的图片识别效果即可。

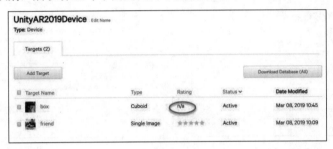

图 7-45

7.6.4　添加柱体识别对象

（1）在 Database 的详细信息界面，单击"Add Target"按钮，如图 7-46 所示。

（2）在弹出的窗口中，选择"Cylinder"，填写"Bottom Diameter"（底部直径）、"Top Diameter"（顶部直径）、"Side Length"（边长）和"Name"（名称），然后单击"Add"按钮添加。

"Name"名称在对应的 Database 中必须是唯一的。

这里的底部直径、顶部直径、边长都是指最后识别物体的实际底部直径、顶部直径、边长，单位是米。顶部直径和底部直径允许不一样或者其中一个值为零，即允许出现圆锥体，如图 7-47 所示。

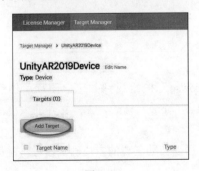
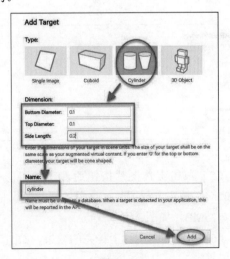

图 7-46　　　　　　　　　　　　　图 7-47

（3）添加完以后会回到 Database 的详细界面，这时，单击名称进入添加图片，如图 7-48 所示。

图 7-48

（4）左边是根据之前填写的直径和边长生成的 3D 模型，可以用鼠标旋转，右边有 3 个按钮，单击后分别上传柱体 3 个面的图片，如图 7-49 所示。

这里必须先上传柱体侧边的图片，然后才能上传另外两面的图片。

（5）单击上传图片按钮后，在弹出框中，单击"Browse"按钮找到并选中图片，然后单击"Upload"按钮上传图片。这里图片要求是.jpg 或者.png 格式，图片文件的大小最大不超过 2.25MB，如图 7-50 所示。

（6）所有面的图片上传完的效果，如图 7-51 所示。可以转动左边的柱体确认效果，避免图片传错位置。

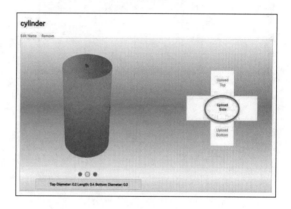

图 7-49

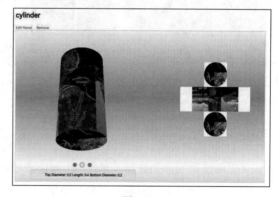

图 7-50　　　　　　　　　　图 7-51

7.6.5　添加物体识别对象

物体识别对象需要使用 Vuforia 提供的 Scanner 应用，在手机上对物体进行扫描，将扫描获得的数据导入官方网站，如图 7-52 所示。下载地址为 https://developer.vuforia.com/downloads/tool。

Scanner 还带了一个 pdf，可以打印到 A4 纸，需要将识别的物体放置在打印好的纸上，用 Scanner 扫描，如图 7-53 所示。

（1）安装并打开 Scanner，单击右上角的加号，如图 7-54 所示。单击以后屏幕中会出现下面的图像，如图 7-55 所示。用手机扫描放置在打印好的纸上的效果，如图 7-56 所示。

253

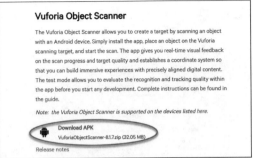 

图 7-52　　　　　　　　　　　　　　图 7-53

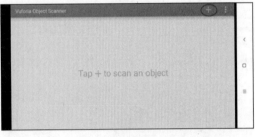 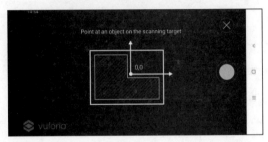

图 7-54　　　　　　　　　　　　　　图 7-55

（2）单击屏幕右边的录制按钮，开始录制，这时会有一个半圆框框住识别对象。屏幕中会显示绿点，绿点即是识别的点。当某个方向识别以后，半圆框部分会变绿。完成识别后，单击屏幕右下角按钮结束识别，如图 7-57 所示。

图 7-56　　　　　　　　　　　　　　图 7-57

（3）识别完成后，需要给数据取名，然后可以看到如图 7-58 所示的界面。单击"Cont Scan"按钮可以继续识别添加数据，单击"Test"按钮可以进行测试。

（4）当物体被识别出来以后会显示出一个绿色的柱子。单击右上角的按钮可以关闭测试界面，如图 7-59 所示。

图 7-58　　　　　　　　　　　　　　图 7-59

（5）单击分享按钮，可以将数据分享到其他地方，如图 7-60 所示。通过分享按钮，可以将数据传到计算机上，如图 7-61 所示。

图 7-60　　　　　　　　　　　　　图 7-61

（6）扫描的数据是一个 .od 文件，如图 7-62 所示。

（7）在 Database 的详细信息界面，单击"Add Target"按钮，如图 7-63 所示。

图 7-62　　　　　　　　　　　　　图 7-63

（8）在弹出的窗口中，选择"3D Object"，单击"Browse"按钮上传 .od 文件，填写"Name"（名称），然后单击"Add"按钮添加，如图 7-64 所示。

添加完后就可以在列表中看到该项目了，如图 7-65 所示。

在 Vuforia 物体识别中，扫描物体很关键。有几个地方需要注意：

- 尽可能选取表面简单但是有很多花纹图案的物体，因为 Vuforia 物体识别本质上是图片识别。
- 物体识别大小要适中，1/4 张 A4 纸到 1/2 张 A4 纸大小的比较容易识别。

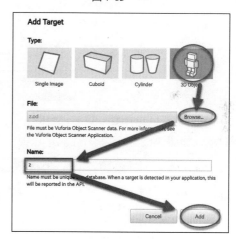

图 7-64

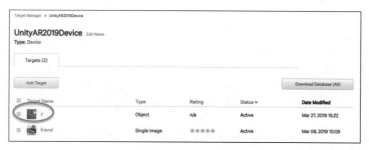

图 7-65

- 扫描的时候要在光线明亮、背景单一的地方，可参考官方给出的图片（见图 7-66）。

图 7-66

7.6.6 下载 Database

（1）在 Database 详细页右边，单击"Download Database"按钮可以将整个 Database 下载下来，如图 7-67 所示。

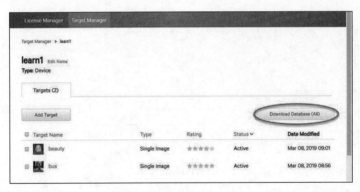

图 7-67

（2）也可以选择要下载的识别对象，然后单击"Download Database"按钮，只下载选中的识别对象，如图 7-68 所示。

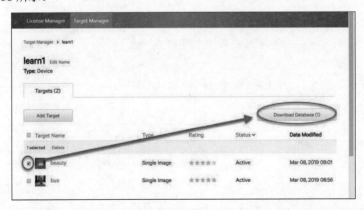

图 7-68

（3）单击以后，在弹出窗口中选择"Unity Editor"，然后单击"Download"按钮即可下载，如图 7-69 所示。

（4）单击以后会有一个打包的过程，稍微等待即可，如图 7-70 所示。

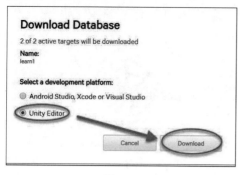
图 7-69

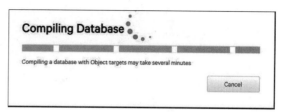
图 7-70

（5）下载下来是一个.unitypackage文件，如图7-71所示。

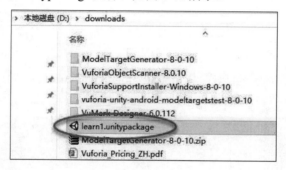
图 7-71

7.6.7 导入 Database

（1）在菜单中依次选择菜单选项"Assets→Import Package→Custom Package..."，导入下载下来的文件，如图7-72所示。

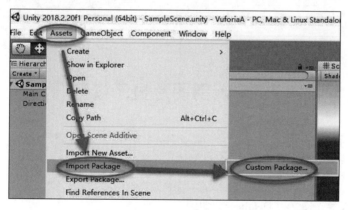
图 7-72

（2）选择之前下载下来的文件，并单击"打开"按钮，如图7-73所示。

（3）在弹出窗口中单击"Import"按钮，如图7-74所示。在这里可以看出，Database的具体数据是放在"StreamingAssets/Vuforia"目录下的，此外还会在"Editor/Vuforia/ImageTargetTextures"目录下添加纹理图片文件。

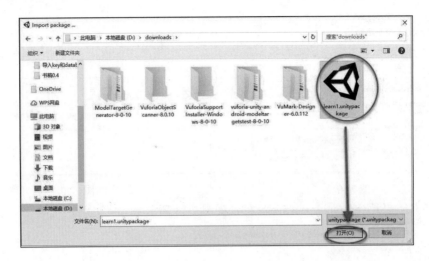

图 7-73

（4）导入 Database 以后，可以在"VuforiaConfiguration.asset"的"Databases"属性中看到导入的 Database 名称，如图 7-75 所示。

图 7-74

图 7-75

7.7 识别图片显示模型

7.7.1 识别显示单个图片

识别图片显示模型的步骤如下：

（1）导入开发包、Key 和 Database，如图 7-76 所示。
（2）在场景中添加"ARCamera"游戏对象。

① 新建场景，如图 7-77 所示。
② 删除场景中默认的游戏对象。依次单击菜单选项"GameObject → Vuforia Engine → ARCamera"，在场景中添加"ARCamera"游戏对象，如图 7-78 所示。

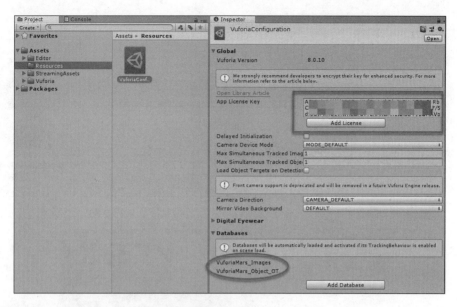

图 7-76

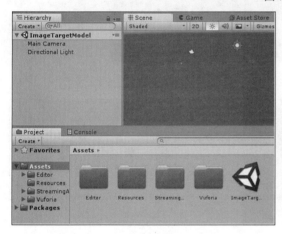

图 7-77

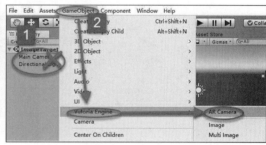

图 7-78

③ 在"ARCamera"游戏对象上，单击鼠标右键，在弹出的快捷菜单中依次选择菜单选项"Light→Directional Light"，为"ARCamera"游戏对象添加一个子光源，保证显示的模型始终被光照到，如图 7-79 所示。

这步的目的只是让模型看起来不会很暗，可以略过。

（3）在场景中添加并设置"Image"游戏对象。

① 依次单击菜单选项"GameObject→Vuforia Engine→Image"，在场景中添加"ImageTarget"游戏对象，如图 7-80 所示。

② 设置"ImageTarget"游戏对象的"Type"、"Database"和"ImageTarget"属性，如图 7-81 所示。"Type"属性默认是"Predefined"，从本地的 Database 读取，如图 7-82 所示。当本地有多个 Database 的时候，需要在"Database"属性中选择对应的 Database，如图 7-83 所示。在"ImageTarget"属性下可以选择当前 Database 下所有可以作为图片识别的对象，如图 7-84 所示。

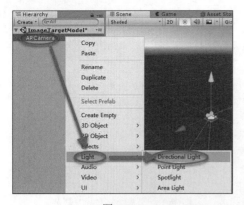
图 7-79

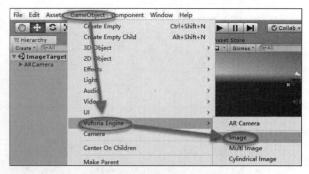
图 7-80

图 7-81

图 7-82

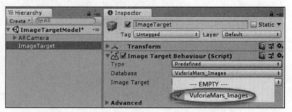
图 7-83

（4）在"ImageTarget"游戏对象下添加并设置需要显示的模型。

① 在"ImageTarget"游戏对象上单击鼠标右键，在弹出的快捷菜单中依次选择菜单选项"3D Object→Cube"命令，为"ImageTarget"游戏对象添加一个子游戏对象，如图 7-85 所示。

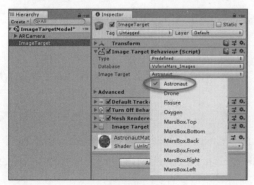
图 7-84

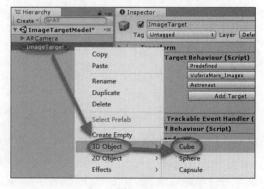
图 7-85

② 调整子游戏对象的大小、方向和位置。Vuforia 会按照选中的图片对象信息将"ImageTarget"游戏对象的大小和纹理显示出来，调整起来很方便，如图 7-86 所示。运行效果如图 7-87 所示。

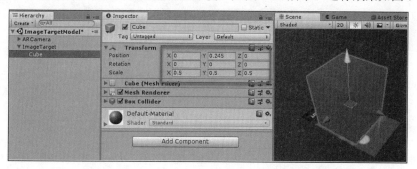

图 7-86

（5）重复上面的步骤（3）、（4），在场景中添加多个图片识别对象，如图 7-88 所示。

图 7-87

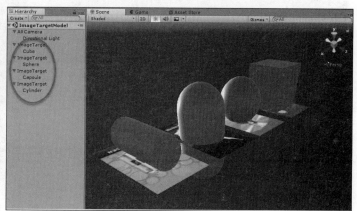

图 7-88

运行效果如图 7-89 所示，此时只会识别其中的一个对象。

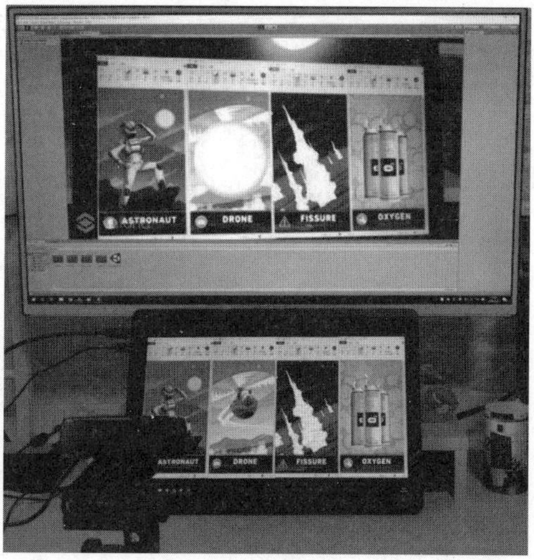

图 7-89

7.7.2 识别显示的多张图片

识别显示的多张图片只需要修改"Vuforia Configuration"即可，下面修改上一节的例子。

（1）依次单击菜单选项"Window→Vuforia Configuration"，如图 7-90 所示。

（2）在"Inspector"窗口中，将"Global"标签下的"Max Simultaneous Tracked Images"属性的数量（最多能识别多少图片对象）修改即可，如图 7-91 所示。

运行效果，如图 7-92 所示，4 个图片对象都被识别了。

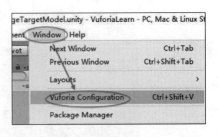

图 7-90

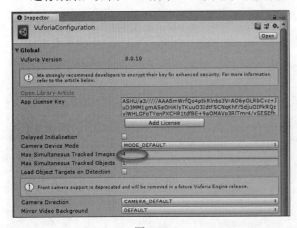

图 7-91

图 7-92

7.8 识别图片播放视频

7.8.1 官方示例说明

在 Vuforia Engine 8.0 的例子中，视频播放改成了使用 Unity 的 Video 功能。好处是可以在 Windows 环境下进行视频播放了，之前视频播放都需要发布到移动设备上才能运行；不好的地方是处理视频播放比以前麻烦了。

在识别图片播放视频的过程中，Vuforia 只是完成了识别图片并显示一个平面，而在这个平面上显示视频并完成播放和控制是利用 Unity 自带的 Video 组件来完成的，如图 7-93 所示。

在官方的例子中，各部分的说明：

- "ImageTarget_Fissure/Video"游戏对象就是用于播放视频的平面，上面有 Video 组件，主要的控制脚本也挂在这个游戏对象上。

图 7-93

- "…/Video/Canvas"游戏对象是一个世界坐标的画布,大小和位置与播放视频的平面重合,用来显示按钮。
- "…/Video/Canvas/PauseButton"是暂停按钮,长宽和播放视频的平面一样大,本身是透明的。其子对象有一个播放按钮和一个进度条。
- "…/Video/Canvas/PlayButton"是播放按钮,长宽是图标的长宽。当播放按钮显示时,会在暂停按钮上层,即显示播放按钮时,在图片中间单击就是单击了播放按钮,而在图片周围单击则仍然是单击了暂停按钮。

7.8.2 借用官方例子的方法实现视频播放

这里为了方便初学者上手,把 Vuforia 视频播放相关的脚本和图标整理并导出成 Unity 资源,在随书附带的资料中有(Vuforia8Video.unitypackage)。实现识别图片播放视频的步骤如下:

(1)按照"识别显示单张图片"小节中的步骤(1)~(3)为项目导入 Vuforia 的开发包、Key 和 Database,给场景添加"ARCamera"和"ImageTarget"游戏对象,如图 7-94 所示。

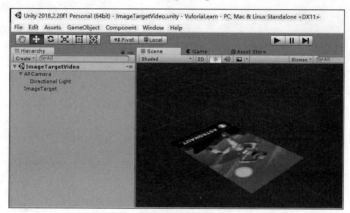

图 7-94

(2)导入视频播放资源和视频。

① 依次单击菜单选项"Assets→Import Package→Custom Package…",如图 7-95 所示。

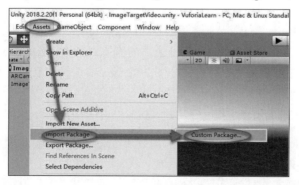

图 7-95

② 在打开的窗口中选择"Vuforia8Video"资源,然后单击"打开"按钮,如图 7-96 所示。

③ 所有内容默认都放置在"VuforiaVideo"目录下，单击"Import"按钮导入即可，如图7-97所示。

图7-96　　　　　　　　　　　　　　图7-97

④ 导入视频。这里视频没有放置路径的具体要求，把视频当作一个普通的素材资源处理即可，如图7-98所示。

图7-98

（3）替换"ImageTarget"的默认脚本。删除"ImageTarget"游戏对象上的"Default Trackable Event Handler"脚本，将"VuforiaVideo"目录下的脚本"VideoTrackableEventHandler"添加到"ImageTarget"游戏对象中，成为其组件，如图7-99所示。替换的目的是当识别图片消失的时候能正确关闭视频的播放。

（4）添加视频播放的Prefab（预制件）并设置。

① 将"VuforiaVideo"目录下的"Video"拖到"ImageTarget"游戏对象下，成为其子游戏对象，如图7-100所示。

② "Video"游戏对象本身是一个Plane（平面），调整其大小与识别图片大小一致，比识别图片略微高一点，如图7-101所示。

第 7 章 基于 Vuforia Engine 的增强现实的开发

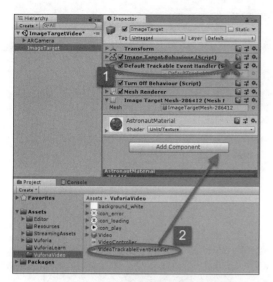

图 7-99

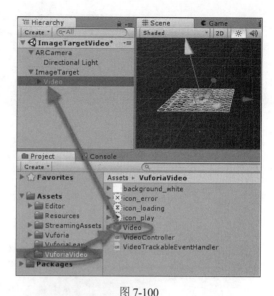

图 7-100

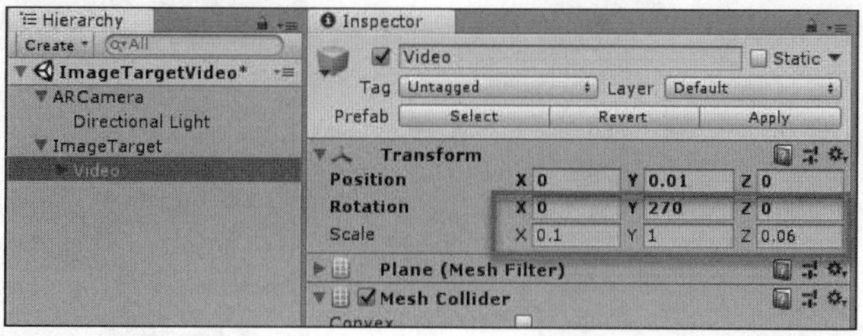

图 7-101

③ 将要播放的视频文件拖到"Video"游戏对象的"Video Player"组件的"Video Clip"属性中，如图 7-102 所示。

④ 将"ARCamera"游戏对象拖到"Video/Canvas"游戏对象的"Event Camera"属性中，如图 7-103 所示。因为视频播放的控制按钮是在一个个世界坐标的画布上，所以当"Canvas"游戏对象设置成世界坐标的时候需要设置对应的"Camera"。

（5）检查场景是否有"Event system"。

如果场景中没有"Event System"游戏对象，则依次单击菜单选项"GameObject→UI→Event System"添加一个。因为场景中用到了 Unity 的 UI，所以需要添加"Event System"游戏对象确保按钮单击有效。

运行效果，如图 7-104 所示，识别后会显示播放按钮，单击播放按钮后就能播放视频。

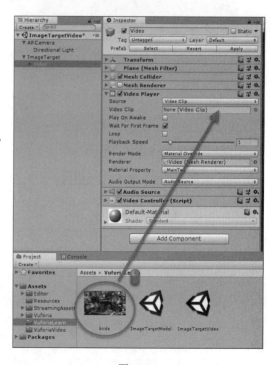

图 7-102

265

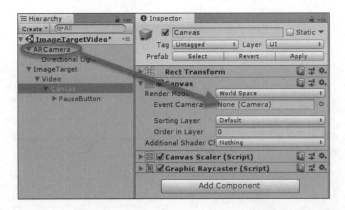

图 7-103

视频不限制必须在 Plane（平面）上播放，可以是其他 3D 物体，效果如图 7-105 所示。

图 7-104　　　　　　　　　　　　　　图 7-105

7.9　识别方块显示模型

识别方块显示模型的步骤如下：

（1）导入开发包、Key 和 Database。

按照之前的章节，在项目中导入开发包、Key 和 Database。

（2）在场景中添加"ARCamera"游戏对象。

① 新建场景。

② 删除场景中默认的游戏对象。依次单击菜单选项"GameObject→Vuforia Engine→ARCamera"，在场景中添加"ARCamera"游戏对象。

③ 在"ARCamera"游戏对象上单击鼠标右键，在弹出的快捷菜单中依次选择菜单选项"Light→Directional Light"，为"ARCamera"游戏对象添加一个子光源，保证显示的模型始终被光照到。这步的目的只是让模型看起来不会很暗，可以略过。

(3)在场景中添加并设置"Multi Target"游戏对象。

① 依次单击菜单选项"GameObject → Vuforia Engine/Multi Image",在场景中添加"MultiTarget"游戏对象,如图 7-106 所示。

② 设置"MultiTarget"游戏对象的"Database"和"Multi Target"属性,如图 7-107 所示。当本地有多个 Database 时,需要在"Database"属性中选择对应的 Database,如图 7-108 所示。在"Multi Target"属性下可以选择当前 Database 下所有可以作为方块识别的对象,如图 7-109 所示。

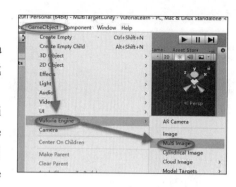

图 7-106

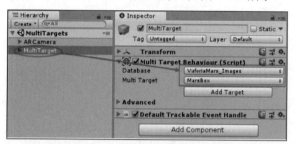

图 7-107　　　　　　　图 7-108

(4)在"MultiTarget"游戏对象下添加并设置需要显示的模型。

① 在"MultiTarget"游戏对象上单击鼠标右键,在弹出的快捷菜单中依次选择菜单选项"3D Object → Cube",为"MultiTarget"游戏对象添加一个子游戏对象。

② 调整子游戏对象的大小、方向和位置,到合适为止。Vuforia 会按照选中的方块对象信息将"MultiTarget"游戏对象的大小和纹理显示出来,调整起来很方便,如图 7-110 所示。运行效果如图 7-111 所示。

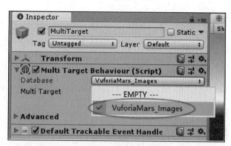

图 7-109

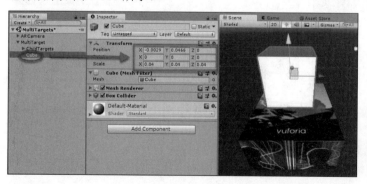

图 7-110

图 7-111

7.10 识别柱体显示模型

识别柱体显示模型的步骤如下:

(1) 导入开发包、Key 和 Database。按照之前的章节在项目中导入开发包、Key 和 Database。

(2) 在场景中添加"ARCamera"游戏对象。

① 新建场景。

② 删除场景中默认的游戏对象。依次单击菜单选项"GameObject→Vuforia Engine→AR Camera",在场景中添加"ARCamera"游戏对象。

③ 在"ARCamera"游戏对象上单击鼠标右键,在弹出的快捷菜单中依次选择菜单选项"Light→Directional Light",为"ARCamera"游戏对象添加一个子光源,保证显示的模型始终被光照到。

这步的目的只是让模型看起来不会很暗,可以略过。

(3) 在场景中添加并设置"Cylinder Target"游戏对象。

① 依次单击菜单选项"GameObject→Vuforia Engine→Cylindrical Image",在场景中添加"CylinderTarget"游戏对象,如图 7-112 所示。

② 设置"CylinderTarget"游戏对象的"Database"和"Cylinder Target"属性,如图 7-113 所示。当本地有多个 Database 时,需要在"Database"属性中选择对应的 Database,如图 7-114 所示。在"Cylinder Target"属性下可以选择当前 Database 中所有可以作为柱体识别的对象,如图 7-115 所示。

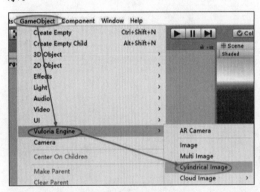

图 7-112

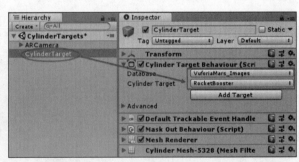

图 7-113

图 7-114

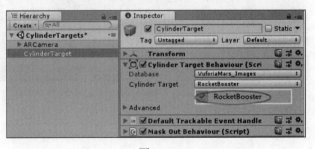

图 7-115

（4）在"Cylinder Target"游戏对象下添加并设置需要显示的模型。

① 在"CylinderTarget"游戏对象上单击鼠标右键，在弹出的快捷菜单中依次选择菜单选项"3D Object→Cube"，为"CylinderTarget"游戏对象添加一个子游戏对象。

② 调整子游戏对象的大小方向和位置到合适为止。Vuforia 会按照选中的柱体对象信息将"CylinderTarget"游戏对象的大小和纹理显示出来，调整起来很方便，如图 7-116 所示。运行效果如图 7-117 所示。

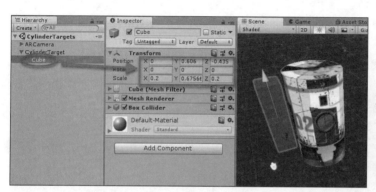
图 7-116

图 7-117

7.11 识别物体显示模型

识别物体并显示模型需要注意的是，如果在 Unity 中没有和实际物体对应的 3D 模型并覆盖在对应位置，那么要显示的模型在某些角度下会有显示出错的问题，但这个不是程序错误。例如，设置方块在模型上方，如图 7-118 所示。当视角转到下方的时候会显示如图 7-119 所示的效果。如果把实际物体对应的 3D 模型覆盖上去，显示效果就正确了，如图 7-120 所示。

图 7-118

图 7-119

图 7-120

识别物体显示模型的步骤如下：

（1）导入开发包、Key 和 Database。按照之前的章节在项目中导入开发包、Key 和 Database。

（2）在场景中添加"ARCamera"游戏对象。

① 新建场景。

② 删除场景中默认的游戏对象，依次单击菜单选项"GameObject→Vuforia Engine→ARCamera"，在场景中添加"ARCamera"游戏对象。

③ 在"ARCamera"游戏对象上单击鼠标右键，在弹出的快捷菜单中依次选择菜单选项"Light→Directional Light"，为"ARCamera"游戏对象添加一个子光源，保证显示的模型始终被光照到。这步的目的只是让模型看起来不会很暗，可以略过。

（3）在场景中添加并设置"Object Target"游戏对象。

① 依次单击菜单选项"GameObject→Vuforia Engine→3D Scan"，在场景中添加"Object Target"游戏对象，如图 7-121 所示。

② 设置"ObjectTarget"游戏对象的"Database"和"Object Target"属性，如图 7-122 所示。当本地有多个 Database 时，需要在"Database"属性中选择对应的 Database，如图 7-123 所示。在"Object Target"属性下可以选择当前 Database 下所有可作为目标识别的对象，如图 7-124 所示。

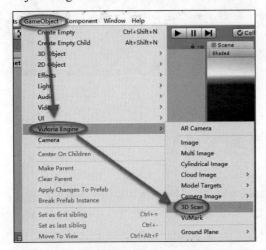

图 7-121

图 7-122

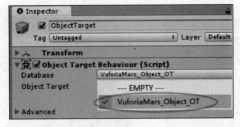

图 7-123

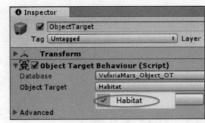

图 7-124

（4）在"ObjectTarget"游戏对象下添加并设置需要显示的模型。

① 在"ObjectTarget"游戏对象上单击鼠标右键，在弹出的快捷菜单中依次选择菜单选项"3D Object→Cube"，为"ObjectTarget"游戏对象添加一个子游戏对象。

② 在"ObjectTarget"游戏对象的属性中，打开"Advanced"选项，选中"Show Bounding Box"选项。选中以后，在"Scene"窗口中会出现一个方块，显示对象的大致范围，如图 7-125 所示。

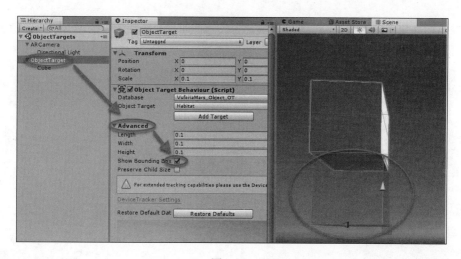

图 7-125

③ 尽量将显示的 3D 模型放置在物体旋转轴的轴线并距离物体一定位置。此时显示效果如图 7-126 所示。如果水平旋转模型,效果如图 7-127 所示。如果垂直旋转,显示效果会出错,如图 7-128 所示。

图 7-126　　　　　　　　　　　　图 7-127

④ 将模型对象"Habitat"拖到"ObjectTarget"游戏对象下成为其子游戏对象,如图 7-129 所示。

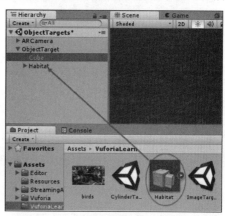

图 7-128　　　　　　　　　　　　图 7-129

⑤ 在运行并识别出对象时,调整模型大小,使其显示效果略大于实际物体大小,位置和方向正确,如图 7-130 所示。

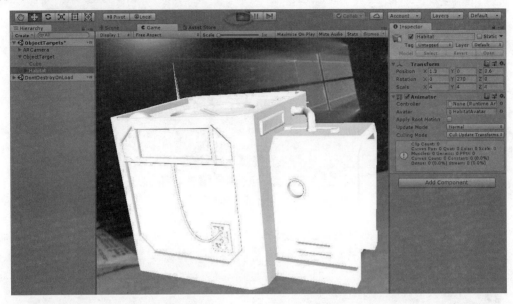

图 7-130

此时运行,因为有参照,方块显示的位置看上去就没有问题了,如图 7-131 所示。整体运行效果如图 7-132 所示。

图 7-131

图 7-132

7.12 模型数据获取及识别模型

7.12.1 模型数据的获取

模型数据的获取需要用到官方提供的 Model Target Generator,它的下载地址为 https://developer.vuforia.com/ downloads/tool。运行环境是 64 位的 Windows 7 或者 Windows 10,如图 7-133 所示。

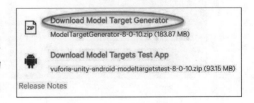

图 7-133

模型数据获取的步骤如下：

（1）在 Model Target Generator 中导入模型。

① 将从官方下载的压缩包解压，在"Model_Target_Generator-win32-x64"目录中找到"Model_Target_Generator.exe"文件，如图 7-134 所示。

② 在弹出窗口中输入 Vuforia 的账号，并单击"Login"按钮登录，如图 7-135 所示。

③ 在打开的窗口左上角单击"Create New Model"按钮，如图 7-136 所示。

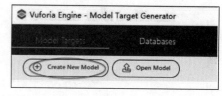

图 7-134　　　　　　　图 7-135　　　　　　　图 7-136

④ 在弹出的窗口中输入相关内容，然后单击"Import Model"按钮导入模型，如图 7-137 所示。

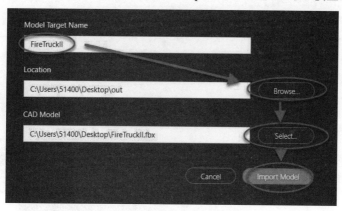

图 7-137

- "Model Target Name"是模型名称，自己取个名字就好。
- "Location"是导出内容的目录。
- "CAD Model"是要导入的模型文件，支持导入的模型文件类型包括 Creo View (.pvz)、Collada (.dae)、FBX (.fbx)、IGES (.igs, .iges)、Wavefront (.obj)、STEP (.stp, .step)、STL (.stl, .sla)、VRML (.wrl, .vrml)、JT（本机安装过 Creo View）。官方推荐导入 FBX (.fbx)和 JT 文件。

模型导入以后界面如图 7-138 所示。

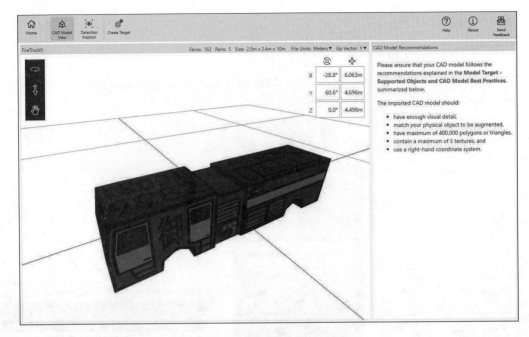

图 7-138

(2) 调整模型大小。

默认是按实际大小 1:1 来制作模型的,但是识别时可能不是识别 1:1 大小的实物对象。所以,有可能需要调整模型的大小,即进行缩放。

在"File Units"下拉列表中,选择比较接近识别实物对象的大小,如图 7-139 所示。

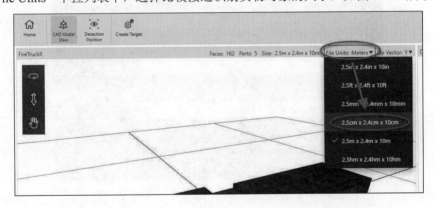

图 7-139

(3) 调整模型位置并添加 View。

① 单击"Detection Position"按钮,这时在窗口中会出现虚线方块,表示平面大小,如图 7-140 所示。窗口右边有 3 个按钮,分别表示在眼镜、手机横屏和手机竖屏上显示的效果,单击以后会改变虚线框大小。窗口左边的 3 个按钮表示单击鼠标左键后的功能,分别是旋转、拉近拉远(也可以用鼠标滚轮来实现)、上下左右拖动。

② 将模型调整到虚线框中,单击窗口右边的"Add Single View"按钮,添加一个 View,如图 7-141 所示。这时,会在按钮下方出现一个图片列表。

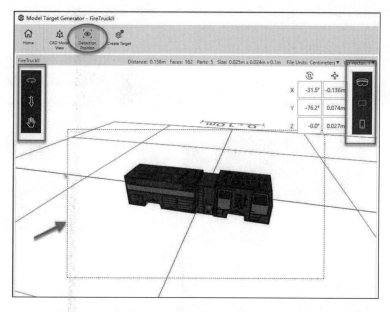

图 7-140

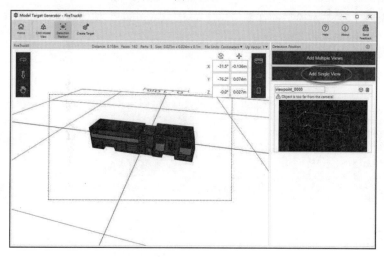

图 7-141

③ 如果出现红字提示"Object is too far from the camera！"（模型里的摄像头太远了），单击图片右上角的删除（垃圾桶）按钮，删除该 View，然后重新调整模型在虚线框中的大小，再单击"Add Single View"按钮重新添加即可，如图 7-142 所示。

④ 可以添加多个 View，如图 7-143 所示。

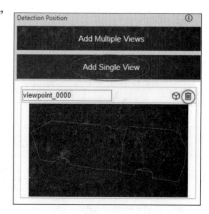

图 7-142

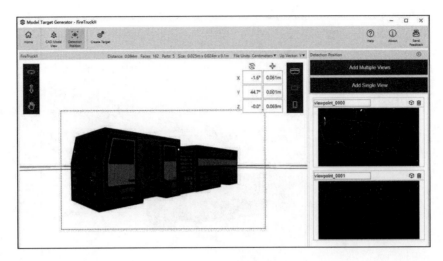

图 7-143

（4）导出模型数据。

① 单击"Create Target"按钮即可导出模型数据，如图 7-144 所示。

② 在弹出的窗口会显示模型的详细信息，单击"Continue"按钮继续，如图 7-145 所示。

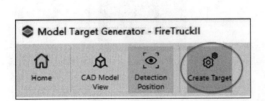

图 7-144　　　　　　　　　　　图 7-145

③ 稍等一会，看到下面的窗口，表示导出成功。单击"OK"按钮即可，如图 7-146 所示。导出的数据会以一个 Unity 资源文件（.unitypackage）的形式出现在之前设定的目录"dataset"子目录中，如图 7-147 所示。

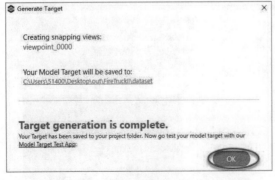

图 7-146　　　　　　　　　　　图 7-147

（5）导入模型数据到 Unity 项目。

① 在 Unity 编辑器中，依次单击菜单选项"Assets→Import Package→Custom Package..."，如图 7-148 所示。

② 在打开的窗口中选中数据资源文件，单击"打开"按钮，如图 7-149 所示。

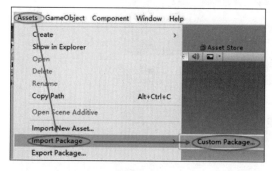
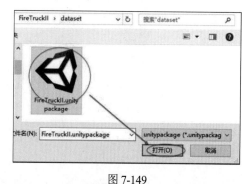

图 7-148　　　　　　　　　　　　　图 7-149

③ 在弹出的窗口中，单击"Import"按钮导入即可。可以看到数据文件依然存储在"StreamingAssets/Vuforia"目录下，此外还在"Editor/Vuforia"目录下添加了辅助编辑的文件，如图 7-150 所示。

7.12.2　识别模型

识别方块显示模型的步骤如下：

（1）导入开发包、Key 和 Database。

按照之前的章节在项目中导入开发包、Key 和模型识别数据。

（2）在场景中添加"ARCamera"游戏对象。

① 新建场景。

图 7-150

② 删除场景中默认的游戏对象。依次单击菜单选项"GameObject→Vuforia Engine→ARCamera"，在场景中添加"ARCamera"游戏对象。

③ 在"ARCamera"游戏对象上单击鼠标右键，在弹出的菜单中选择"Light→Directional Light"，为"ARCamera"游戏对象添加一个子光源，保证显示的模型始终被光照到。这步的目的只是让模型看起来不会很暗，可以略过。

（3）在场景中添加并设置"Model Target"游戏对象。

① 依次单击菜单选项"GameObject→Vuforia Engine→Model Targets→Model Target"，在场景中添加"Model Target"游戏对象，如图 7-151 所示。

② 设置"ModelTarget"游戏对象的"Type"、"Database"、"Model Target"、"Guide View Mode"和"Guide View"属性，如图 7-152 所示。

"Type"属性默认是"Predefined"，从本地的 Database 读取，如图 7-153 所示。

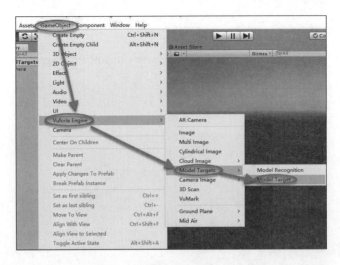

图 7-151

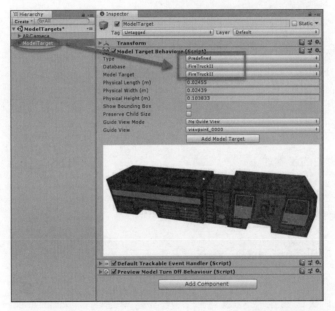

图 7-152

当本地有多个 Database 时,需要在"Database"属性中选择对应的 Database,如图 7-154 所示。

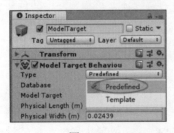 

图 7-153   图 7-154

在"Model Target"属性下可以选择当前 Database 下所有可以作为模型识别的对象,如图 7-155 所示。

"Guide View Mode"用于设置运行时是否显示指示模型摆放的白色线框,如图 7-156 所示。选中"Guide View 2D"或者"Guide View 3D"时,运行后效果如图 7-157 所示,会有一个白色线框指示模型如何摆放。这个线框对应 Model Target Generator 中的 View,如图 7-158 所示。

图 7-155

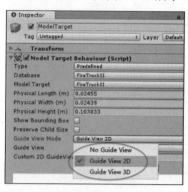

图 7-156

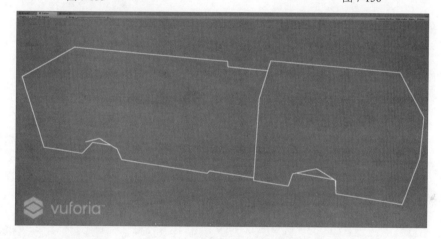

图 7-157

"Guide View"对应不同的 View,如果有多个就可以在此选择,如图 7-159 所示。

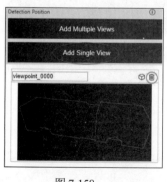

图 7-158

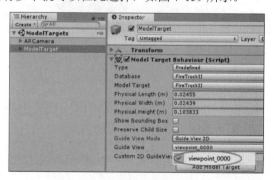

图 7-159

③ 将 FBX 模型导入项目并添加到"ModelTarget"游戏对象下,成为其子游戏对象,如图 7-160 所示。

④ 调整模型大小,使其和数据中的模型大小一致,如图 7-161 所示。

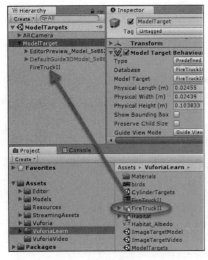

图 7-160

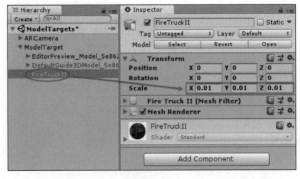

图 7-161

（4）在"Model Target"游戏对象下添加并设置需要显示的模型。

① 在"ModelTarget"游戏对象上单击鼠标右键，在弹出的菜单中选择"3D Object→Cube"，为"ModelTarget"游戏对象添加一个子游戏对象。

② 调整子游戏对象的大小、方向和位置。Vuforia 会按照选中的模型对象信息将"ModelTarget"游戏对象的大小显示出来，调整起来很方便，如图 7-162 所示。运行效果如图 7-163 所示。

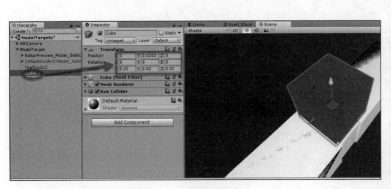

图 7-162

图 7-163

7.13　环　境　认　知

Vuforia 的环境认知提供的是平面感知的功能，叫 Ground Plane。可以感知现实环境中的平面并将虚拟的物体放置在该平面上。另外还提供了一个叫 Mid Air 的功能，可以看作是上一个功能的扩展。Mid Air 功能可以把虚拟物体放置在现实环境的空中处于悬浮状态。

这两个功能需要在移动设备上实现，但是 Vuforia 提供了在计算机上测试的方法。在项目的"Editor/Vuforia/ForPrint/Emulator"目录下有个名为"Emulator Ground Plane"的 pdf 文档，测试的时候将摄像头对准该内容，就会识别出平面，如图 7-164 所示。

7.13.1 Ground Plane

感知平面显示模型的步骤如下：

（1）导入开发包、Key 和 Database。

按照之前的章节在项目中导入开发包、Key 和 Database。

（2）在场景中添加"ARCamera"游戏对象。

① 新建场景。

② 删除场景中默认的游戏对象。依次单击菜单选项"GameObject→Vuforia Engine→ARCamera"，在场景中添加"ARCamera"游戏对象。

图 7-164

③ 在"ARCamera"游戏对象上单击鼠标右键，在弹出的快捷菜单中依次选择"Light→Directional Light"，为"ARCamera"游戏对象添加一个子光源，保证显示的模型始终被光照到。这步的目的只是让模型看起来不会很暗，可以略过。

（3）在场景中添加并设置"Plane Finder"和"Ground Plane Stage"游戏对象。

① 依次单击菜单选项"GameObject→Vuforia Engine→Ground Plane→Plane Finder"，在场景中添加"Plane Finder"游戏对象，如图 7-165 所示。

② 依次单击菜单选项"GameObject→Vuforia Engine→Ground Plane→Ground Plane Stage"，在场景中添加"Ground Plane Stage"游戏对象，如图 7-166 所示。

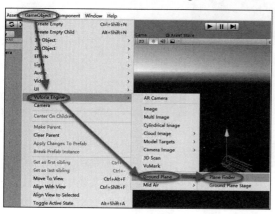

图 7-165

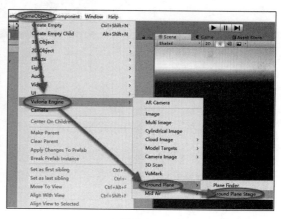

图 7-166

③ 将"Ground Plane Stage"游戏对象拖到"Plane Finder"游戏对象的"Anchor Stage"属性中，取消对"Duplicate Stage"选项的勾选。

勾选了"Duplicate Stage"选项时，每次单击都会添加一个"Ground Plane Stage"游戏对象（包括其子游戏对象），如图 7-167 所示。

（4）在"Ground Plane Stage"游戏对象下添加并设置需要显示的模型。

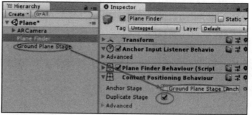

图 7-167

① 在"Ground Plane Stage"游戏对象上单击鼠标右键，在弹出的快捷菜单中选择"3D Object/Cube"，为"Ground Plane Stage"游戏对象添加一个子游戏对象。

② 调整子游戏对象到合适的大小、方向和位置。Vuforia 会显示一个 100 平方厘米大小的平面作为放置 3D 模型的参考，如图 7-168 所示。运行效果如图 7-169 所示。

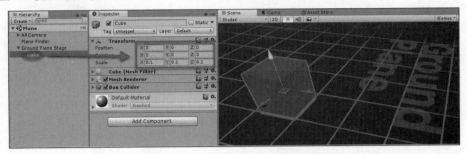

图 7-168

图 7-169

7.13.2 Mid Air

感知平面在平面上方显示模型的步骤如下：

（1）导入开发包、Key 和 Database。

按照之前的章节，在项目中导入开发包、Key 和 Database。

（2）在场景中添加"ARCamera"游戏对象。

① 新建场景。

② 删除场景中默认的游戏对象。依次单击菜单选项"GameObject→Vuforia Engine→ARCamera"，在场景中添加"ARCamera"游戏对象。

③ 在"ARCamera"游戏对象上单击鼠标右键，在弹出的快捷菜单中依次选择菜单选项"Light→Directional Light"，为"ARCamera"游戏对象添加一个子光源，保证显示的模型始终被光照到。这步的目的只是让模型看起来不会很暗，可以略过。

（3）在场景中添加并设置"Mid Air Positioner"和"Mid Air Stage"游戏对象。

① 依次单击菜单选项"GameObject→Vuforia Engine→Mid Air→Mid Air Stage"，在场景中添加"Mid Air Stage"游戏对象，如图 7-170 所示。

② 依次单击菜单选项"GameObject→Vuforia Engine→Mid Air→Mid Air Positioner",在场景中添加"Mid Air Positioner"游戏对象,如图 7-171 所示。

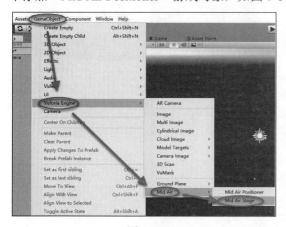

图 7-170　　　　　　　　　　　　　　　图 7-171

③ 将"Mid Air Positioner"游戏对象拖到"Mid Air Stage"游戏对象的"Anchor Stage"属性中,取消对"Duplicate Stage"选项的勾选,如图 7-172 所示。

勾选了"Duplicate Stage"选项时,每次单击都会添加一个"Mid Air Stage"游戏对象(包括其子游戏对象)。

图 7-172

(4) 在"Mid Air Stage"游戏对象下添加并设置需要显示的模型。

① 在"Mid Air Stage"游戏对象上单击鼠标右键,在弹出的快捷菜单中选择"3D Object→Cube",为"Mid Air Stage"游戏对象添加一个子游戏对象。

② 调整子游戏对象到合适的大小、方向和位置。Vuforia 会显示一个 100 平方厘米大小的平面作为放置 3D 模型的参考,如图 7-173 所示。

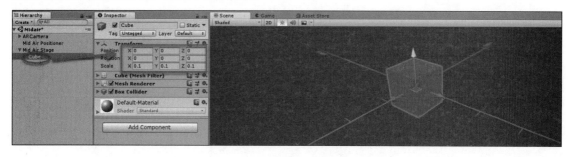

图 7-173

运行效果如图 7-174 所示,在平面上方会有一个绿色的球体。单击球体,则会显示模型,如图 7-175 所示。

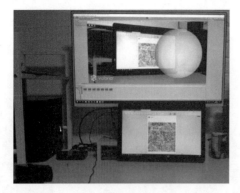

图 7-174

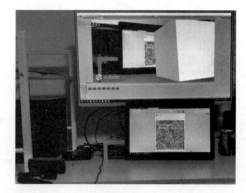

图 7-175

7.14 程 序 控 制

7.14.1 识别后的控制

Vuforia 提供了多个识别对象被识别和识别对象消失时的控制，通过继承并扩展父类 DefaultTrackableEventHandler 来实现。对应图片、方块、柱体、扫描的物体、模型的识别都可以进行控制，而且方法都一样。

识别后控制的步骤如下：

（1）新建脚本。

在项目中添加一个新的脚本，命名为"VuforiaTrackableEventHandler"，内容如下：

```csharp
public class VuforiaTrackableEventHandler : DefaultTrackableEventHandler
{
    protected override void Start () {
        base.Start();
    }

    protected override void OnTrackingFound()
    {
        base.OnTrackingFound();
        Debug.Log(mTrackableBehaviour.TrackableName + "...>>>");
    }

    protected override void OnTrackingLost()
    {
        base.OnTrackingLost();
        Debug.Log(mTrackableBehaviour.TrackableName + "...>>>");
    }
}
```

脚本说明

① 将父类从"MonoBehaviour"改为"ImageTargetBaseBehaviour"：

```
public class VuforiaTrackableEventHandler : DefaultTrackableEventHandler
```

② 如果需要在"Start"事件中添加内容,需要重写"Start"事件:

```
protected override void Start () {
   base.Start();
}
```

③ 重写"OnTrackingFound"识别对象事件和"OnTrackingLost"识别对象丢失事件:

```
protected override void OnTrackingFound()
{
   base.OnTrackingFound();
   Debug.Log(mTrackableBehaviour.TrackableName + "...>>>");
}
protected override void OnTrackingLost()
{
   ...
}
```

(2) 导入开发包、Key 和 Database。

按照之前的章节在项目中导入开发包、Key 和 Database。

(3) 在场景中添加"ARCamera"游戏对象。

① 新建场景。

② 删除场景中默认的游戏对象。依次单击菜单选项"GameObject→Vuforia Engine→ARCamera",在场景中添加"ARCamera"游戏对象。

③ 在"ARCamera"游戏对象上单击鼠标右键,在弹出的快捷菜单中依次选择菜单选项"Light→Directional Light",为"ARCamera"游戏对象添加一个子光源,保证显示的模型始终被光照到。这步的目的只是让模型看起来不会很暗,可以略过。

(4) 识别图片后程序响应。

在场景中添加并设置"ImageTarget"游戏对象,在"ImageTarget"游戏对象下添加并设置需要显示的模型。

按照前面章节,在场景中添加并设置"ImageTarget"游戏对象,并添加识别后显示的模型,如图 7-176 所示。

图 7-176

删除"ImageTarget"游戏对象上的"Default Trackable Event Handler"组件，将"VuforiaTrackableEventHandler"脚本拖到"ImageTarget"游戏对象上成为组件，如图 7-177 所示。

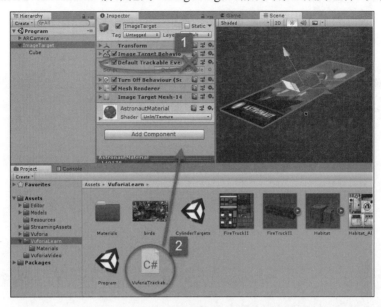

图 7-177

图片识别或者消失以后可以看到日志显示对应的内容，如图 7-178 所示。

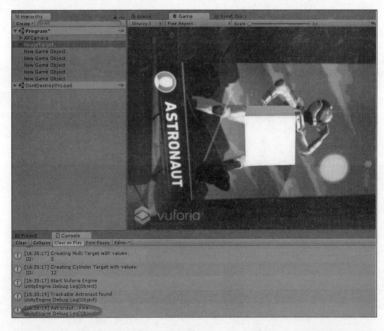

图 7-178

（5）识别方块后程序响应。

按照前面章节，在场景中添加并设置"MultiTarget"游戏对象，并添加识别后显示的模型，如图 7-179 所示。

第 7 章 基于 Vuforia Engine 的增强现实的开发

图 7-179

删除"MultiTarget"游戏对象上的"Default Trackable Event Handler"组件,将"VuforiaTrackableEventHandler"脚本拖到"MultiTarget"游戏对象上成为组件,如图 7-180 所示。

方块识别或者消失以后可以看到日志显示对应的内容,如图 7-181 所示。

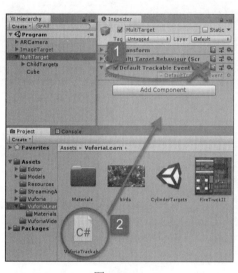

图 7-180　　　　　　　　　　　图 7-181

(6)识别柱体后响应程序。

按照前面章节在场景中添加并设置"CylinderTarget"游戏对象,并添加识别后显示的模型,如图 7-182 所示。

图 7-182

287

删除"CylinderTarget"游戏对象上的"Default Trackable Event Handler"组件，将"VuforiaTrackableEventHandler"脚本拖到"CylinderTarget"游戏对象上成为组件，如图7-183所示。

柱体识别或者消失以后可以看到日志显示对应的内容，如图7-184所示。

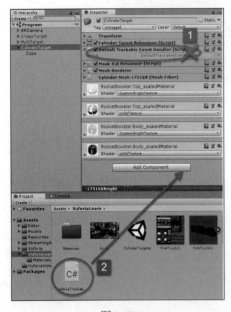

图 7-183

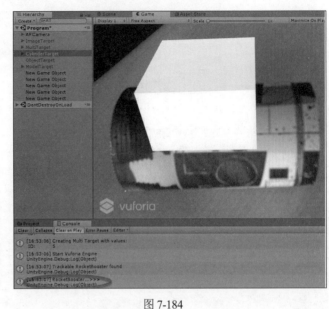

图 7-184

（7）识别物体后响应程序。

按照前面章节在场景中添加并设置"ObjectTarget"游戏对象，如图7-185所示。

删除"ObjectTarget"游戏对象上的"Default Trackable Event Handler"组件，将"VuforiaTrackableEventHandler"脚本拖到"ObjectTarget"游戏对象上成为组件，如图7-186所示。

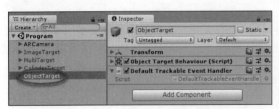

图 7-185　　　　　　　　　图 7-186

物体识别或者消失以后可以看到日志显示对应的内容，如图7-187所示。

（8）识别模型后响应程序。

按照前面章节在场景中添加并设置"ModelTarget"游戏对象，如图7-188所示。

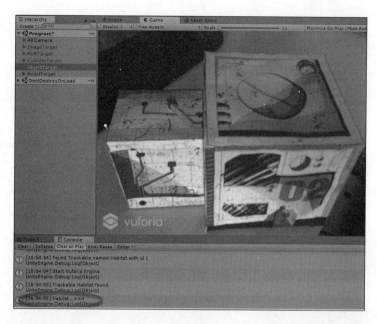

图 7-187

图 7-188

删除"ModelTarget"游戏对象上的"Default Trackable Event Handler"组件,将"VuforiaTrackableEventHandler"脚本拖到"ModelTarget"游戏对象上成为组件,如图 7-189 所示。

模型识别以后可以看到日志显示对应的内容,如图 7-190 所示。

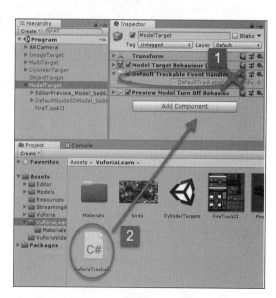

图 7-189

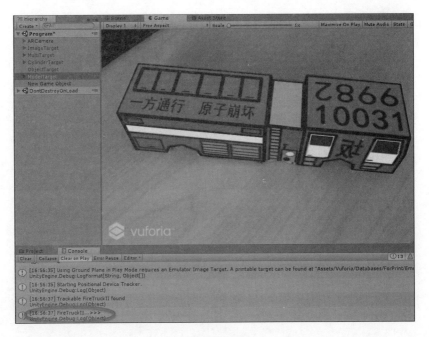

图 7-190

7.14.2 虚拟按钮及程序控制

虚拟按钮是 Vuforia 特有的一个功能,能在识别图片的上面出现一个虚拟按钮,当遮挡住虚拟按钮(大小最好是手指能将整个按钮遮住)的位置时,会产生单击的效果。设置步骤如下:

(1)在项目中添加一个新的脚本,命名为"VirtualButtonEventHandler",内容如下:

```
public class VirtualButtonEventHandler : MonoBehaviour, IVirtualButtonEventHandler {

    VirtualButtonBehaviour virtualButtonBehaviour;

    void Start()
    {
        virtualButtonBehaviour = GetComponent<VirtualButtonBehaviour>();
        virtualButtonBehaviour.RegisterEventHandler(this);      // 注册事件
    }
    public void OnButtonPressed(VirtualButtonBehaviour vb)      // 按钮按下
    {
        Debug.Log("OnButtonPressed: " + vb.VirtualButtonName);
    }
    public void OnButtonReleased(VirtualButtonBehaviour vb)     // 按钮松开
    {
        Debug.Log("OnButtonReleased: " + vb.VirtualButtonName);
    }
}
```

(2)导入开发包、Key 和 Database。

按照之前的章节在项目中导入开发包、Key 和 Database。

（3）在场景中添加"ARCamera"游戏对象。

① 新建场景。

② 删除场景中默认的游戏对象。依次单击菜单选项"GameObject→Vuforia Engine→ARCamera"，在场景中添加"ARCamera"游戏对象。

③ 在"ARCamera"游戏对象上单击鼠标右键，在弹出的快捷菜单中依次选择菜单选项"Light→Directional Light"，为"ARCamera"游戏对象添加一个子光源，保证显示的模型始终被光照到。这步的目的只是让模型看起来不会很暗，可以略过。

（4）在场景中添加并设置"ImageTarget"游戏对象并在"ImageTarget"游戏对象下添加并设置需要显示的模型，如图 7-191 所示。

图 7-191

按照前面的章节在场景中添加并设置"ImageTarget"游戏对象，并添加识别后显示的模型。

（5）在"ImageTarget"游戏对象上添加虚拟按钮并设置。

① 单击"ImageTarget"游戏对象上"ImageTarget Behaviour"组件的"Advanced"标签，单击"Add Virtual Button"按钮，添加虚拟按钮，如图 7-192 所示。

② 添加以后，会在"ImageTarget"游戏对象下添加一个新的子游戏对象"VirtualButton"，调整其在图片上的位置和大小，如图 7-193 所示。

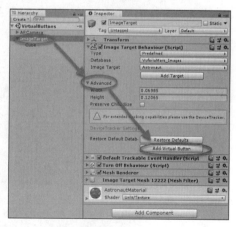

图 7-192

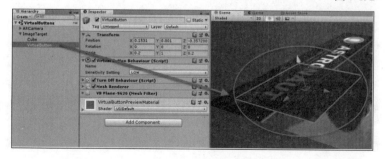

图 7-193

③ 在"VirtualButton"游戏对象的"Virtual Button Behaviour"组件的"Name"属性中填入名称。当有多个虚拟按钮时用该名称来识别是哪个虚拟按钮被单击。

④ 将写好的脚本"VirtualButtonEventHandler"拖到"VirtualButton"游戏对象下成为其组件，如图 7-194 所示。

⑤ "Sensitivity Setting"属性是虚拟按钮的灵敏度，"HIGH"识别速度最快，"LOW"稳定性最好，如图 7-195 所示。

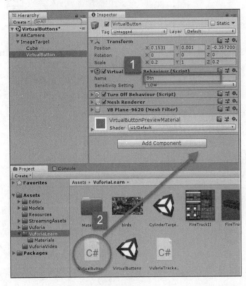

图 7-194　　　　　　　　　　　　　　　图 7-195

运行效果如图 7-196 所示，当手指从屏幕前遮住虚拟按钮的位置时，日志显示对应内容。

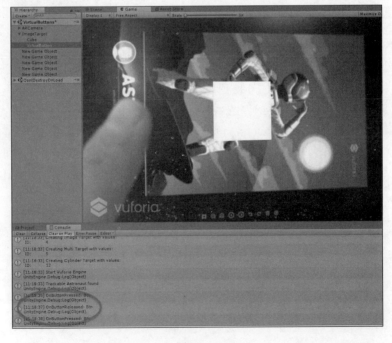

图 7-196

⑥ 如果需要显示虚拟按钮，将"VirtualButton"游戏对象下的"Turn Off Behaviour"组件去掉即可，如图 7-197 所示。

图 7-197

运行时，在图片上方会显示出虚拟按钮的大小，如图 7-198 所示。

图 7-198

293

第 8 章
用Vuforia做一个AR解谜小游戏

因为有很多是在做毕业设计的读者,并没有太多软件开发相关的经验,所以在这里把从一个想法出现到最终做出一个 Demo 的过程展示出来。

如果已经从事软件开发并且有相关经验,本章的前半部分可以略过。

8.1 起　　因

之前认识了一个朋友,喜欢玩真人密室逃脱游戏(就是几个人被关在一间屋子里,解开谜题以后从房间里面出来),并且也帮人设置真人密室逃脱游戏。被朋友带去玩了一次以后,发现游戏过程中没有很好交代剧情的部分,带入感不强,而且每次解谜的内容都一样,去一次就不想再去了。闲聊之余,就说起能不能把 AR 应用在这种场景中,于是诞生了做一款 AR 解谜小游戏的想法。

8.2 思路整理

基本思路是通过 Vuforia 提供的 AR 功能实现一个解谜小游戏。习惯性用思维导图来记录。

通过 Vuforia 的学习,知道了 Vuforia 提供了图片、方块、柱体等的识别,此外还有平面认知。平面认知暂时没有很好的想法可以用在解谜游戏中,所以以识别对象提供信息为主。

为了方便演示,也为了减少工作量,放弃方块、柱体等的识别,虽然做纸模不难但是也很麻烦。只考虑通过图片识别获取信息。

图片识别后,可以通过播放视频、播放音频等方式获取信息。不过,拍摄视频而且还基本过得去其实也很麻烦,为了减少工作量,使用识别后播放音频的方式获取信息。为了避免没听清楚,播放声音的同时在屏幕下方加上字幕。同时,识别以后显示一个 3D 模型,当作是说话的人(或者是说话的幽灵、鬼怪)。

Vuforia 识别图片的情况下,能实现的解谜方式一开始想到的有 3 种:找到特定图片(真人密室逃脱就是找钥匙),输入密码(真人密室逃脱中是找到密码锁的密码),拼图(真人密室逃脱里也有类似的)。输入密码正好可以把虚拟按钮的功能用上,如图 8-1 所示。

为了体现软件的优势,解谜的谜题内容和解谜的路径或者说过程每次都不一样。所以,每次开始的时候,给出谜题的图片都不同,需要完成的谜题也不同。为了演示方便,解谜过程尽可能短,设计了如图 8-2 所示的这么一个过程。

第 8 章 用 Vuforia 做一个 AR 解谜小游戏

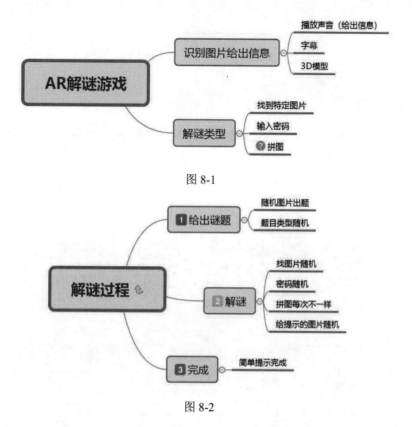

图 8-1

图 8-2

- 给出谜题：识别几张图片中的单个图片、随机一张图片给出谜题。谜题类型也是随机的。
- 解谜：如果谜题类型是找特定图片，那么每次要找的图片是随机的。如果谜题类型是输入密码，那么每次密码随机产生。如果谜题是拼图，那么每次拼图都不一样。给出谜题后，利用随机的图片给出提示。
- 解谜完成：简单的完成提示。

为了演示，谜题类型不会再次重复，下次出现的是没完成过的谜题类型。这样 3 次就可以把所有类似的谜题都演示一遍，如图 8-3 所示。

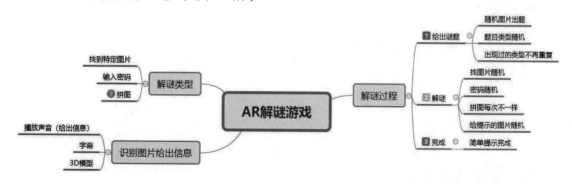

图 8-3

8.3 准备工作

8.3.1 拼图可行性测试

在对拼图可行性的测试中发现，Vuforia 并不能区分两张类似的图片。例如，给出如图 8-4 所示的 4 张图。通过调换图片中部分位置不足以实现让 Vuforia 分辨不同的图片。例如，拼成下面两个组合，Vuforia 会随机识别出其中一个，出错的概率很高。在 Vuforia 看来，如图 8-5 所示的两张图是一样的。

图 8-4

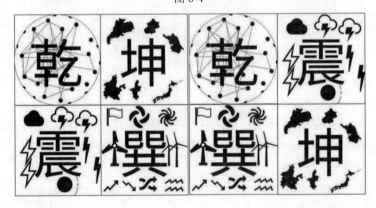

图 8-5

Vuforia 的 VuMark 例子图片主体看上去是差不多的，边框不一样，可以用类似的方式试试。拼图的图片是如图 8-6 所示的 4 张。

图 8-6

识别的时候，看到的是如图 8-7 所示的两张。

识别的时候，识别拼图中间的内容，即如图 8-8 所示的两张。

测试下来基本可行。虽然有时会因为识别出了边角的内容出现错误，但是总体而言准确率还可以接受。

图 8-7

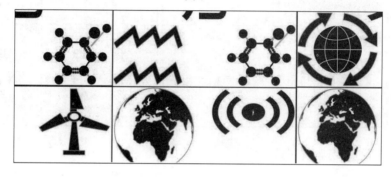

图 8-8

8.3.2 图片准备

在找到指定的图片中，一张给出谜题，一张给出目标，一张给出提示，一张没有提示。至少需要 4 张图片，加上拼图的图片和输入密码的图片，总共至少要 13 张图片，如表 8-1 所示。

表 8-1 图片准备

图片说明	相关图片			
识别图片				
拼图图片				

297

(续表)

图片说明	相关图片			
拼图识别图片		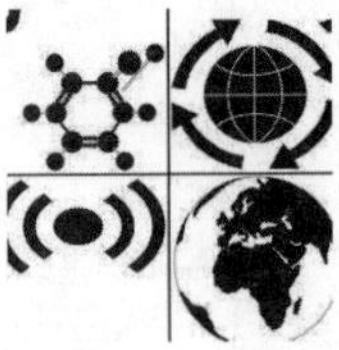		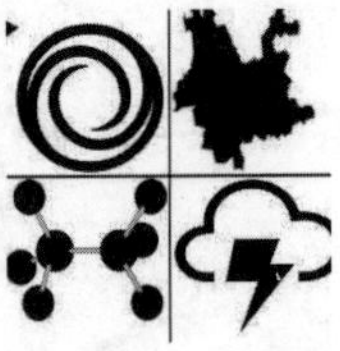
解锁图片				
拼图测试图片				

8.3.3 文字和音频内容准备

文字和音频的处理方式有 3 种：

- 一种是将文字和音频作为普通的资源，提前放置在 Unity 项目中，然后赋值给某个变量，在程序中调用。这种做法简单方便，但是当文字和音频数量稍微多了以后，因为逻辑关系分散在多个地方，容易出错而且比较难排查。只适合少量音频的情况，或者背景音乐的处理。
- 一种是将文字和音频整合成一段或几段。显示和播放的时候，对其中的一部分进行显示和播放。
- 一种是将文字和音频用特定的规律存储在某个目录下，显示和播放的时候，获取指定路径的内容。这种做法 I/O 操作会比较频繁。

为了代码编写上的方便，采取第三种方法实现。这样什么时候该加载哪段文字和音频的逻辑问题全部变成该加载哪个路径的问题。

文件结构如图 8-9 所示。

准备完成的样子如图 8-10 所示。

至于用 SQLite 之类的数据库存储文字内容和音频文件信息等，做法比较麻烦，在这种小项目中就不考虑了。

音频文件通过软件合成获得，其实效果比没有受过训练的人录音效果好。百度有提供免费的试用，网址为 http://ai.baidu.com/tech/speech/tts。

在功能演示的地方，把要合成的文本粘贴进去，选择一下参数，就可以下载了。单击"播放"按钮可以听一下是否合适，如图 8-11 所示。

第 8 章 用 Vuforia 做一个 AR 解谜小游戏

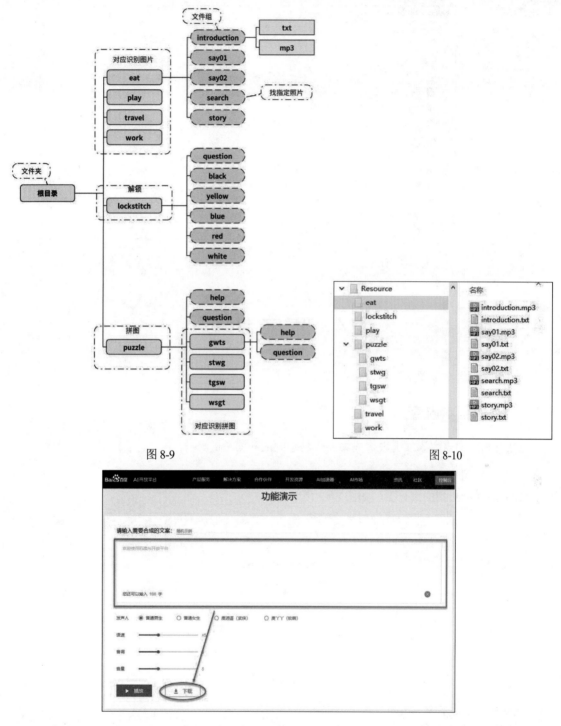

图 8-9　　　　　　　　　　　　　　　　　图 8-10

图 8-11

8.3.4　其他内容准备

添加并下载 Vuforia 的识别数据，如图 8-12 所示。

图 8-12

此外，还需要准备字体文件、图标文件以及需要显示的 3D 模型。

8.4 程 序 设 计

这里继续用思维导图来辅助设计。

8.4.1 添加基本内容

把所有想到的内容添加上去，先添加容易想到的和简单的。

（1）给项目取个名字，就叫"AR 解谜游戏"。

（2）添加能想到的大分类，如图 8-13 所示。

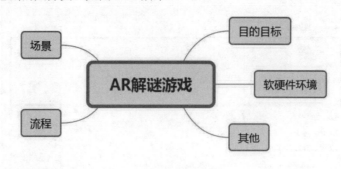

图 8-13

（3）将简单的内容先细化。

"目的目标"虽然看上去是废话，但是还是添加上去，多少想一下，而且有些内容的筛选是依据目的目标作为参考来进行判断。为了看得方便就用了思维导图下钻的功能。

（4）关于 apk 打包成哪个版本比较好，可以参考百度流量研究院，虽然不权威，但是有参考价值，如图 8-14 所示。

从观看效果来讲，多数是横屏效果好，为了简单，该项目强制横屏观看，如图 8-15 所示。

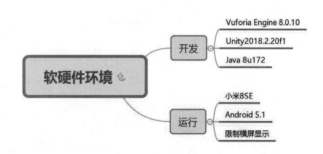

图 8-14   图 8-15

（5）版本控制用 GitHub。设计模式使用最简单的 Empty GameObject 即可。

（6）将之前思路整理时画的解谜内容作为一个子项添加过来。

8.4.2　场景设计

这个项目的场景非常简单，关键的内容都可以放在一个场景中进行。启动场景的目的是不让用户在启动加载时以为程序死机了，顺便显示一下 logo。菜单场景可以和主场景合并，这里为了降低主场景的复杂程度而分成两个场景。

场景比较简单，就不单独设计界面了。根据百度统计，采用 1280×720 的分辨率，如图 8-16 所示。场景设计完成后则如图 8-17 所示。

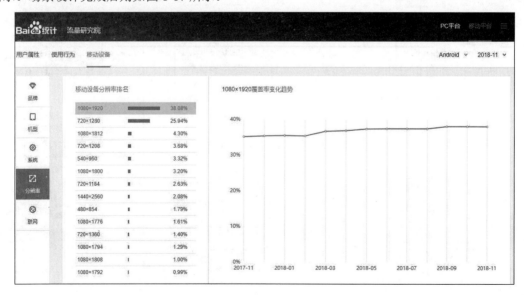

图 8-16

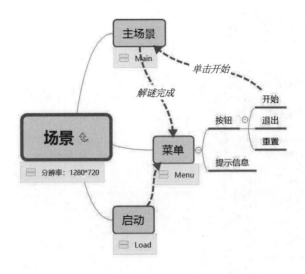

图 8-17

8.4.3 主场景关键流程设计

在主场景中，简单的思路就是识别到图片以后，根据图片去判断对应的文本和音频并加载播放。流程图如图 8-18 所示。这样做的缺点是，文件读取操作很多，而且关键逻辑很复杂。

另一种思路是初始化的时候遍历图片，根据当前状态将对应的文本和音频读取并赋值给对应的图片对象。识别的时候，播放被识别的图片对象上的文本和音频即可。优点是可以减少一些文件读取操作，降低关键逻辑的复杂程度。缺点是运行内存会增加。

综合考虑后还是采用第二种方法，流程图如图 8-19 所示。

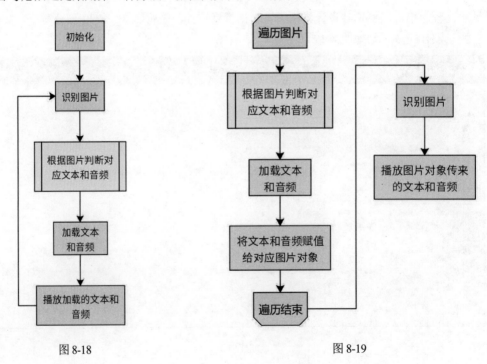

图 8-18　　　　　　　　　　　　图 8-19

第 8 章 用 Vuforia 做一个 AR 解谜小游戏

总的思维导图如图 8-20 所示。

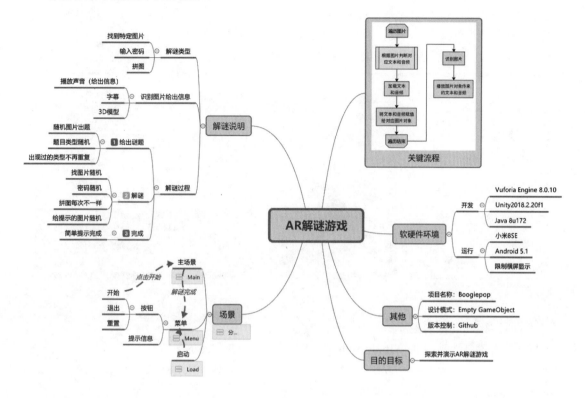

图 8-20

8.5 项目搭建

（1）新建一个 Unity 项目，命名为"Boogiepop"，如图 8-21 所示。

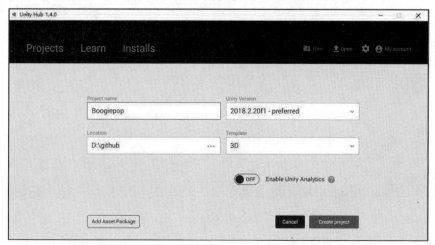

图 8-21

303

(2) 清理不需要的包。

依次单击菜单选项"Window→Package Manager",打开 Packages 窗口,删除用不到的内容。当然略过这一步也没有太多影响,这么做只是为了减小项目体积。"TextMesh Pro"必须保留,如图 8-22 所示。

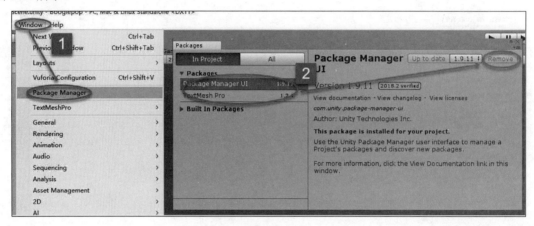

图 8-22

(3) 添加 Vuforia 的支持。

依次单击菜单选项"File→Build Settings...",打开"Build Settings"窗口。在"Build Settings"窗口中单击"Player Settings..."按钮,在"Inspector"窗口中单击"XR Settings"标签,选中"Vuforia Augmented Reality Support"选项即可,如图 8-23 所示。

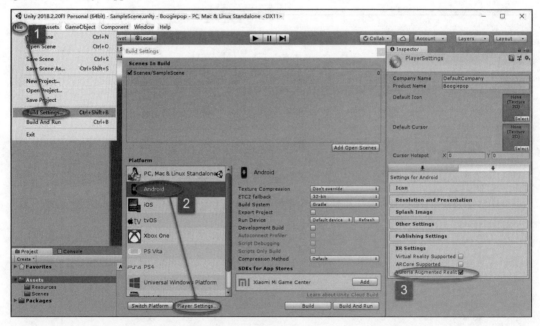

图 8-23

(4) 删除项目中的默认目录"Scenes",添加新目录"Boogiepop",用于存放项目相关内容,如图 8-24 所示。

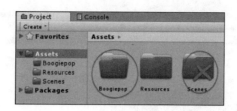

图 8-24

（5）配置 Vuforia。

依次单击菜单选项"Window→Vuforia Configuration"，在"Inspector"窗口中将 key 复制到"App License Key"属性中，并设置"Max Simultaneous Tracked Image"为"1"，如图 8-25 所示。

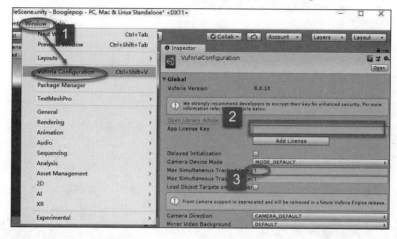

图 8-25

（6）导入下载好的 Vuforia 数据，如图 8-26 所示。

（7）在"Boogiepop"目录下新增目录"Fonts"，将字体文件导入。这里使用的是思源黑体，如图 8-27 所示。

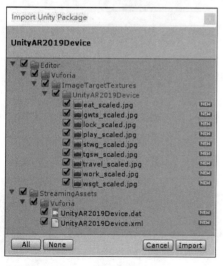

图 8-26

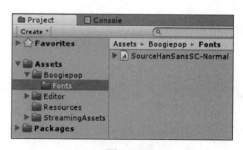

图 8-27

（8）导入要显示的 3D 模型。识别图片显示的 3D 模型只是为了显示图片的识别状态，如图 8-28 所示。

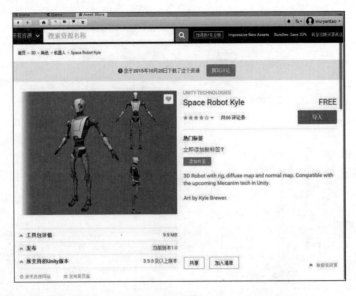

图 8-28

(9) 在 "Boogiepop" 目录下新增目录 "Resources",将准备好的文本和音频文件导入,如图 8-29 所示。

(10) 在 "Boogiepop" 目录下新增目录 "Images",将应用图标文件导入,如图 8-30 所示。

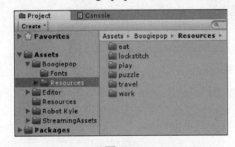   

图 8-29   图 8-30

(11) 在 "Boogiepop" 目录下新增目录 "Scenes" 和 "Scripts",用于放置场景和脚本,如图 8-31 所示。

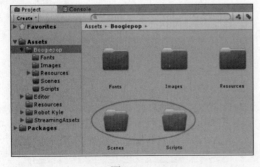

图 8-31

(12) 清理警告信息。默认会有两个警告,如图 8-32 所示。

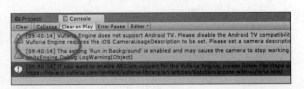

图 8-32

① "Vuforia Engine does not support Android TV. Please disable the Android TV compatibility in the Player Settings."表示 Vuforia 不支持 Android TV。

依次单击菜单选项"File→Build Settings",打开"Build Settings"窗口,在窗口中单击选中

Android 平台，单击"Player Settings..."按钮。在"Inspector"窗口中，选择"Other Settings"标签，找到"Android TV Compatibility"选项，去掉勾选状态即可，如图 8-33 所示。

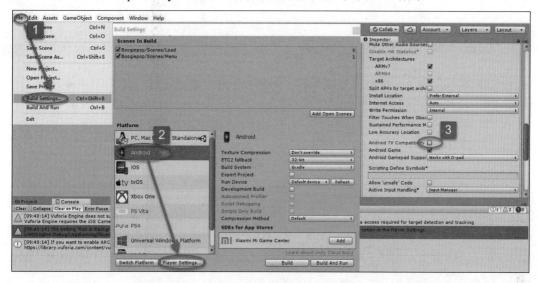

图 8-33

② "The setting 'Run in Background' is enabled and may cause the camera to stop working after minimizing the UWP app. Please disable this option in the Player Settings."表示在 UWP 应用程序下最小化的时候会出错。

依次单击菜单选项"File→Build Settings"，打开"Build Settings"窗口，在窗口中单击选中 PC 平台，单击"Player Settings..."按钮。在"Inspector"窗口中，选择"Resolution and Presentation"标签，找到"Run In Background"选项，去掉选中状态即可，如图 8-34 所示。

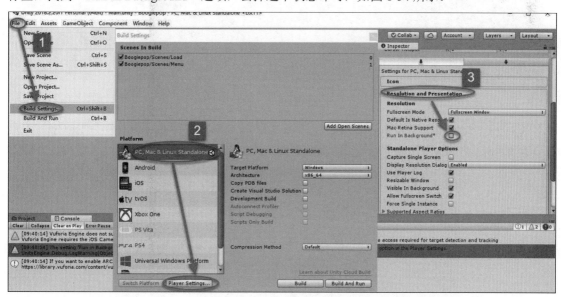

图 8-34

8.6 启动场景开发

8.6.1 设置场景

（1）新建一个场景，根据设计命名为"Load"，保存在"Boogiepop/Scenes"目录下，如图 8-35 所示。

（2）将 logo 的"Texture Type"属性设置为"Sprite（2D and UI）"，如图 8-36 所示。

图 8-35

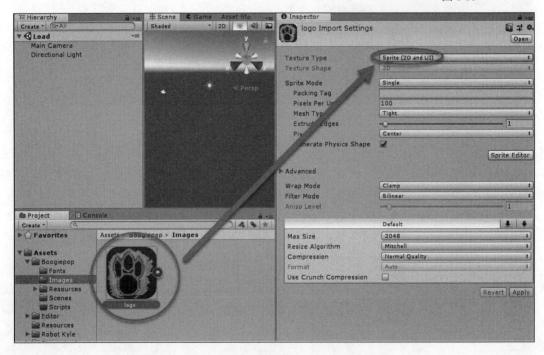

图 8-36

（3）将"Scene"窗口切换为 2D 模式，单击"Main Camera"游戏对象，将"Clear Flags"属性修改为"Solid Color"。这个场景不需要天空盒，有一个单一颜色的背景即可，如图 8-37 所示。

图 8-37

（4）添加一个"Image"的 UI，如图 8-38 所示。

（5）将 logo 图标拖到"Image"游戏对象的"Source Image"属性中，如图 8-39 所示。

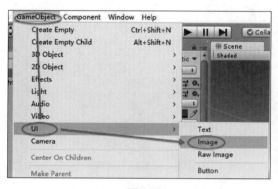

图 8-38

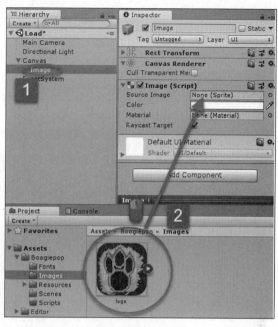

图 8-39

（6）在"Game"窗口中添加新的分辨率，宽为 1280，高为 720。因为设计中强制横屏，所以设备的宽在这里变成了高。添加完以后选中这个分辨率，如图 8-40 所示。

切换回"Scene"场景后，会出现一个白框，这个就是 1280×720 大小的框。这个框有助于判断 UI 大小在最小分辨率的设备上是否合适。

在本项目中只考虑应用即使在分辨率最小的设备上也能显示完整，保证功能正常，但不考虑在分辨率大的设备上显示会比较小，如图 8-41 所示。

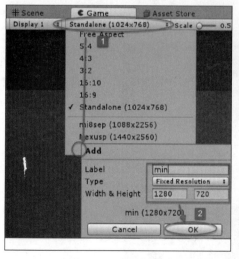

图 8-40

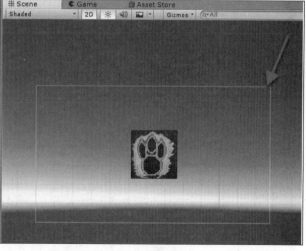

图 8-41

（7）将"Image"游戏对象设置为屏幕中心对齐，高和宽都是 256。这里可以根据自己的 logo 大小进行调节，如图 8-42 所示。

（8）在"Canvas"游戏对象下再添加一个"Slider"对象，用于显示进度条，如图 8-43 所示。

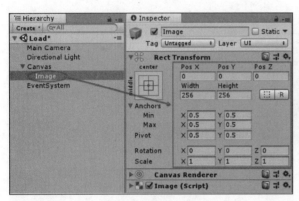
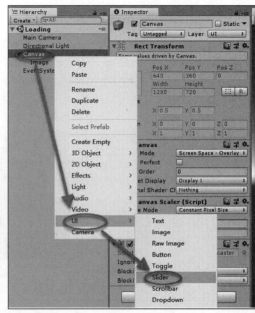

图 8-42　　　　　　　　　　　　　　　图 8-43

设置"Slider"游戏对象为底部对齐、左右距离为 10、高为 25、向上 50。这样无论在什么分辨率下都是略高于屏幕底部、比屏幕略窄的一个进度条，如图 8-44 所示。

（9）添加一个空的游戏对象，如图 8-45 所示。

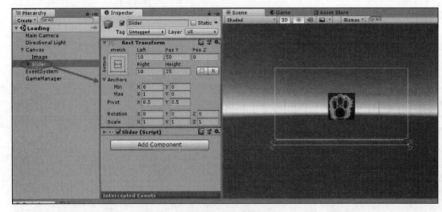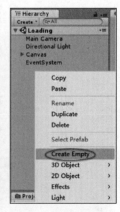

图 8-44　　　　　　　　　　　　　　　图 8-45

将新增加的游戏对象名改为"GameManager"，只用来挂脚本，如图 8-46 所示。这个场景中所有的逻辑都挂在这个游戏对象下面。

图 8-46

8.6.2 脚本编写

(1) 在"Boogiepop/Scripts"目录下新建脚本,取名为"LoadManager",即每个场景对应的脚本是场景名称加"Manager",如图 8-47 所示。

图 8-47

脚本内容如下:

```csharp
namespace Boogiepop
{
    public class LoadManager : MonoBehaviour
    {
        private Slider slider;
        private AsyncOperation async;

        void Start()
        {
            slider = FindObjectOfType<Slider>();      // 找到场景中的滚动条并赋值
            StartCoroutine("LoadMenuScene");          // 启动协程
        }

        IEnumerator LoadMenuScene()
        {
            async = SceneManager.LoadSceneAsync("Menu");    // 异步加载主菜单
            while (!async.isDone)                           // 没有加载完成则继续加载
            {
                slider.value = async.progress;              // 将异步加载进度赋值给滚动条
                yield return null;
            }
        }
    }
}
```

脚本说明

① 该项目命名空间用项目名称"Boogiepop"。这样做的目的是避免和其他项目中的内容相互影响。

② "StartCoroutine"是 Unity 的协程,可以让程序不等到指定的内容执行完成就继续执行后面的内容。而"Yield"后面的语句必须等到前面的内容执行完成才能继续。

(2) 将脚本拖到"GameManager"游戏对象下,如图 8-48 所示。

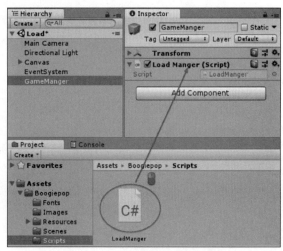

图 8-48

（3）在"Boogiepop/Scenes"目录下新建一个空的场景，命名为"Menu"。

（4）单击菜单"File→Build Settings..."，在打开的窗口中将这两个场景添加到"Scenes In Build"中，如图8-49所示。运行"Loading"场景，启动加载场景会一闪而过，立即跳到主菜单场景。

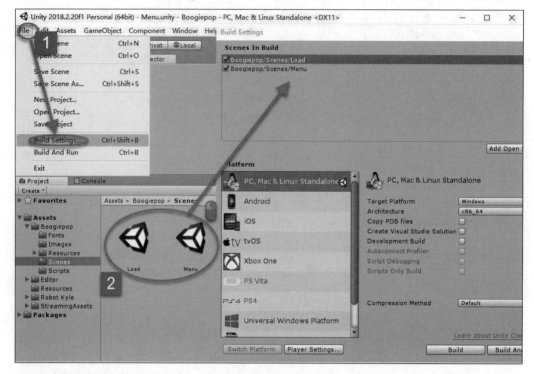

图8-49

（5）为了用户无论如何都看一眼logo，修改一下程序，当加载完场景后不立即跳转而是等待1秒以后再跳转。修改后的脚本如下：

```
IEnumerator LoadMenuScene()
{
    async = SceneManager.LoadSceneAsync("Menu");    // 异步加载主菜单
    async.allowSceneActivation = false;             // 停止自动跳转
    while (async.progress < 0.9f)                   // 没有加载完成则继续加载
    {
        slider.value = async.progress;              // 将异步加载进度赋值给滚动条
        yield return null;
    }
    yield return new WaitForSeconds(1f);            // 等待1秒
    async.allowSceneActivation = true;              // 场景跳转
}
```

运行"Loading"场景，在加载完主菜单场景后仍然会停留1秒才跳转场景。

8.7 添加系统变量

在这个项目中，需要在不同的场景中传递变量。可以调用 PlayerPrefs 方法，在一个场景中保存这些变量，而在另外的场景中取出这些变量。不过，推荐使用一个不被卸载的游戏对象，将变量放置其上。这样就可以不去保存某些临时变量。另外，这样做会比较直观，便于在调试时查看各变量的状况。

（1）在"Load"场景中新增一个新的游戏对象，并命名为"GameVariable"。

（2）在"Boogiepop/Scripts"目录下新增一个脚本，取名为"GameVariable"，并拖到"GameVariable"游戏对象下成为组件。脚本内容如下：

```
namespace Boogiepop
{
    public class GameVariable : MonoBehaviour
    {
     public bool IsCompleteGame;
       void Start()
       {
           DontDestroyOnLoad (gameObject);
       }
    }
}
```

脚本说明

① 在"Start"方法中，添加"DontDestroyOnLoad(gameObject);"，这样在场景加载时脚本所在的游戏对象不会删除。

② 在菜单场景中，完成游戏后的提示和刚进入游戏时不一样就用这个变量来判断，其他变量在需要的时候继续添加。

（3）当添加完成后，可以在"GameVariable"组件看到该变量，可以在这里设置变量的默认值，如图 8-50 所示。

项目运行时，在运行过"Load"场景后，在其他场景中可以看到在"Hierarchy"窗口中多了一个"DontDestroyOnLoad"项目，下面的子项是不被卸载的游戏对象，里面就有"GameVariable"游戏对象，这样就把"Is Complete Game"变量传递到了其他场景，如图 8-51 所示。

图 8-50

图 8-51

8.8 菜单场景开发

8.8.1 设置场景

1. 设置 Camera

打开"Menu"场景，选中"Main Camera"游戏对象，修改"Clear Flags"属性为"Solid Color"，这个场景也不需要天空盒，如图 8-52 所示。

2. 添加并设置文本框

（1）添加一个"Text"UI 对象，如图 8-53 所示。

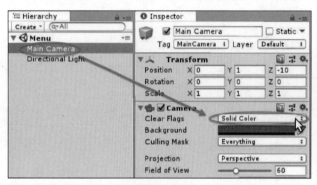
图 8-52

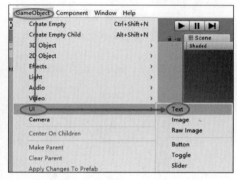
图 8-53

（2）设置文本框是全屏对齐，距离底部 180，如图 8-54 所示。

（3）设置文本框的文字、字体和字体大小，如图 8-55 所示。

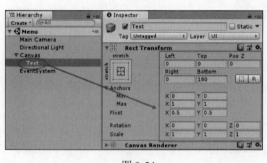
图 8-54

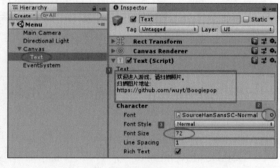
图 8-55

（4）复制一个文本框，修改文字提示并将文本框名称修改为"Text Complete"。这样，刚进入时显示"Text"文本框，完成游戏时显示提示则用"Text Complete"文本框。

3. 添加并设置按钮

（1）选中"Canvas"游戏对象，依次单击菜单选项"GameObject→UI→Button"，添加按钮。

（2）设置按钮为底部对齐、高为 160、Y 轴为 80。

（3）设置按钮文字、字体和字体大小为"Best fit"（最佳适应），如图 8-56 所示。

第 8 章　用 Vuforia 做一个 AR 解谜小游戏

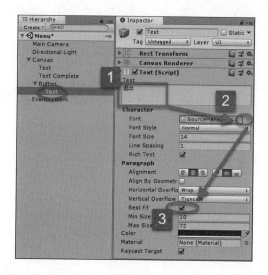

图 8-56

（4）复制按钮并修改名字及对应文本，如图 8-57 所示。

- "Button Quit"：退出按钮。
- "Button Reset"：重置按钮。
- "ButtonStart"：开始按钮。

图 8-57

4．添加控制脚本

（1）添加一个空的游戏对象并命名为"GameManager"。

（2）在目录"Boogiepop/Scripts"下添加脚本"MenuManager"，并将脚本拖到"GameManager"游戏对象下成为其组件。

8.8.2　脚本编写

1．添加命名空间

避免和其他项目内容冲突：

```
namespace Boogiepop
```

315

2. 获取系统变量

定义一个"GameVariable"变量，因为当前场景中只有一个"GameVariable"存在，在启动时调用 FindObjectOfType 方法获取：

```
private GameVariable gameVariable;
void Start()
{
    gameVariable = FindObjectOfType<GameVariable>();
}
```

3. 编写退出功能

调用 Application.Quit 方法即可。注意，该方法在 Editor 环境下无效，单击没反应是正常的。如果是在编辑器中也能正常退出，需要下面的方法：

```
public void Quit()
{
#if UNITY_EDITOR
    UnityEditor.EditorApplication.isPlaying = false;
#else
    Application.Quit();
#endif
}
```

4. 编写重置游戏功能

重置游戏的变量即可，其他变量后面再添加。重置完以后重新启动一次游戏。

```
public void Reset()
{
    gameVariable.IsCompleteGame = false;
    SceneManager.LoadScene("Menu");
}
```

5. 编写文本显示功能

（1）添加两个公有的"GameObject"对象，对应两个文本：

```
public GameObject textStart;
public GameObject textComplete;
```

（2）在启动时，根据系统变量"IsCompleteGame"来判断需要显示哪个文本：

```
void Start()
{
    ...
    // 设置显示文本
    if (gameVariable.IsCompleteGame)
    {
        textStart.SetActive(false);
```

```
        textComplete.SetActive(true);
    }
    else
    {
        ...
    }
}
```

（3）为了统一，将场景中原来的"Text"游戏对象重命名为"Text Start"游戏对象，并分别将"Text Start"游戏对象和"Text Complete"游戏对象拖到"GameManager"游戏对象下的"Menu Manager"组件对应项下，完成赋值操作，如图 8-58 所示。

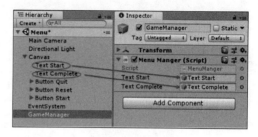

图 8-58

6. 为按钮添加单击事件

选中按钮，单击"On clicked()"标签下的"+"按钮。将"GameManager"游戏对象拖到"Runtime Only"中，完成赋值操作，然后选择单击后要调用的方法为"MenuManager"游戏对象下的对应方法，如图 8-59 所示。

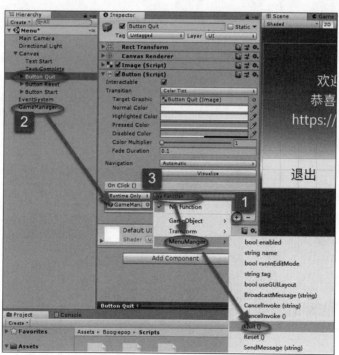

图 8-59

用上述方法为 3 个按钮添加对应的单击事件。

- "Button Quit"对应 Quit 方法。
- "Button Reset"对应 Reset 方法。
- "Button Start"对应 StartGame 方法。

8.9 主场景开发

8.9.1 设置场景

（1）在"Boogiepop/Scenes"目录下新建场景"Main"，如图 8-60 所示。

（2）删除场景中默认的项目，依次单击菜单选项"GameObject→Vuforia Engine→ARCamera"添加 Vuforia 的 Camera，如图 8-61 所示。

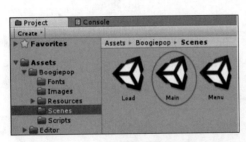

图 8-60

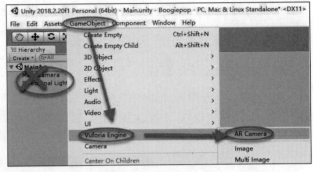

图 8-61

（3）在"ARCamera"游戏对象下添加一个光源。在"ARCamera"游戏对象上单击鼠标右键，在弹出的快捷菜单中依次单击菜单选项"Light→Directional Light"，如图 8-62 所示。

（4）添加一个图片识别对象。依次单击菜单选项"GameObject→Vuforia Engine→Image"，如图 8-63 所示。

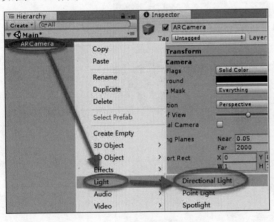

图 8-62

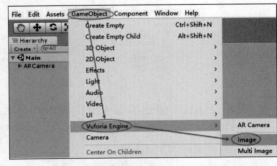

图 8-63

（5）添加一个空的游戏对象，并命名为"GameManager"，如图 8-64 所示。

（6）在"Boogiepop/Scripts"目录下新建脚本"MainManager"并将它添加到"GameManager"下成为后者的组件，如图 8-65 所示。

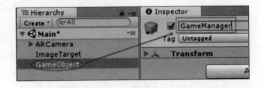

图 8-64

（7）在脚本中添加一个枚举，标识主场景的状态。

```csharp
public enum MainStatus
{
    /// <summary>
    /// 提问阶段
    /// </summary>
    Question,
    /// <summary>
    /// 回答阶段
    /// </summary>
    Anwser
}
public MainStatus mainStatus;
```

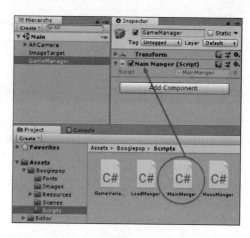

图 8-65

8.9.2　识别后事件脚本的编写

1. 添加命名空间并继承 DefaultTrackableEventHandler

添加命名空间避免冲突：

```csharp
namespace Boogiepop
```

继承 DefaultTrackableEventHandler 以获取对应事件的控制：

```csharp
public class TrackableEventHandler : DefaultTrackableEventHandler
```

2. 获取场景逻辑控制对象

场景逻辑控制在"GameManager"游戏对象上，在重写的 Start 事件中调用 Find 方法找到：

```csharp
private GameObject gameManager;
protected override void Start()
{
    base.Start();
    gameManager = GameObject.Find("/GameManager");
}
```

3. 添加识别后发送的变量

因为 SendMessage 方法只能传递一个变量，在项目中识别后需要将文字、音频和其他内容一起发送过去，所以新增一个简单的类把这 3 种信息封装成一个类。

（1）在"Boogiepop/Scripts"目录下新增脚本"SendInformation"。
（2）添加命名空间。
（3）去掉 MonoBehaviour 继承，这里不需要继承：

```csharp
public class SendInformation
```

（4）传递的文本和音频可能不只一条，于是用数组处理：

```csharp
public string[] texts;
public AudioClip[] audioClips;
```

（5）只有在正确答案或者提问者被扫描到的时候项目状态会发生变化。只需要标识出哪个图片是正确答案或者提问者即可。选用一个简单的布尔变量来标识：

```
public bool changeStatus;
```

（6）添加 Serializable 注解将类序列化。这里序列化的目的是让类能在编辑器中显示，方便调试：

```
[Serializable]
public class SendInformation
```

4. 处理识别后事件和识别丢失事件

在 TrackableEventHandler 脚本中，重写 OnTrackingfound 和 OnTrackingLost 方法，将信息发送给 GameManager，最终由 MainManager 脚本来处理逻辑。

```
    public SendInformation information;
...
    protected override void OnTrackingFound()
    {
        base.OnTrackingFound();
        gameManager.SendMessage("OnTrackingFound", information);
    }
    protected override void OnTrackingLost()
    {
        base.OnTrackingLost();
        gameManager.SendMessage("OnTrackingLost");
    }
}
```

5. 在 MainManager 脚本中添加识别对应的方法

这里用 Debug.log 来测试。

```
        void OnTrackingFound(SendInformation information)
        {
            Debug.Log(information.audioClips[0]);
            Debug.Log(information.texts[0]);
            Debug.Log(information.changeStatus);
        }
        void OnTrackingLost()
        {
            Debug.Log("lost");
        }
```

6. 测试 TrackableEventHandler 是否正确

（1）选中"ImageTarget"游戏对象，删除"Default Trackable Event Handler"组件。将"TrackableEventHandler"脚本拖到"ImageTarget"游戏对象下成为其组件，如图 8-66 所示。

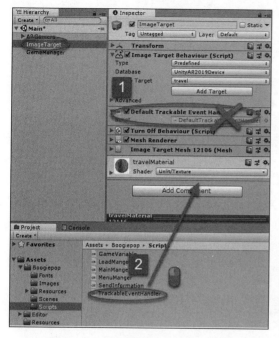

（2）点开"Trackable Event Handler"组件下的"Information"属性（如果 SendInformation 类不序列化，这里就看不到"Information"属性），可以看到下面的 3 个子属性，如图 8-67 所示。

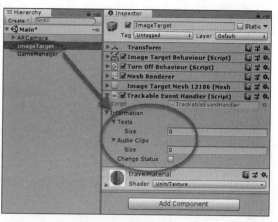

图 8-66

图 8-67

（3）将"Texts"数组的"Size"属性改为 1，并为第一个元素添加文本内容。将"Audio Clips"数组的"Size"属性改为 1，并拖一个音频文件到第一个元素中，如图 8-68 所示。

（4）运行时出现错误提示信息，如图 8-69 所示，双击出错提示信息，可以跳转到对应的代码。

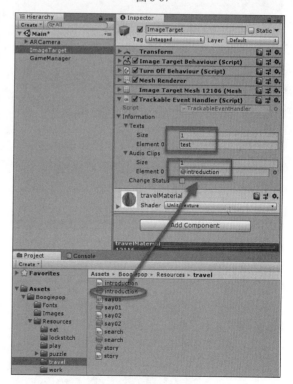

图 8-68

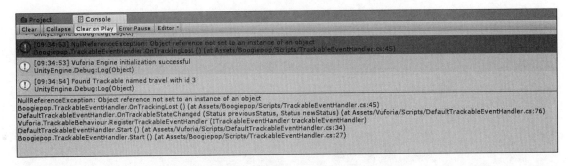

图 8-69

提示是该行出错。"NullReferenceException:Object reference not set to an instance of an object." 这个错误是经常遇到的，意思是使用了空对象进行操作。这里表明 gameManager 变量使用的时候并未赋值：

```
gameManager.SendMessage("OnTrackingLost");
```

处理时，把 gameManager 变量赋值提前即可，修改 Start 事件的顺序：

```
protected override void Start()
{
    gameManager = GameObject.Find("/GameManager");
    base.Start();
}
```

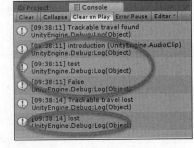

（5）运行测试，控制台输出正确，如图 8-70 所示。

8.9.3 添加音频播放功能的编写

播放音频的时候，需要在一段音频播放完成后再播放另外一段音频。这个比文本显示复杂，所以先编写音频播放，再编写文本显示。音频播放功能添加在 MainManager 脚本中。

图 8-70

1. 在"GameManager"游戏对象上添加并设置音源组件

（1）选中"GameManager"游戏对象，依次单击菜单选项"Component→Audio→Audio Source"，如图 8-71 所示。

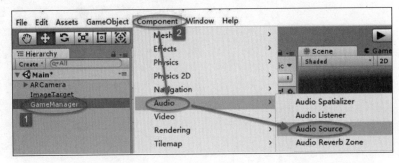

图 8-71

（2）在添加的"Audio Source"组件上去掉"Play On Awake"选项，如图 8-72 所示。

（3）在"MainManager"脚本中添加 AudioSource 变量并在 Start 方法中赋值。

```
public AudioSource audioSource;
private void Start()
{
    audioSource = GetComponent<AudioSource>();
}
```

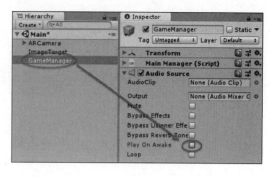

图 8-72

2．协程的方法

实现播放完音频内容再处理其他内容，在 Unity 里面常见的有两种思路：一种思路是在 Update 事件中查看 AudioSource 类的 IsPlaying 属性，判断音频是否播放完毕。这种方法准确稳定，但是处理起来比较麻烦；另一种思路是用 Unity 的协程，在播放开始的时候计时，等到时间到的时候处理其他内容。这种方法处理起来简单，但是当应用出现卡顿时会在音频没有播放完的情况下处理其他内容。

这个项目中的音频比较短，项目也比较小，所以用协程的方法简单处理。

3．音频播放代码的编写

在 MainManager 脚本中添加播放用的序号和一个音频片段数组。

```
public AudioClip[] audioClips;
public int number;
```

安装之前协程递归的方法，编写音频播放的方法。audioClips[number].length 是音频片段的时长，为了中间有个停顿，增加了 0.5 秒的等待。

```
IEnumerator PlayAudio()
{
    audioSource.clip = audioClips[number];
    audioSource.Play();
    yield return new WaitForSeconds(audioClips[number].length + 0.5f);
    if (number < audioClips.Length - 1)
    {
        number++;
        StartCoroutine(PlayAudio());
    }
    else
    {
        Debug.Log("play end");
    }
}
```

方法调用以前需要将 number 属性设为 0：

```
number = 0;
StartCoroutine(PlayAudio());
```

测试，单击"GameManager"游戏对象，修改"Main Manager"组件的"Audio Clips"的"Size"属性，添加几段音频，测试正确，如图 8-73 所示。

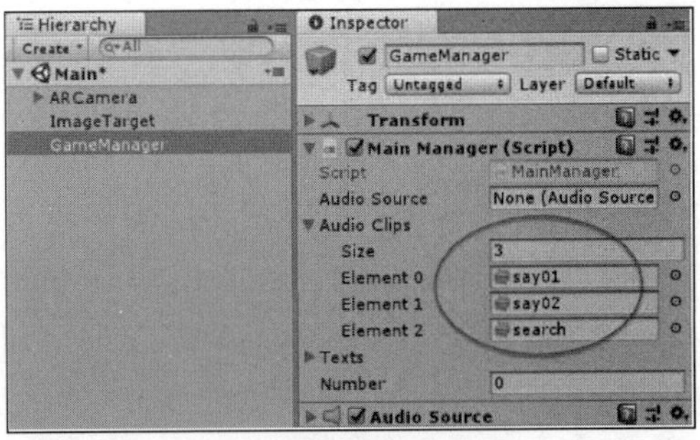

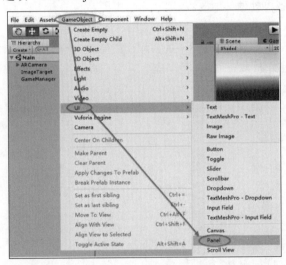

图 8-73

8.9.4 添加文字显示功能

1. 添加文本框

为了避免文字颜色和背景视频接近，所以需要给文字也添加背景。

（1）依次单击菜单选项"GameObject→UI→Panel"，添加一个"Panel"对象，如图 8-74 所示。

图 8-74

（2）设置"Panel"游戏对象是底部对齐、高度为 80。

（3）在"Panel"游戏对象下添加文本框。用鼠标右键单击"Panel"游戏对象，在弹出的快捷菜单中依次单击菜单选项"UI→Text"。

（4）设置"Text"游戏对象是父对象对齐，如图 8-75 所示。

图 8-75

（5）设置"Text"游戏对象的字体、字体大小和对齐方式。设置字体大小时，将最长的文本复制进去看看效果，如图 8-76 所示。

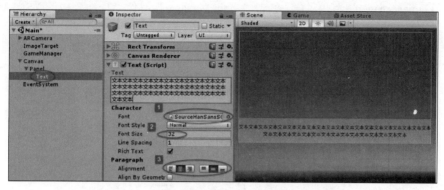

图 8-76

2. 修改 MainManager 脚本

（1）添加一个字符串数组存储文本信息，添加一个 Text 对象并在 Start 方法中赋值。启动的时候要隐藏文本框，从 Panel 节点（"Text"游戏对象的父对象）隐藏。

```
public Text uiText;
public string[] texts;
private void Start()
{
    ...
    uiText = GameObject.FindObjectOfType<Text>();
    uiText.transform.parent.gameObject.SetActive(false);
    ...
}
```

（2）音频播放时，同步显示文本框并将要显示的内容赋值给 Text 属性。全部音频播放结束后就隐藏文本框。

```
IEnumerator PlayAudio()
{
    ...
    uiText.transform.parent.gameObject.SetActive(true);
    uiText.text = texts[number];
    yield return new WaitForSeconds(audioClips[number].length + 0.5f);
    if (number < audioClips.Length - 1)
    {
        ...
    }
    else
    {
        uiText.transform.parent.gameObject.SetActive(false);
    }
}
```

3. 测试

单击"GameManager"游戏对象，修改"Main Manager"组件"Texts"中的"Size"属性，添加几段文字，测试正确，如图8-77所示。

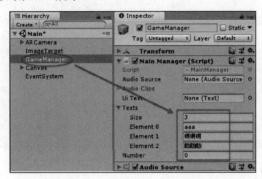

图 8-77

8.9.5 根据识别图片获取信息并处理

1. 修改变量和方法

因为识别对象发送过来的信息都需要用到，所以定义一个变量接收该信息。同时，去掉原有的音频和文本数组。

```
public SendInformation sendInformation;
```

修改原有的音频播放方法。将原有音频和文本数组的地方改成用 sendInformation 变量获取。在所有音频播放完成的时候处理状态变化。现在不知道怎么处理，先编写一个 TODO 标签。

```
IEnumerator PlayAudio()
{
    audioSource.clip = sendInformation.audioClips[number];
    ...
    uiText.text = sendInformation.texts[number];
    yield return new WaitForSeconds(
        sendInformation.audioClips[number].length + 0.5f);
    if (number < sendInformation.audioClips.Length - 1)
    {
        ...
    }
    else
    {
        ...
        if (sendInformation.changeStatus)
        {
            //TODO
        }
    }
}
```

2. 修改识别发现和丢失的方法

当发现识别对象时，赋值并开始播放声音；识别图像丢失时，停止播放和显示，还要停止协程。

```
void OnTrackingFound(SendInformation information)
{
    sendInformation = information;
    number = 0;
    StartCoroutine(PlayAudio());
}
void OnTrackingLost()
{
    // 停止播放音频
    audioSource.Stop();
    audioSource.clip = null;
    // 停止文字显示
    uiText.text = "";
    uiText.transform.parent.gameObject.SetActive(false);
    sendInformation = null;
    number = 0;
    // 停止协程
    StopAllCoroutines();
}
```

3. 测试

单击"ImageTarget"游戏对象，修改"Trackable Event Handler"组件的"Information"属性，添加几段文字和音频，测试正确，如图 8-78 所示。

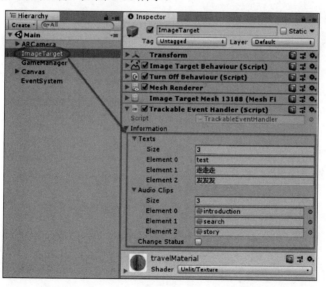

图 8-78

测试的时候，可以单击"GameManager"游戏对象监控"Send Information"属性。没识别的时候如图 8-79 所示；识别后正确显示，如图 8-80 所示。

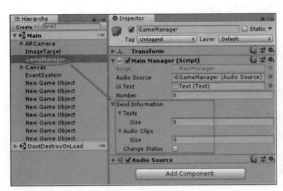
图 8-79

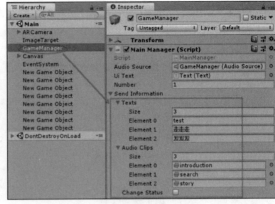
图 8-80

8.9.6 按钮解锁功能的编写

虚拟按钮解锁的功能测试起来比较麻烦，所以先搭一个模拟的场景来开发，基本代码确定以后再移过去。另外，虚拟按钮功能不像屏幕上的按钮，单击和释放不稳定，参照 Vuforia 官方的做法，要按住一段时间不动才认为按钮被单击。最后决定，当识别的时候，屏幕上显示 3 个小方块；当按住按钮的时候，方块对应颜色填满。这样既可以显示按钮按住的过程，也可以显示点中哪个按钮。这里，用一个滚动条来伪装成方块。

按钮解锁功能步骤如下：

1．新建场景

临时建一个场景，帮助实现代码，完成后删除。

2．添加滚动条并伪装成方块

（1）打开临时场景，依次单击菜单选项"GameObject→UI→Slider"，添加滚动条，如图 8-81 所示。

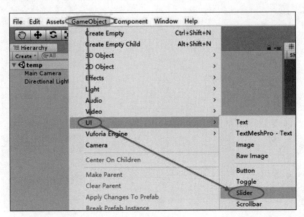
图 8-81

（2）修改"Slider"游戏对象的"Direction"属性，将滚动条从自左向右改成从下至上，如图 8-82 所示。

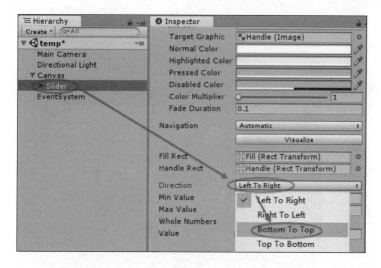

图 8-82

（3）将滚动条的宽设为高的 2 倍，如图 8-83 所示。

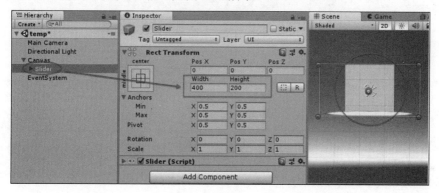

图 8-83

（4）去掉"Handle Slide Area"的激活选项，把这个游戏对象删了也可以，如图 8-84 所示。

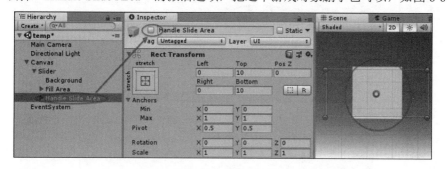

图 8-84

（5）将"Fill Area"游戏对象的"Top"和"Bottom"属性设为 0。
（6）将"Fill"游戏对象的"Height"属性设为 0。
（7）设置"Background"游戏对象的"Color"属性，调整透明度，如图 8-85 所示。此步可跳过。至此，伪装完成。

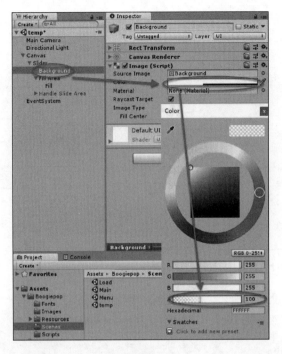

图 8-85

(8) 复制 2 个 "Slider" 并重新命名，如图 8-86 所示。

3. 添加按钮模拟虚拟按钮

(1) 依次单击菜单选项 "GameObject→UI→Button"，添加按钮。

(2) 设置按钮大小，大一点即可。

(3) 选中按钮，依次单击菜单选项 "Componet→Event→Event Trigger"，为按钮添加事件组件，如图 8-87 所示。

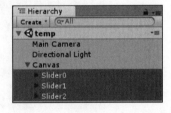

图 8-86

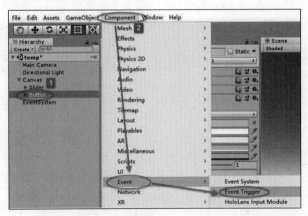

图 8-87

(4) 单击 "Button" 游戏对象下 "Event Trigger" 组件中的 "Add New Event Type" 按钮，在弹出的菜单中选择 "PointerEnter"，为按钮添加鼠标进入事件，如图 8-88 所示。

330

用同样的方法添加"PointerExit",为按钮添加鼠标离开事件,如图8-89所示。

图 8-88

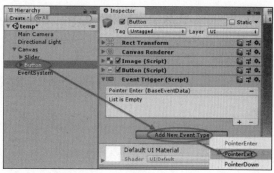

图 8-89

(5)在"Boogiepop/Scripts"目录下添加临时脚本tempBtn,如图8-90所示。

脚本中有两个公有的方法,即OnPress和OnRelease:

```
public class tempBtn : MonoBehaviour {
    public void OnPress()
    {
        Debug.Log("press");
    }
    public void OnRelease()
    {
        Debug.Log("release");
    }
}
```

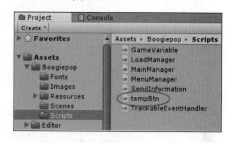

图 8-90

(6)新建一个游戏对象,并将"tempBtn"脚本拖到其下成为组件,如图8-91所示。

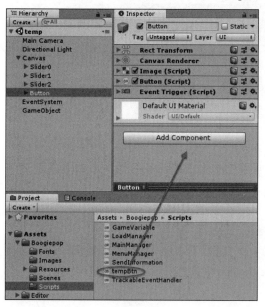

图 8-91

(7)单击"Button"游戏对象,单击"Event Trigger"组件中"Pointer Enter"标签下的"+"按钮,添加一行,并将有"tempBtn"脚本的游戏对象拖到"Runtime Only"标签下方的框中,如图8-92所示。

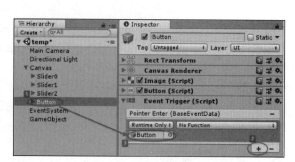

图 8-92

（8）单击"Pointer Enter"标签下右边的选项，在弹出的菜单中依次选择菜单选项"tempBtn →OnPress()"，为按钮的鼠标进入事件添加响应操作，也就是调用"tempBtn"脚本的 OnPress 方法进行响应。这个和添加鼠标按钮响应方法类似，如图 8-93 所示。

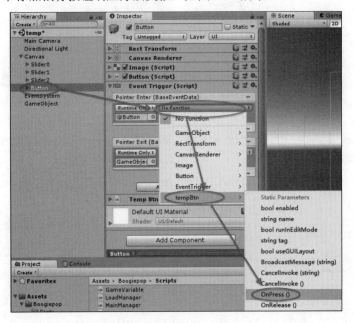

图 8-93

利用同样的方法，为"Button"按钮的"Pointer Exit"事件添加响应为"tempBtn"脚本的 OnRelease 方法。

（9）复制出几个按钮并调整位置，如图 8-94 所示。

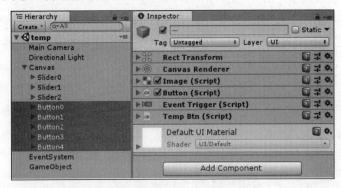

图 8-94

4．添加场景逻辑脚本

在场景下新增一个空的"GameObject"游戏对象并命名为"GameManager"，添加一个新的脚本并命名为"tempManager"，再把脚本拖到"GameManager"游戏对象上成为其组件。

5．设计程序流程

设计一个简单的流程来处理。滚动条用状态机的思路来考虑，如图 8-95 所示。

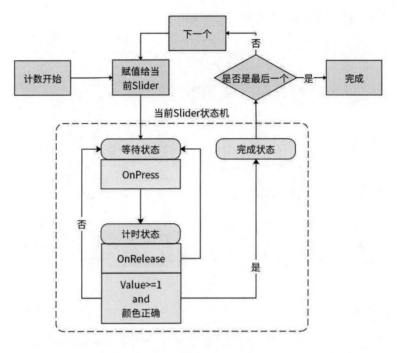

图 8-95

6. 编写滚动条脚本

(1) 在"Boogiepop/Scripts"目录下新建一个脚本,命名为"SliderColor"。

这里的脚本只是起到一个存储滚动条显示正确颜色的作用,具体如下:

```
namespace Boogiepop
{
    public class SliderColor : MonoBehaviour
    {
        public Color color;
    }
}
```

(2) 为滚动条添加脚本。

选中"Slider0"游戏对象,将"SliderColor"脚本拖到"Slider0"游戏对象上成为其组件,如图 8-96 所示。

(3) 设置颜色。

单击"Slider Color"组件的"Color"属性,为其设置颜色,另外 2 个滚动条也同样设置,如图 8-97 所示。

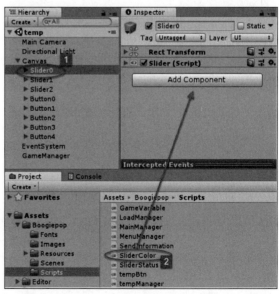

图 8-96

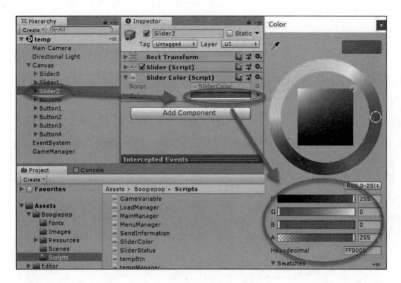

图 8-97

7. 编写按钮脚本

（1）不在按钮脚本里面处理逻辑，所有逻辑交给 XXXManager 脚本去完成。新建一个游戏对象，在 Start 方法中找到逻辑脚本并赋值。

```
private GameObject gameManager;

private void Start()
{
    gameManager = GameObject.Find("/GameManager");
}
```

（2）每个按钮对应一种颜色。这里使用公有的方法，如此就能在 Unity 编辑器中进行赋值，比较直观。

```
public Color btnColor;
```

（3）在单击事件和松开事件处理中，调用 SendMessage 方法把信息传给逻辑脚本，在那边处理逻辑。

```
public void OnPress()
{
    gameManager.SendMessage("BtnOnPress",btnColor);
}
public void OnRelease()
{
    gameManager.SendMessage("BtnOnRelease", btnColor);
}
```

（4）保存脚本以后，单击按钮就可以看见"Temp Btn"脚本组件上多出一个选择颜色的属性，如图 8-98 所示。

为 5 个按钮选择不同的颜色。这里的顺序是"青赤黄白黑"。

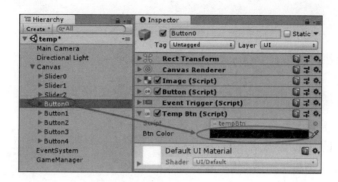

图 8-98

8. 编写滚动条状态枚举

滚动条包括 3 个状态和一个用于确认颜色的变量。状态的话，简单的方法就是用整数，比如"-1"表示等待、"0"表示计时、"1"表示完成或者用字符串。这里采用枚举的方式，比用整数或者字符串编码不易出错。

在"Boogiepop/Scripts"目录下新建一个脚本，命名为"SliderStatus"。

这里不需要继承任何内容，用一个简单的枚举即可，脚本内容如下：

```
public enum SliderStatus
{
    Wait,
    Timing,
    Complete
}
```

9. 编写滚动条状态控制

（1）添加按钮对应的事件处理：

```
public void BtnOnPress(Color btnColor)
{
}
public void BtnOnRelease()
{
}
```

（2）添加当前滚动条变量和控制变量：

```
public Slider currentSlider;
```

在编辑器中为当前滚动条变量赋值，将其中一个滚动条拖到"GameManager"游戏对象下的"Current Slider"变量中，如图 8-99 所示。

（3）添加当前滚动条的状态变量并在 Start 方法中赋值为等待状态。

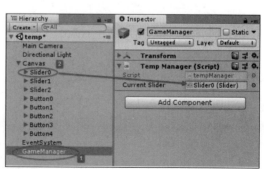

图 8-99

```
private void Start()
{
    sliderStatus = SliderStatus.Wait;
}
```

（4）添加按钮事件处理。

当按钮按下时，需要改变滚动条完成部分的颜色（由在滚动条下的"Fill"游戏对象的"Image"组件控制）。程序中有当前滚动条变量，程序需要通过当前滚动条获取到滚动条下"Fill"游戏对象的"Image"组件。所以，先通过 transform.Find 方法获取"Fill"子游戏对象，然后通过 GetComponent<>方法获取"Image"组件，然后修改颜色，如图 8-100 所示。

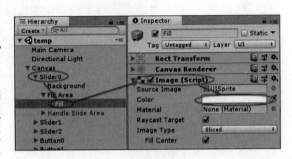

图 8-100

代码如下：

```
public void BtnOnPress(Color btnColor)
{
    sliderStatus = SliderStatus.Timing;      // 进入计时状态
    currentSlider.transform.Find("Fill Area/Fill")  // 获取 Fill 子游戏对象
        .GetComponent<Image>()               // 获取 Image 组件
        .color=btnColor;                     // 修改颜色
}
public void BtnOnRelease()
{
    sliderStatus = SliderStatus.Wait;        // 进入等待状态
    currentSlider.value = 0;
}
```

（5）添加计时功能。

添加一个计时器，按钮按下的时候计时。在 Update 中计算滚动条的值，这样就有了滚动条逐渐增加的效果，按钮松开的时候计时器归零。

```
private float timing;
private void Start()
{
    sliderStatus = SliderStatus.Wait;
    timing = 0;
}
public void BtnOnPress(Color btnColor)
{
    ...
    timing = Time.time;
}
public void BtnOnRelease()
{
```

```
        ...
        timing = 0;
    }
    private void Update()
    {
        // 处于计时状态
        if (sliderStatus == SliderStatus.Timing)
        {
            // 设置滚动条的值
            currentSlider.value = Time.time - timing;
            // 如果滚动条满了
            if (currentSlider.value == 1)
            {
                // 判断颜色是否正确
                if (currentSlider.GetComponent<SliderColor>().color ==
                    currentSlider.transform
                    .Find("Fill Area/Fill").GetComponent<Image>().color)
                {
                    // 颜色正确
                    sliderStatus = SliderStatus.Complete;
                }
                else
                {
                    // 颜色错误
                    currentSlider.value = 0;
                }
            }
        }
    }
```

(6)测试。

将鼠标指针移动到对应的按钮上，滚动条会变成相应的颜色并增长，如图 8-101 所示。

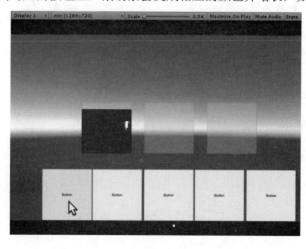

图 8-101

10. 添加计数器和滚动条数组

多个滚动条可用数组来保存，因为有顺序，所以用公有的属性在编辑器中赋值。

（1）添加脚本：

```
private int sliderIndex;
public Slider[] sliders;
private void Start()
{
    ...
    sliderIndex = 0;
```

（2）在编辑器中赋值。

选中"GameManager"游戏对象，将"Sliders"属性的"Size"改为3，将3个滚动条分别拖到对应的元素中，如图8-102所示。

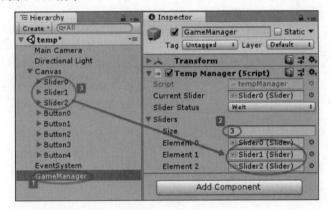

图 8-102

11. 编写流程处理内容

（1）在 Start 方法中设置当前滚动条：

```
private void Start()
{
    ...
    currentSlider = sliders[sliderIndex];
}
```

（2）添加一个方法，用于处理当前滚动条完成后，是否到下一个滚动条：

```
private void Update()
{
    ...
            // 颜色正确
            sliderStatus = SliderStatus.Complete;
            DetectSlider();
    ...
```

```
    }
    private void DetectSlider()
    {
        if (sliderIndex < sliders.Length - 1)
        {
            sliderIndex++;
            currentSlider = sliders[sliderIndex];
            sliderStatus = SliderStatus.Wait;
            timing = 0;
        }
        else
        {
            Debug.Log("unlocked");
        }
    }
```

8.9.7 虚拟按钮解锁功能的编写

之前在"temp"场景中编写完成了按钮解锁的功能,现在需要将其功能移动到"Main"场景中并和 Vuforia 的虚拟按钮功能结合。

虚拟按钮解锁功能编写步骤如下:

1. 将"temp"场景中的滚动条移动到"Main"场景

打开"Main"场景,依次单击菜单选项"GameObject→UI→Canvas",添加滚动条用的画布,如图 8-103 所示。

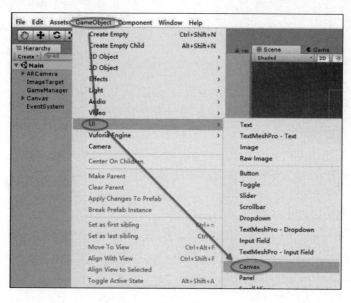

图 8-103

将新添加的画布改名为"CanvasSlider",以便和原有的"Canvas"游戏对象区别,如图 8-104 所示。

2. 移动滚动条

（1）在"Main"场景下，将"Project"窗口中的"temp"场景拖动到"Hierarchy"窗口中。这时在"Hierarchy"窗口会同时显示2个场景，如图8-105所示。

图 8-104　　　　　　　　　　　　　图 8-105

（2）将"temp"场景下"Canvas"游戏对象下的3个滚动条拖到"Main"场景的"CanvasSlider"游戏对象下，如图8-106所示。

（3）单击"temp"场景右边的按钮，在弹出菜单中单击"Remove Scene"，移除"temp"场景，不用保存，如图8-107所示。

图 8-106　　　　　　　　　　　　　图 8-107

3. 添加虚拟按钮脚本

（1）在"Boogiepop/Scripts"目录下添加脚本"VirtualButtonEventHandler"，如图8-108所示。

（2）根据之前章节的内容，添加虚拟按钮事件类，继承 IVirtualButtonEventHandler 接口，添加行为类和事件。

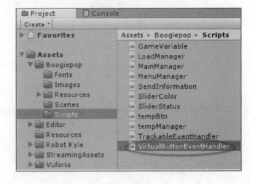

图 8-108

```
    public class VirtualButtonEventHandler : MonoBehaviour,
IVirtualButtonEventHandler
    {
        VirtualButtonBehaviour virtualButtonBehaviour;
        void Start()
        {
            virtualButtonBehaviour = GetComponent<VirtualButtonBehaviour>();
            virtualButtonBehaviour.RegisterEventHandler(this);        // 注册事件
        }
        public void OnButtonPressed(VirtualButtonBehaviour vb)
        {
            Debug.Log("OnButtonPressed: " + vb.VirtualButtonName);
        }
        public void OnButtonReleased(VirtualButtonBehaviour vb)
        {
            Debug.Log("OnButtonReleased: " + vb.VirtualButtonName);
        }
    }
```

（3）将"tempBtn"脚本中的属性和方法内容复制到"VirtualButtonEventHandler"脚本中。

4. 添加虚拟按钮

（1）依次单击菜单选项"GameObject→Vuforia Engine→Image"，添加图片目标游戏对象，如图 8-109 所示。修改图片目标对象名称为"ImageTargetLock"，如图 8-110 所示。

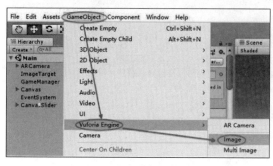 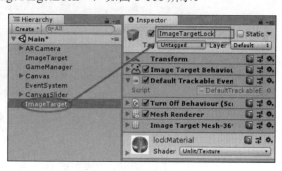

图 8-109　　　　　　　　　　　　　　图 8-110

（2）单击"ImageTargetLock"游戏对象中"Default Trackable Event Handler"组件右上角的按钮，在弹出的菜单中单击"Remove Component"，移除该脚本组件。将"TrackableEventHandler"脚本拖到"ImageTargetLock"游戏对象上成为其组件，如图 8-111 所示。

（3）修改"ImageTargetLock"游戏对象的"ImageTarget"属性为"lock"，设置识别图片。单击"Advanced"标签下的"Add Virtual Button"按钮，添加虚拟按钮，如图 8-112 所示。

（4）选中虚拟按钮游戏对象，修改其名称。修改"Virtual Button Behaviour"组件下的"Name"属性；移除"Turn Off Behaviour"组件；将"VirtualButtonEventHandler"脚本拖到虚拟按钮游戏对象上成为其组件，如图 8-113 所示。

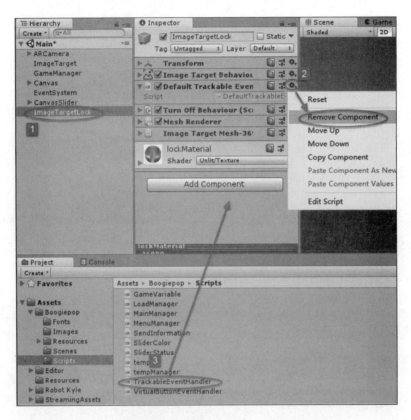

图 8-111

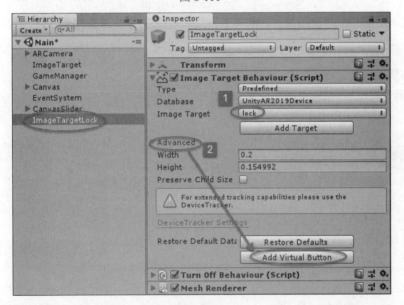

图 8-112

（5）设置虚拟按钮游戏对象的大小和位置，并设置"Virtual Button Event Handler"组件的"Btn Color"属性，如图 8-114 所示。

（6）复制并设置剩下的 4 个虚拟按钮，如图 8-115 所示。

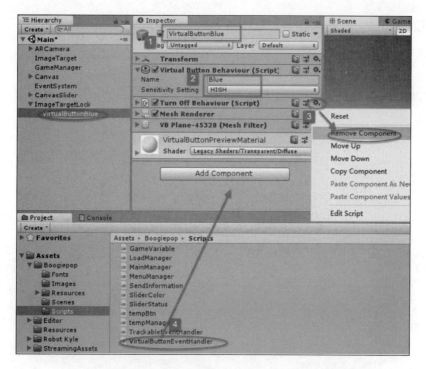

图 8-113

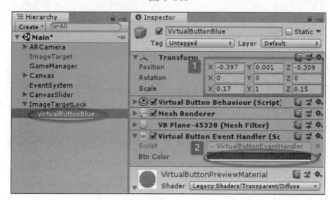

图 8-114

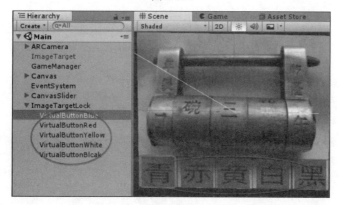

图 8-115

5. "MainManager"脚本整理

现在需要把"tempManager"脚本的功能移到"MainManager"脚本,之后还要在"MainManager"脚本添加内容。为了代码清晰也为了避免错误,先整理一下"MainManager"的代码。这种整理不影响程序的功能,还能让代码的结构更清晰。

用"#region"把相关的代码包裹起来。在变量定义部分,添加一个 Header 注解。

```
#region Play Information
[Header("信息播放")]
public AudioSource audioSource;
...
#endregion
```

在编辑器中添加一个 Header 注解,起到了分类的效果,便于编写和调试,但是不影响程序的功能,如图 8-116 所示。

图 8-116

将公有方法中的功能移动到单独的方法中去实现,这样就会让公有方法也变得清晰。

6. 移植"tempManager"脚本功能

将"tempManager"对应内容复制到"MainManager"。

在解锁变量前添加 Header 注解:

```
#region Lock
[Header("解锁")]
```

解锁图片没有播放的信息,所以在播放的方法中添加一个判断:

```
IEnumerator PlayAudio()
{
    if (sendInformation.audioClips.Length > 0)
    {
        ...
    }
}
```

7. 设置"GameManager"游戏对象并测试

选中"GameManager"游戏对象，修改"MainManager"组件"Sliders"的"Size"属性，并将滚动条拖动到对应的元素，完成赋值操作，如图 8-117 所示。

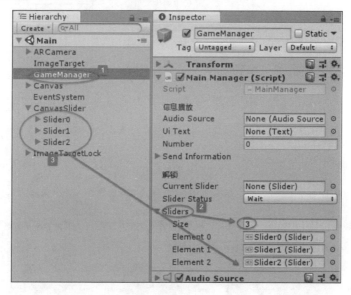

图 8-117

测试，脚本正确。单击按钮时，摄像头距离图片不能太远，如图 8-118 所示。

图 8-118

8.9.8 初始提问的编写

这里是用行为树的方式来思考程序流程。需要遍历所有图片，然后根据解谜的类型加载不同的内容。序列是指依次执行子的内容，而选择是指只执行其中一个子的内容，如图 8-119 所示。

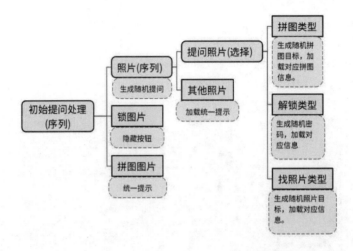

图 8-119

1. 场景完善

（1）将之前场景中的"ImageTarget"游戏对象改名为"ImageTargetWork"，和识别图片对应；同时清空"Information"属性，如图 8-120 所示。

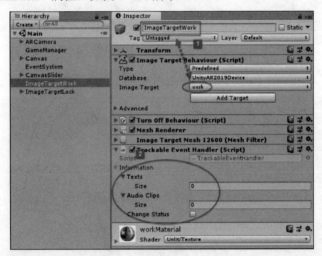

图 8-120

（2）将"Robot Kyle/Model"目录下的"Robot Kyle"拖动到"ImageTargetWork"游戏对象下成为其子游戏对象，调整模型大小和位置，如图 8-121 所示。这个模型的意义是让使用者知道图片被识别了。

（3）复制"ImageTargetWork"游戏对象并修改名称，让所有识别图片都有对应的游戏对象，如图 8-122 所示。拼图的游戏对象可以没有子游戏对象。

2. 添加变量

这里需要添加的变量包括存储当前识别图片信息的数组、存储当前解谜类型的变量、存储当前拼图目标的变量、存储当前解锁密码的变量、存储寻找目标图片的变量、提问照片的变量、提示照片的变量。

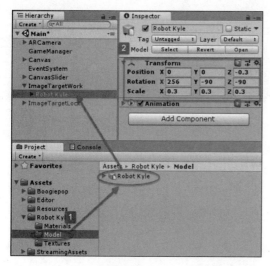

图 8-121　　　　　　　　　　　　　图 8-122

```
[Header("初始提问")]
public TrackableEventHandler[] targets;
public int puzzleType;
public int puzzleImage;
public int[] LockKey;
public int foundPic;
public int picQuestion;
public int picHelp;
```

选中"GameManager"游戏对象,修改"Targets"属性下的"Size"属性,并将识别的图片对象拖到对应的元素中,如图 8-123 所示。

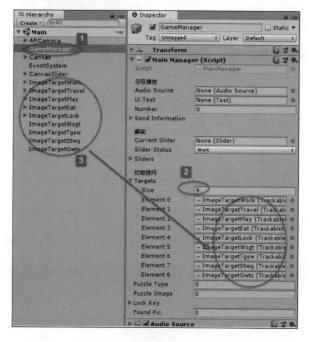

图 8-123

3. 第一层内容编写

（1）第一层逻辑结构是个简单的遍历（见图8-124）。

添加方法 MakeQuestion，在其中遍历 targets 数组并进行判断。开始之前先用随机方法生成解谜类型。考虑到 MakeQuestion 本身逻辑有些复杂，所以具体的处理都用子函数的形式来实现。

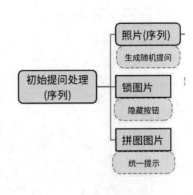

图 8-124

```
private void Start()
{
    PiStart();
    MakeQuestion();
}
private void MakeQuestion()
{
    mainStatus = MainStatus.Question;
    RandomType();
    for (int i = 0; i < targets.Length; i++)
    {
        if (i < 4)            // 照片
        {
        }
        else if (i == 4)      // 锁
        {
        }
        else if (i > 4)       // 拼图图片
        {
        }
    }
}
private void RandomType()
{
    puzzleType = Random.Range(0, 3);
}
```

（2）初始提问时拼图图片处理。

添加方法，把循环中的 i 传入。通过 Resources.Load 方法加载音频和文本文件。

```
private void MakeQuestion()
{
    for (int i = 0; i < targets.Length; i++)
    {
        ...
        else if (i > 4)       // 拼图图片
        {
            QuestionPuzzleImage(i);
        }
    }
```

```
    }
    private void QuestionPuzzleImage(int index)
    {
        targets[index].information.audioClips
            = new AudioClip[1];
        targets[index].information.audioClips[0]
            = Resources.Load<AudioClip>("puzzle/help");
        targets[index].information.texts
            = new string[1];
        targets[index].information.texts[0]
            = Resources.Load<TextAsset>("puzzle/help").text;
        targets[index].information.changeStatus = false;
    }
```

运行的时候，在编辑器中检查是否正确，如图 8-125 所示。

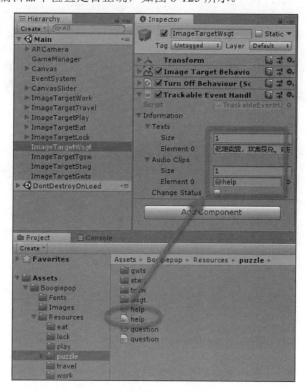

图 8-125

（3）隐藏按钮处理。

Vuforia 的虚拟按钮在启动了以后，把游戏对象设为非活动状态也能有作用，所以直接把"ImageTargetLock"游戏对象设为非活动状态，同时把滚动条设为其子游戏对象。

在脚本中添加方法隐藏解锁：

```
    private void MakeQuestion()
    {
```

```
        ...
        else if (i == 4)    // 锁
        {
            HiddenLock(i);
        }
        ...
    }
}
private void HiddenLock(int index)
{
    targets[index].gameObject.SetActive(false);
}
```

将"CanvasSlider"游戏对象拖到"ImageTargetLock"游戏对象下成为其子游戏对象，如图 8-126 所示。

图 8-126

（4）生成随机提问图片和提示。

因为提问的照片和提示的照片不能是同一张，所以用 do while 语法来实现：

```
private void MakeQuestion()
{
    RandomType();
    RandomPicQuestionAndHelp();
    ...
}
private void RandomPicQuestionAndHelp()
{
    picQuestion = Random.Range(0, 4);
    do
    {
        picHelp = Random.Range(0, 4);
    } while (picQuestion == picHelp);
}
```

4. 第二层内容的编写

第二层内容的编写逻辑如图 8-127 所示。

（1）在方法 MakeQuestion 中添加判断结构：

```
private void MakeQuestion()
{
    ...
    for (int i = 0; i < targets.Length; i++)
    {
        if (i < 4)       // 照片
        {
            if (i == picQuestion)   // 提问照片
            {
```

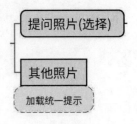

图 8-127

```
            }
            else
            {   // 其他照片
            }
        }
        ...
    }
}
```

（2）添加 QuestionPicOther 方法并添加内容：

```
private void MakeQuestion()
{
    ...
    for (int i = 0; i < targets.Length; i++)
    {
        if (i < 4)      // 照片
        {
            ...
            else        // 其他照片
            {
                QuestionPicOther(i);
            }
        }
        ...
    }
}
private void QuestionPicOther(int index)
{
    string path = targets[index].name.Replace("ImageTarget", "")
        + "/introduction";
    targets[index].information.audioClips
        = new AudioClip[1];
    targets[index].information.audioClips[0]
        = Resources.Load<AudioClip>(path);
    targets[index].information.texts
        = new string[1];
    targets[index].information.texts[0]
        = Resources.Load<TextAsset>(path).text;
    targets[index].information.changeStatus = false;
}
```

（3）这时会发现程序中"QuestionPicOther"和"QuestionPuzzleImage"有大量代码是重复的。为了避免错误以及便于修改，同样的内容尽量只出现一次。把"QuestionPicOther"和"QuestionPuzzleImage"相同的部分合并成一个新的方法，并考虑之后还会用到的情况。

```csharp
private void QuestionPicOther(int index)
{
    string[] paths = new string[1];
    paths[0] = targets[index].name.Replace("ImageTarget", "")
        + "/introduction";
    SetTargetInformation(index, paths, false);
}
private void QuestionPuzzleImage(int index)
{
    string[] paths = new string[1];
    paths[0] = "puzzle/help";
    SetTargetInformation(index, paths, false);
}
private void SetTargetInformation(int index, string[] paths, bool status)
{
    targets[index].information.audioClips
        = new AudioClip[paths.Length];
    targets[index].information.texts
        = new string[paths.Length];
    for (int i = 0; i < paths.Length; i++)
    {
        targets[index].information.audioClips[i]
            = Resources.Load<AudioClip>(paths[i]);
        targets[index].information.texts[i]
            = Resources.Load<TextAsset>(paths[i]).text;
    }
    targets[index].information.changeStatus = status;
}
```

5. 第三层内容的编写

第三层内容的编写逻辑如图 8-128 所示。

（1）添加流程逻辑：

```csharp
private void MakeQuestion()
{
    ...
            if (i == picQuestion)       // 提问照片
            {
                switch (puzzleType)
                {
                    case 0:         // 拼图类型
                        break;
                    case 1:         // 解锁类型
                        break;
```

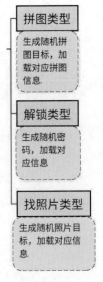

图 8-128

```
                    case 2:          // 找照片类型
                        break;
                    default:
                        Debug.Log("puzzleType error");
                        break;
                }
            ...
```

(2)添加找照片类型的方法:

```
        private void QuestionFindPic()
        {
            // 生成随机目标
            do
            {
                foundPic = Random.Range(0, 4);
            } while (foundPic==picQuestion);
            // 加载信息
            string[] paths = new string[2];
            paths[0] = targets[picQuestion].name.Replace("ImageTarget", "") + "/story";
            paths[1] = targets[foundPic].name.Replace("ImageTarget", "") + "/search";
            SetTargetInformation(picQuestion, paths, true);
        }
```

(3)添加解锁的方法。

把随机密码保存在 LockKey 数组是为了提示时显示文字和播放声音,但是密码校验是通过滚动条上的 SliderColor.color 属性。这里用 switch 将数字转换成颜色,也可以考虑用枚举来实现。

```
        private void QuestionUnlock()
        {
            // 生成随机密码
            LockKey = new int[3];
            for(int i = 0; i < LockKey.Length; i++)
            {
                LockKey[i] = Random.Range(0, 5);
                Color color=Color.cyan;
                switch (LockKey[i])
                {
                    case 0:
                        color = Color.blue;
                        break;
                    case 1:
                        color = Color.red;
                        break;
                    ...
```

```
                default:
                    Debug.Log("random key error");
                    break;
            }
            sliders[i].GetComponent<SliderColor>().color = color;
    }
    // 加载信息
    string[] paths = new string[2];
    paths[0] = targets[picQuestion].name.Replace("ImageTarget", "") + "/story";
    paths[1] = "lock/question";
    SetTargetInformation(picQuestion, paths, true);
}
```

（4）添加拼图的方法：

```
private void QuestionPuzzle()
{
    // 随机生成目标
    puzzleImage = Random.Range(5, 9);
    // 加载信息
    string[] paths = new string[2];
    paths[0] = targets[picQuestion].name.Replace("ImageTarget", "") + "/story";
    paths[1] = "puzzle/question";
    paths[2] = "puzzle/"+targets[puzzleImage].name.Replace("ImageTarget", "")
        + "/question";
    SetTargetInformation(picQuestion, paths, true);
}
```

6. 测试

测试时，发现 Vuforia 会新增一个游戏对象，这是因为在启动的时候，Vuforia 没启动完成就将"ImageTargetLock"游戏对象变成非活动状态。Vuforia 认为没有这个对象。这时"ImageTargetLock"游戏对象再次置于活动状态也不起作用，如图 8-129 所示。

参考控制台的提示和官方文档说明，得知 Vuforia 可以注册启动完成事件，如图 8-130 所示。修改"HiddenLock"方法，注册启动完成事件，并在事件中将锁对象置于非活动状态。

```
private void HiddenLock()
{
    // 注册 Vuforia 启动完成事件
    Vuforia.VuforiaARController.Instance
        .RegisterVuforiaStartedCallback(OnVuforiaStarted);
}
private void OnVuforiaStarted()
{
    targets[4].gameObject.SetActive(false);
}
```

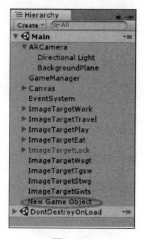

图 8-129

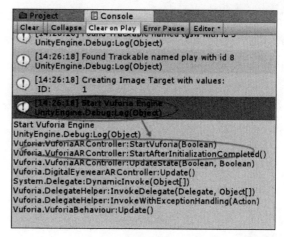

图 8-130

8.9.9 回答阶段的编写

回答阶段依旧采用行为树的方式来思考程序流程，如图 8-131 所示。

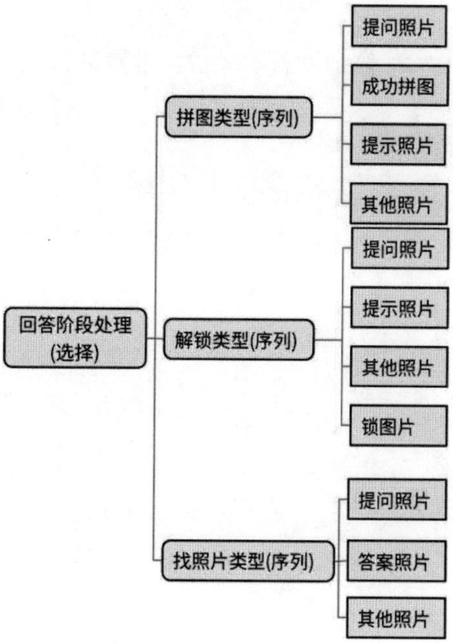

1. 基础结构的编写

新增方法 MakeAnswer，添加基本的逻辑。

```
private void MakeAnswer()
{
    mainStatus = MainStatus.Anwser;
    switch (puzzleType)
    {
        case 0:         // 拼图类型
            break;
        case 1:         // 解锁类型
            break;
        case 2:         // 找照片类型
            break;
        default:
            Debug.Log("puzzleType error");
            break;
    }
}
```

图 8-131

在音频播放完毕处添加方法调用语句：

```
IEnumerator PlayAudio()
{
    if (sendInformation.audioClips.Length > 0)
    {
        ...
```

```
            yield return new WaitForSeconds(
            ...
            else
            {
                ...
                if (sendInformation.changeStatus)
                {
                    if (mainStatus == MainStatus.Question)
                    {
                        MakeAnswer();
                    }
                }
            }
        }
    }
```

2. 添加回答阶段拼图设置的方法

```
    private void AnwserPuzzle()
    {
        string[] paths;
        for (int i = 0; i < 4; i++)
        {
            if (i == picQuestion)           // 提问照片
            {
                paths = new string[2];
                paths[0] = "puzzle/question";
                paths[1] = "puzzle/"
                    + targets[puzzleImage].name.Replace("ImageTarget", "")
                    + "/question";
                SetTargetInformation(picQuestion, paths, true);
            }
            else if (i == picHelp)          // 提示照片
            {
                ...
            }
            else          // 其他照片
            {
                ...
            }
        }
        // 成功拼图
        ...
    }
```

3. 添加回答阶段解锁设置的方法

```
    private void AnwserUnlock()
```

```csharp
{
    string[] paths;
    for (int i = 0; i < 4; i++)
    {
        if (i == picQuestion)        // 提问照片
        {
            paths = new string[1];
            paths[0] = "lock/question";
            SetTargetInformation(picQuestion, paths, false);
        }
        else if (i == picHelp)       // 提示照片
        {
            ...
        }
        else        // 其他照片
        {
            ...
        }
    }
    targets[4].gameObject.SetActive(true);
}
```

4. 添加回答阶段找照片设置的方法

```csharp
private void AnwserFoundPic()
{
    string[] paths;
    for (int i = 0; i < 4; i++)
    {
        if (i == picQuestion)        // 提问照片
        {
            paths = new string[1];
            paths[0] = targets[foundPic].name.Replace("ImageTarget", "")
                + "/search";
            SetTargetInformation(picQuestion, paths, false);
        }
        else if (i == foundPic)       // 目标照片
        {
            ...
        }
        else        // 其他照片
        {
            ...
        }
    }
}
```

5. 添加返回菜单的方法

返回菜单时，需要设置 GameVariable.IsCompleteGame：

```
private void BackMenu()
{
    // 获取系统变量
    FindObjectOfType<GameVariable>().IsCompleteGame = true;
    SceneManager.LoadScene("Menu");
}
```

在音频播放结束和滚动条检查的方法里面添加跳转场景：

```
IEnumerator PlayAudio()
{
    ...
            if (mainStatus == MainStatus.Question)
            {
                MakeAnswer();
            }
            else
            {
                BackMenu();
            }
    ...
}
private void DetectSlider()
{
    ...
    else
    {
        BackMenu();
    }
}
```

8.9.10 添加修改解谜类型随机的方法

这时，测试已经能完整地运行了。为了演示时方便，需要每种解谜方式只出现一次，这样3遍就可以把所有类型演示完毕。步骤如下：

1. 添加数组

在脚本"GameVariable"里添加布尔类型数组：

```
public bool[] CompleteTypes;
```

打开"Boogiepop/Scens/Load"场景，选中"GameVariable"游戏对象，设置"Complete Types"中的"Size"属性为3，默认都是"false"，如图8-132所示。

图 8-132

2. 修改 MainManager 相关方法

打开 Boogiepop/Scripts/MainManager.cs 脚本,修改 RandomType 方法。若解密已经完成则重新随机,执行没有完成过的类型。

```
private void RandomType()
{
    do
    {
        puzzleType = Random.Range(0, 3);
    } while
    (FindObjectOfType<GameVariable>().CompleteTypes[puzzleType]);
}
```

修改 Boogiepop/Scripts/BackMenu.cs 方法,结束的时候设置对应的元素为"true":

```
private void BackMenu()
{
    // 获取系统变量
    GameVariable gameVariable = FindObjectOfType<GameVariable>();
    gameVariable.IsCompleteGame = true;
    gameVariable.CompleteTypes[puzzleType] = true;

    // 如果都完成了,重置完成类型
    if (gameVariable.CompleteTypes[0]
        && gameVariable.CompleteTypes[1]
        && gameVariable.CompleteTypes[2])
    {
        for (int i = 0; i < gameVariable.CompleteTypes.Length; i++)
        {
            gameVariable.CompleteTypes[i] = false;
        }
    }

    SceneManager.LoadScene("Menu");
}
```

3. 修改重置游戏的方法

打开 Boogiepop/Scripts/Menu.cs 脚本,修改重置方法,重置的时候也要重置完成情况:

```
public void Reset()
{
    gameVariable.IsCompleteGame = false;
    for (int i = 0; i < gameVariable.CompleteTypes.Length; i++)
    {
        gameVariable.CompleteTypes[i] = false;
    }
    // 重置完成后重启游戏
    SceneManager.LoadScene("Menu");
}
```

8.10 发　　布

（1）依次单击菜单选项"File→Build Settings..."，确认在"Build Settings"窗口中的"Scenes In Build"列表中所有用到的场景都在里面；选中安卓平台后，单击"Player Settings..."按钮，如图8-133所示。

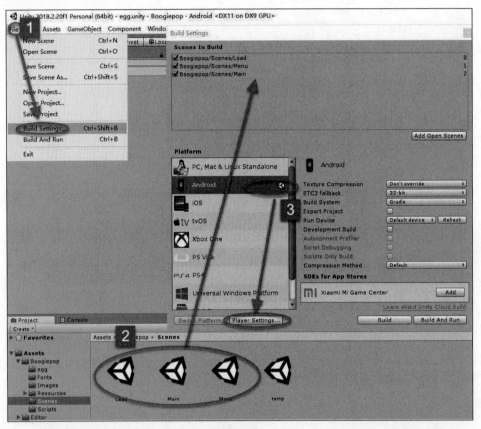

图 8-133

（2）在"Build Settings"窗口中，在"Platform"平台选项下拉列表中选择"Android"选项，选中安卓平台，如图8-134所示。

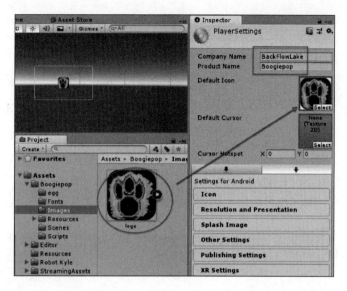

图 8-134

单击"Player Settings"按钮打开设置,在"Inspector"窗口中进行设置。

- "Company Name"是应用发布的单位。
- "Product Name"是应用安装以后显示的应用名称。
- "Default Icon"是应用图标,这里选择之前导入到"Boogiepop/images"目录下的 logo。

(3)在"Resolution and Presentation"选项组中,将"Default Orientation"设置为"Landscape Left",即强制横屏显示,不可以旋转,如图 8-135 所示。

(4)在"Other Settings"标签下的"Identification"选项下设置"Package Name"。"Minimum API Level"最低选择 5.1 版本,"Target API Level"目标版本选择"Automatic"(自动),如图 8-136 所示。

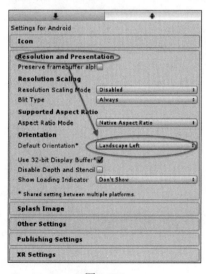

图 8-135

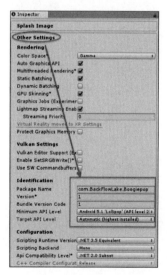

图 8-136

(5)打包编译以后,安装到手机。

8.11 后　　记

在最早完成 AR 解谜游戏之后，曾经想过这样的游戏方式有哪些可能的应用场景。除了在真人密室逃脱中可以使用以外，还能想到的场景有两个：

- 在商场里面，通过识别商铺的招牌解谜，然后提供优惠券。这种游戏方式的应用场景和 Butterfly 很类似。和 Butterfly 相比，更容易将用户引导到商场冷门的位置去。
- 在儿童乐园中，把识别图片做成各种动物植物，小朋友拿着手机在儿童乐园里面找某个识别图。

这种游戏方式自娱自乐有余，但是大范围推广很难。

第 9 章
基于ARCore的增强现实开发

9.1 ARCore 简介

基本介绍

2017 年 6 月,苹果公司推出了名为 ARKit 的增强现实开发工具,Google 公司很快也在 2017 年 9 月宣布推出了和苹果公司 ARKit 竞争的增强现实开发工具 ARCore。

ARKit 和 ARCore 与之前流行的增强现实 SDK 相比,最大的区别是将 SLAM 环境认知引入进来。简单地理解,之前的增强现实 SDK 是通过关键点来识别图片,而 ARKit 和 ARCore 增加了通过大量的关键点来认识周围的环境。

ARCore 是免费的 SDK,无须付费没有水印。Unity 开发包中包含有官方示例。

- ARCore 官方网站地址:https://developers.google.com/ar/、https://developers.google.cn/ar/。
- Unity 开发包下载地址:https://github.com/google-ar/arcore-unity-sdk/releases。

主要功能

- 运动跟踪:手机可以理解和跟踪它相对于现实世界的位置。手机可以计算出从开始到当前手机发生的位置移动距离、方向以及角度变化。
- 环境理解:可以识别出水平或垂直的平面大小和位置。
- 光照评估:可以评估出当前环境光照亮度。
- 增强图像:摄像头视野中检测到图像时,ARCore 会告诉你这些图像在 AR 会话中的物理位置。
- 面部识别:摄像头视野中检测到人脸时,ARCore 会告诉你人脸在 AR 会话中的物理位置及相关信息。

官方示例演示视频地址:https://www.bilibili.com/video/av50332786。

支持平台

ARCore 对所使用的设备有要求,官方给出的所支持设备的列表,可以查询网络地址:

- https://developers.google.cn/ar/discover/supported-devices
- https://developers.google.com/ar/discover/supported-devices

在中国市场可以找到的支持 ARCore 的设备列在表 9-1 中。

表 9-1　在中国市场可以找到支持 ARCore 的设备

制　造　商	型　　号
Huawei	Honor 10、Honor Magic 2、Honor V20、Maiming 7、Mate 20、Mate 20 Pro、Mate 20 X、Nova 3、Nova 3i、Nova 4 、P20、P20 Pro、Porsche Design Mate RS、Porsche Design Mate 20 RS
Samsung	Galaxy Note9、Galaxy S9、Galaxy S9+
Xiaomi	Mi Mix 2S（不支持 CPU 图像读取）、Mi Mix 3、Mi 8、Mi 8 SE
iPhone	iPhone Xs 和 iPhone Xs Max、iPhone X、iPhone 8 和 8 Plus、iPhone 7 和 7 Plus、iPhone 6S 和 6S Plus、iPhone SE
iPad	12.9 英寸 iPad Pro（第 1 代和第 2 代）、10.5 英寸 iPad Pro、9.7 英寸 iPad Pro、iPad（第 6 代）、iPad（第 5 代）

ARCore 开发环境需要 Unity2017.4.9f1 以上版本。如果是安卓平台，需要 Android SDK 7.0（API 级别 27）以上版本，如果是苹果平台，需要 XCode 9.3 以上版本。

ARCore 官方网站内容更新比较慢，新的机型也许支持 ARCore，只是没添加到说明中。

9.2　环　境　准　备

9.2.1　SDK 下载和导入

Unity 开发包下载地址为 https://github.com/google-ar/arcore-unity-sdk/releases。

（1）用浏览器打开网址，如图 9-1 所示。

图 9-1

在最新版本的说明最后有 Unity 包的下载链接，如图 9-2 所示。下载以后如图 9-3 所示。

（2）新建一个 Unity 项目，依次单击菜单选项"Assets→Import Package→Custom Package..."，打开导入窗口，如图 9-4 所示。

第 9 章 基于 ARCore 的增强现实开发

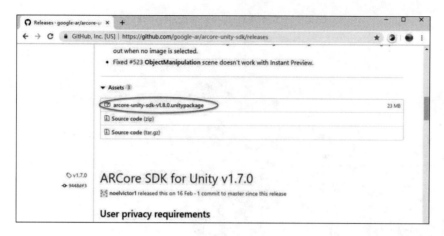

图 9-2

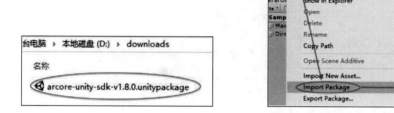

图 9-3 图 9-4

在导入窗口中选中下载的 Unity 包，单击"打开"按钮，如图 9-5 所示。

（3）在导入窗口中，单击"Import"按钮，即可导入，如图 9-6 所示。

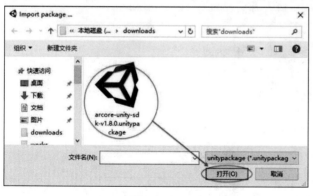 

图 9-5 图 9-6

9.2.2 相关设置

1. 选中 ARCore 支持

依次单击菜单选项"File→Build Settings..."，打开"Build Settings"窗口。在"Platform"平台列表中选择"Android"，单击"Player Settings"按钮，打开玩家设置界面。在"Inspector"窗口中，勾选"XR Settings"标签下的"ARCore Supported"选项，如图 9-7 所示。

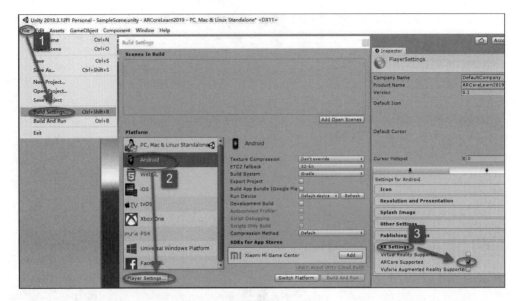

图 9-7

2. 在运行手机上安装 AR Core 应用

ARCore 的应用运行时会检查设备是否安装了 AR Core 这个应用。AR Core 这个应用能在 Google、小米、华为和三星手机预置的应用商店中找到，如图 9-8 所示。

3. 安装调试应用 Instant Preview

ARCore 提供了一个连线调试的应用，叫 Instant Preview，不需要将内容发布到手机，在计算机上就可以看到运行效果，便于调试。

将手机用 USB 线连接到计算机，打开手机的 USB 调试模式。第一次在 Unity 编辑器中运行 ARCore 的场景时，会弹出如图 9-9 所示的窗口，单击"Okay"按钮即可在手机上安装 Instant Preview。

安装完以后，效果如图 9-10 所示。

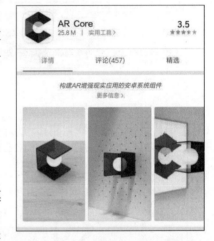

图 9-8

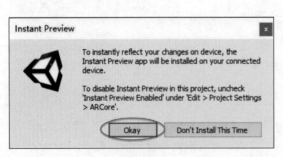

图 9-9

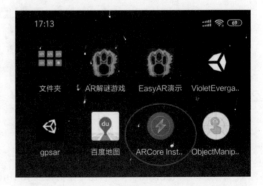

图 9-10

4. Instant Preview 的使用

当手机连接计算机以后，启动 Instant Preview 这个应用，如图 9-11 所示。

单击播放以后，可以在编辑器中看到应用在手机上运行时的效果，如图 9-12 所示。

图 9-11

图 9-12

5. 关闭 Instant Preview

依次单击菜单选项"Edit→Project Settings..."，打开项目设置窗口。在"Project Settings"窗口中，取消对"Google ARCore"栏目下的"Instant Preview Enabled"选项的勾选，即可关闭 Instant Preview，如图 9-13 所示。

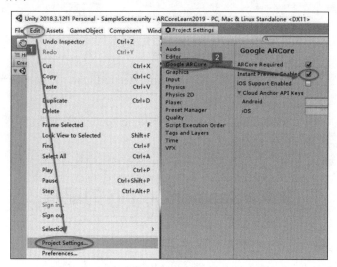

图 9-13

9.3　ARCore 基本结构

ARCore 基本结构如图 9-14 所示。

ARCore 最基本的是 ARCore Device 游戏对象，官方提供了预制件。ARCore 的基本设置是在一个默认名为 ARCoreSessionConfig 的配置文件中，需要进行图片识别时还要在配置文件中添加识别图片的数据文件。

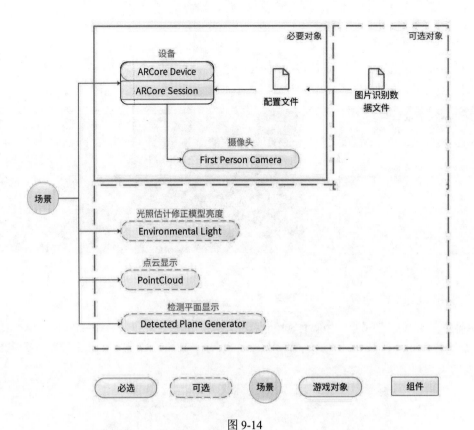

图 9-14

官方提供了一个光照评估的预制件，名为 Environmental Light，可以根据光照情况对场景中模型的明暗进行调节。

此外，在官方示例中，显示识别点云的预制件 PointCloud 和检测平面并显示的脚本 Detected Plane Generator 在多数情况下可以直接拿来使用。

9.4　SessionConfig 的配置

选中配置文件放置的目录，如图 9-15 所示。

依次单击菜单选项"Assets→Create→GoogleARCore→SessionConfig"，添加配置文件，如图 9-16 所示。

图 9-15

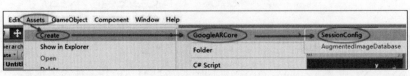

图 9-16

选中新添加的配置文件，可以在"Inspector"窗口中看到并设置具体内容，如图 9-17 所示。

图 9-17

具体选项如下:

- Match Camera Framerate:通过在 Unity 中引入延迟,使画面和设备摄像头提供的视频画面的帧数相匹配。这个选项默认为勾选,勾选这个选项带来的优点是减小功耗,缺点是有可能会出现延迟。
- Plane Finding Mode:平面检测模式,有 4 个选项,即 Disabled(禁用)、Horizontal And Vertical (同时检测水平和垂直平面)、Horizontal(仅检测水平平面)、Vertical(仅检测垂直平面)。默认为 Horizontal And Vertical。
- Enable Light Estimation:开启光照评估功能。
- Enable Cloud Anchor:开启云锚点功能,该功能在中国区域无法使用。
- Augmented Image Database:图片识别数据,当此项目为空时,自动禁用图片识别功能。
- Camera Focus Mode:设备摄像机对焦模式,有 2 个选项,即 Fixed(固定对焦)、Auto(自动对焦)。当设备不支持自动对焦时,会默认为 Fixed(固定对焦)。
- Augmented Face Mode:人脸识别模式,有 2 个选项,即 Disabled(禁用)、Mesh(面部网络估计模式)。

9.5 在平面上放置模型

在识别平面上放置模型的步骤如下:

1. 添加配置文件

选中"ARCoreLearn"目录,在目录中单击鼠标右键,在弹出的快捷菜单中依次选择菜单选项"Create→GoogleARCore→SessionConfig",新增一个 ARCore 配置文件。

将配置文件命名为"PlaneSessionConfig",配置文件设置如下:

- 勾选"Match Camera Framerate",打开摄像头帧数匹配。
- 勾选"Enable Light Estimation",打开光照评估。
- 在"Plane Finding Mode"栏目中选择"Horizontal And Vertical",平面检测选择同时检测水平和垂直平面。
- 取消对"Enable Cloud Anchor"选项的勾选,关闭云锚点功能。
- 在"Camera Focus Mode"栏目中选择"Auto",设置对焦模式为自动对焦。
- 在"Augmented Face Mode"栏目中选择"Disabled",关闭面部识别功能,如图 9-18 所示。

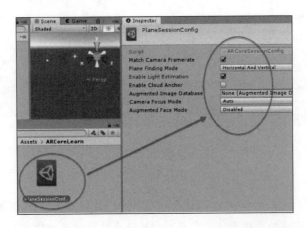

图 9-18

2. 添加 ARCore Device

新建场景，删除场景中默认的摄像头和光照。将"GoogleARCore/Prefabs"目录中的"ARCore Device"预制件拖到场景中，如图 9-19 所示。

选中"ARCore Device"游戏对象，将之前新建的配置文件拖到"ARCore Device"游戏对象的"Session Config"属性中，如图 9-20 所示。

3. 添加点云显示

当 ARCore Device 正常运行以后，会自动计算特征点，这里添加的只是把一部分特征点显示出来。

将"GoogleARCore/Examples/Prefabs"目录中的"PointCloud"预制件拖到场景中，如图 9-21 所示。

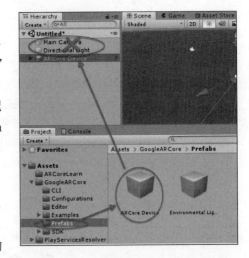

图 9-19

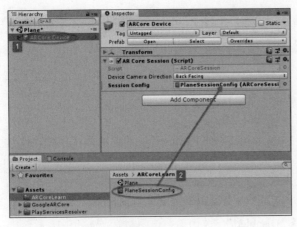

图 9-20

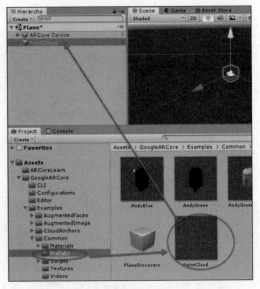

图 9-21

4. 添加检测平面显示

当 ARCore Device 正确配置并正常运行以后,平面检测会自动进行,这里添加的只是把检测到的平面显示出来方便使用。

新建一个空的游戏对象,并命名为"Planes",将"GoogleARCore/Examples/Common/Scripts"目录下的"DetectedPlaneGenerator"脚本拖到"Planes"游戏对象下成为后者的组件,如图 9-22 所示。

将"GoogleARCore/Examples/Prefabs"目录中的"DetectedPlaneVisualizer"预制件拖到"Planes"游戏对象下的"Detected Plane Prefab"属性中,如图 9-23 所示。

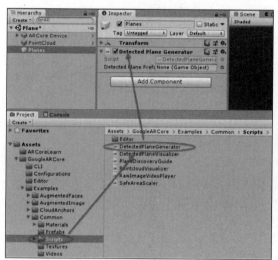

图 9-22

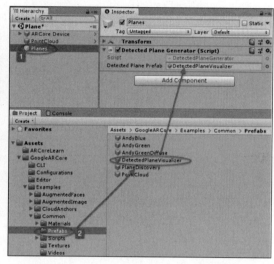

图 9-23

5. 添加脚本

新建脚本,脚本内容如下:

```
// 如果是在编辑器运行,单击从 Instant Preview 获取
#if UNITY_EDITOR
using Input = GoogleARCore.InstantPreviewInput;
#endif
public class PlaneController : MonoBehaviour
{
    public Camera FirstPersonCamera;
    public GameObject prefab;
    void Update()
    {
        Lifecycle();
        // 触点数不等于1
        if (Input.touchCount != 1)
        {
            return;
        }
```

```
        if (Input.GetTouch(0).phase == TouchPhase.Began)
        {
            AddPrefab();
        }
    }
    void AddPrefab()
    {
        // 光线投射命中的类型
        TrackableHitFlags raycastFilter = TrackableHitFlags...;
        if (Frame.Raycast(...raycastFilter, out TrackableHit hit))
        {
            // 检查是否投射在了检测平面的背面
            if ((hit.Trackable is DetectedPlane) &&Vector3.Dot(...) < 0)
            {
                Debug.Log("Hit at back of the current DetectedPlane");
            }
            else
            {
                // 添加追踪锚点
                Anchor anchor = hit.Trackable.CreateAnchor(hit.Pose);
                // 添加模型
                Instantiate(prefab, ...);
            }
        }
    }
}
```

脚本说明

这个脚本的功能和官方示例中 HelloARController 脚本的功能基本一致，是一个为了便于理解的简化版本。

添加模型的过程和在普通的 Unity 场景中添加模型的思路是一致的，即单击屏幕后，从屏幕被单击的地方投射出射线，当射线碰到平面的时候，在接触点实例化一个模型。区别只是发出射线并检测的相关属性和方法是 ARCore 下的方法和属性，并且多了一些判断。

6．设置脚本

新建一个空的游戏对象并命名为 GameManager，将新建的脚本"PlaneController"拖到"GameManager"游戏对象下成为后者的组件。

选中"GameManager"游戏对象，将"ARCore Device"游戏对象下的"First Person Camera"游戏对象拖到"GameManager"游戏对象的"First Person Camera"属性中。将要显示的模型拖到"GameManager"游戏对象的"Prefab"属性中，如图 9-24 所示。

运行效果如图 9-25 所示。当检测出平面以后，单击平面，会在单击位置放置一个安卓的小机器人。

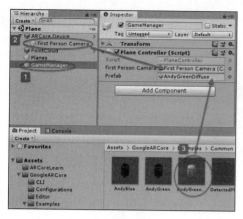
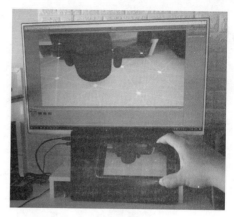

图 9-24　　　　　　　　　　　　　图 9-25

9.6　光照评估

光照评估编写步骤如下：

1. 添加 ARCore Device

新建场景，删除场景中默认的摄像头和光照。将"GoogleARCore/Prefabs"目录中的"ARCore Device"预制件拖到场景中。

选中"ARCore Device"游戏对象，将之前新建的配置文件拖到"ARCore Device"游戏对象的"Session Config"属性中。

2. 添加并设置滚动条

（1）依次单击菜单选项"GameObject→UI→Slider"，在场景中添加滚动条。

（2）选中"Slider"游戏对象，修改"Slider"组件下的"Direction"属性为"Bottom To Top"，如图 9-26 所示。

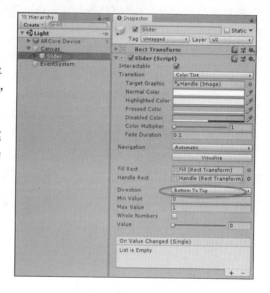

图 9-26

（3）修改滚动条位置为右边对齐，使其在屏幕右边显示，如图 9-27 所示。

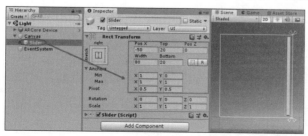

图 9-27

（4）修改"Slider/Fill Area/Fill"游戏对象"Image"组件的"Color"属性，使滚动条颜色更加明显，如图 9-28 所示。

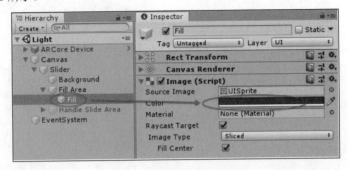

图 9-28

（5）去掉"Slider/Handle Slide Area"游戏对象的激活属性，如图 9-29 所示。

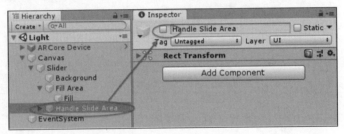

图 9-29

3．添加脚本

（1）在场景中新增一个空的游戏对象，并命名为"GameManager"。

（2）新建一个脚本，命名为"LightManager"，并将这个脚本拖到"GameManager"游戏对象上成为后者的组件。

脚本内容如下：

```
public class LightManager : MonoBehaviour
{
    ...
    void Update()
    {
        // 如果光照评估状态无效
        if (Frame.LightEstimate.State != LightEstimateState.Valid)
        {
            return;
        }
        slider.value = Frame.LightEstimate.PixelIntensity;
    }
}
```

运行效果，滚动条会随周围环境明暗程度变化，如图 9-30 所示。

图 9-30

在"GoogleARCore/Prefabs"目录中有一个"Environmental Light"预制件,是官方提供的光照估计的预制件,当这个预制件在场景中时会根据光照评估使场景中的模型明暗发生变化,如图 9-31 所示。

不过,这个效果不是很明显。图右边的环境暗很多,显示的模型比左边在明亮环境下的模型会略微暗一点,如图 9-32 所示。

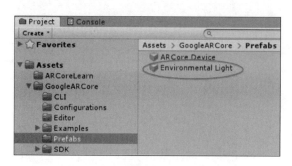

图 9-31

图 9-32

9.7 图片识别

ARCore 的识别图片和其他常见的增强现实引擎最大的区别在于,ARCore 设计用来识别并追踪固定位置的图片。例如,对于墙上的画;ARCore 识别追踪是没有问题的;但是,如果是被拿来拿去的卡片、书,那么 ARCore 在默认情况下,识别追踪会出错。

图片识别编写步骤如下:

1. 添加并设置图片识别数据库

（1）新建"Images"目录，将要识别的图片导入到该目录下，如图 9-33 所示。

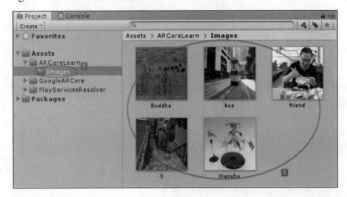

图 9-33

（2）选中需要识别的图片，依次单击菜单选项"Assets → Create → GoogleARCore → AugmentedImage Database"，添加数据库，如图 9-34 所示。

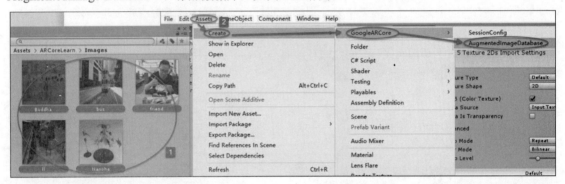

图 9-34

（3）在选中的图片目录中会新增一个 .asset 文件，将其命名为"ImageDatabase"。

（4）选中"ImageDatabase"以后，可以在"Inspector"视图中查看识别图片的详细信息，如图 9-35 所示。

"Quality"是图片的识别效果，满分为 100，前面的是具体图片的评分。官方建议识别的图片评分不小于 75。

"Width"是图片在现实世界中的宽，单位是米。官方建议的图片宽不能小于 0.15 米。

此外，官方建议，图片的分辨率不小于 300×300 像素。

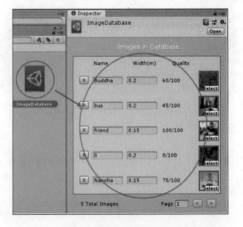

图 9-35

2. 添加配置文件

（1）依次单击菜单选项"Assets→Create→GoogleARCore→SessionConfig"添加配置文件。

（2）将新增的配置文件命名为"ImageSessionConfig"，具体设置如下：

- 勾选"Match Camera Framerate"选项，打开摄像头帧数匹配。
- 取消对"Enable Light Estimation"选项的勾选，关闭光照评估。
- 在"Plane Finding Mode"栏目中选择"Disabled"，关闭平面检测功能。
- 取消对"Enable Cloud Anchor"选项的勾选，关闭云锚点功能。
- 在"Camera Focus Mode"栏目中选择"Auto"，设置对焦模式为自动对焦。
- 在"Augmented Face Mode"栏目中选择"Disabled"，关闭面部识别功能。

（3）将识别数据"ImageDatabase"拖入配置文件的"Augmented Image Databse"为其赋值，如图 9-36 所示。

图 9-36

3. 添加 ARCore Device

新建场景，删除默认场景中的 Camera 和光源，将"GoogleARCore/Prefabs"目录下的"ARCore Device"预制件拖到场景中。

将之前添加的配置文件"ImageSessionConfig"拖到"ARCore Device"游戏对象的"Session Config"属性中为其赋值，如图 9-37 所示。

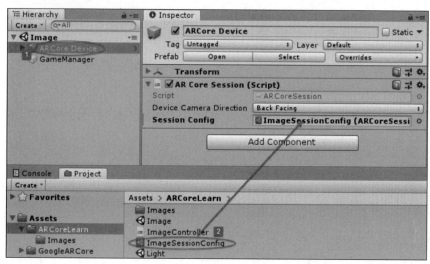

图 9-37

4. 添加脚本

新建空的游戏对象，并将其命名为"GameManager"。新建脚本"ImageController"并将其拖到"GameManager"游戏对象下成为组件。

脚本内容如下：

```
public class ImageController : MonoBehaviour
{
    public GameObject prefab;
    private Dictionary<int, GameObject> dictPrefab = ...;
    private List<AugmentedImage> listAugmentedImage = ...;
    void Update()
    {
        // 检查是否处于追踪状态
        if (Session.Status != SessionStatus.Tracking)
        {
            return;
        }
        // 更新识别图片列表
        Session.GetTrackables<AugmentedImage>(
            listAugmentedImage, TrackableQueryFilter.Updated);
        // 遍历识别图片列表
        foreach(AugmentedImage image in listAugmentedImage)
        {
            // 从字典中获取模型
            dictPrefab.TryGetValue(image.DatabaseIndex, out GameObject outPrefab);
            if (image.TrackingState == ...)      // 识别图片被发现
            {
                // 在识别图片中心添加追踪锚点
                Anchor anchor = image.CreateAnchor(image.CenterPose);
                // 添加显示的模型
                GameObject temp = Instantiate(prefab, anchor.transform);
                // 在字典中添加对应项
                dictPrefab.Add(image.DatabaseIndex, temp);
            }
            else if (image.TrackingState ...)   // 识别图片消失
            {
                // 从字典中移除对应内容
                dictPrefab.Remove(image.DatabaseIndex);
                // 删除模型
                GameObject.Destroy(outPrefab);
            }
        }
    }
}
```

脚本说明

模型字典 dictPrefab 的作用有 2 个：一个是记录哪个图片被识别了，凡是被识别的都添加到字典中；另一个是记录显示的模型，当识别图片消失的时候便于删除。

运行效果如图 9-38 所示。

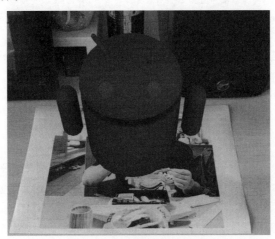

图 9-38

第 10 章
ARCore的例子

10.1 说　　明

ARCore 在运动追踪（手机识别当前运动角度方向，反馈它相对于现实世界的位移）方面做得非常好，但是在官方给出的例子当中却没有很好地体现出这个特点。在这个章节中用 3 个例子来展示 ARCore 在运动追踪方面的情况。

第一个例子是在空中画线条，画完以后，可以围绕着线条观看。第二个例子将手机的移动轨迹显示出来，以了解并测试 ARCore 在运动跟踪过程中的准确程度。第三个例子是一个增强现实传送门，一个是利用运动追踪的有趣并且有一定商业应用场景的例子。

为了方便，会添加一个菜单场景。因为 3 个例子之间并没有逻辑关系，所以这里就不做整体设计了。

整个项目包含 4 个场景：1 个菜单场景和 3 个例子的场景。模式仍然使用 Empty GameObject。

10.2 场 景 搭 建

1. 建立项目

新建一个 Unity 项目，取名为 Nanako，如图 10-1 所示。

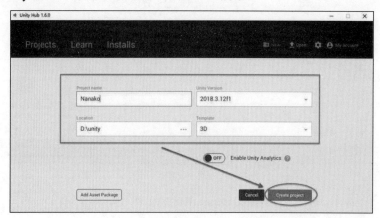

图 10-1

第 10 章 ARCore 的例子

清理 Package，依次单击菜单选项"Window→Package Manager"，打开扩展包管理窗口，选中不用的扩展包，单击"Remove"按钮删除不用的扩展包，如图 10-2 所示。

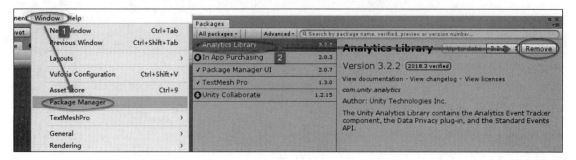

图 10-2

2. 添加 ARCore

（1）依次单击菜单选项"Assets→Import Package→Custom Package..."，如图 10-3 所示。

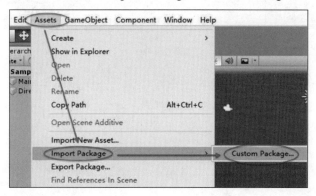

图 10-3

（2）在弹出的窗口中选中 sdk 文件，单击"打开"按钮，如图 10-4 所示。

（3）单击"Import"按钮导入文件，如图 10-5 所示。

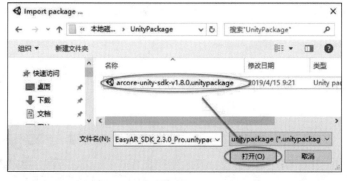 

图 10-4　　　　　　　　　　　　　图 10-5

（4）依次单击菜单选项"File→Build Settings..."，在打开的窗口中选择安卓平台，并单击"Player Settings..."按钮。在"Inspector"窗口中，选择"XR Settings"，选中其下的"ARCore Supported"选项，如图 10-6 所示。

381

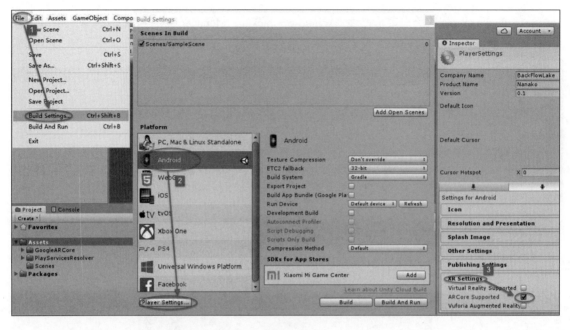

图 10-6

3. 添加目录和文件

删除项目中默认的"Scenes"目录，如图 10-7 所示。

新建一个目录名为"Nanako"，并在其下新建放置场景、脚本和图片的文件夹，并将应用图标文件拖入"Images"目录中，如图 10-8 所示。

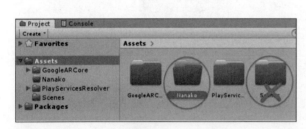

图 10-7

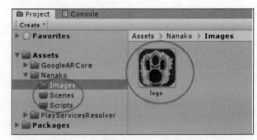

图 10-8

10.3 菜单场景

1. 新建场景

在"Nanako/Scenes"目录下新建场景并命名为"Menu"，如图 10-9 所示。

2. 添加并设置按钮

（1）依次单击菜单选项"GameObject→UI→Button"，在场景中添加按钮，如图 10-10 所示。

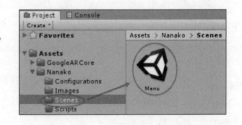

图 10-9

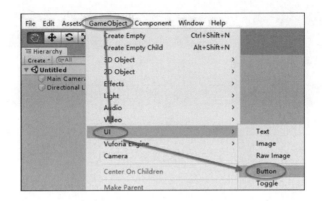

图 10-10

（2）设置按钮的位置位于屏幕底部，宽是屏幕的一半，高为 200，如图 10-11 所示。

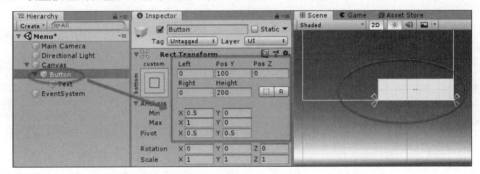

图 10-11

（3）修改"Button"游戏对象的名称，便于分辨按钮。修改按钮显示的文字，设置其下的"Text"游戏对象中的"Text"属性值，并选中"Best Fit"选项，如图 10-12 所示。

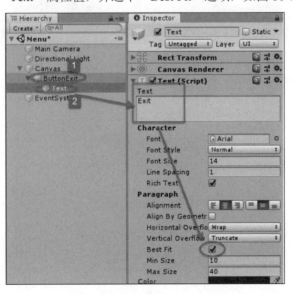

图 10-12

（4）重复上面的步骤，为场景添加 4 个按钮，如图 10-13 所示。

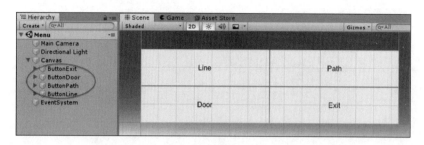

图 10-13

3. 添加脚本

（1）依次单击菜单选项"GameObject→Create Empty"，添加一个空的游戏对象，如图10-14所示。

（2）修改游戏对象的名称为"GameManager"，如图10-15所示。

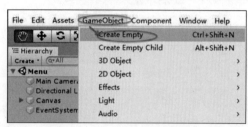

图 10-14

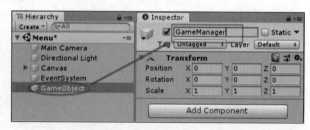

图 10-15

（3）在目录"Nanako/Scripts"目录下添加脚本"MenuManager"，并将其拖到"GameManager"游戏对象下成为组件，如图10-16所示。

4. 编写脚本内容

脚本很简单，即一个退出应用的方法和一个加载场景的方法，具体如下：

```
namespace Nanako
{
    public class MenuManager : MonoBehaviour
    {
        public void LoadScene(string sceneName)
        {
            SceneManager.LoadScene(sceneName);
        }
        public void Exit()
        {
            Application.Quit();
        }
    }
}
```

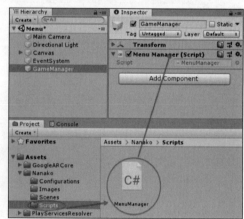

图 10-16

5. 设置按钮单击后响应的方法

（1）设置退出按钮单击后的响应方法为 MenuManager 脚本下的 Exit 方法，如图 10-17 所示。首先，选中"ButtonExit"游戏对象。接着，单击"Button"组件下"On Click"属性右边的"+"号，添加单击事件。然后，将"GameManager"游戏对象拖到"Runtime Only"属性中。最后，选择对应的方法为"MenuManager"下的"Exit"方法。

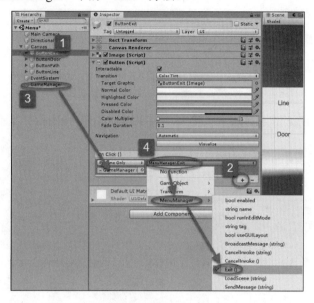

图 10-17

（2）设置场景按钮单击后的响应方法为 MenuManager 脚本下的 LoadScene 方法。首先，选中"ButtonDoor"游戏对象。接着，单击"Button"组件下"On Click"属性右边的"+"号，添加单击事件。然后，将"GameManager"游戏对象拖到"Runtime Only"属性中。最后，选择对应的方法是"MenuManager"下的"LoadScene"方法。

在选择的 LoadScene 方法下面填入参数"Door"，如图 10-18 所示。

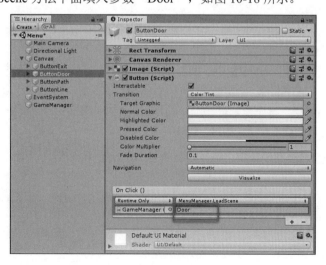

图 10-18

重复上述过程，为"ButtonPath"和"ButtonLine"按钮添加对应的方法。

10.4　异常判断和返回菜单功能

其他 3 个场景中都存在 ARCore 是否异常的判断，也都需要返回到菜单场景的功能，所以先把这两个功能做成一个预制件，在之后的场景中直接添加即可实现这个功能。

1. 添加并设置显示文本框

为了确保文字显示效果，需要文字显示在固定的背景颜色上。所以，先添加一个 Panel 作为背景。

（1）新建一个场景，依次单击菜单选项"GameObject→UI→Panel"，添加背景，如图 10-19 所示。

（2）选中"Canvas"游戏对象，修改"Canvas"组件下的"Sort Order"属性为 1，如图 10-20 所示。

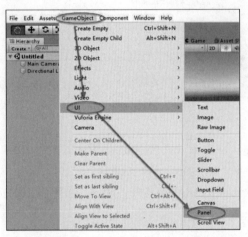

图 10-19　　　　　　　　　　图 10-20

因为场景中可能会存在 2 个画布，为了确保显示错误提示信息的画布在最前，修改"Sort Order"值。

（3）在"Panel"上添加文本框。选中之前添加的"Panel"游戏对象，在其上单击鼠标右键，在弹出的快捷菜单中依次选择菜单选项"UI→Text"，添加文本框，如图 10-21 所示。

（4）修改文本框的定位为全屏定位，修改文字对齐方式为居中，设置文字大小是自适应。

2. 添加脚本

在目录"Nanako/Scripts"下新建脚本"BackMenuController"，并将其拖动到"Canvas"游戏对象下成为后者的组件。

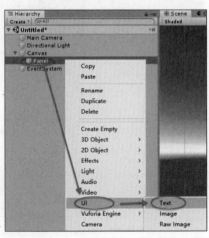

图 10-21

3. 生成预制件

修改"Canvas"游戏对象的名称为"CanvasBackMenu",并将其拖动到"Project"窗口下的"Nanako/Prefabs"目录下,成为预制件,如图 10-22 所示。

从 Unity 2018.3 版本开始,可以直接编辑预制件。选中预制件后,在"Inspector"窗口中单击"Open Prefab"按钮即可。在之前的版本中,有些编辑工作还需要将预制件放到场景中才能编辑,如图 10-23 所示。

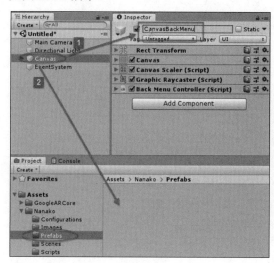

图 10-22

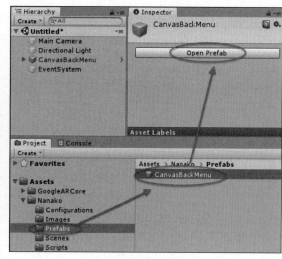

图 10-23

4. 编写脚本

(1) 添加文本框变量和背景变量,在 Start 方法中为其赋值,在背景中将它置于非活动状态以实现隐藏文本框的效果。

```
private Text text;
private GameObject panel;
void Start()
{
    text = GetComponentInChildren<Text>();
    panel = transform.GetChild(0).gameObject;
    panel.SetActive(false);
}
```

(2) 在 Update 方法中,添加返回菜单场景功能。安卓手机上的返回按钮操作和计算机键盘上的 Esc 键是一致的。

```
void Update()
{
    // 按退出按钮返回菜单
    if (Input.GetKey(KeyCode.Escape))
    {
```

```
            SceneManager.LoadScene("Menu");
        }
    }
```

（3）当 ARCore 异常时，显示文本，1 秒以后返回菜单场景。ARCore 官方示例中用的方法是调用了安卓提示消息的方法。

```
    void Update()
    {
        ...
        // 显示异常后不继续操作
        if (panel.activeSelf)
        {
            return;
        }
        // 如果有异常则显示，并于 1 秒后返回菜单
        if (Session.Status == SessionStatus.ErrorPermissionNotGranted)
        {
            panel.SetActive(true);
            text.text = "Camera permission is needed.";
            Invoke("BackMenu", 1f);
        }
        else if (Session.Status.IsError())
        {
            panel.SetActive(true);
            text.text = "ARCore encountered a problem connecting.";
            Invoke("BackMenu", 1f);
        }
    }
```

10.5 空中画线

空中画线是当设备移动时将其运动轨迹记录下来。利用 ARCore 的运动跟踪，"ARCore Device"下的"First Person Camera"游戏对象在 Unity 世界中的移动即可认为是设备在现实世界中的移动。为了画线时方便，添加一个按钮触发，并把记录轨迹放到屏幕前 10 厘米处，以便于操作。

10.5.1 设置场景

1. 添加并设置配置文件

选中目录"Nanako/Configurations"，依次单击菜单选项"Assets→Create→GoogleARCore→SessionConfig"，添加配置文件。

将配置文件命名为"DefaultConfig"，具体设置如下：

- 勾选"Match Camera Framerate"选项，打开摄像头帧数匹配。

- 取消对"Enable Light Estimation"选项的勾选,关闭光照评估。
- 在"Plane Finding Mode"栏目下选择"Disabled"选项,关闭平面检测。
- 取消对"Enable Cloud Anchor"选项的勾选,关闭云锚点功能。
- 在"Camera Focus Mode"栏目下选择"Auto"选项,设置对焦模式为自动对焦。
- 在"Augmented Face Mode"栏目下选择"Disabled"选项,关闭面部识别功能。

2. 添加 ARCore Device

(1)新建场景并命名为"Line"。

(2)删除场景默认的游戏对象。将"GoogleARCore/Prefabs"目录下的"ARCore Device"预制件拖到场景中。

(3)将"Nanako/Configuration"目录下的"DefaultConfig"拖到"ARCore Device"游戏对象下的"Session Config"属性中,为该属性赋值。

3. 添加脚本

新建游戏对象并命名为"GameManager"。在目录"Nanako/Scripts"下新建脚本"LineManager",并将其拖到"GameManager"游戏对象下成为后者的组件。

4. 添加按钮

依次单击菜单选项"GameObject→UI→Button",添加按钮。设置按钮位置在屏幕的边上即可,如图 10-24 所示。

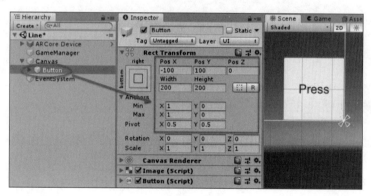

图 10-24

5. 添加轨迹点游戏对象

轨迹点的记录选择以手机屏幕前方 10 厘米处。可以通过"First Person Camera"的坐标计算得出,不过通过添加空的游戏对象来实现会比较简单。

选中"First Person Camera"游戏对象,在其上单击鼠标右键,在弹出的快捷菜单中选择"Create Empty",添加一个空的游戏对象,如图 10-25 所示。

新添加游戏对象的坐标都是默认值,仅"Position"的"Z"设为 0.1,如图 10-26 所示。

6. 添加异常判断和返回菜单功能

将"Nanako/Prefabs"目录下的"CanvasBackMenu"预制件拖到场景中,如图 10-27 所示。

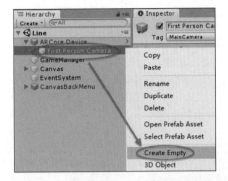
图 10-25

图 10-26

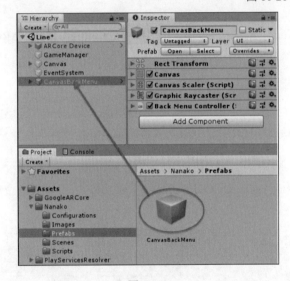
图 10-27

10.5.2 记录运动轨迹的组件

记录运动轨迹的组件常用的有 2 种,即 Trail Renderer 和 Line Renderer。这里选用 Line Renderer 组件。

这两个组件都可以在非运行状态下查看效果,比如新建一个空的场景,添加并查看效果。

1. Trail Renderer

新建一个游戏对象,依次单击菜单选项"Component→Effects→Trail Renderer",添加组件,如图 10-28 所示。

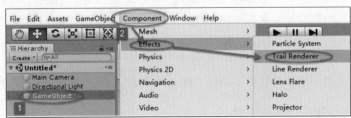
图 10-28

Trail Renderer 组件可以根据所在游戏对象的运动路径显示轨迹。在"Scene"窗口中拖动组件所在游戏对象即可看到效果，但是该轨迹会随时间消失。轨迹显示时间由组件的"Time"属性决定，如图 10-29 所示。

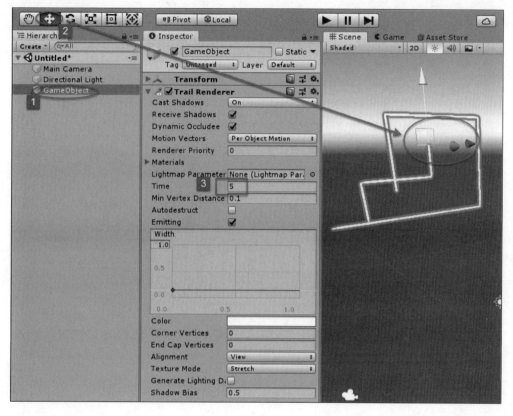

图 10-29

2. Line Renderer

新建一个游戏对象，依次单击菜单选项"Component→Effects→Line Renderer"，添加组件，如图 10-30 所示。

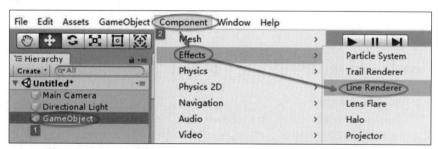

图 10-30

Line Renderer 组件下有一个"Positions"属性，是一个 Vector3 数组。组件会根据该数组中坐标的顺序将这些坐标点连接起来，如图 10-31 所示。

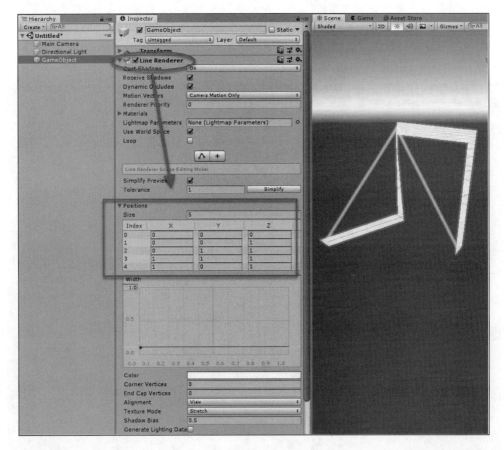

图 10-31

10.5.3 脚本的编写

脚本内容如下:

```
...
    public class LineManager : MonoBehaviour
    {
        public Transform point;
        private LineRenderer line;
        private int pointNumber;
        public void StartDraw()
        {
            // 添加游戏对象
            GameObject go = new GameObject();
            // 在游戏对象上添加 LineRenderer 组件
            line = go.AddComponent<LineRenderer>();
            // 设置材质
            line.material = new Material(Shader.Find("Sprites/Default"));
            // 设置线宽 1 厘米
            line.widthMultiplier = 0.01f;
```

```csharp
        // 设置线的颜色是蓝色
        Gradient gradient = new Gradient();
        gradient.SetKeys(...
        );
        line.colorGradient = gradient;

        pointNumber = 0;
    }
    public void EndDraw()
    {
        line = null;
        pointNumber = 0;
    }
    void Update()
    {
        // 如果没有在画线,则跳出
        if (line == null)
        {
            return;
        }

        // 将当前坐标点坐标添加到轨迹线
        line.positionCount = pointNumber + 1;
        line.SetPosition(pointNumber, point.position);
        pointNumber++;
    }
}
```

脚本说明

(1) 当开始画线时,动态添加游戏对象并在游戏对象上添加 Line Renderer 组件。

```csharp
public void StartDraw()
{
    ...
    // 在游戏对象上添加LineRenderer组件
    line = go.AddComponent<LineRenderer>();
}
```

(2) Line Renderer 线条的颜色是可以变化的,是一个复杂的数组,因此设置线条颜色的时候比较麻烦。

```csharp
        // 设置线的颜色是蓝色
        Gradient gradient = new Gradient();
        gradient.SetKeys(
            ...
        );
        line.colorGradient = gradient;
```

（3）每次执行 Update 方法时，都将当前的轨迹点坐标添加到 Line Renderer 的坐标数组中，就可以显示轨迹了。

```
void Update()
{
    ...
    // 将当前坐标点坐标添加到轨迹线
    line.positionCount = pointNumber + 1;
    line.SetPosition(pointNumber, point.position);
    pointNumber++;
}
```

10.5.4 脚本及按钮设置

1. 脚本设置

将"First Person Camera"游戏对象下的"GameObject"游戏对象拖到"GameManager"游戏对象下"Point"属性中，为该属性赋值，如图 10-32 所示。

2. 按钮设置

按钮默认只提供了单击事件，这里需要添加新的事件。

（1）选中"Button"游戏对象，依次单击菜单选项"Component → Event → Event Trigger"，添加事件组件，如图 10-33 所示。

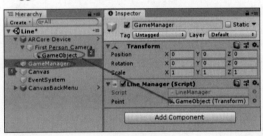

图 10-32

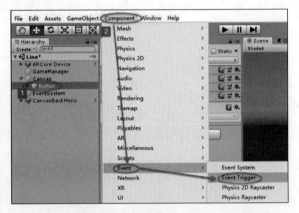

图 10-33

（2）为按钮添加新事件。

单击"Event Trigger"组件下的"Add New Event Type"按钮，在弹出菜单中选择"PointerDown"，添加按钮按下的事件，如图 10-34 所示。

单击"Event Trigger"组件下的"Add New Event Type"按钮，在弹出菜单中选择"PointerUp"，添加按钮松开的事件，如图 10-35 所示。

图 10-34

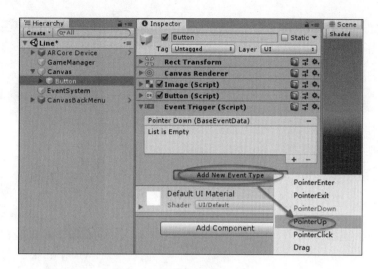

图 10-35

（3）为按钮按下事件添加方法，如图 10-36 所示。首先，选中"Button"游戏对象。接着，单击"Pointer Down"标签右下的"+"按钮，添加按钮按下事件。然后，将"GameManager"游戏对象拖到"Runtime Only"属性中。最后，选择对应的方法是"LineManager"下的"StartDraw"方法。

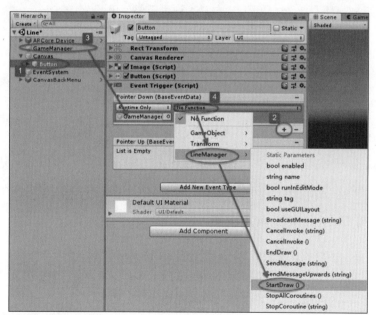

图 10-36

（4）为按钮松开事件添加方法。首先，选中"Button"游戏对象。接着，单击"Pointer Up"标签右下的"+"按钮，添加按钮松开事件。然后，将"GameManager"游戏对象拖到"Runtime Only"属性中。最后，选择对应的方法是"LineManager"下的"EndDraw"方法。

最终运行效果如图 10-37 所示。按住左下方的按钮，可以在空中画线，如图 10-38 所示。画出的线停留在空中，可以从不同角度和位置查看。

图 10-37

图 10-38

10.6 运动轨迹的显示

运动轨迹的显示和上一个例子很类似，都是将"First Person Camera"游戏对象在 Unity 世界中移动的轨迹记录下来。为了能实时显示运动轨迹，这里需要使用两个 Camera：一个是原有的"First Person Camera"；另一个是专门显示运动轨迹的 Camera。

10.6.1 添加 ARCore Device

（1）在"Nanako/Scenes"目录下新建场景"Path"。

（2）删除场景默认的游戏对象，将"GoogleARCore/Prefabs"目录下的"ARCore Device"预制件拖到场景中。

（3）将"Nanako/Configuration"目录下的"DefaultConfig"拖到"ARCore Device"游戏对象下的"Session Config"属性中，为该属性赋值。

10.6.2 添加第二个 Camera 并设置

多个 Camera 显示的时候，通过 Camera 的 Culling Mask 属性和其他游戏对象的 Layer 属性配对决定每个 Camera 显示什么内容。通过 Clear Flags 决定 Camera 空白处是透明还是其他内容。通过 Depth 属性决定前后叠加顺序。

（1）依次单击菜单选项"GameObject→Camera"，添加一个新的 Camera，如图 10-39 所示。

（2）每个场景中只允许存在一个"Audio Listener"，如图 10-40 所示。

选中"Camera"游戏对象，单击"Audio Listener"组件右边的按钮，选择"Remove Component"移除该组件。

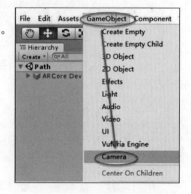
图 10-39

图 10-40

(3)单击"Layer"下拉按钮,选择"Add Layer..."命令添加一个新的图层,如图 10-41 所示。

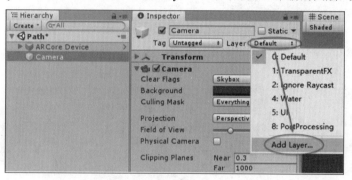

图 10-41

(4)添加图层,将第 9 个图层名称设置为"Path",如图 10-42 所示。

(5)选中"Camera"游戏对象,将"Culling Mask"属性设置为只有 Path,即该 Camera 只显示"Path"图层中的内容,如图 10-43 所示。

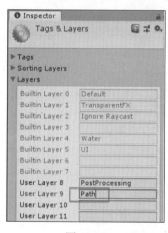

图 10-42

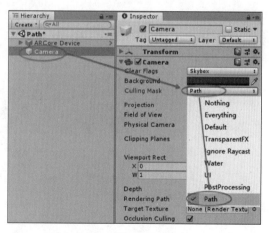

图 10-43

(6)选中"Camera"游戏对象,选择"Clear Flags"为"Depth Only",即该 Camera 空白部分透明,如图 10-44 所示。

(7)设置"Camera"游戏对象的"Depth"属性为 1,如图 10-45 所示。如果保持默认为 0,即该 Camera 显示内容将在"First Person Camera"上面。

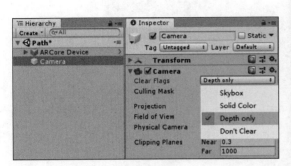
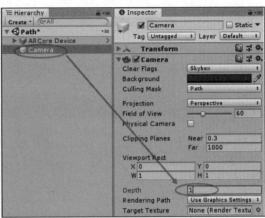

图 10-44　　　　　　　　　　　　　图 10-45

（8）设置"Camera"游戏对象的位置和高度，使其在"First Person Camera"游戏对象上方，方向向下，如图 10-46 所示。

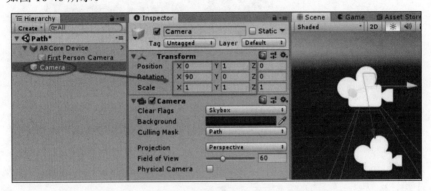

图 10-46

（9）设置"First Person Camera"游戏对象的"Culling Mask"属性，取消对"Path"选项的勾选，即不显示"Path"图层内容，如图 10-47 所示。

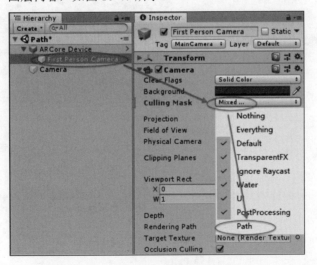

图 10-47

10.6.3　添加记录轨迹的线

轨迹线可以用脚本动态生成，也可以在 Unity 的编辑器中实现。上一个例子是动态生成的，这个例子则在编辑器中设置，等效的代码如下：

```
GameObject path = new GameObject();
path.name = "Path";
LineRenderer line = go.AddComponent<LineRenderer>();
path.layer = 9;
line.material = new Material(Shader.Find("Sprites/Default"));
line.positionCount = 0;
line.widthMultiplier = 0.01f;

Gradient gradient = new Gradient();
gradient.SetKeys(
    new GradientColorKey[] {
        new GradientColorKey(Color.blue, 0.0f),
        new GradientColorKey(Color.blue, 1.0f) },
    new GradientAlphaKey[] {
        new GradientAlphaKey(1f, 0.0f),
        new GradientAlphaKey(1f, 1.0f) }
);
line.colorGradient = gradient;
```

（1）新建一个空的游戏对象，命名为"Path"。选中"Path"游戏对象，依次单击菜单选项"Component→Effects→Line Renderer"，添加组件，如图 10-48 所示。

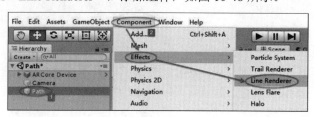

图 10-48

（2）设置轨迹线所在图层。选中"Path"游戏对象，单击"Layer"标签，选中"Path"，如图 10-49 所示。

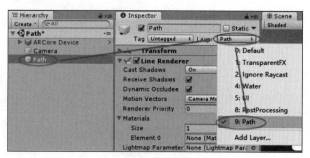

图 10-49

（3）设置轨迹线材质。单击"Materials"右边的按钮，在弹出窗口中选择"Sprites-Default"选项，如图 10-50 所示。

图 10-50

（4）清空轨迹点，设置线宽。设置"Positions"标签下的"Size"属性为 0；拖动"Width"标签下的线，使其值为 0.01，即设置线宽为 1 厘米，如图 10-51 所示。

（5）设置线的颜色，如图 10-52 所示。单击"Color"属性的值，在弹出窗口中分别选中左下和右下箭头处，设置颜色。这里可以将线条设置成多种颜色渐变。

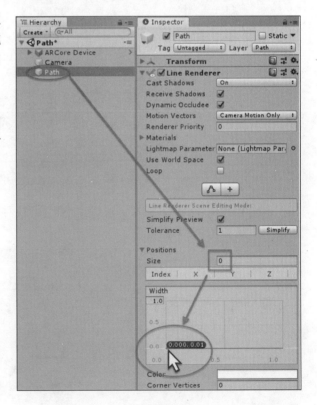

图 10-51

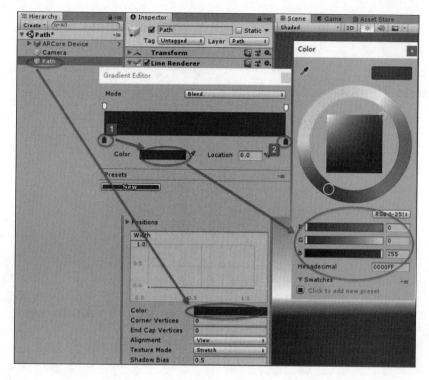

图 10-52

10.6.4 场景中其他内容的设置

1. 添加显示当前设备位置的球体

（1）选中"First Person Camera"游戏对象，单击鼠标右键，在弹出的快捷菜单中依次选择菜单选项"3D Object→Sphere"，为其添加一个球体的子游戏对象，如图 10-53 所示。

（2）选中"Sphere"游戏对象，将其坐标位置设置在原点，缩放到直径 0.03 的球体，如图 10-54 所示。

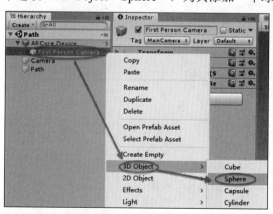

图 10-53

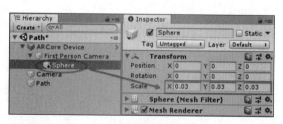

图 10-54

（3）选中"Sphere"游戏对象，单击"Layer"标签，选择"Path"，设置其所在图层。

（4）为了使球体容易看清楚，需要添加一个光源。在"Camera"游戏对象下添加光源效果最好。选中"Camera"游戏对象，单击鼠标右键，在弹出的快捷菜单中依次选择菜单选项"Light→Directional Light"，为"Camera"游戏对象添加一个光源作为子游戏对象，如图 10-55 所示。

2. 添加脚本

新建一个空的游戏对象，命名为"GameManager"。

在"Nanako/Scripts"目录下新建脚本"PathManager"，并将其拖动到"GameManager"游戏对象下使其成为后者的组件。

3. 添加滚动条

为了使轨迹能缩放，通过调整"Camera"游戏对象与轨迹的距离，利用近大远小的方式实现对轨迹的缩放。

依次单击菜单选项"GameObject→UI→Slider"，添加滚动条，如图 10-56 所示。

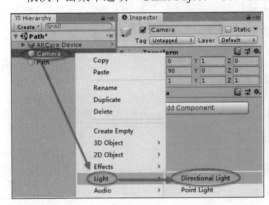

图 10-55

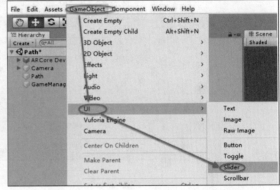

图 10-56

选中"Slider"游戏对象，设置"Direction"属性为"Bottom To Top"，即滚动条是从下到上；设置"Value"为 1，如图 10-57 所示。

4. 添加异常判断和返回菜单功能

将"Nanako/Prefabs"目录下的"CanvasBackMenu"预制件拖到场景中，如图 10-58 所示。

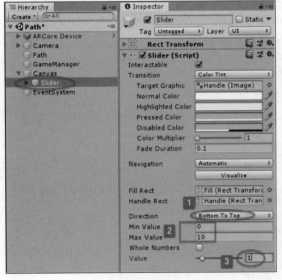

图 10-57

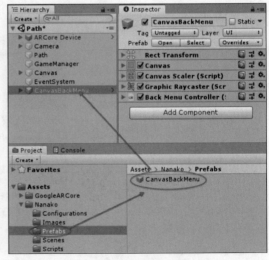

图 10-58

10.6.5 编写脚本

脚本内容如下：

```
...
public class PathManager : MonoBehaviour
{
    ...
    void Start()
    {
        ...
        pointNumber = 0;
        // 2秒后执行，每0.1秒执行一次
        InvokeRepeating("DrawPath", 2f, 0.1f);
    }
    void Update()
    {
        // 保持轨迹摄像机在 ARCore 摄像机正上方
        pathCamera.position = new Vector3(personCamera.position.x, ...);
    }
    public void ChangeHeight()
    {
        pathCamera.localPosition = new Vector3(
            pathCamera.localPosition.x,
            slider.value,
            pathCamera.localPosition.z);
    }
    private void DrawPath()
    {
        line.positionCount = pointNumber + 1;
        line.SetPosition(pointNumber, personCamera.position);
        pointNumber++;
    }
}
```

这里使用 InvokeRepeating 方法实现了对 DrawPath 方法的重复调用。这样做比将 DrawPath 放在 Update 事件中每帧调用更容易控制和节省资源。

10.6.6 脚本设置

（1）选中"GameManager"游戏对象，将"First Person Camera"游戏对象拖到"Person Camera"属性中为该属性赋值，将"Camera"游戏对象拖到"Path Camera"属性中为该属性赋值，如图10-59所示。

图 10-59

（2）为滚动条的值变化事件添加方法，如图 10-60 所示。首先，选中"Slider"游戏对象。接着，单击"On Value Changed"标签右下方的"+"按钮，添加滚动条的值变化事件。然后，将"GameManager"游戏对象拖到"Runtime Only"属性中。最后，选择对应的方法为"PathManager"下的"ChangeHeight"方法。

运行效果如图 10-61 所示，用一条蓝线记录手机移动的轨迹。根据这条轨迹可以了解到，ARCore 的运动跟踪精确度不错，但是当手机移动过快或者周围环境太单一时，位置会发生跳跃。

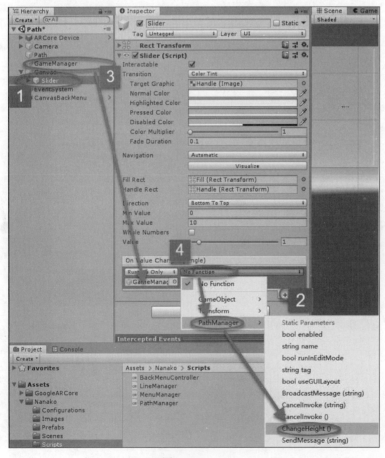

图 10-60

图 10-61

10.7 传 送 门

传送门的效果看起来很有意思，原理却十分简单：放置一个特殊的房间，从外面看是透明的，如图 10-62 所示，利用 ARCore 的运动追踪，走入房间以后能看见房间内的景象。代码实现上，只需要把 ARCore 的基本示例中放置安卓小人的预制件换成这个特殊的房间即可。

10.7.1 导入透明材质

（1）在"Nanako"目录下新建"Materials"目录和"Shaders"目录。

（2）在"Nanako/Shaders"目录下导入"MaskShader"着色器文件，如图 10-63 所示。

（3）在"Nanako/Materials"目录下导入"MaskMaterial"材质文件。选中"MaskMaterial"材质文件，在"Inspector"窗口中单击"Shader"属性中的"MASK→MaskShader"，即选择该材质文件对应的着色器是刚才导入的着色器，如图 10-64 所示。

图 10-62

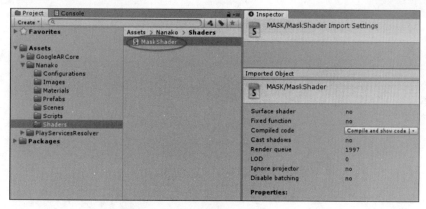

图 10-63

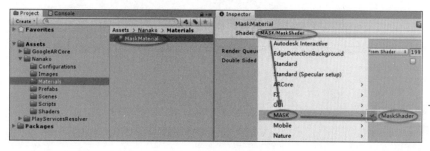

图 10-64

（4）通过一个例子看一下着色器的效果。在方框前面放置一个平面，默认材质下的方框能完整显示，如图 10-65 所示。

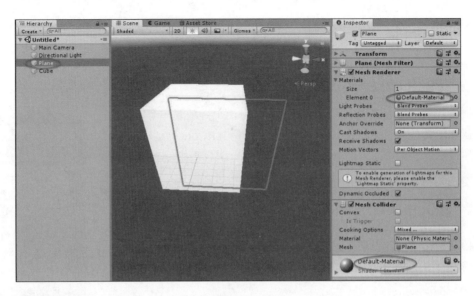

图 10-65

将平面的材质替换成"MaskMaterial"以后,被平面遮住的部分方框看不到了,可以理解成这个材质具有隐身衣的效果,如图 10-66 所示。

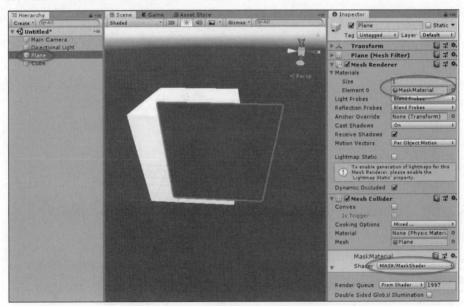

图 10-66

10.7.2 建立隐身房间预制件

建立一个长、宽、高都是 2 米的隐身房间。

1. 建立墙壁

(1)新建一个场景,不需要保存。在场景中新建一个空的游戏对象并命名为"Room",确认该游戏对象的位置和角度都是 0。

（2）在"Room"游戏对象下新建一个空的子游戏对象并命名为"Wall"，用来放置墙壁。"Wall"游戏对象的位置和角度也需要都为 0。

（3）选中"Wall"游戏对象，在弹出窗口中选择"3D Object→Plane"，添加一个平面作为子游戏对象。

（4）修改"Plane"游戏对象的名称为"PlaneXPositive"，即 X 轴正向；设置 X 轴和 Z 轴缩放为 0.2、Z 轴角度为 90、X 轴坐标为 1。

（5）复制"PlaneXPositive"游戏对象，修改名称为"PlaneXNegative"，即 X 轴负向，设置 X 轴坐标-1、Z 轴角度为-90，如图 10-67 所示。

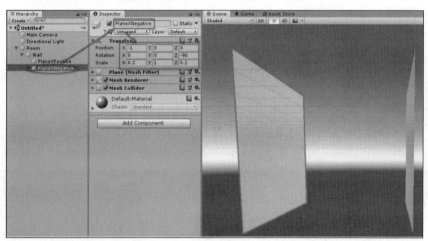

图 10-67

（6）复制 X 轴的墙壁，修改成顶和地板。

（7）复制 X 轴的墙壁，修改为 Z 轴墙壁，如图 10-68 所示。

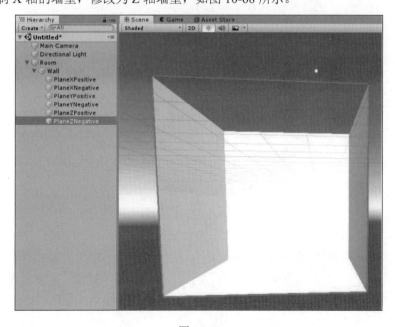

图 10-68

具体的 Wall 三维配置如表 10-1 所示。

表 10-1　Wall 三维配置

	Position			Rotation		
	X	Y	Z	X	Y	Z
PlaneXPositive	1	0	0	0	0	90
PlaneXNegative	-1	0	0	0	0	-90
PlaneYPositive	0	1	0	0	0	180
PlaneYNegative	0	-1	0	0	0	0
PlaneZPositive	0	0	1	-90	0	0
PlaneZNegative	0	0	-1	90	0	0

2. 添加房间内的东西

（1）在"Room"游戏对象下新增一个空的子游戏对象并命名为"Inside"，并且其位置和角度需要都为 0。

（2）房间内除了至少有一个光源外，其他内容随意添加即可，如图 10-69 所示。

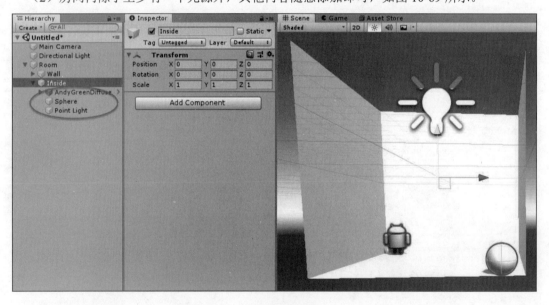

图 10-69

3. 添加隐身外壳

（1）复制"Wall"游戏对象并命名为"Mask"。

（2）选中"PlaneXPositive"游戏对象，单击"Materials"属性下的按钮，在弹出菜单中选择"MaskMaterial"材质，如图 10-70 所示。

（3）此时从 X 轴正方向去看房子就是透明的了。依次修改"Mask"游戏对象下除了 Z 轴负向的所有平面材质，如图 10-71 所示。

第 10 章 ARCore 的例子

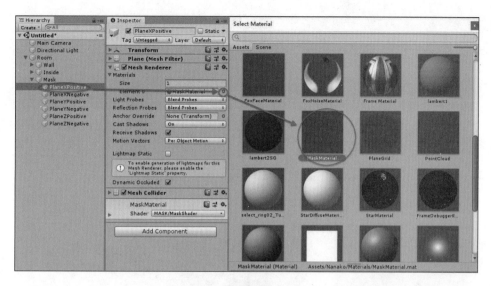

图 10-70

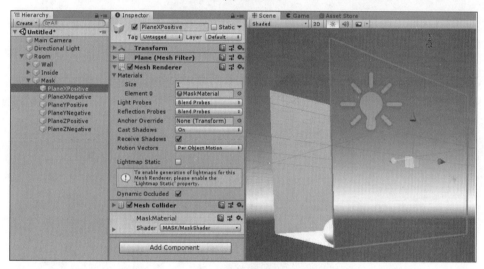

图 10-71

4．添加门的效果

（1）把"Mask"游戏对象下的"PlaneZNegative"游戏对象的名称修改为"PlaneDoorLeft"，修改 X 轴的缩放和位置，成为门的左边显示效果，如图 10-72 所示。复制"PlaneDoorLeft"并命名为"PlaneDoorRight"，修改 X 轴的缩放和位置，成为门的右边显示效果。具体的门设置参数如表 10-2 所示。

表 10-2 PlaneDoorLeft 与 PlaneDoorRight 设置

	Position			Scale		
	X	Y	Z	X	Y	Z
PlaneDoorLeft	-0.7	0	-1	0.06	1	0.2
PlaneDoorRight	0.7	0	-1	0.06	1	0.2

409

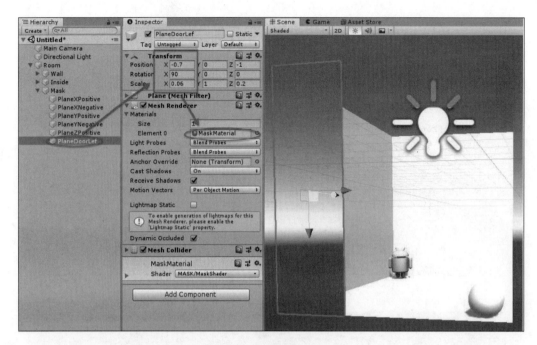

图 10-72

（2）这时从外面能透过门看到房间里面，但是在房间里面看不到外面，如图 10-73 所示。

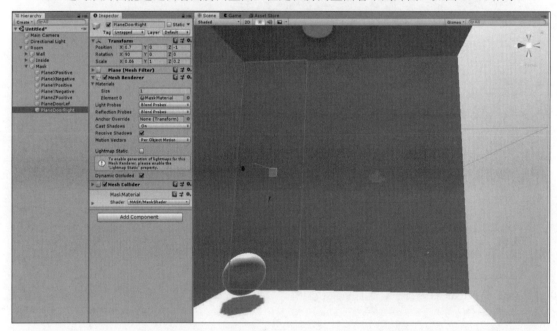

图 10-73

复制一个"Mask"游戏对象下的子游戏对象，命名为"PlaneDoorInside"，修改"Position"属性为"0，0，-0.999"、"Rotation"属性为"-90，0，0"、"Scale"属性为"0.08，1，0.2"，如图 10-74 所示。

这样在房间里也能通过门看到外面。

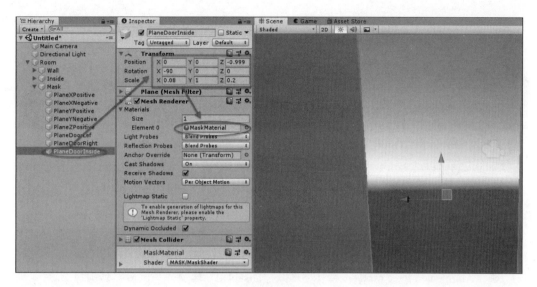

图 10-74

5. 添加房子外框

这时,"Room"游戏对象的原点是在房间的中心。在调用 Instantiate 方法生成的时候,房间会有一半沉到平面的下方。为了让房间在生成的时候不需要计算就能保证不沉下去,那么需要再添加一个外框。

(1)新建一个游戏对象并命名为"RoomOuter",设置位置和角度都为0。

(2)将"Room"游戏对象拖到"RoomOuter"游戏对象下成为后者的子游戏对象,并修改"Room"游戏对象的"Position"属性为"0,1,1",这样"RoomOuter"游戏对象的原点就在房间门的正下方,如图 10-75 所示。

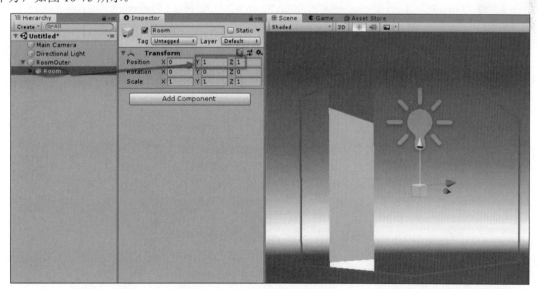

图 10-75

(3)将"RoomOuter"游戏对象拖动到"Nanako/Prefabs"目录中,成为预制件。

10.7.3 设置场景

1. 添加并设置配置文件

选中目录"Nanako/Configurations",依次单击菜单选项"Assets→Create→GoogleARCore→SessionConfig",添加配置文件。

将配置文件命名为"DoorConfig",并进行设置如下:

- 勾选"Match Camera Framerate"选项,打开摄像头帧数匹配。
- 取消对"Enable Light Estimation"选项的勾选,关闭光照评估。
- 在"Plane Finding Mode"栏目下选择"Horizontal"选项,打开水平面检测。
- 取消对"Enable Cloud Anchor"选项的勾选,关闭云锚点功能。
- 在"Camera Focus Mode"栏目下选择"Auto"选项,设置对焦模式为自动对焦。
- 在"Augmented Face Mode"栏目下选择"Disabled"选项,关闭面部识别功能。

2. 添加 ARCore Device

(1)新建场景并命名为"Door"。

(2)删除场景默认的游戏对象。将"GoogleARCore/Prefabs"目录下的"ARCore Device"预制件拖到场景中。

(3)将"Nanako/Configuration"目录下的"DoorConfig"拖到"ARCore Device"游戏对象下的"Session Config"属性中,为该属性赋值。

3. 添加检测平面显示

(1)新建一个空的游戏对象,并命名为"Detected Plane"。

(2)将"GoogleARCore/Examples/Common/Scripts"目录下的"DetectedPlaneGenerator"脚本拖到"Detected Plane"游戏对象下成为后者的组件。

(3)将"GoogleARCore/Examples/Prefabs"目录中的"DetectedPlaneVisualizer"预制件拖到"Planes"游戏对象下的"Detected Plane Prefab"属性中,为该属性赋值,如图10-76所示。

4. 添加脚本

新建一个空的游戏对象,命名为"GameManager",在"Nanako/Scripts"目录下新建一个脚本,命名为"DoorManager",并将这个脚本拖动到"GameManager"游戏对象下成为后者的组件。

脚本内容如下:

```
    ...
    public class DoorManager : MonoBehaviour
    {
        public Camera FirstPersonCamera;
        public GameObject prefab;
        void Update()
        {
            ...
            if (Input.GetTouch(0).phase == TouchPhase.Began)
```

```
        {
            AddPrefab();
        }
    }
    void AddPrefab()
    {
        // 光线投射命中的类型
        TrackableHitFlags raycastFilter = TrackableHitFlags...;
        if (Frame.Raycast(... out TrackableHit hit))
        {
            // 检查是否投射在了检测平面的背面
            if ((hit.Trackable is DetectedPlane) &&...)
            {
                Debug.Log("Hit at back of the current DetectedPlane");
            }
            else
            {
                // 添加追踪锚点
                Anchor anchor = hit.Trackable.CreateAnchor(hit.Pose);
                // 添加模型
                Instantiate(prefab, hit.Pose.position,
                    hit.Pose.rotation, anchor.transform);
            }
        }
    }
```

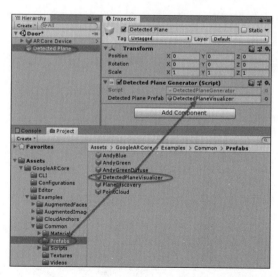

图 10-76

5. 设置脚本

选中"GameManager"游戏对象,将"First Person Camera"游戏对象拖动到"First Person Camera"属性中为该属性赋值,如图 10-77 所示。

将"Nanako/Prefabs"目录下的"RoomOuter"预制件拖动到"Prefab"属性中为该属性赋值。

6. 添加异常判断和返回菜单功能

将"Nanako/Prefabs"目录下的"CanvasBackMenu"预制件拖到场景中，如图10-78所示。

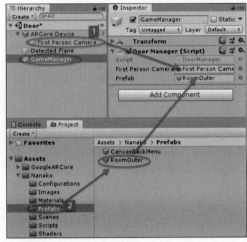

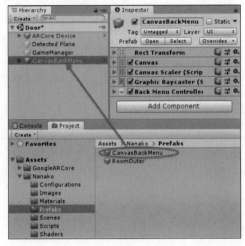

图 10-77　　　　　　　　　　　　　　　图 10-78

10.8　发　　布

（1）依次单击菜单选项"File→Build Settings..."，确认所有用到的场景都在"Build Settings"窗口中的"Scenes In Build"列表中；在"Build Settings"窗口中，在"Platform"平台选项下拉列表中选择"Android"选项；选中安卓平台后，单击"Player Settings..."按钮，如图10-79所示。

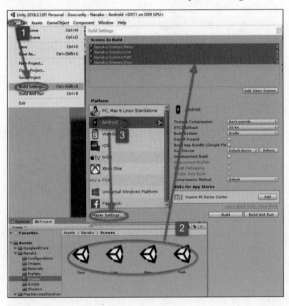

图 10-79

（2）单击"Player Settings"后，在"Inspector"窗口中进行设置，如图 10-80 所示。

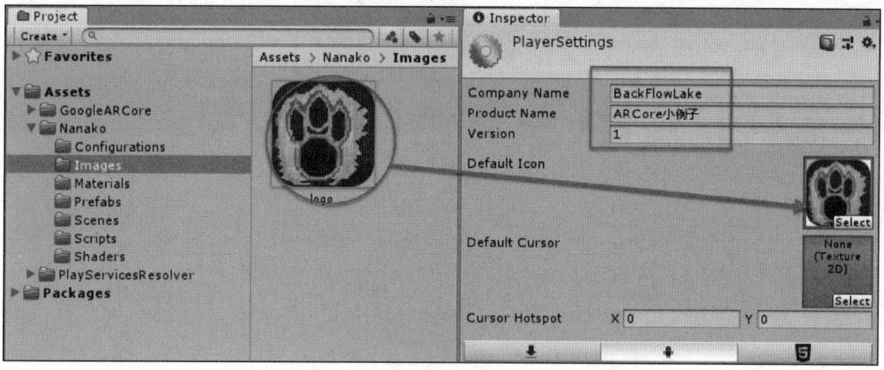

图 10-80

- "Company Name"是应用发布的单位。
- "Product Name"是应用安装以后显示的应用名称。
- "Default Icon"是应用图标，这里选择之前导入到"Nanako/images"目录下的 logo。

（3）在"Resolution and Presentation"选项组中，将"Default Orientation"设置为"Portrait"，即强制横屏显示，不可以旋转，如图 10-81 所示。

（4）在"Other Settings"标签下的"Identification"选项下设置"Package Name"，"Minimum API Level"最低版本选择"7.0"，"Target API Level"目标版本选择"Automatic"（自动），如图 10-82 所示。

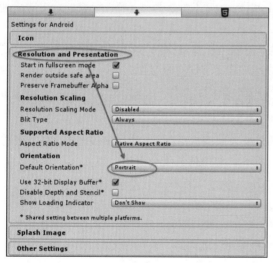

图 10-81

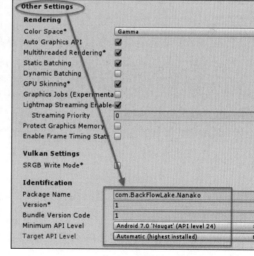

图 10-82

第 11 章 基于ARCore的室内导航

11.1 室内导航简介

室内导航与室外导航相比，最难的是定位。室外导航可以通过以 GPS 为主，辅助以基站和传感器进行实时定位；而室内导航，特别是像地下停车场这样的场景，是无法利用 GPS 或者基站进行实时定位的。

市场上常见的室内导航方式都是通过布设一定数量的 WIFI、蓝牙设备来实现实时定位的，其中蓝牙定位精度能达到 1~2 米。这样的导航投入成本较高，例如高德的室内导航蓝牙方案需要每 50 平米布设一个蓝牙信号点。当然还有利用地球磁场进行实时定位的，精度为 5~8 米。

总体而言，室内导航比室外导航要求精度更高，而且会伴随有楼层这种室外导航很少涉及的高度问题，在没有 GPS 信号的情况下，要么需要大量的初期投入，要么定位效果不佳。

在苹果和 Google 相继发布了 ARKit 和 ARCore 以后，就有人尝试利用智能手机的 AR 功能进行室内导航。

现在利用 AR 功能进行室内导航的有两种方案。导航过程都是一样的，在确定使用者当前位置以后，利用运动追踪的功能，计算出用户的运动轨迹，从而实现实时定位。

（1）方案一：启动的时候，用户扫描特定图片进行最初的定位。这样做的优点是实施起来比较简单，可以在完全没有信号的地方进行导航。缺点是必须到指定的地点才可以开始导航，而且场景大小受到限制，最初定位时的微小偏差会跟着场景变大而放大；而且，在导航过程中，使用者的设备发生快速移动或者旋转时（例如拿着手机摇一摇），定位信息就会出错。

（2）方案二：利用周围环境的特征点云进行实时定位。这样做的好处是可以相对地在任何地点开始导航，中途即使定位信息出错也能及时纠正；缺点是特征点云的数量巨大。Google 曾经将一个超市的特征点云信息收集起来，大约有 3 亿个。这么大量的数据，在现阶段的移动端存储和计算困难还很大，在服务器端则必须有数据信号（WiFi 或 4G 之类的）。现在 Google 等并不支持用户自己存储计算这些数据，必须放到 Google 的云服务器，而且这些数据 7 天后会被删除。

总而言之，现有的利用 AR 功能进行室内导航的解决方案并不完美，使用起来依旧受到很大限制，但是这毕竟给室内导航打开了一个新的思路和方法，国外很多公司都开始进行尝试和研究，离实用也越来越近。

利用 AR 功能进行室内导航除了在传统的商城、地下车库这样的地方进行导航以外，还有另外的一种应用方式。当一个场景中存在难以识别的物体但是位置基本不变时，可以利用 AR 功能进行室内导航来定位物体或者位置，例如仓储、管道井等场景。

11.2 Unity NavMeshComponents 简介

NavMeshComponents 是 Unity 官方提供的一个自动寻路的扩展，基于 Unity 本身的寻路功能只是更加便于使用而已，如图 11-1 所示。下载地址为 https://github.com/Unity-Technologies/NavMeshComponents。

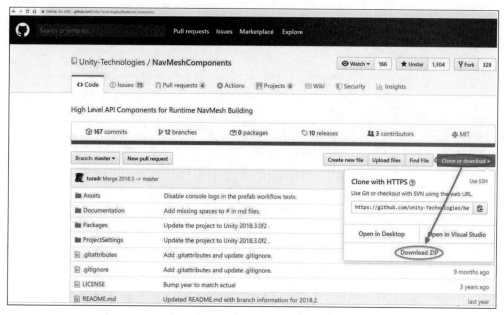

图 11-1

这里下载下来的是一个 Unity 项目，而不是一个 Unity 导入包，里面有官方的例子。使用的话，只需要复制"NavMeshComponents"目录到项目中即可，如图 11-2 所示。

图 11-2

NavMeshComponents 在场景中的结构如图 11-3 所示。

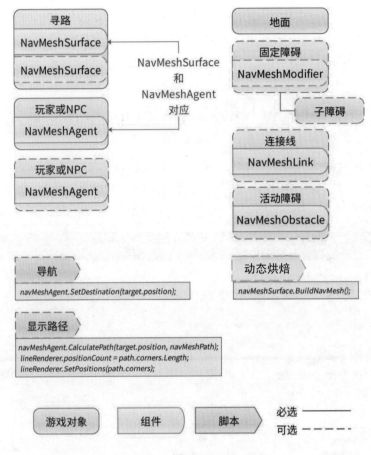

图 11-3

- NavMeshSurface：提供寻路功能的基本设置及静态烘焙。
- NavMeshAgent：提供移动对象基本设置。NavMeshSurface 和 NavMeshAgent 是通过 Agent Type 进行对应的，不同的移动对象需要烘焙不同的 NavMesh。
- NavMeshModifier：用于设置场景中的固定障碍物或特殊路径。这个组件可以影响到其所在游戏对象的子对象。
- NavMeshLink：用于在没有路径的地方做连接，使移动对象能够通过，例如小的沟壑、爬楼等。
- NavMeshObstacle：用来设置场景中活动的障碍物。使用略微复杂，请直接查看官方网站的说明。

11.3 程 序 设 计

11.3.1 添加基本内容

（1）首先给项目取个名字，比如"ARCore 室内导航"。
（2）添加能想到的大分类，如图 11-4 所示。

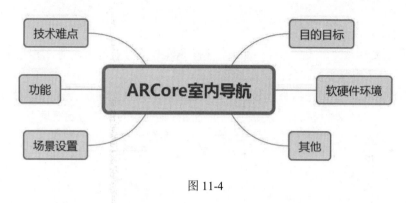

图 11-4

（3）将简单的内容细化。

ARCore 室内导航想要实用还有一些问题需要解决，比较麻烦。所以这里的目标是做一个简单演示用的 ARCore 室内导航。

软硬件环境与原来基本一样，只是 ARCore 的运行环境 Android 版本不能低于 7.0。

11.3.2 功能和场景设计

1. 功能设计

基本功能包括扫描图片定位当前的位置，在获取到当前位置之后，通过菜单选择目的地，然后显示导航路径。路径上显示模型和菜单算是附带的功能，不仅能显示路径，还能显示其他内容，如图 11-5 所示。

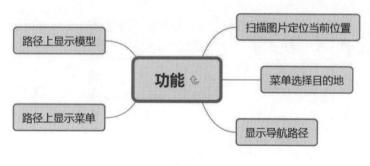

图 11-5

2. 技术难点

（1）初始定位的稳定

ARCore 识别图片的识别率有点不靠谱，图片越大，识别的误差越大。所以，尽可能用小的图片，实际大小不小于 15 厘米×15 厘米就好。

ARCore 识别图片以后，对图片空间位置的判断起始效果不如 Vuforia。因为设备距离角度的不同，会对识别图像的空间位置产生一定的偏差，并会随着场景的扩大而被放大。

解决的思路是提高初始定位的稳定和准确，也就是提高初始定位的稳定和准确，通过在屏幕上显示定位框，引导使用者在定位的时候位置角度相对固定，通过延时的方法提高识别图片以后提高空间位置判断的效果。

（2）导航选取最短路径

Unity 的导航默认是选取最短路径，如果将整个道路作为导航范围，则导航线路会贴边。这时微小的偏差都会让人感觉导航路线跑到墙里面去了。

例如在图 11-6 中，从 A 点到 B 点导航，要求以所有道路作为导航范围。解决办法是以道路中心重新建立导航范围，则导航路径会更漂亮，也不会因为微小的偏差跑到墙里去。

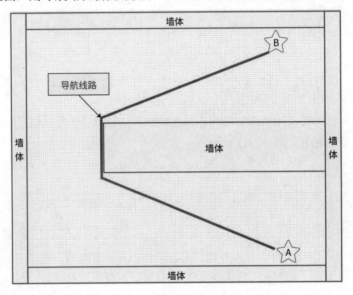

图 11-6

例如，从 A 点到 B 点导航，新建导航范围，则导航线路效果如图 11-7 所示。

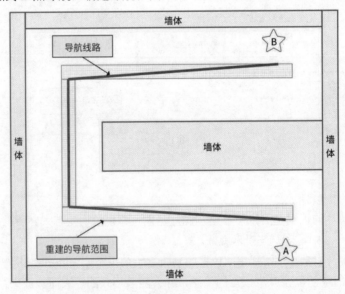

图 11-7

（3）导航必须在烘焙范围内

这个问题是由上一个问题的解决方案产生的。Unity NavMeshComponents 的导航会将带有

NavMeshAgent 组件的被导航玩家或者 NPC 对象自动移动到烘焙范围内。解决的方法是将导航的游戏对象和对应移动设备的游戏对象分离。

（4）路径显示转角

导航路线显示在转角之后，如果一直到显示完，则会让人感觉路线是游离在现实世界以外的。

解决方法是用透明墙搭建墙体和现实的墙体对应，这样转角的时候就不会显示转角之后的路线，感觉更好。

3. 场景设计

所有功能都可以简单地在一个场景中实现，所以只设计一个场景。场景中的导航范围和透明墙要与现实世界对应，比较麻烦的是，专业并准确地测量通常很难也很费事，所以提供一个 Debug 功能，用来调整 Unity 世界中的内容，将其和现实世界基本对应上，如图 11-8 所示。

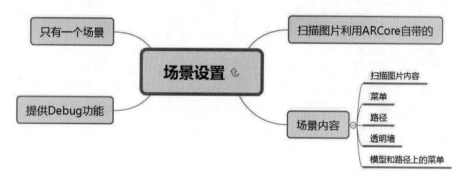

图 11-8

这里就不展开界面的设计了，整个程序设计的思维导图如图 11-9 所示。

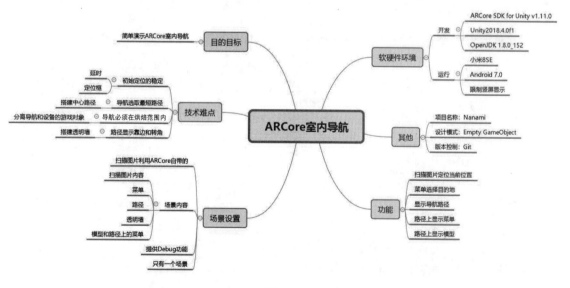

图 11-9

11.4 图片识别内容开发

11.4.1 准备工作

1. 新建项目

打开 Unity Hub，新建一个项目，并命名为"Nanami"，如图 11-10 所示。

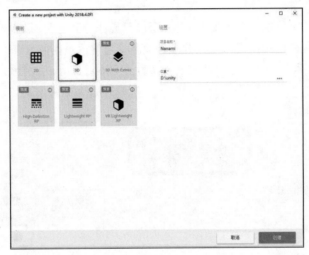

图 11-10

删除项目中默认的"Scenes"目录，如图 11-11 所示。

2. 导入 ARCore

依次单击菜单选项"Assets→Import Package→Custom Package"，如图 11-12 所示。

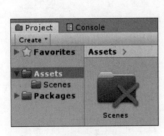
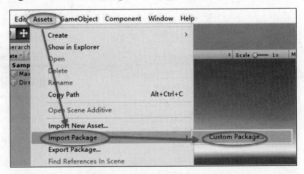

图 11-11　　　　　　　　　　图 11-12

找到 ARCore 的导入包，选中后单击"打开"按钮，如图 11-13 所示。

在弹出窗口中单击"Import"按钮导入 ARCore，如图 11-14 所示。

依次单击菜单选项"File→Build Settings"，弹出"Build Settings"窗口。在"Platform"列表中选中"Android"，设置项目的平台是安卓平台，然后单击"Player Settings"按钮。在"Inspector"窗口中，勾选"XR Settings"列表中的"ARCore Supported"选项，启用 ARCore 支持，如图 11-15 所示。

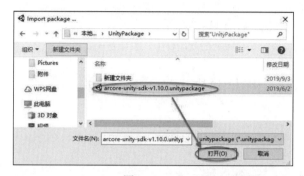
图 11-13

图 11-14

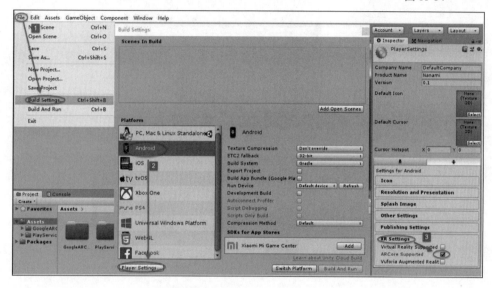
图 11-15

3. 导入 3D 模型

从 Unity 商城中选择一个 3D 模型，这里选择的是"Optimize,SD Kohaku-Chanz！"，单击"导入"按钮，如图 11-16 所示。

图 11-16

在弹出窗口中单击"Import"按钮导入模型，如图 11-17 所示。

4. 制作导入贴图

新建一个"Nanami"目录作为项目目录，如图 11-18 所示。

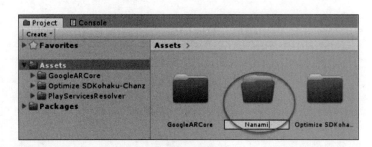

图 11-17　　　　　　　　　　　　　　图 11-18

在网上找在线网页配色，选择一个喜欢的配色方案，如图 11-19 所示。

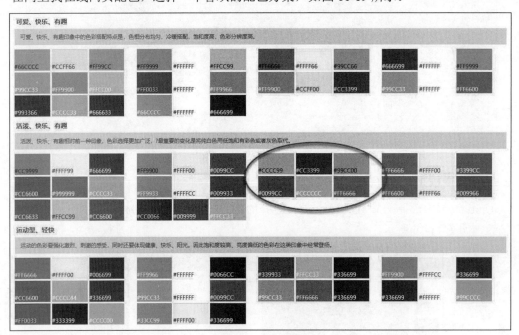

图 11-19

根据配色方案制作 3 个图片，不需要很大，32×32 左右即可，拖到"Nanami/Textures"目录。这 3 个图片在 Debug 模式中用于区分不同功能的定位块，如图 11-20 所示。

5. 导入图标和字体

将应用图标导入到"Nanami/Images"目录下，如图 11-21 所示。将中文字体导入到"Nanami/Fonts"目录下，如图 11-22 所示。

第 11 章 基于 ARCore 的室内导航

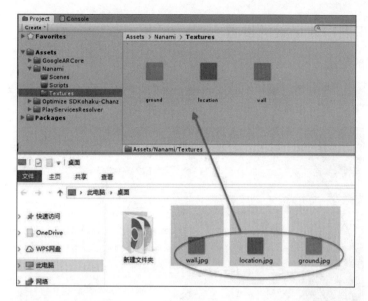

图 11-20

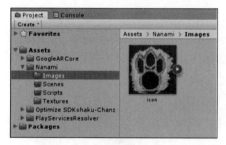

图 11-21

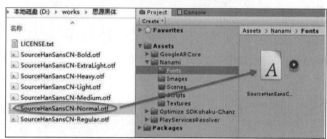

图 11-22

6. 导入导航插件

将下载的 NavMeshComponents 项目下的"NavMeshComponents"目录拖到项目中，如图 11-23 所示。

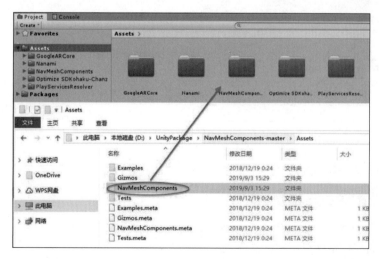

图 11-23

11.4.2 图片识别功能场景的设置

1. 图片识别的配置

在"Nanami"目录下新增目录"AugmentedImage",将要识别的图片拖到该目录下。这里先随便找一张图片,后面再更换成正式的图片,如图11-24所示。

图 11-24

选中导入的图片,依次单击菜单选项"Assets → Create → Google ARCore → AugmentedImangeDatabase",添加配置文件,如图11-25所示。

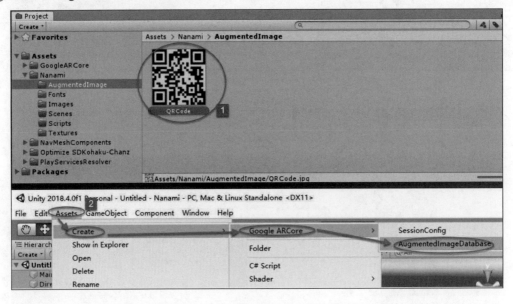

图 11-25

将新增的配置文件名修改为"LocationDatabase",如图11-26所示。

2. 添加并设置 ARCore 配置文件

在"Nanami"目录下新增目录"Configurations",如图11-27所示。

选中新增的目录,依次单击菜单选项"Assets→Create→Google ARCore→SessionConfig",添加 ARCore 的配置文件,如图11-28所示。

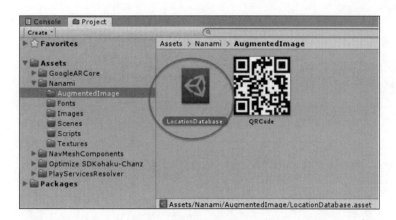

图 11-26

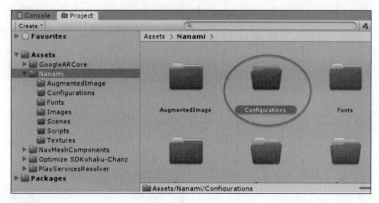

图 11-27

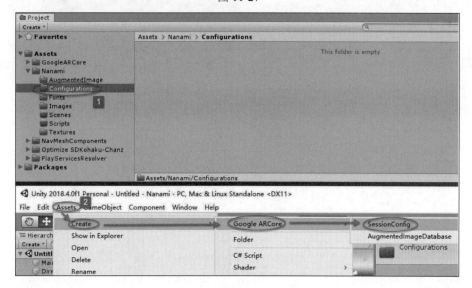

图 11-28

选中新增的配置文件"ARCoreSessionConfig",将"Light Estimation Mode"设置为"Disabled"关闭环境光识别,将"Nanami/AugmentedImage"目录下的"LocationDatabase"配置文件拖到"Augmented Image Database"属性中为该属性赋值,如图 11-29 所示。

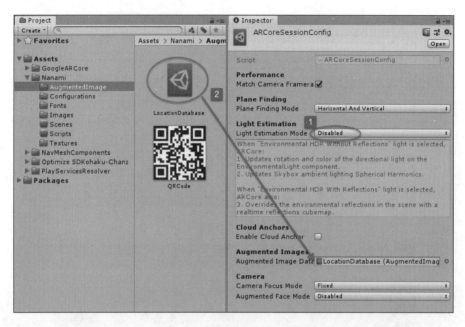

图 11-29

3. 添加并配置场景的 ARCore 内容

在"Nanami/Scenes"目录下新建场景"Main",如图 11-30 所示。

删除场景中原有的内容,将"GoogleARCore/Prefabs"目录下的"ARCore Device"预制件拖到场景中,如图 11-31 所示。

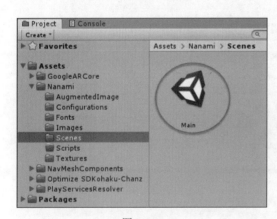

图 11-30　　　　　　　　　　　　图 11-31

选中"ARCore Device"游戏对象,将"Nanami/Configurations"目录下的"ARCoreSessionConfig"配置文件拖到"Session Config"属性中为该属性赋值,将 ARCore 的配置改为自己定义的配置,如图 11-32 所示。

选中"First Person Camera"游戏对象,单击鼠标右键,在弹出的快捷菜单中依次选择菜单选项"Light→Directional Light",为"First Person Camera"游戏对象添加一个光源作为子游戏对象,如图 11-33 所示。

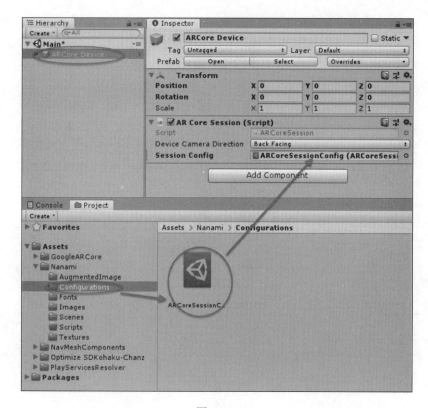

图 11-32

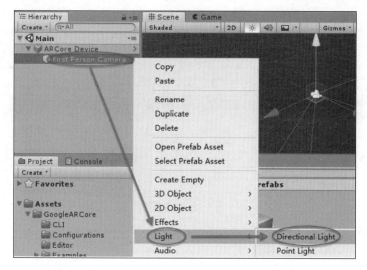

图 11-33

4．添加点云显示

将"GoogleARCore/Examples/Common/Prefabs"目录下的"PointCloud"预制件拖到场景中，如图 11-34 所示。

这里添加锚点显示是为了开发和调试时能知道当前环境是否会对定位产生影响。一个环境中如果锚点特别少就会影响到定位的准确度。

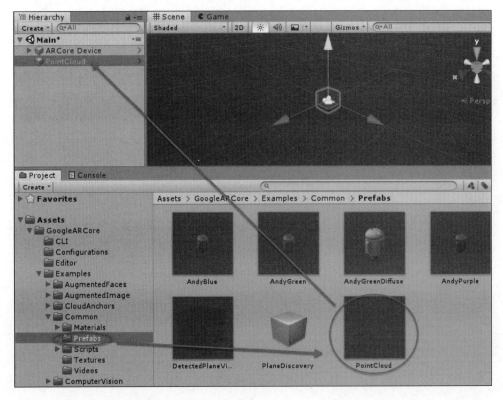

图 11-34

5. 添加错误提示文本框

依次单击菜单选项"GameObject→UI→Text",添加一个文本框,如图 11-35 所示。

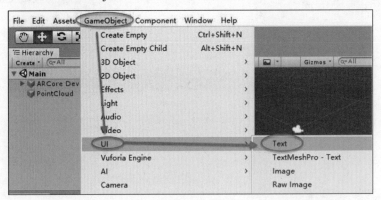

图 11-35

设置文本框的名称为"TextError"、对齐方式为全屏对齐,选中"Best Fit"文字自适应选项,修改"Color"属性(黑色文字在多数环境下不如白色文字显眼),如图 11-36 所示。

6. 添加扫描图片的 UI

在官方示例中,打开应用,有个拿着手机晃动的效果,其实是在 UI 上播放视频。这里借用官方的这个效果。

依次单击菜单选项"GameObject→UI→Raw Image",添加一个原始图片游戏对象,如图11-37所示。

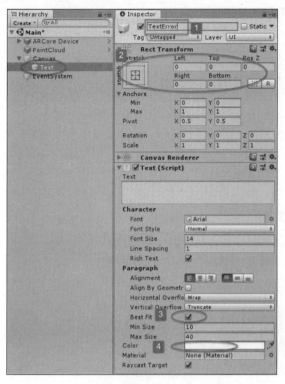

图 11-36

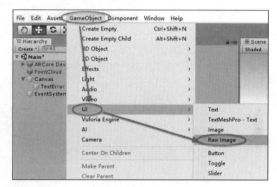

图 11-37

选中新增的游戏对象,把名称修改为"RawImageFind",设置对齐方式为居中对齐,宽和高都是400,将"GoogleARCore/ Examples/Common/Textures"目录下的"transparent"纹理拖到"Texture"属性中为该属性赋值,也就是为播放透明视频设置纹理,如图11-38所示。

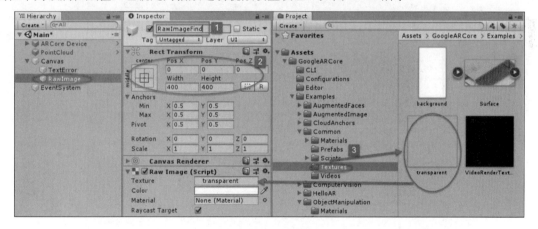

图 11-38

选中"RawImageFind"游戏对象,单击"Add Component"按钮,在搜索框中输入"Video",选中"Video Player",为游戏对象添加视频播放组件,如图11-39所示。

修改"Video Player"组件下的"Render Mode"属性为"Camera Near Plane",将"First Person Camera"游戏对象拖到"Camera"属性中为该属性赋值,将"GoogleARCore/Examples/Common/Videos"目录下的"hand_oem"视频拖到"Video Clip"中为其赋值,如图11-40所示。

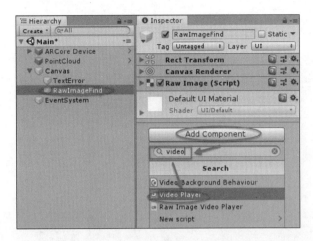

图 11-39

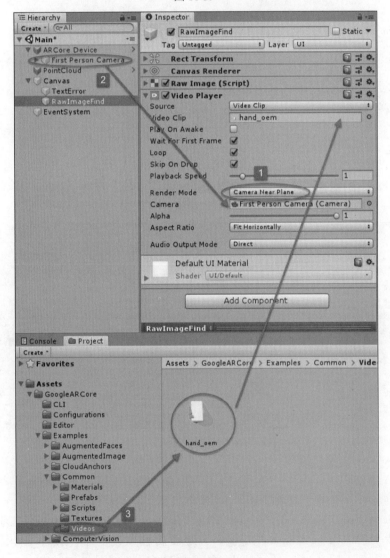

图 11-40

7. 添加等待识别的 UI

依次单击菜单选项"GameObject→UI→Raw Image",添加一个原始图片游戏对象。

修改名称为"RawImageWait",设置对齐方式为中心对齐、宽为 600、高为 1200,将"GoogleARCore/Examples/Common/Textures"下的"fit_to_scan"图片拖到"Texture"属性中,为该属性赋值,如图 11-41 所示。

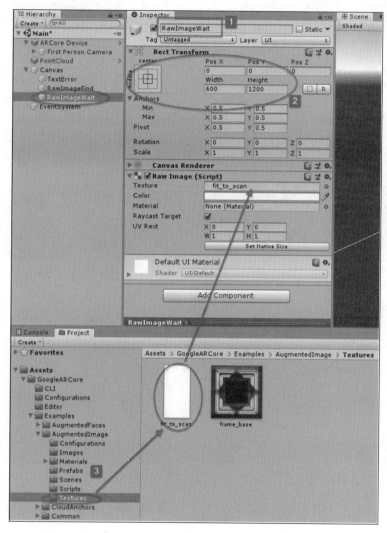

图 11-41

8. 添加空的游戏对象

新建一个空的游戏对象并命名为"GameMaster"。

9. 添加定位块

新建一个空的游戏对象,命名为"Locations",并将定位块放在下面。

选中"Locations"游戏对象,单击鼠标右键,在弹出的快捷菜单中依次选择菜单选项"3D Object→Cube",添加一个方块。

选中新增的方块，修改名称和识别图片一致、方块的长宽和图片实际大小一致，设置厚度 0.01，即若图片实际大小是 0.173×0.173（米），则方块的 Scale 属性为（0.173,0.173,0.01），如图 11-42 所示。

将"Nanami/Textures"目录下的"location"图片拖到方块上，作为该图片的纹理，如图 11-43 所示。

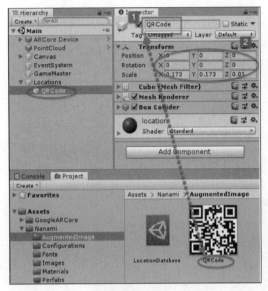 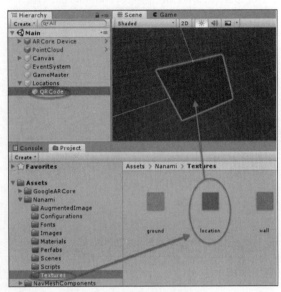

图 11-42　　　　　　　　　　　　　　　　图 11-43

11.4.3　ARCore 错误提示功能脚本的开发

在"Nanami/Scripts"目录下新建脚本"ARCoreErrorController"，并将该脚本拖到"GameMaster"游戏对象下成为后者的组件。

将"TextError"游戏对象拖到"Canvas"游戏对象的最后一个位置，保证错误提示信息显示在最前面，而不会被其他 UI（用户界面）遮挡，如图 11-44 所示。

脚本内容如下：

图 11-44

```
void Update()
{
    ...
    // 如果有异常，则显示
    if (Session.Status == SessionStatus.ErrorPermissionNotGranted)
    {
        text.gameObject.SetActive(true);
        text.text = "Camera permission is needed.";
    }
    else if (Session.Status.IsError())
    {
        ...
    }
}
```

11.4.4 图片识别功能脚本的开发

1. 添加脚本

在"Nanami/Scripts"目录下新建脚本"MainController",并将该脚本拖到"GameMaster"游戏对象下成为后者的组件。

2. 编写识别大框架

添加一个枚举来控制状态,在 Update 方法中根据状态来执行对应内容:

```
...
    public class MainController : MonoBehaviour
    {
        private enum Status
        {
            finding,
            waiting,
            tracking
        }
        private Status status;
        void Start()
        {
            status = Status.finding;
            StartFind();
        }
        void Update()
        {
            switch (status)
            {
                case Status.finding:
                    Finding();
                    break;
                case Status.waiting:
                    Waiting();
                    break;
                case Status.tracking:
                    break;
            }
            ...
        }
        private void StartFind(){}
        private void Finding(){}
        private void Waiting(){}
```

3. 编写开始查找的内容

在 Start 方法中获取对应的 UI，开始的时候播放视频：

```
private void StartFind()
{
    findUI.gameObject.SetActive(true);
    findUI.Play();
    waitUI.SetActive(false);
}
```

这时的效果如图 11-45 所示，有个透明视频在播放，视频内容是让使用者晃动手机。

4. 编写等待过程内容

查找过程中一旦发现图片，就进入下一个状态。

图 11-45

```
private void Finding()
{
    // 检查是否处于追踪状态
    if (Session.Status != SessionStatus.Tracking)
    {
        return;
    }

    // 更新识别图片列表
    Session.GetTrackables<AugmentedImage>(...);

    // 遍历识别图片列表
    foreach (var image in listAugmentedImage)
    {
        dictRoom.TryGetValue(image..., out Transform outTransform);
        if (image.TrackingState == TrackingState.Tracking && ...)
        {
            // 图片被识别，建立锚点
            anchor = image.CreateAnchor(image.CenterPose);
            ...
            status = Status.waiting;
            StartWaiting();
        }
        else if (image.TrackingState == TrackingState.Stopped ...)
        {
            dictRoom.Remove(image.DatabaseIndex);
        }
    }
}
private void StartWaiting()
{
```

```
            waitTime = Time.time;
            ...
        }
    }
```

这时的效果如图 11-46 所示，有个框让使用者对准二维码。

5. 编写等待结束的内容

在查找到图片以后，等待 2 秒，这时，手机屏幕显示是一个框，以便于用户在识别图片时，设备位置相对固定。时间到了以后，再重新识别并添加锚点。

ARCore 会一直跟踪图片并修正锚点的位置，直到图片从屏幕中消失，但是当手机位置比较偏的时候反而会把位置弄偏。所以，这里只是把定位块放到锚点位置。

图 11-46

```
        private void Waiting()
        {
            // 延时 2 秒
            if (Time.time - waitTime < 2f)
            {
                return;
            }
            // 检查是否处于追踪状态
            if (Session.Status == SessionStatus.Tracking)
            {
                // 进入追踪状态
                currentLocation.localPosition =
anchor.transform.position;
                ...
                StartTrack();
            }
            else
            {
                dictRoom.Clear();
                status = Status.finding;
                StartFind();
            }
        }
```

这时的效果是把定位块移动到图片位置，如图 11-47 所示。

图 11-47

11.5　Debug 模式开发

为了减少定位时偏差带来的影响，将定位之后获得的坐标和角度作为地图的中心，然后根据定位块和地图中心的关系移动整个地图,将其和真实环境对应。Debug 模式虽然运行时不可见,但是可以减少开发的工作量和难度。

1. 添加对应现实空间的游戏对象

新建一个游戏对象,命名为"Map",和现实对应的内容放置在这个游戏对象下面。

在"Map"游戏对象下新建一个游戏对象,命名为"Center"。

在"Center"游戏对象下添加模型,这里添加了 3 个方块。"Center"游戏对象的目的是标识出"Map"的中心,因为所有其他内容都是以该点作为参照。至于中心放置什么模型,并不重要,如图 11-48 所示。

在"Map"游戏对象下添加游戏对象:"Walls"用于放置墙体相关的内容,"Ground"用于放置地面相关的内容,"Others"用于放置其他内容,如图 11-49 所示。把"Locations"游戏对象拖动到"Map"游戏对象下成为后者的子游戏对象。

图 11-48　　　　　　　　　　　　　　　图 11-49

2. 添加 UI

依次单击菜单选项"GameObject→UI→Canvas",添加一个新的画布。

将新添加的画布命名为"CanvasDebug",如图 11-50 所示。

图 11-50

选中"CanvasDebug"游戏对象,依次单击菜单选项"GameObject→UI→Panel",添加一个面板。设置面板位置为屏幕下方 60%的大小。

继续在画布中添加 2 个文本 UI(Text)、1 个输入框(InputField)和 12 个按钮(Button),如图 11-51 所示。这些 UI 的主要目的是当单击选中场景中的某个游戏对象后,可以根据这些 UI 调整场景中游戏对象的坐标和角度。

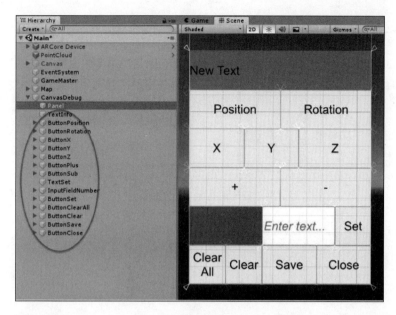

图 11-51

3. 编写信息保存脚本

在 "Nanami/Scripts" 目录下新增脚本 "PRSave"，用来保存设置游戏对象位置的信息，并将这个脚本拖到 "QRCode" 游戏对象下成为后者的组件。

PRSave 脚本主要是调用 PlayerPrefs 的方法来保存当前信息，因为只能保存字符串、整数和浮点，所以比较烦琐。（存储内容量大的话可以考虑使用 EasySave 插件，不过这个插件需要付费。）脚本中的 Save 和 Clear 方法是提供给其他脚本调用的。

```
void Start()
{
    // 读取位置信息
    transform.localPosition = new Vector3(
        PlayerPrefs.GetFloat(name + "px", transform.localPosition.x),
        ...);
    transform.localEulerAngles = new Vector3(
        PlayerPrefs.GetFloat(name + "rx", transform.localEulerAngles.x),
        ...);
}
public void Save()
{
    PlayerPrefs.SetFloat(name + "px", transform.localPosition.x);
    ...
}
public void Clear()
{
    PlayerPrefs.DeleteKey(name + "px");
    ...
}
```

4. 添加矫正脚本

在"Nanami/Scripts"目录下新增脚本"ReviseController",并将这个脚本拖到"GameMaster"游戏对象下成为后者的组件。这个脚本的目的是矫正场景中的游戏对象,使它的位置和角度尽可能和现实对应。

5. 编写单击选中功能和 UI 显示功能

添加单击选中功能:

```
void Update()
{
    // 只有一个触摸点才继续
    if (Input.touchCount != 1)
    {
        return;
    }

    // 触碰发生时才继续
    if (Input.GetTouch(0).phase != TouchPhase.Began)
    {
        return;
    }

    // 射线检测是否单击了物体
        Ray ray = Camera.main.ScreenPointToRay(Input...);
        int mask = 1 << 9;
        if (Physics.Raycast(ray, out RaycastHit hit, 100f, mask))
        {
            currentTransform = hit.transform;
            UpdateUI();
        }
}
```

添加 UI 显示内容,首先添加私有变量以记录当前要进行的操作,添加 UpdateUI 方法,以便在对应操作中调用该方法。

```
public void UpdateUI()
{
    // 当前对象不能为空
    if (currentTransform == null)
    {
        return;
    }
    // 显示 UI
    canvas.SetActive(true);
    // 显示对象名称和位置信息
    textInfo.text = transform.name;
    textInfo.text = transform.name + "\r\n"
```

```
            + currentTransform.localPosition.ToString() + "\r\n"
            + currentTransform.localEulerAngles.ToString();
        // 显示设置
        // 类型
        if (modifyType)
        {
            textSet.text = "position->";
        }
        else
        {
            textSet.text = "rotation->";
        }
        ...
    }
```

6. 添加设置其他简单功能

添加其他简单的功能，例如保存等。

```
    public void ClearAll()
    {
        PlayerPrefs.DeleteAll();
    }
    public void Clear()
    {
        currentTransform.SendMessage("Clear");
    }
    public void Save()
    {
        currentTransform.SendMessage("Save");
    }
    public void Close()
    {
        canvas.SetActive(false);
    }
```

选中"ButtonClearAll"游戏对象，单击"On Click()"面板中的"+"按钮，添加单击事件响应。将"GameMaster"游戏对象拖到"Runtime Only"属性中为该属性赋值，单击下拉菜单选择响应事件为"ReviseController"脚本下的"ClearAll"方法，如图11-52所示。

选中"ButtonClear"游戏对象，单击"On Click()"面板中的"+"按钮，添加单击事件响应。将"GameMaster"游戏对象拖到"Runtime Only"属性中为该属性赋值，选择响应事件为"ReviseController"脚本下的"Clear"方法。

选中"ButtonSave"游戏对象，单击"On Click()"面板中的"+"按钮，添加单击事件响应。将"GameMaster"游戏对象拖到"Runtime Only"属性中为该属性赋值，选择响应事件为"ReviseController"脚本下的"Save"方法。

选中"ButtonClose"游戏对象，单击"On Click()"面板中的"+"按钮，添加单击事件响应。

将"GameMaster"游戏对象拖到"Runtime Only"属性中为该属性赋值,选择响应事件为"ReviseController"脚本下的"Close"方法。

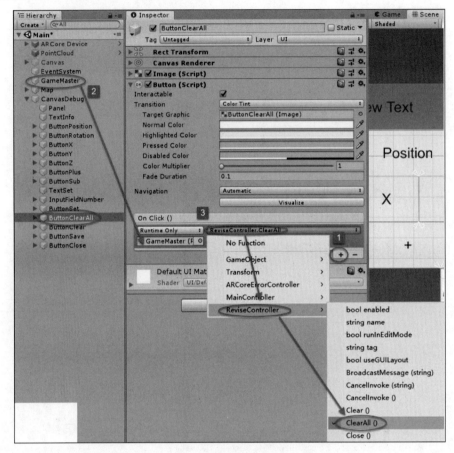

图 11-52

7. 添加位置内容

添加设置位置内容,逻辑不复杂,就是比较烦琐,代码如下:

```
public void SetType(bool inputType)
{
    modifyType = inputType;
    UpdateUI();
}
public void SetAxis(int inputAxis)
{
    asix = inputAxis;
    UpdateUI();
}
public void SetOperation(bool inputOperation)
{
    operation = inputOperation;
```

```csharp
        UpdateUI();
    }
    public void SetTransform()
    {
        float num = float.Parse(inputFieldNumber.text);
        if (modifyType)
        {
            if (operation)
            {
                ModifyPosition(num);
            }
            else
            {
                ModifyPosition(-num);
            }
        }
        ...
        UpdateUI();
    }
    private void ModifyPosition(float num)
    {
        Vector3 oldPosition = currentTransform.localPosition;
        switch (asix)
        {
            case -1:
                currentTransform.localPosition = new Vector3(
                    oldPosition.x + num,
                    oldPosition.y,
                    oldPosition.z);
                break;
            ...
        }
    }
    private void ModifyRotation(float num)
    {
        Vector3 oldRotation = currentTransform.localEulerAngles;
        switch (asix)
        {
            case -1:
                currentTransform.localEulerAngles = new Vector3(
                    oldRotation.x + num,
                    oldRotation.y,
                    oldRotation.z);
                break;
            ...
        }
```

8. 设置位置对应按钮事件

（1）设置 SetType 对应按钮

选中"ButtonPosition"游戏对象，单击"On Click()"面板中的"+"按钮，添加单击事件响应；将"GameMaster"游戏对象拖到"Runtime Only"属性中为该属性赋值；选择响应事件为"ReviseController"脚本下的"SetType"方法，如图 11-53 所示。

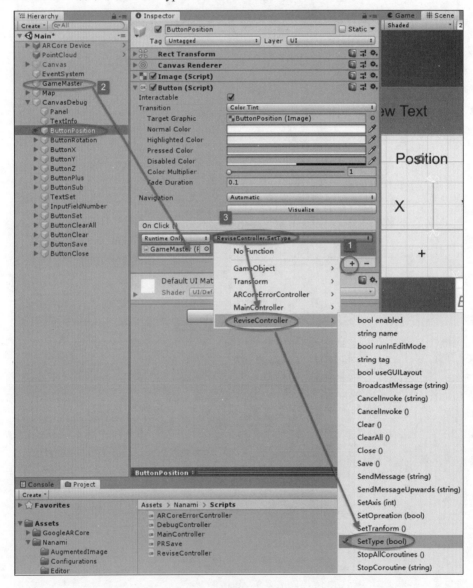

图 11-53

"SetType"方法需要输入一个布尔变量，选中方法下面的选项，设置方法输入值为 true，如图 11-54 所示。

"ButtonRotation"游戏对象的设置方法和"ButtonPosition"游戏对象基本一样，区别只是设置方法输入值为 false。

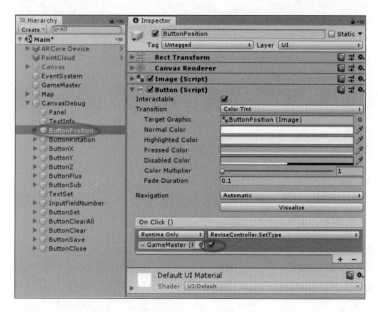

图 11-54

（2）设置 SetAxis 对应按钮

选中"ButtonX"游戏对象，单击"On Click()"面板中的"+"按钮，添加单击事件响应；将"GameMaster"游戏对象拖到"Runtime Only"属性中为该属性赋值；选择响应事件为"ReviseController"脚本下的"SetAxis"方法。

"SetAxis"方法需要输入一个整数变量，选中方法下面的选项，设置方法输入值为-1。

"ButtonY"游戏对象的设置方法和"ButtonX"游戏对象基本一样，区别只是输入值为 0。

"ButtonZ"游戏对象的设置方法和"ButtonX"游戏对象基本一样，区别只是输入值为 1。

（3）设置 SetOperation 对应按钮

选中"ButtonPlus"游戏对象，单击"On Click()"面板中的"+"按钮，添加单击事件响应；将"GameMaster"游戏对象拖到"Runtime Only"属性中为该属性赋值；选择响应事件为"ReviseController"脚本下的"SetOperation"方法。

"SetOperation"方法需要输入一个布尔变量，选中方法下面的选项，设置方法输入值为 true。

"ButtonSub"游戏对象的设置方法和"ButtonPlus"游戏对象基本一样，区别只是输入值为 false。

（4）设置 SetTranform

选中"ButtonSet"游戏对象，单击"On Click()"面板中的"+"按钮，添加单击事件响应；将"GameMaster"游戏对象拖到"Runtime Only"属性中为该属性赋值；选择响应事件为"ReviseController"脚本下的"SetTranform"方法。

9. 添加设置场景的方法

打开"MainController"脚本，添加"SetMapInfo"方法。原来的方法是将锚点的游戏对象移动过来，现在是将 Map 游戏对象移动到合适的位置。

```
private void Waiting()
{
```

```
        ...
        // 检查是否处于追踪状态
        if (Session.Status == SessionStatus.Tracking)
        {
            // 进入追踪状态
            SetMapInfo();

            status = Status.tracking;
            StartTrack();
        }
        else
        {
            dictRoom.Clear();
            status = Status.finding;
            StartFind();
        }
    }
    private void SetMapInfo()
    {
        // 修改导航空间位置
        Transform map = GameObject.Find("Map").transform;
        if (currentLocation != null && map != null)
        {
            map.position = anchor.transform.position;
            map.eulerAngles = anchor.transform.eulerAngles;
            map.Rotate(90f, 0, 0, Space.Self);
            map.position = map.position - currentLocation.localPosition;
            anchorShow.transform.parent = null;
        }
    }
```

10. 添加测试点

在"Walls"游戏对象下添加一个方块，设置名称为"WallPoint1"，设置成一个扁的小一点的方块，将"Nanami/Textures"目录下的"wall"纹理拖到方块上，如图 11-55 所示。

将"Nanami/Scripts"目录下的"PRSave"脚本拖到方块上成为方块的组件。

11. 添加锚点显示

在场景中新建空的游戏对象并命名为"AnchorShow"；在游戏对象下新建模型，和之前的类似，如图 11-56 所示。

修改"MainController"脚本的"Finding"方法，在建立锚点以后，将刚才做的模型（"AnchorShow"游戏对象）放置到锚点下成为子游戏对象，位置角度和锚点重合。这样，锚点发生变化就可以看到了。

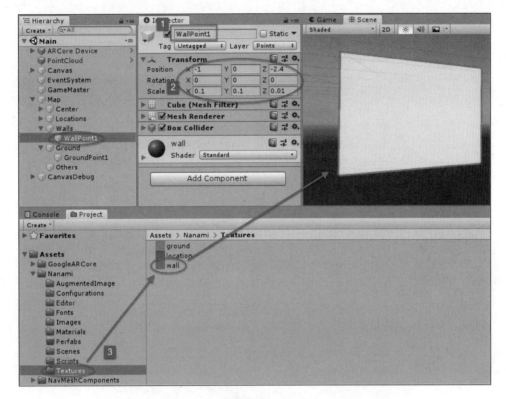

图 11-55

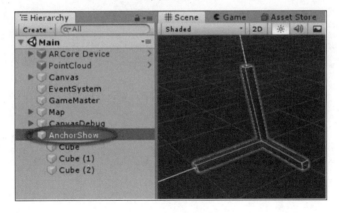

图 11-56

当以锚点为基准设置"Map"游戏对象时,将"AnchorShow"游戏对象从锚点的子游戏对象变为根游戏对象,就能显示实际的基准情况了。

```
private GameObject anchorShow;

private void Finding()
{
    ...
    // 遍历识别图片列表
    foreach (var image in listAugmentedImage)
```

```
            {
                dictRoom.TryGetValue(image...);
                if (image.TrackingState =...)
                {
                    // 图片被识别,建立锚点
                    anchor = image.CreateAnchor(image.CenterPose);
                    dictRoom.Add(image.DatabaseIndex,
                    GameObject.Find("Map/Locations/" + image.Name).transform);
                    currentLocation =
GameObject.Find("Map/Locations/"...).transform;
                    // 显示锚点情况
                    anchorShow = GameObject.Find("AnchorShow");
                    if (anchorShow != null)
                    {
                        anchorShow.transform.parent = anchor.transform;
                        anchorShow.transform.localPosition = Vector3.zero;
                        anchorShow.transform.localRotation = Quaternion.Euler (90f,
0, 0);
                    }
                    status = Status.waiting;
                    StartWait();
                }
                ...
            }
        }
        ap = GameObject.Find("Map").transform;
            if (currentLocation != null && map != null)
            {
                map.position = anchor.transform.position;
                map.eulerAngles = anchor.transform.eulerAngles;
                map.Rotate(90f, 0, 0, Space.Self);
                map.position = map.position -
currentLocation.localPosition;
                anchorShow.transform.parent = null;
            }
        }
```

效果如图 11-57 所示,如果没有偏差,红色定位块应该和图片重合。实际效果多少会有些偏离。这里,图片越大,实际偏移越大。实际空间越大,偏移也越大。图片识别的时候,设备位置也会受影响。

图 11-57

11.6 对应实际场景内容搭建和矫正

1. 设计需要的定位点

需要搭建的其实是导航的路径和墙体信息，在路径的节点处设置定位点，在会遮挡路径的墙体处设置墙体定位点，示意图如图 11-58 所示。

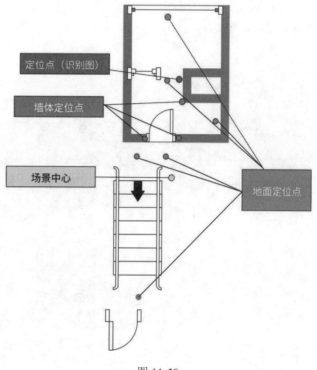

图 11-58

2. 修改识别图片位置

根据设计，修改识别图片对应的"QRCode"游戏对象的位置，基本准确就可以了，如图 11-59 所示。

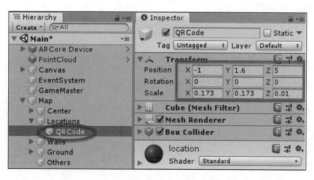

图 11-59

3. 添加地面定位游戏对象

在"Ground"游戏对象下添加一个方块,并命名为"GP Location",是识别图片旁边的定位点。设置其缩放为"0.297,0.001,0.21",即一张 A4 纸的大小,位置不需要很精确。将"Nanami/Scripts"目录下的"PRSave"脚本拖到 GP Location 下成为后者的组件,如图 11-60 所示。

以同样的方法添加其他地面定位点,如图 11-61 所示。

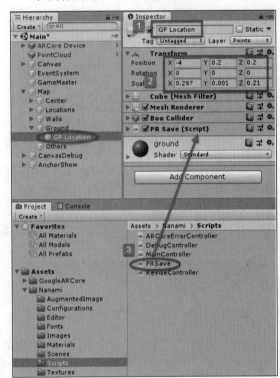
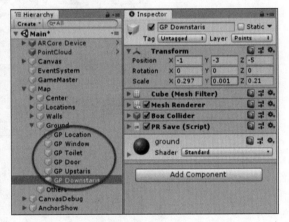

图 11-60　　　　　　　　　　　　　　　图 11-61

4. 添加墙体定位游戏对象

在"Walls"游戏对象下添加一个方块,并命名为"WP 1";设置其缩放为"0.3,0.3,0.3",位置不需要很精确,如图 11-62 所示。将"Nanami/Scripts"目录下的"PRSave"脚本拖到"WP 1"下成为后者的组件。

以同样的方法添加其他墙体定位点。

5. 调整定位点

将应用打包,运行。识别图片后,能找到这些定位点。选中对应的定位点,可以通过按钮和输入设置这些定位点的位置。将其设置到合适的位置,如图 11-63 所示。

定位点是否和地面差不多高(Y 轴值是否合适)可以通过在地面放一张 A4 纸,比较模型和 A4 纸大小是否一致来判断。

当位置合适时,单击"Save"按钮保存值。这样,应用重新启动以后会恢复之前调整后的结果,如图 11-64 所示。

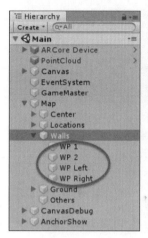  

图 11-62　　　　　　图 11-63　　　　　　　　　　图 11-64

当调整完毕以后，记录下这些定位点的位置（可以截屏）。打开项目，在 Unity 中把对应点调整后的值输回去。

6. 添加导航道路

在"Map"游戏对象下新建一个空的游戏对象并命名为"Roads"，用于放置导航路径的游戏对象。

选中"Roads"游戏对象，单击鼠标右键，在弹出的快捷菜单中依次选择菜单选项"3D Object→Plane"，添加一个平面。

设置平面的位置和缩放，将其设置为宽为 0.02 的长条，连接各定位点，如图 11-65 所示。

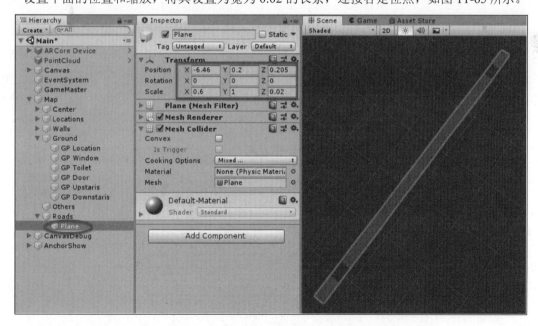

图 11-65

重复上面的工作，将所有定位点都用 Plane 连接起来，如图 11-66 所示。

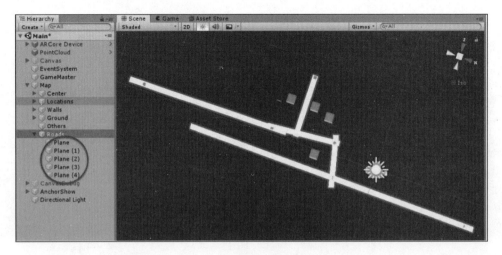

图 11-66

11.7 导航内容的开发

为了调试方便、能够在 Unity 编辑器中调试导航内容，需要先新建一个场景将导航的内容复制过去，然后在新建场景中编写导航内容。编写完成，调试没有问题以后，再将相关内容复制到使用的场景中。

11.7.1 新建场景并复制导航内容

（1）在"Nanami/Scenes"目录下新建场景并命名为"Navigation"。

（2）将"Nanami/Scenes"目录下的"Main"场景拖到"Hierarchy"窗口中，这样就同时打开了两个场景。

将"Main"场景中的"Map"游戏对象拖到"Navigation"场景中。

（3）单击"Main"场景右侧的按钮，在弹出菜单中单击"Remove Scene"命令移除场景，不要保存修改，如图 11-67 所示。

这样就实现了将"Map"游戏对象从"Main"场景复制到"Navigation"场景中。当然也可以将"Map"游戏对象做成预制件，然后分别在两个场景中使用。

图 11-67

11.7.2 设置场景导航内容

1. 设置导航范围

将"NavMeshComponents/Scripts"目录下的"NavMeshSurface"脚本拖到"Roads"游戏对象下成为后者的组件。

在"Nav Mesh Surface"组件下的"Agent Type"中勾选"Open Agent Settings…"选项，打开 Agent 设置，如图 11-68 所示。

在"Navigation"窗口中，将"Radius"属性设置为 0.05，即导航对象直径为 0.05 米，如图 11-69 所示。

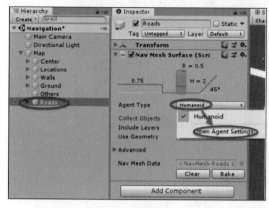
图 11-68

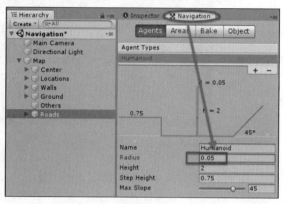
图 11-69

回到"Inspector"窗口，将"Collect Objects"选项修改为"Children"，也就是只将"Roads"游戏对象的子游戏对象作为导航范围，如图 11-70 所示。

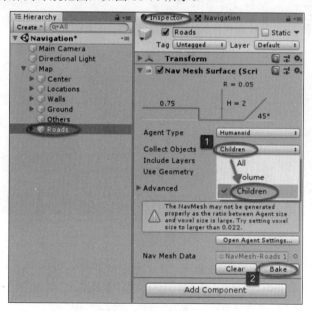
图 11-70

单击"Bake"按钮，烘焙下。

这时，能看到原来的路径上多了蓝色的内容，这就是导航的范围，如图 11-71 所示。

2. 添加其他导航内容

选中"Map"游戏对象，单击鼠标右键，在弹出的快捷菜单中依次选择菜单选项"3D Object→Capsule"，添加一个柱体。

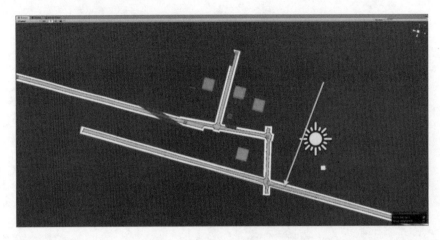

图 11-71

选中新添加的游戏对象,把它的名称修改为 NavAgent,用来确定导航起始点的位置并将其略微改小一些;单击"Add Component"按钮,在弹出的搜索框中输入"nav",单击"Nav Mesh Agent"为其添加导航代理组件,如图 11-72 所示。

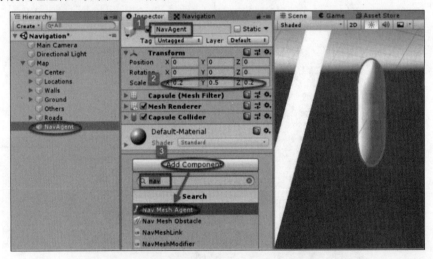

图 11-72

新增一个空的游戏对象,并改名为 Line,用于显示导航路径。单击"Add Component"按钮,在弹出的搜索框中输入"line",单击"Line Renderer"为其添加线条组件,如图 11-73 所示。

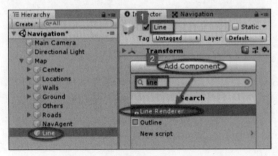

图 11-73

3. 添加导航 UI

（1）添加菜单按钮

依次单击菜单选项"GameObject→UI→Button"，添加一个按钮。

设置画布游戏对象的名称为"CanvasNavigation"。

把按钮名称修改为 ButtonMenu，并把按钮的位置设置在屏幕右上角。

修改按钮文字内容、字体和大小，如图 11-74 所示。

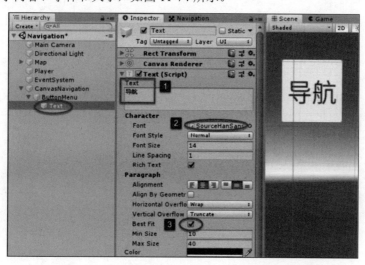

图 11-74

（2）添加目的地按钮

依次单击菜单选项"GameObject→UI→Panel"，添加一个面板。

选中"Panel"游戏对象，单击鼠标右键，在弹出的快捷菜单中依次选择菜单选项"UI→Button"，在面板下添加一个按钮。

修改按钮名称，把按钮位置设置在屏幕顶部。修改按钮文字、字体和大小。

用同样的方式添加几个按钮，上面的是导航的目的地，最下面的按钮用于关闭当前面板，如图 11-75 所示。

图 11-75

4. 添加脚本

新建一个空的游戏对象并命名为 GameMaster。在"Nanami/Scripts"目录下新建脚本"NavigationController"，并将这个脚本拖到"GameMaster"游戏对象下成为后者的组件。

11.7.3 导航脚本的开发

1. 编写脚本

因为包含按钮的面板同时只能显示其中一个，用一个方法加参数来实现。

```csharp
public void SetPanelDisplay(bool display)
{
    panel.SetActive(display);
    menuButton.SetActive(!display);
}
```

在"Start"方法中设置参数和导航线的初始值。当导航区域的位置发生变化以后,需要重新烘焙,使用"BuildNavMesh"方法进行动态烘焙。"DisplayPath"方法可以放入"Update"方法中,但是实际使用中不需要高频率地更新,于是用 InvokeRepeating 语句来实现重复烘焙。

```csharp
void Start()
{
    agent = FindObjectOfType<NavMeshAgent>();
    agent.enabled = false;
    surface = FindObjectOfType<NavMeshSurface>();
    path = new NavMeshPath();
    // 设置导航线的颜色宽度
    line = FindObjectOfType<LineRenderer>();
    ...
}
public void BuildNavMesh()
{
    surface.BuildNavMesh();
}
public void NavigationTarget(Transform targetTF)
{
    // 停止重复
    CancelInvoke("DisplayPath");

    target = targetTF.position;

    // 重复开始
    InvokeRepeating("DisplayPath", 0, 0.5f);

    SetPanelDisplay(false);
}
public void DisplayPath()
{
    // 将代理移动到当前位置
    agent.transform.position = player.position;
    agent.enabled = true;
    // 计算路径
    agent.CalculatePath(target, path);
    // 显示路径
    line.positionCount = path.corners.Length;
    line.SetPositions(path.corners);
    // 停止代理
    agent.enabled = false;
}
```

2. 设置菜单按钮

选中"ButtonMenu"游戏对象，单击"On Click"面板中的"+"按钮，添加按钮单击事件响应，将"GameMaster"游戏对象拖到"Runtime Only"属性中；设置响应事件的方法为"NavigationController"脚本的"SetPanelDisplay"方法。

选中输入参数的选项，即设置输入参数为"true"，如图 11-76 所示。

3. 设置导航按钮

选中"Button Window"游戏对象，单击"On Click"面板中的"+"按钮，添加按钮单击事件响应；将"GameMaster"游戏对象拖到"Runtime Only"属性中，设置响应事件的方法为"NavigationController"脚本的"NavigationTarget"方法。

将"GP Window"游戏对象拖到参数中，即之前用来做定位点的游戏对象，如图 11-77 所示。

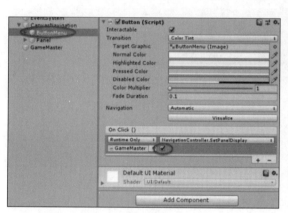 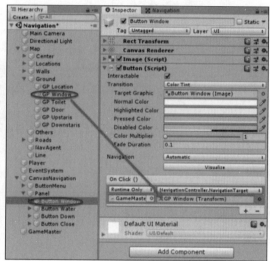

图 11-76　　　　　　　　　　　　　　图 11-77

用同样的方法设置"Button Water"和"Button Down"按钮，设置参数为"GP Toilet"和"GP Downstairs"。

4. 设置关闭面板按钮

选中"Button Close"游戏对象，单击"On Click"面板中的"+"按钮，添加按钮单击事件响应；将"GameMaster"游戏对象拖到"Runtime Only"属性中；设置响应事件的方法为"NavigationController"脚本的"SetPanelDisplay"方法。方法输入值保持默认即可。

这时，在编辑器运行可以看到如图 11-78 所示的结果。单击了对应导航的按钮，会在路径上显示一条蓝色的线，从离"Player"游戏对象最近的导航区域上的点连接到目的地的游戏对象。移动"Player"游戏对象，导航线会随之改变。

5. 在"Main"场景添加导航内容

根据"Navigation"场景设置在"Main"场景中添加导航内容，唯一区别是将"Navigation Controller"脚本的"Player"属性设置为"First Person Camera"游戏对象，如图 11-79 所示。

图 11-78

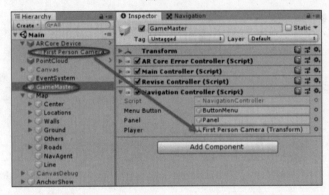

图 11-79

修改"MainController"脚本，添加导航 UI 显示的内容。

```
private GameObject navUI;
void Start()
{
    ...
    navUI = GameObject.Find("/CanvasNavigation");
    StartFind();
}
...
private void StartTrack()
{
    waitUI.SetActive(false);
    navUI.SetActive(true);
}
```

这时，发布到手机运行能看到如图 11-80 所示的情况。选择目的以后，能显示出导航线。因为转角处也能完全显示，所以感觉和显示不太对应。

图 11-80

11.8 添加墙壁

添加墙壁的目的是当导航路线发生转弯的时候将转角之后的内容遮挡住，使感觉更真实。

1. 导入透明材质

在"Nanami/Shaders"目录中导入"MaskShader"，如图 11-81 所示。

在"Nanami/Materials"目录中导入"MaskMaterial"，选中导入的"MaskMaterial"，修改其"Shader"属性为"MaskShader"，如图 11-82 所示。

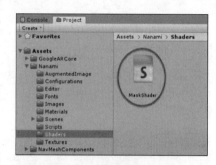

图 11-81

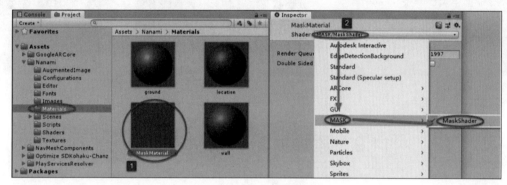

图 11-82

2. 添加墙壁

在"Walls"游戏对象下添加方块作为墙壁，以之前的定位方块作为参考，不需要和真实环境一致，如图 11-83 所示。

墙壁添加完的样子如图 11-84 所示。

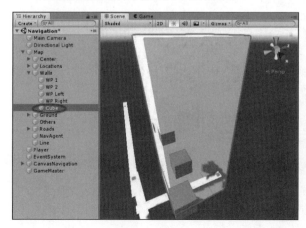

图 11-83

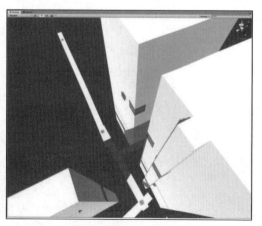

图 11-84

3. 添加透明材质

选中墙壁的方块，设置"Box Collider"组件的"MaskMaterial"属性为"MaskShader"，如图 11-85 所示。

这时发布到手机再查看，转弯以后的内容将不再显示，如图 11-86 所示。

图 11-85

图 11-86

11.9 添加显示的模型和菜单

在地图中添加模型和菜单，当使用者走近的时候才会出现。实现方式很简单，利用物理引擎中的物体碰撞即可。

1. 添加碰撞脚本

在"Nanami/Scripts"目录下添加脚本"DisplayController"。

脚本内容如下：

```
private void OnTriggerEnter(Collider other)
{
    if (other.name == "First Person Camera")
    {
        child.SetActive(true);
    }
}
private void OnTriggerExit(Collider other)
{
    if (other.name == "First Person Camera")
    {
        child.SetActive(false);
    }
}
```

脚本说明

当脚本所在的游戏对象和 First Person Camera 游戏对象发生碰撞时，将前者的子游戏对象激活；离开时再将它的子游戏对象至于非活动状态。

2. 添加显示的模型

（1）选中"Others"游戏对象，单击鼠标右键，在弹出的快捷菜单中选择菜单选项"3D Object→Cylinder"，在"Others"游戏对象下添加一个柱体。

（2）选中新增的柱体，把名称修改为"Display Window"；把它的位置设置得和"GP Window"游戏对象的位置一致；将"Mesh Renderer"组件至于非活动状态，使其不可见；将"Capsule Collider"组件的"Radius"属性设置为 1，修改碰撞体大小，设置半径为 1 米，如图 11-87 所示。

（3）将要显示的模型拖到"Display Window"下，这里选择的是"Optimize SDKohaku-Chanz/Prefab"目录下的"UTC_Default"。

（4）设置模型的大小和方向，如图 11-88 所示。

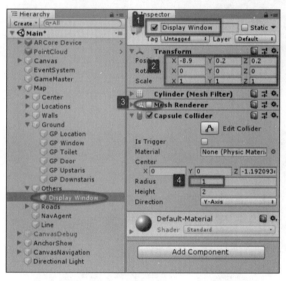

图 11-87

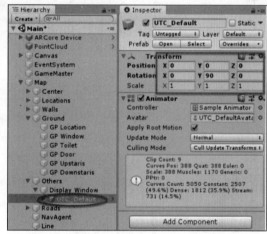

图 11-88

（5）将"Nanami/Scripts"目录下的"DisplayController"脚本拖到"Display Window"游戏对象上，是这个组件成为"Display Window"游戏对象的组件，如图 11-89 所示。

用同样的方法添加其他要显示的模型。

3. 添加要显示菜单的画布

选中"Others"游戏对象，单击鼠标右键，在弹出的快捷菜单中依次选择菜单选项"UI→Canvas"。

设置所选画布的大小和角度，使其在合适的位置。把它的"Render Mode"设置为"World Space"。将"First Person Camera"拖到"Event Camera"属性中为该属性赋值，如图 11-90 所示。

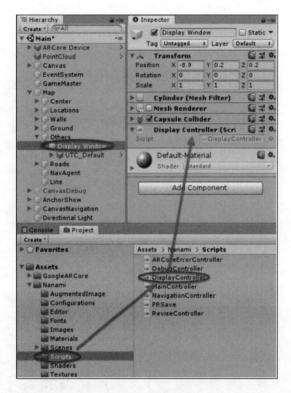

图 11-89

4．为画布添加碰撞体和脚本

选中"Canvas"游戏对象，单击"Add Component"按钮，在搜索框中输入"box"，选中"Box Collider"组件，如图 11-91 所示。

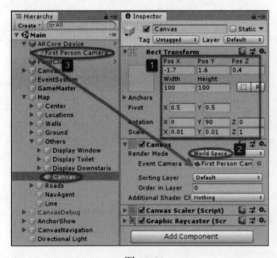

图 11-90

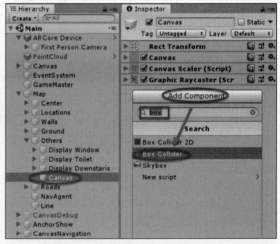

图 11-91

设置碰撞体"Box Collider"的大小；将"Nanami/Scripts"目录下的"DisplayController"脚本拖到"Canvas"游戏对象上成为后者的组件。

在"Canvas"游戏对象下添加一个 Panel（面板），并将所有要显示的内容添加在该面板下。

5. 设置使用者代表的游戏对象

选中"First Person Camera",单击"Add Component"按钮,在搜索框中输入"collider",选中"Sphere Collider"组件,添加一个球形碰撞体,如图 11-92 所示。

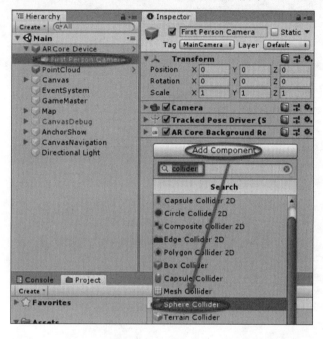

图 11-92

选中"Is Trigger"复选框,允许穿透。修改"Radius"属性为 1,如图 11-93 所示。

选中"First Person Camera",单击"Add Component"按钮,在搜索框中输入"rigid",选中"Rigidbody"组件,添加一个刚体,如图 11-94 所示。

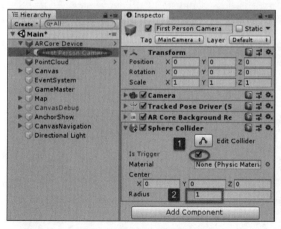

图 11-93

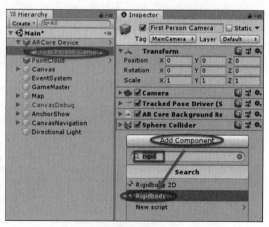

图 11-94

碰撞体其中的一方必须有刚体组件,在该场景下将刚体添加在此处最方便。

取消对"Use Gravity"属性的勾选,使其不受重力影响,如图 11-95 所示。

这时发布到手机,功能就都能运行了,只是多了一些调试用的内容,如图 11-96 所示。

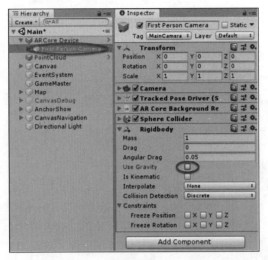

图 11-95　　　　　　　　　图 11-96

11.10　添加 Debug 按钮

Debug 的内容可以手动在场景中逐一隐藏，但是后面需要再次打开时会比较麻烦，所以这里使用脚本来实现，可以利用 UnityEditor 脚本在编辑器状态下修改。

1. 设置场景

在"Map"游戏对象下新建空游戏对象，命名为"WallPoints"，将定位墙体位置的游戏对象拖到其下。这些游戏对象需要隐藏，但是墙体不需要隐藏，分到不同的游戏对象下方便操作，如图 11-97 所示。

选中"Roads"游戏对象，修改"Use Geometry"选项为"Physics Colliders"，如图 11-98 所示。使用 collider 作为导航区域，就可以通过取消 MeshRenderer 实现隐藏路径。

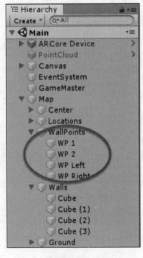
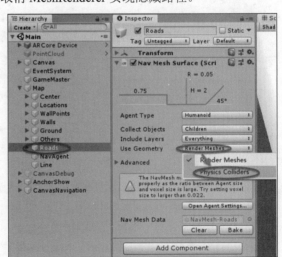

图 11-97　　　　　　　　　　　图 11-98

2. 添加脚本

在"Nanami/Editor"目录下添加脚本"DebugSwitch",如图 11-99 所示。Editor 目录下的脚本仅在编辑器状态下起作用,不会被发布到应用中。

脚本框架内容如下:

```
public class DebugSwitch : Editor
{
    [MenuItem("Nanami/Enable Debug")]
    static void EnableDebug()
    {
        Debug.Log("Enable");
    }
    [MenuItem("Nanami/Disable Debug")]
    static void DisableDebug()
    {
        Debug.Log("Disable");
    }
}
```

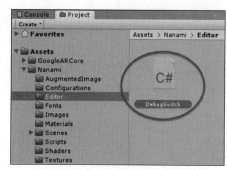

图 11-99

通过静态方法和注解,可以在 Unity 编辑器的菜单上添加新菜单和按钮。上述脚本的效果如图 11-100 所示。

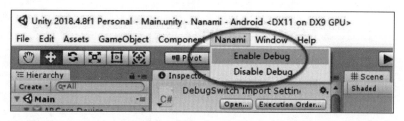

图 11-100

3. 编写脚本内容

利用 GetRootGameObjects 方法获取当前场景中的根级游戏对象,再根据其名称进行设置,取消游戏对象激活或者取消其上的 MeshRenderer 以实现隐藏。

```
static void SetDebug(bool status)
{
    // 遍历根节点游戏对象
    var gos = SceneManager.GetActiveScene().GetRootGameObjects();
    foreach (var go in gos)
    {
        switch (go.name)
        {
            case "PointCloud":
                // 如果是显示点云的游戏对象
                go.SetActive(status);
                break;
```

```
            ...
        }
    }
}
static void SetMap(Transform tf, bool status)
{
    for (int i = 0; i < tf.childCount; i++)
    {
        switch (tf.GetChild(i).name)
        {
            case "Center":
                tf.GetChild(i).gameObject.SetActive(status);
                break;
            ...
        }
    }
}
static void SetChildMesh(Transform tf, bool status)
{
    for (int i = 0; i < tf.childCount; i++)
    {
        tf.GetChild(i).GetComponent<MeshRenderer>().enabled = status;
    }
}
```

脚本完成后，依次单击菜单选项"Nanami→Enable Debug"，会将对应内容设置为可见。

依次单击菜单选项"Nanami→Disable Debug"，会隐藏对应内容，如图 11-101 所示。选择"Disable Debug"命令，然后打包即可，如图 11-102 所示。

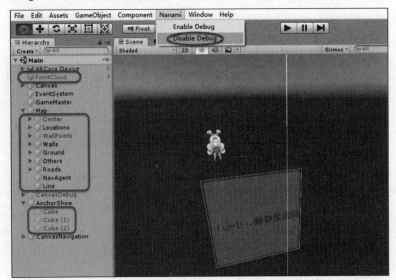

图 11-101

图 11-102

第 12 章
Mapbox 的简单使用

12.1 Mapbox 简介

1. 基本介绍

Mapbox 不是一个专门的增强现实 SDK，而是一个移动和网络应用程序的位置数据平台，提供构建基块、地图、搜索和导航等位置功能。

国内基于地理定位的增强现实开发很麻烦：因为 Google 地图的服务器在国外而无法访问；百度和高德均未提供 Unity 的 SDK；腾讯地图声称提供了 Unity 的 SDK，不过是针对企业的，普通开发者根本无法看到。Mapbox 提供了 Unity 的开发包，虽然数据不够丰富，甚至有大量的缺失，但是在实现某些功能的时候还是很方便的。

- Mapbox 官方网站地址为 https://www.mapbox.cn/、https://www.mapbox.com/。
- Unity 开发包下载地址为 https://www.mapbox.com/install/unity/。

2. 主要功能（要修改）

Mapbox 的主要功能包括地图显示、搜索、定位、导航等，还能显示 3D 地图、自定义地图等。

3. 支持平台

Mapbox 支持苹果安卓和网页端，但是网页端是直接通过网页开发工具开发的，而不是通过 Unity 发布的，通过 Unity 只能支持到苹果和安卓。

12.2 获取 token

Mapbox 国内网站没有提供注册功能，需要到国际网站注册，网址为 https://www.mapbox.com/。

注册以后会提供一个默认的 token，登录网站后在面板页面就能看到 Default public token。这个 token 一般情况下使用足够了，如图 12-1 所示。

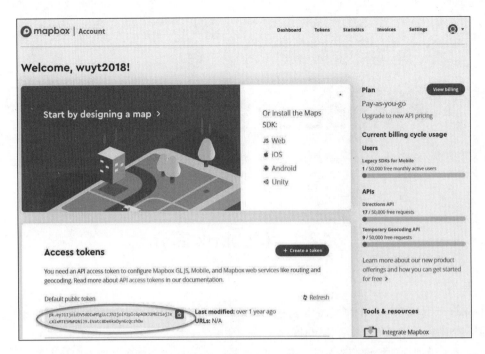

图 12-1

12.3　下载导入开发包

（1）在官方网站的开发文档（地址为 https://www.mapbox.com/install/unity/）中能找到 Unity 的 SDK，单击按钮即可下载，如图 12-2 所示。

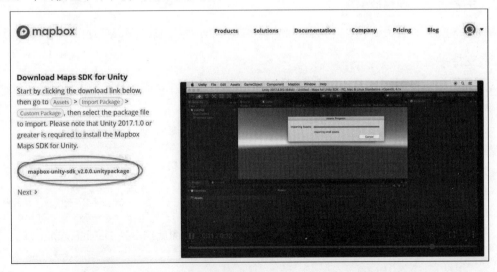

图 12-2

（2）下载以后，导入 Unity 包。包里面的内容非常多，除了 Mapbox 本身的内容，还有 ARCore 和 ARKit，相关的示例和示例用到的第三方内容如图 12-3 所示。

（3）导入成功以后，会弹出 Mapbox Setup 窗口，将之前申请的 token 复制到文本框中，单击"Submit"按钮即可，如图 12-4 所示。

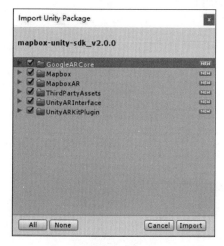

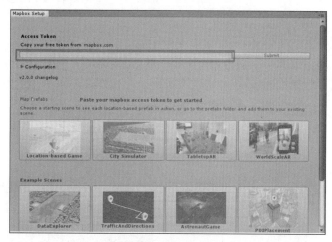

图 12-3　　　　　　　　　　　　　　　　　　　图 12-4

窗口如果不小心被关闭了，依次单击菜单选项"Mapbox→Setup"即可重新打开窗口，如图 12-5 所示。

如果在导入的过程中出现如图 12-6 所示的错误提示信息（在 Mapbox/Unity/Location/DeviceLocationProvider.cs 文件中 heading 这个变量没有命名），就直接双击错误提示信息，找到出错的位置，结果发现有一个换行符奇怪地消失了（见图 12-7），在这里重新添加一个换行符即可（见图 12-8）。

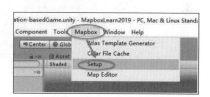

图 12-5

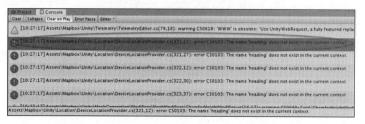

图 12-6

图 12-7

图 12-8

12.4 Mapbox 总体结构

在 Mapbox 中，需要先在 Mapbox Studio 中定义 Datasets 地形数据，通过地形数据生成 Tilesets 瓦片地图，再通过瓦片地图生成 Styles 样式，如图 12-9 所示。

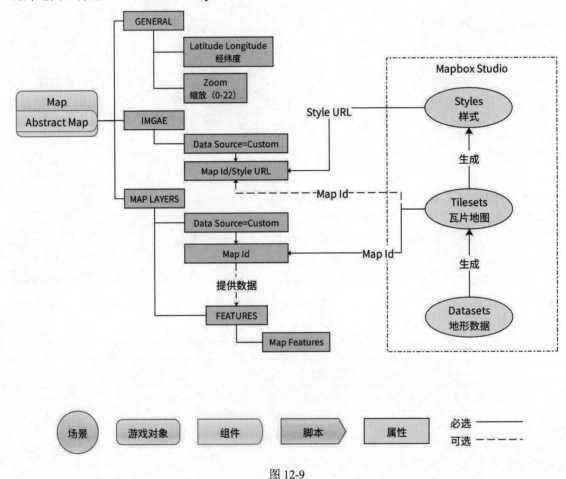

图 12-9

在 Unity 中，Mapbox 提供的 Map 预制件用来显示地图。其中，通过定义 Style URL 或者 Map Id 定义地图的样子，还可以通过 Map Id 定义的数据再动态生成 3D 或其他内容，如图 12-10 所示。

Mapbox 提供的 Location Provider Factory 预制件可以实现地图的定位、显示地图及当前位置。比较好的一个地方是 Mapbox 提供了方便的调试手段，可以在 Unity 的编辑器中模拟当前的位置和移动。

第 12 章　Mapbox 的简单使用

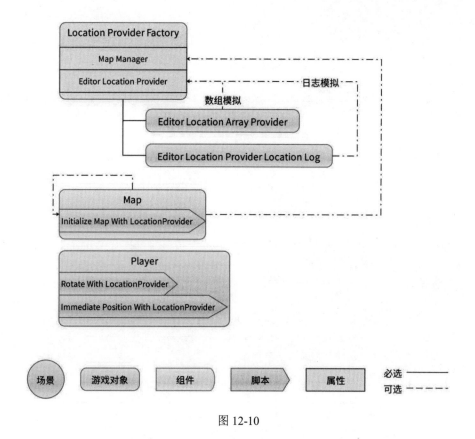

图 12-10

12.5　Mapbox Studio

　　Mapbox Studio 是 Mapbox 提供的一个自定义地理信息的在线工具，可以用来定义地图的样子和内容。网址为 https://studio.mapbox.com/。

　　登录 Mapbox 以后，单击右上角的图标，在下拉菜单中单击 Studio 命令，即可打开 Mapbox Studio，如图 12-11 所示。

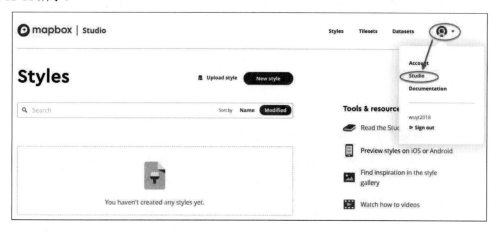

图 12-11

Mapbox Studio 主要有 3 个部分：Datasets、Tilesets 和 Styles，如图 12-12 所示。

图 12-12

12.5.1 Dataset

Dataset 用于定义地图中的内容，可以在指定的经纬度坐标处定义点、线和面。

1. 打开 Datasets

在 Mapbox Studio 中，单击屏幕右上角的"Datasets"按钮即可打开 Datasets 操作界面，如图 12-13 所示。

图 12-13

单击"New dataset"按钮可以新增一个地图数据，如图 12-14 所示。

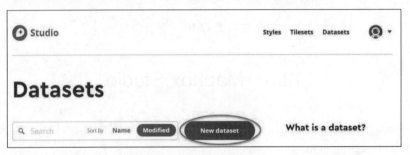

图 12-14

在弹出的窗口中输入数据名称，单击"Create"按钮即可，如图 12-15 所示。

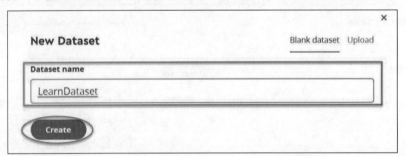

图 12-15

如果是修改已有数据，则单击列表中对应的项目，如图 12-16 所示。

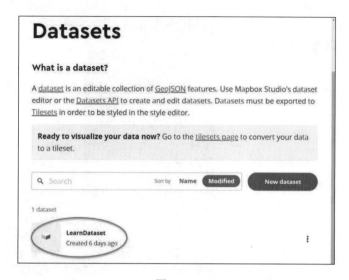

图 12-16

2. 找到对应坐标位置

打开以后，默认位置的经纬度坐标是（0.000，0.000），地图缩放等级是 0，显示的是一个世界地图，如图 12-17 所示。

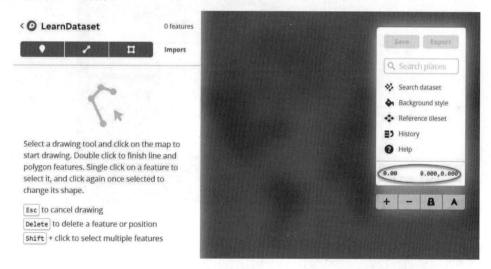

图 12-17

通过鼠标滚轮可以对地图进行缩放，单击鼠标左键后可以上、下、左、右拖动地图，也可以通过在搜索框中输入坐标点的名称来定位位置。

通过上面的方法，找到要添加或修改内容的位置，将地图缩放到合适的大小，如图 12-18 所示。

3. 设置背景

单击右上侧窗口中的 Background style 按钮，可以选择不同的背景，以方便编辑。默认有 5 种背景（见图 12-19），即暗底板背景（见图 12-20）、明亮底板背景（见图 12-21）、卫星地图背景（见图 12-22）、卫星地图带标注背景（见图 12-23）和空白背景（见图 12-24）。

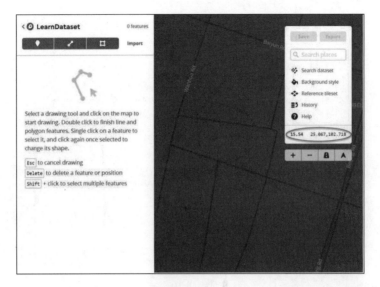

图 12-18

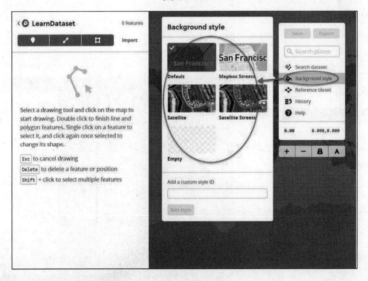

图 12-19

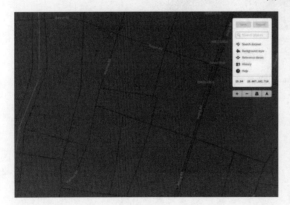

图 12-20

图 12-21

图 12-22   图 12-23

图 12-24

4. 添加点

单击左边窗口中的点按钮,如图 12-25 所示。在地图上对应位置单击鼠标左键即可完成点的添加,如图 12-26 所示。

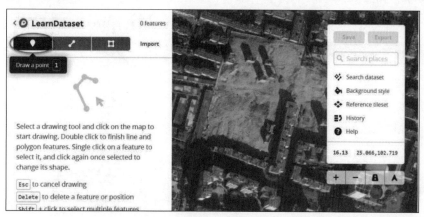

图 12-25

5. 添加线

单击左边窗口中的线按钮,如图 12-27 所示。

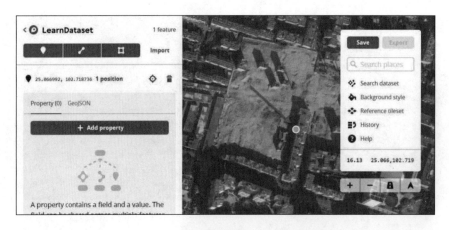

图 12-26

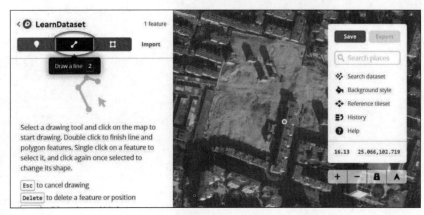

图 12-27

在地图中，单击鼠标左键会在地图上添加点，通过添加多个点来实现添加线，最后单击鼠标右键结束线的添加，如图 12-28 所示。

图 12-28

6. 添加面

单击左边窗口中的面按钮，如图 12-29 所示。

图 12-29

在地图中，单击鼠标左键会在地图上添加点，通过添加多个点来实现添加面，最后单击添加的第一个或最后一个点结束，如图 12-30 所示。

图 12-30

添加出错时，不能直接修改。先选中添加的内容，然后在左边窗口单击删除按钮，如图 12-31 所示。

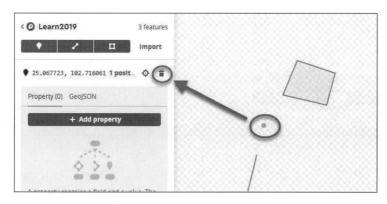

图 12-31

7. 设置参数

选中添加的内容，单击左边窗口中的"Add property"按钮，如图12-32所示。

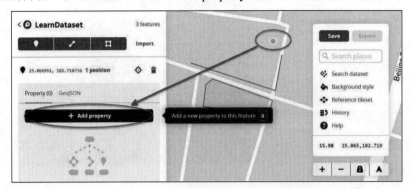

图 12-32

为参数添加名称和值，添加完以后单击"Confirm"按钮，如图12-33所示。

图 12-33

参数值有两种类型，即数字和字符，添加完成后，可以单击对应按钮进行修改，如图 12-34 所示。

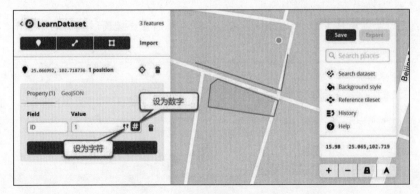

图 12-34

8. 保存数据

内容添加完以后，单击右边窗口中的"Save"按钮，如图12-35所示。

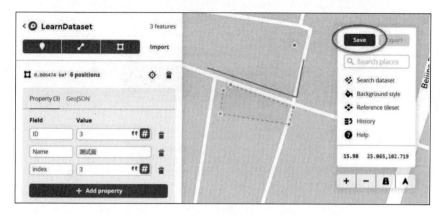

图 12-35

单击后会弹出窗口，显示改动内容，再次单击"Save"按钮即可保存，如图 12-36 所示。

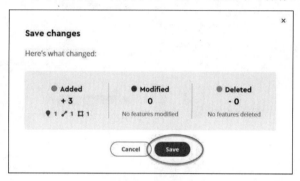

图 12-36

9. 导出 Tileset

单击右上方窗口中的"Export"按钮，如图 12-37 所示。

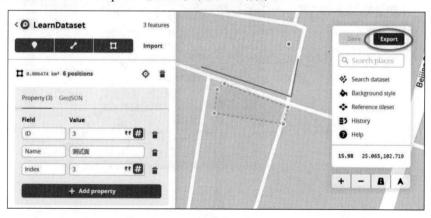

图 12-37

如果是导出新的 tileset，在弹出窗口中单击"Export to a new tileset"，输入名称，单击"Export"按钮即可，如图 12-38 所示。如果是导出到已有的 tileset，在弹出窗口中单击"Update a connected tileset"，选中要更新的内容，单击"Update tileset"按钮即可，如图 12-39 所示。

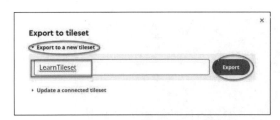
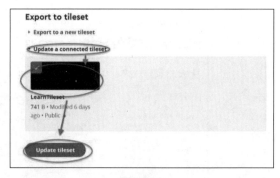

图 12-38　　　　　　　　　　　　　图 12-39

在导出过程中，会在屏幕右下方有提示，如图 12-40 所示。完成以后，屏幕右下会出现对应的提示，如图 12-41 所示。

图 12-40　　　　　　　　　　　　　图 12-41

在这里，添加了一个点、一条线和一个面，并且为每个元素都添加了 3 个参数，如图 12-42 所示。

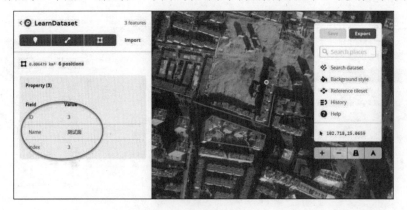

图 12-42

12.5.2　Tileset

在 Mapbox Studio 中，单击屏幕右上方的"Tilesets"按钮即可打开 Tilesets 操作界面。Tileset 是通过 Dataset 导出的。官方提供了 6 个默认的 Tileset，在默认内容下面显示的是自定义的 tileset 内容。

单击 tileset 右边的按钮，会有弹出菜单，其中有 Map ID（在 Unity 中需要用到的内容之一）。单击复制按钮即可复制下来，如图 12-43 所示。

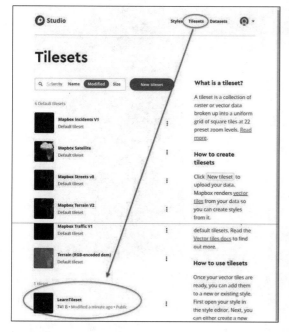
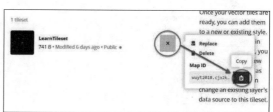

图 12-43

12.5.3 Style

Style 的作用是根据 Tileset 通过很多层来定义地图的样子。

1. 打开 Style

在 Style 界面中，单击"New style"按钮，如图 12-44 所示。

在弹出窗口中选择模板，选中对应的模板以后，单击"Customize Basic Template"按钮，如图 12-45 所示。

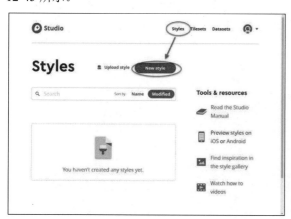

图 12-44　　　　　　　　　　　图 12-45

每个 style 有很多层，单击层以后，单击右边的层名称可以进行修改，也可以单击删除按钮删除层；单击屏幕左上方的 style 名称，可以修改 style 的名称，如图 12-46 所示。

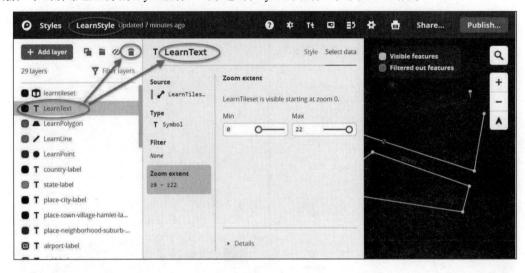

图 12-46

2. 找到对应坐标位置

通过鼠标滚轮可以对地图进行缩放，单击鼠标左键后可以上、下、左、右拖动地图，也可以通过在搜索框中输入坐标点的名称来定位位置。

通过上面的方法，找到要添加或修改内容的位置，将地图缩放到合适的大小，如图 12-47 所示。

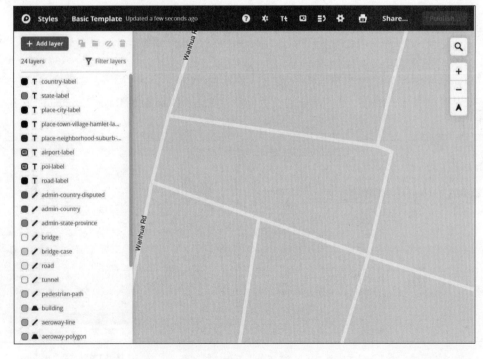

图 12-47

3. 添加层并选择数据源

单击屏幕左上方的"Add layer"按钮，在弹出窗口中找到自定义的 Tileset，单击并选中，如图 12-48 所示。

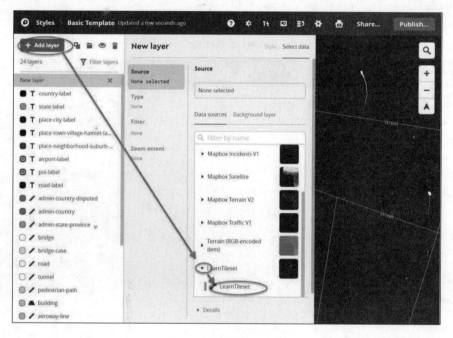

图 12-48

如果有"This tileset isn't visible from your map view."提示，单击"Ignore"按钮跳过，如图 12-49 所示。

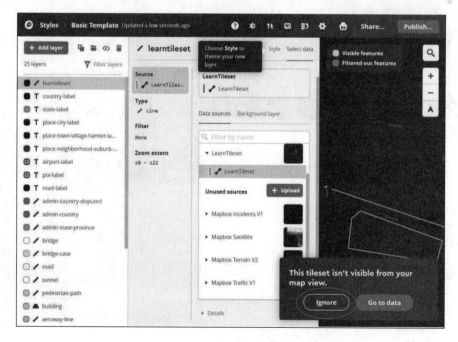

图 12-49

4. 选择层的类型

在弹出窗口中，单击"Type"，然后选择类型，如图 12-50 所示。

- Fill：面
- Fill extrusion：扩展面
- Line：线
- Circle：点或者圆
- Symbol：文本
- Heatmap：热力图

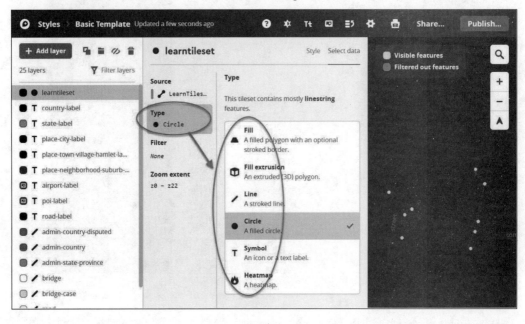

图 12-50

5. 定义过滤内容

先单击"Filter"，再单击"Create filter"按钮，在最右边的弹出窗口中可以选择过滤的方式。可以通过之前在 Dataset 中输入的参数值进行过滤，也可以单击"geometry-type"通过几何类型进行过滤，如图 12-51 所示。

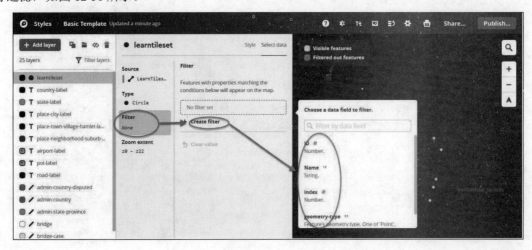

图 12-51

6. 定义显示的缩放范围

单击"Zoom extent",可以在右边窗口中选择缩放范围,即该层内容是在地图缩放到什么程度的时候才显示,如图 12-52 所示。

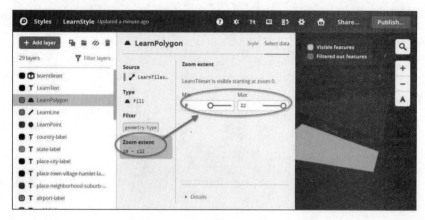

图 12-52

7. 定义显示效果

单击"Style"按钮,可以设置该层的显示效果,比如颜色、大小、透明度、添加图标等,如图 12-53 所示。

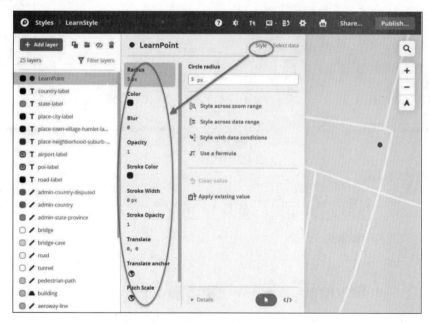

图 12-53

8. 发布 style

层添加完以后,单击屏幕右上角的"Publish..."按钮,如图 12-54 所示。

在弹出窗口中可以预览修改前后的效果,单击"Publish"按钮,即可完成发布,如图 12-55 所示。完成以后会有成功提示,如图 12-56 所示。

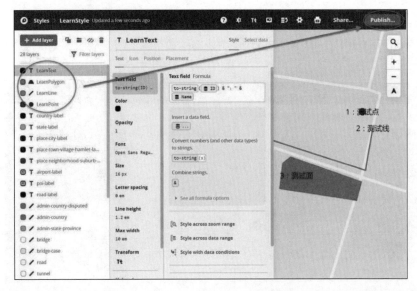

图 12-54

图 12-55

图 12-56

9. 获取 Style URL

在列表中，单击对应 Style 右边的按钮，即可看到 Style URL，如图 12-57 所示。

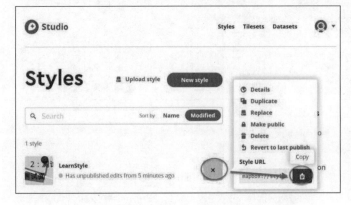

图 12-57

在这里分别添加了 4 个层，分别显示点、线、面和文本，如图 12-58 所示。

图 12-58

12.6　Mapbox 显示地图

在目录 Mapbox/Prefabs 中，有一个 Map 预制件，用于显示地图，如图 12-59 所示。

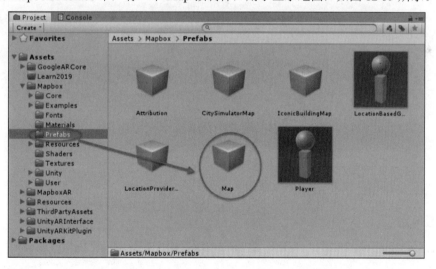

图 12-59

新建一个场景，将目录 Mapbox/Prefabs 中的 Map 预制件拖动到场景中，如图 12-60 所示。

这个预制件结构很简单，就是一个脚本组件，但是配置项目很多。其中，"GENERAL"配置下面主要是地图位置等基本信息，"IMAGE"下面主要是地图显示的样式配置，"TERRAIN"配置下面主要是地形内容的配置，"MAP LAYERS"下面主要是配置动态生成的内容，如图 12-61 所示。

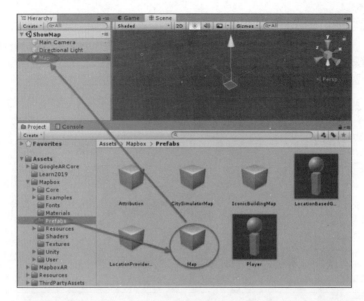

图 12-60

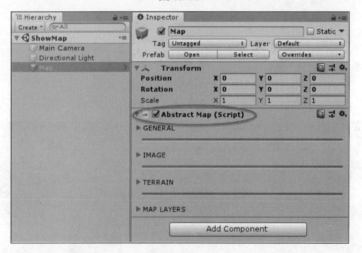

图 12-61

12.6.1 General 项目配置

1. 配置位置

在"Location"项目中，通过"Latitude Longitude"来配置地图显示的经纬度坐标，可以利用"Search"按钮输入地址名称来自动填入经纬度坐标；通过"Zoom"选项来配置地图缩放大小，如图 12-62 所示。

2. 配置地图块显示方式

Mapbox 显示地图是由一个一个地图块组成的。"Extent Options"是用来配置地图块显示的方式，包括 Camera Bounds（摄像机界限）、Range Around Center（中心范围）、Range Around Transform（Transform 范围）、Custom（自定义），如图 12-63 所示。

第 12 章 Mapbox 的简单使用

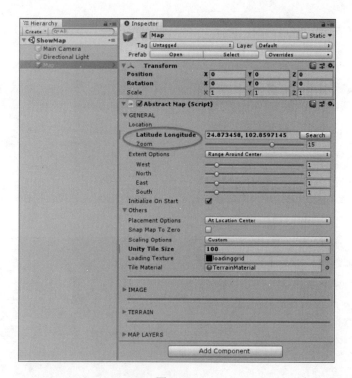

图 12-62

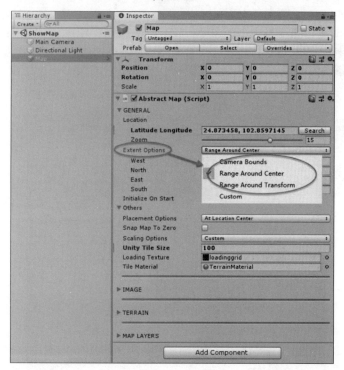

图 12-63

Camera Bounds（摄像机界限）需要指定一个 Camera 对象，地图只显示指定 Camera 对象视线中的地图块，如图 12-64 所示。

Range Around Center（中心范围）是以 "Latitude Longitude" 参数坐标为中心显示中心及周围的地图块。默认显示中心及四周共 9 个地图块。显示的多少可以通过参数调整，如图 12-65 所示。

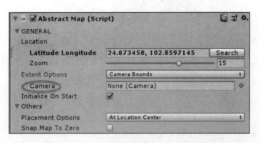

图 12-64

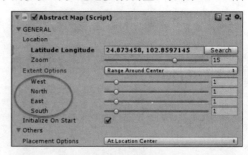

图 12-65

Range Around Transform（Transform 范围）需要指定一个 Unity 的 Transform 对象，以该对象在地图上的投影点为中心显示地图。其中，"Visible Buffer"表示是否显示周围的地图块，"Dispose Buffer"影响当 Transform 对象的投影离开某个地图块以后是否继续显示该地图块，如图 12-66 所示。

3. 地图中心设置

"Placement Options"表示配置地图显示的时候是以"Latitude Longitude"参数坐标作为地图中心（At Location Center）还是以"Latitude Longitude"参数坐标所在的地图块的中心作为地图中心（At Tile Center），如图 12-67 所示。

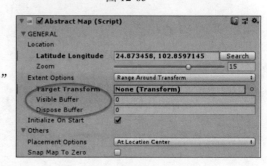

图 12-66

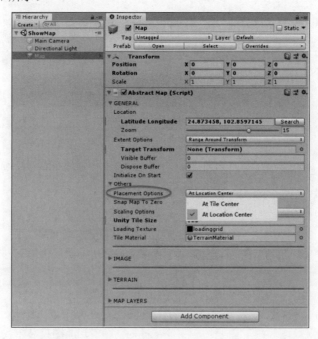

图 12-67

4. 地图块大小设置

"Unity Tile Size"用于设置地图块的大小，默认是 100，即每个地图块的长和宽都是 100 米，如图 12-68 所示。

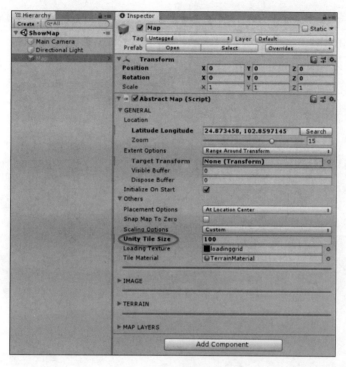

图 12-68

12.6.2 Image 项目配置

"Data Source"用于配置地图样式，里面包含了几个官方的样式，如图 12-69 所示。

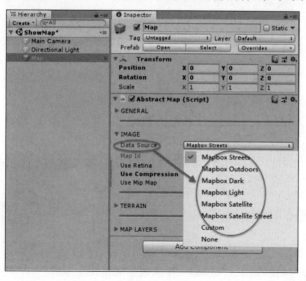

图 12-69

491

选择"Custom"选项以后，将自定义的 Style URL 填入"Map Id/Style URL"中即可显示自定义地图的样式。如果填入的是 Map Id，则显示的只包括地图数据而没有样式，如图 12-70 所示。

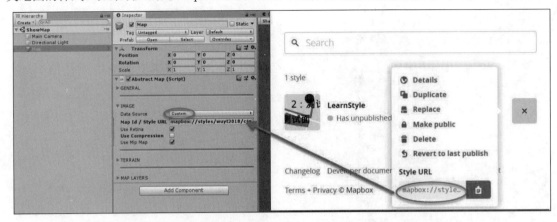

图 12-70

自定义样式显示效果，如图 12-71 所示。

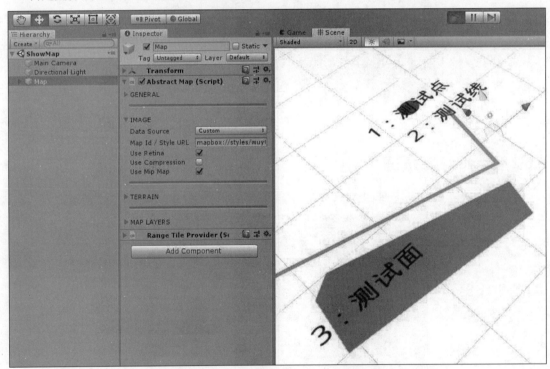

图 12-71

12.6.3　Map Layers 数据配置

"Data Source"用于配置地图动态显示的数据来源，官方提供了 2 个默认的，如图 12-72 所示。选择"Custom"选项以后，将自定义的 Map Id 填入"Map Id"中即可。这里可以写入多个内容，用","分割即可，如图 12-73 所示。

第 12 章 Mapbox 的简单使用

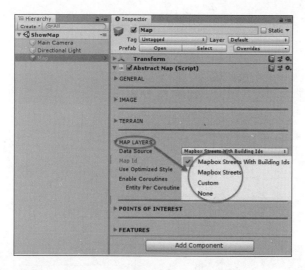

图 12-72

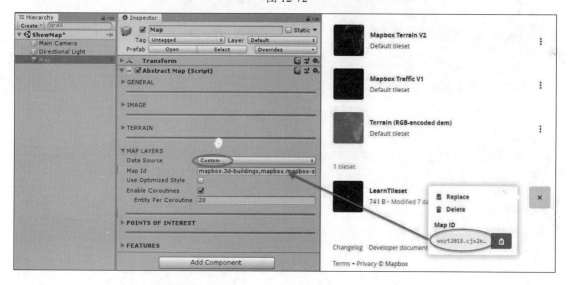

图 12-73

"Map Id"中最好包括 mapbox.mapbox-streets-v7 这个 Id，因为后面的"POINTS OF INTEREST"会用到。没有的话，会有奇怪的错误，如图 12-74 所示。

12.6.4 动态生成多边形区域内容

Mapbox 允许利用 Map Id 的内容在 Unity 的地图上动态生成内容，最常用的就是生成 3D 地图。

动态生成多边形区域内容的基本步骤如下：

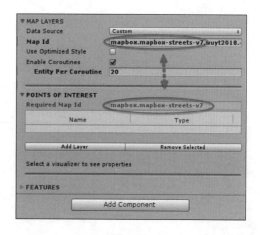

图 12-74

1. 添加特征

单击"FEATURES"下的"Add Feature"按钮，在下拉菜单中提供了 4 种默认特征。这里为了说明，选择"Custom"（自定义）选项，如图 12-75 所示。

添加以后，双击名称可以进行修改，如图 12-76 所示。

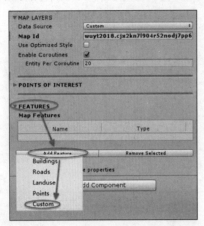

图 12-75

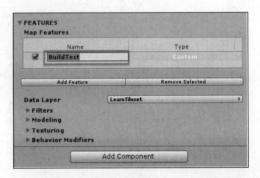

图 12-76

2. 选择数据来源

单击"Data Layer"下拉列表，选择数据来源（在 Mapbox Studio 中做的 Tileset），如图 12-77 所示。注意，必须将自定义的 Map Id 填入之前的"Map Id"中，否则不会显示。

3. 添加过滤信息

单击"Filters"下的"Add New Empty"按钮（见图 12-78），通过之前在 Map Studio 中的 Dataset 中输入的参数和参数值进行过滤，如图 12-79 所示。利用"Combiner Type"可以对多个过滤条件进行组合，如图 12-80 所示。

4. 选择并设置模型

在"Modeling"下的"Primitive Type"下拉菜单中，选择"Polygon"选项，如图 12-81 所示，会显示更多详细设置选项。

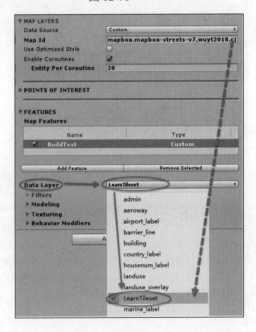

图 12-77

"Extrusion Type"用来设置动态生成的多边形区域的高度，如图 12-82 所示。

- Property Height：根据参数值设置高度。
- Min Height：根据参数值设置最小高度。
- Max Height：根据参数值设置最大高度。
- Range Height：根据参数值设置高度，但是增加了范围限定。
- Absolute Height：手动设置高度。

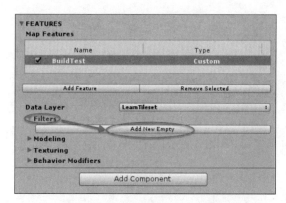

图 12-78　　　　　　　　　　　　　　图 12-79

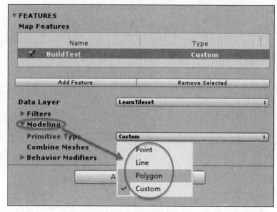

图 12-80　　　　　　　　　　　　　　图 12-81

选择"Property Height"之后会有"Property Name"选项，选择在 Mapbox Studio 的 database 中设置的参数名称，就会将区域的属性名称设置为"Property Name"参数值，如图 12-83 所示。

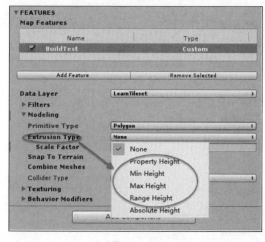

图 12-82　　　　　　　　　　　　　　图 12-83

选择"Absolute Height"之后会有"Height"参数，填写具体的数字，就会将区域的高设置为"Height"参数的值，如图 12-84 所示。

"Scale Factor"用于对多边形区域的高度进行缩放，如图 12-85 所示。

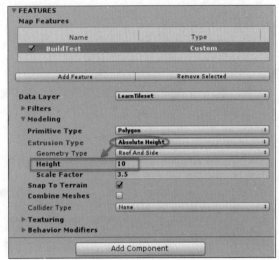
图 12-84

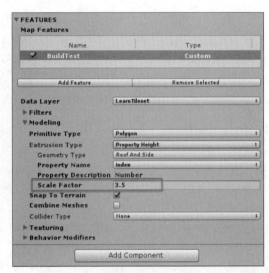
图 12-85

5. 设置外观

在"Texturing"下的"Style Type"选项可以设置外观。官方提供了多个默认的外观，也可以选择"Custom"选项，然后选择自定义的贴图，如图 12-86 所示。

12.6.5 动态生成线内容

动态生成线内容和 12.6.4 小节类似，为线多增加一个宽的属性就变成多边形区域了，如图 12-87 所示。参照 12.6.4 小节的内容添加特征、设置数据来源、添加过滤信息。

在"Modeling"选项中选择"Line"选项，如图 12-88 所示。

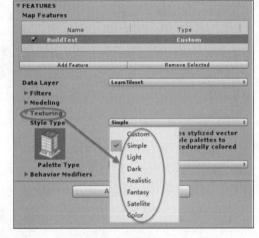
图 12-86

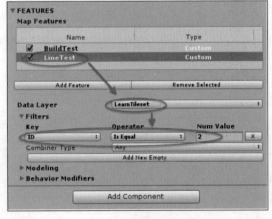
图 12-87

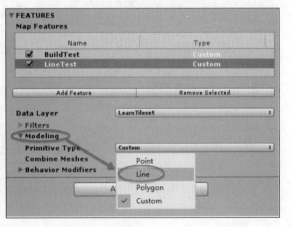
图 12-88

选中以后，和选择"Polygon"选项相比多了一个"Width"参数，剩下的内容和选择"Polygon"的时候一样，如图12-89所示。

设置外观的"Texturing"和选择"Polygon"是一样的，可以参考12.6.4小节的内容，如图12-90所示。

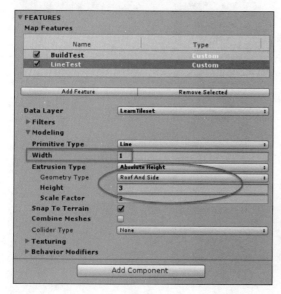

图 12-89

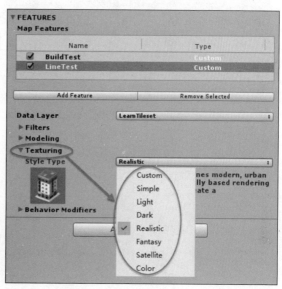

图 12-90

完成后的结果如图12-91所示，像是多了一堵墙。

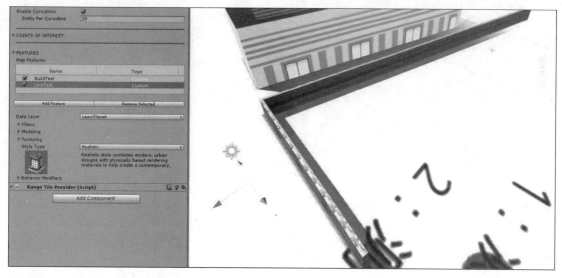

图 12-91

12.6.6 动态生成点内容

参照前面章节的内容添加特征、设置数据来源、添加过滤信息，如图12-92所示。

在"Modeling"选项中选择"Point"选项即可，没有更多可以配置的，如图12-93所示。

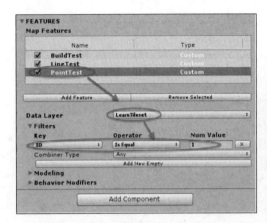
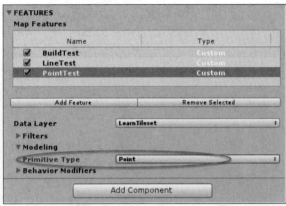

图 12-92   图 12-93

运行后,可以看到在场景中多了一个对应的游戏对象(虽然不可见也没啥功能),但是在对应位置会生成一个游戏对象,如图 12-94 所示。

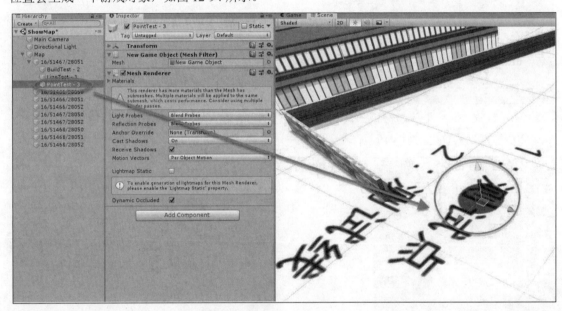

图 12-94

12.6.7　动态生成内容的修改

Mapbox 提供了对动态生成内容更多的调整修改功能。Mapbox 提供了两个修改器:"Mesh Modifiers"主要是针对网格及外观的修改,"Game Object Modifiers"可以做更复杂的修改,如图 12-95 所示。

单击对应的"Add Existing"按钮可以添加已有的修改器。

接下来通过在动态生成的点上添加脚本和预制件来说明。

(1)添加一个脚本(不用编辑)和一个预制件。预制件是一个倾斜的方块,为了容易看清楚,修改大一些。

第 12 章 Mapbox 的简单使用

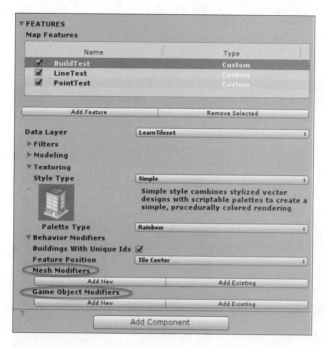

图 12-95

（2）选中"Learn2019"目录，然后单击"Game Object Modifiers"下的"Add New"按钮，如图 12-96 所示。

（3）在弹出的菜单中选择"AddMonoBehavioursModifier"（见图 12-97）。会在选中的"Learn2019"目录中出现一个.asset 文件。

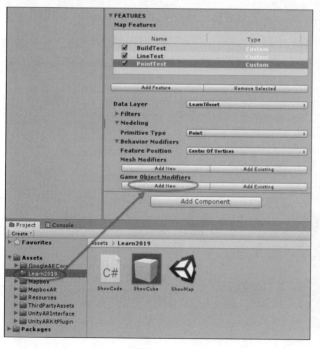

图 12-96

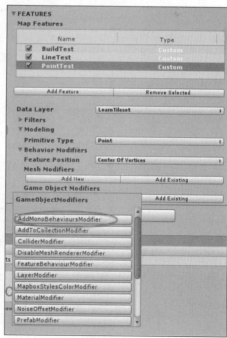

图 12-97

499

（4）如果单击的时候没有选择任何目录，则该文件会出现在"Mapbox/User/Modifiers"目录下。

选中新增加的 asset 文件，修改其"Types"属性，将"Size"改为 1，再将自定义的脚本拖到下面的元素中，脚本就添加好了，如图 12-98 所示。

（5）添加预制件和添加脚本类似。选中"Learn2019"目录，然后单击"Game Object Modifiers"下的"Add New"按钮。

（6）在弹出的菜单中选择"PrefabModifier"，如图 12-99 所示。

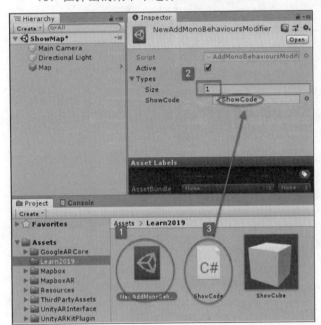
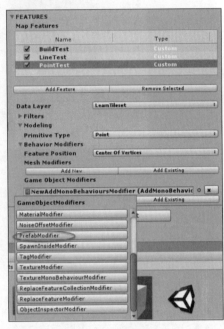

图 12-98　　　　　　　　　　　　　　　　图 12-99

（7）选中新出现的 asset 文件，将预制件拖动到"Prefab"属性中为其赋值，如图 12-100 所示。

运行效果如图 12-101 所示，在动态生成的点的游戏对象中，自定义的脚本被添加成为组件，预制件成为动态生成的点的子游戏对象。

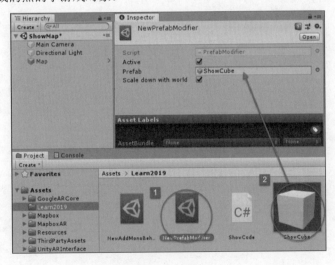

图 12-100

图 12-101

12.7　Mapbox 当前位置定位

Mapbox 当前位置定位很简单,将"Mapbox/Prefabs"目录中的"LocationBasedGame"预制件拖动到场景中即可。

Mapbox 提供了在 Unity 编辑器下模拟当前位置的功能,默认的是使用 Log 日志来模拟。

默认的日志位置在"Mapbox/Unity/Location/ExampleGpsTraces"目录下。

日志模拟修改起来比较复杂,可以改成用数组来模拟。选中"LocationBaseGame"游戏对象下的"LocationProvider"游戏对象,将"EditorLocationArrayProvider"游戏对象拖动到"Editor Location Provider"属性中为其赋值,如图 12-102 所示。选中"EditorLocationArrayProvider"游戏对象,修改"Latitude Longitude"数组属性即可,如图 12-103 所示。

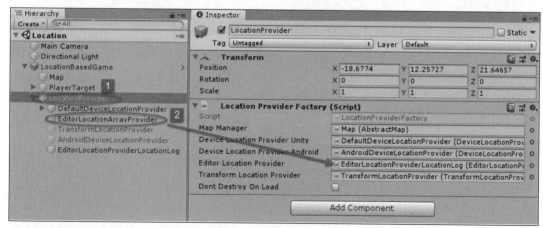

图 12-102

在 Unity 编辑器中运行效果如图 12-104 所示。其中,"PlayerTarget"游戏对象代表当前所在位置。

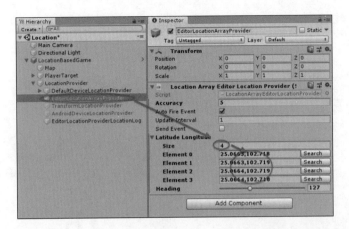

图 12-103

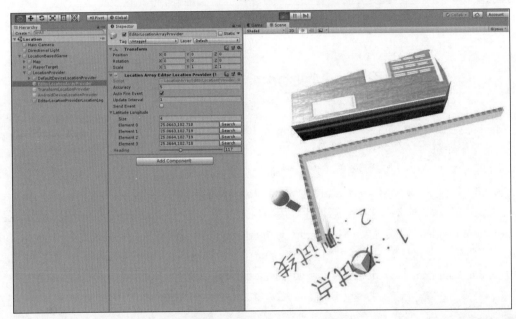

图 12-104

打包后在手机上运行，会自动获取设备当前地理位置，运行效果如图 12-105 所示。

图 12-105

第 13 章

用Mapbox和ARCore做Pokemon Go

13.1 主要思路

Mapbox 提供了很好用的地理定位工具，可以很容易地做出一个仿照 Pokemon Go 的例子，只是功能少了很多。

利用 Mapbox 地理定位的插件做出在地图上寻找宠物的场景，以及走到宠物附近、单击宠物、进入到捕捉的场景。

为了演示 Mapbox 的功能，宠物分两种：一种是根据用户当前位置随机生成位置的宠物；另一种是在地图上指定位置的宠物。

演示效果视频网址为 https://www.bilibili.com/video/av70865249/。

13.2 CinemaChine 介绍

CinemaChine 是 Unity 官方推出的一个免费 Camera 资源。虽然配置起来略显复杂，但是很好地解决了原有的 Camera 功能单一使用不方便的问题。CinemaChine 的功能非常强大，提供了镜头跟随、鼠标控制镜头方向转动、镜头在轨道上移动、同时跟踪多个目标、多个镜头切换等功能。

在这个示例中，地理定位的场景需要使用到一个镜头跟踪和切换的功能，所以在这里先介绍并说明。

13.2.1 CinemaChine 的导入

在 Unity 的商城界面中，搜索"CinemaChine"，单击"导入"按钮，如图 13-1 所示。在弹出窗口中单击"Import"按钮即可完成导入，如图 13-2 所示。

导入的内容都在"Cinemachine"目录中，有 pdf 格式的文档，虽然是英文的，但是很详细。另外，在该目录中还有一个 unitypackage 文件，单击后可以导入官方的示例，如图 13-3 所示。

导入完成后，菜单中会多出一个"Cinemachine"选项，里面是官方提供的一些常用 Camera，如图 13-4 所示。

图 13-1

图 13-2

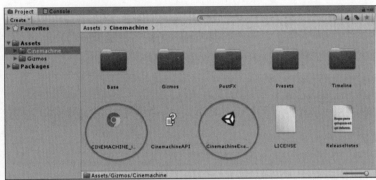

图 13-3

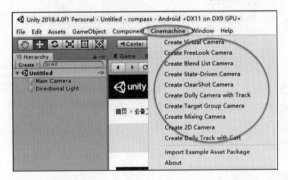

图 13-4

13.2.2　CinemaChine 基本结构

Cinemachine 本身不替代 Camera，所以场景中必须有一个 Camera。Cinemachine 需要在 Camera 上添加一个"Cinemachine Brain"组件，同时实际镜头所在的位置是由"Virtual Camera"提供的。"Cinemachine Brain"处理多个"Virtual Camera"之间的切换关系，"Virtual Camera"提供具体显示内容的来源，如图 13-5 所示。

第 13 章 用 Mapbox 和 ARCore 做 Pokemon Go

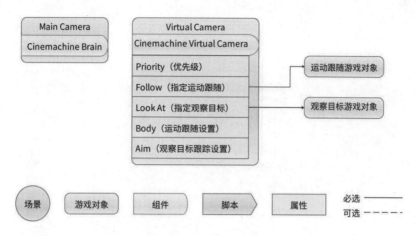

图 13-5

Virtual Camera 中最重要的属性如下：

- Priority：优先级。当场景中有多个 Virtual Camera 时，数字大的优先显示。
- Follow：设置当前 Virtual Camera 运动的参照目标。
- Look At：设置当前 Virtual Camera 镜头对准的目标。
- Body：设置当前 Virtual Camera 运动的特性。
- Aim：设置当前 Virtual Camera 镜头对准的特性。

通过菜单往场景中添加 Virtual Camera 的时候会自动给"Main Camera"添加"Cinemachine Brain"，如图 13-6 所示。在场景中，必须至少有一个 Camera 游戏对象上有 Cinemachine Brain 组件，Cinemachine 才能起作用。

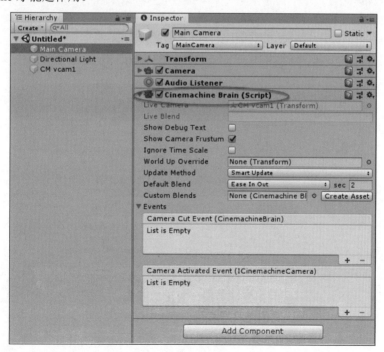

图 13-6

505

如果 Camera 不需要运动或者对准某个目标，就需要将"Body"或"Aim"属性设置为"Do nothing"，这样就不会有警告提示了，如图 13-7 所示。

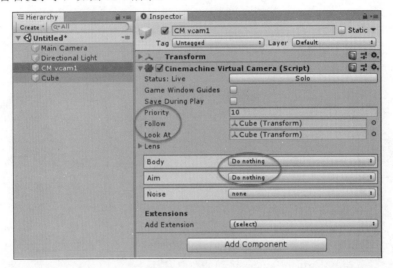

图 13-7

官方提供的"Body"控制方式（见图 13-8）如下：

- Do nothing：无控制。
- Framing Transposer：在屏幕空间中计算摄像机和目标的 Offset，不需要"Looke At"对象。
- Hard Lock To Target：把摄像机与目标的位置和朝向进行绑定，常用于第一人称模式。
- Orbital Transposer：将镜头限制在一个圆形轨道上，用输入控制其移动。
- Tracked Dolly：将镜头限制在自定义轨道上，根据"Follow"对象的移动来移动。
- Transposer：基本形式，根据"Follow"对象的移动来移动。

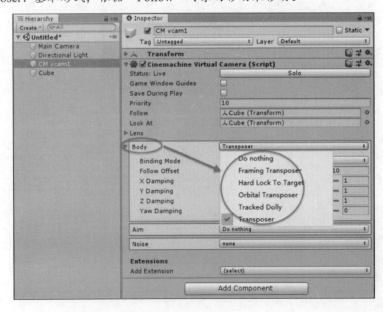

图 13-8

官方提供的"Aim"控制方式（见图 13-9）如下：

- Do nothing：不控制。
- Composer：跟踪一个目标。
- Group Composer：跟踪多个目标。
- Hard Look At：跟踪一个目标，不可调，相当于 Look At 语句效果。
- POV：用输入来控制镜头方向。
- Same As Follow Object：跟随拍摄模式。

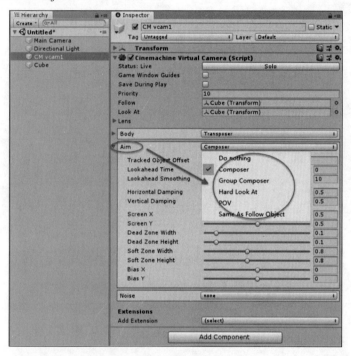

图 13-9

13.2.3　官方提供的 Camera

Cinemachine 配置起来很麻烦，官方提供了几个常用的 Camera 做参考，可以直接使用。单击菜单"Cinemachine"中的项目即可添加到场景中，如图 13-10 所示。

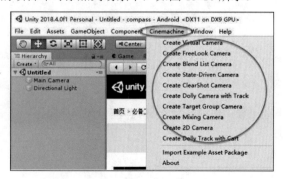

图 13-10

- Free Look Camera：在目标物体周围生成 3 个轨道，通过输入控制镜头的移动来实现围绕目标进行观察的效果，如图 13-11 所示。

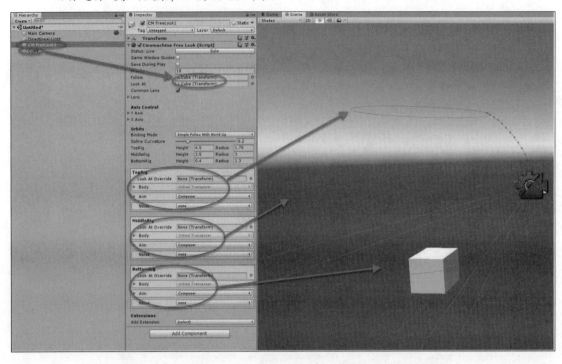

图 13-11

- Blend List Camera：多个镜头根据时间进行切换，如图 13-12 所示。

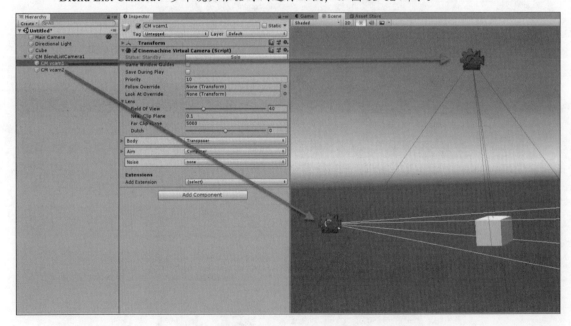

图 13-12

- State-Driven Camera：根据动画状态切换镜头，如图 13-13 所示。

第 13 章 用 Mapbox 和 ARCore 做 Pokemon Go

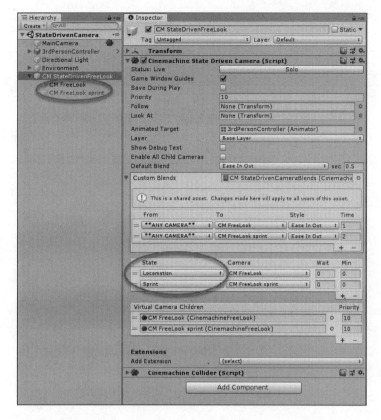

图 13-13

- Clear Shot Camera：根据跟踪对象被拍摄的效果切换镜头，如图 13-14 所示。

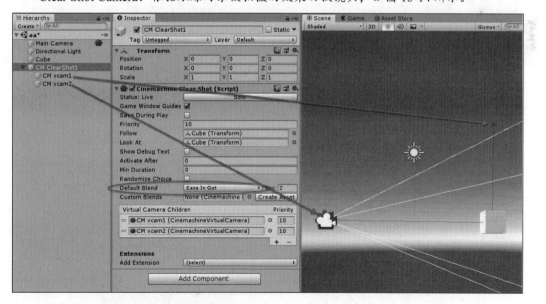

图 13-14

- Dolly Camera with Track：在自定义轨道上的镜头，如图 13-15 所示。
- Target Group Camera：同时追踪多个目标，如图 13-16 所示。

509

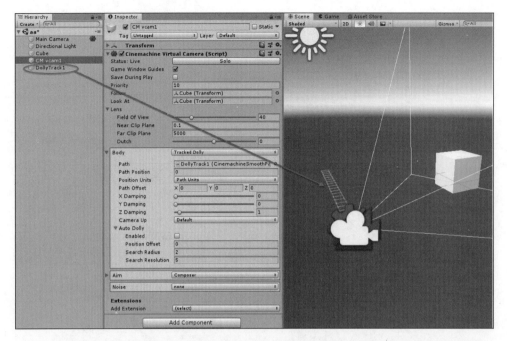

图 13-15

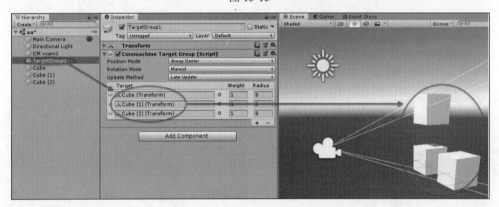

图 13-16

- Mixing Camera：在指定的两个镜头中间某个位置的镜头，如图 13-17 所示。

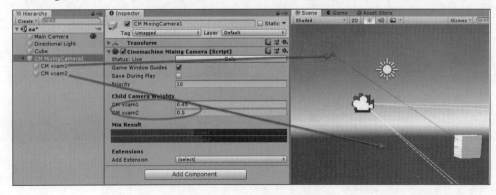

图 13-17

13.3 示例设计

13.3.1 基本内容设计

把所有想到的内容添加上去，先添加容易想到的和简单的。

（1）给项目取个名字，比如"Pokemon Go 例子"。
（2）添加能想到的大分类，目的目标、软硬件环境、场景、其他。
（3）将简单的内容先细化。

明确要做的内容：只把最核心的功能做出来。

Unity 2018.4 以后，使用的都是 OpenJDK 了。受 ARCore 的影响，运行时的 Android 版本最低只能到 7.0。

版本控制改用 Git。现在用 SVN 做版本控制的已经不多了，基本都开始用 Git 了。自己做可以放在 GitHub 上。设计模式用单实例模式，因为项目小，做下来的感觉和 Empty GameObject 模式区别不大。

总图如图 13-18 所示。

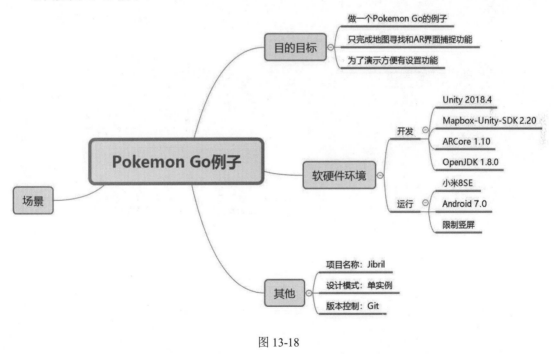

图 13-18

13.3.2 场景设计

（1）主要功能就 2 个场景，即地图寻找和 AR 捕捉；辅助的场景是开始的加载场景和设置场景。
（2）考虑到 ARCore 有设备限制，将 AR 捕捉场景改为 2 个：ARCore 捕捉场景提供给支持 ARCore 的机型，自制捕捉场景提供给不支持 ARCore 的机型。

（3）在加载场景后添加一个 ARCore 支持测试的场景来测试设备是否支持 ARCore。
（4）为每个场景确定英文名称，如图 13-19 所示。

图 13-19

（5）ARCore 测试场景只需要在第一次启动的时候生效。通过变量"SupportARCore"来确定是否需要跳过。

（6）在设置场景提供宠物数量和距离相关的内容，设置平均距离然后随机分布。

（7）地图寻找场景提供 2 种视角：第三人视角和顶部的俯视。为了体现 Mapbox 的功能，除了随机位置的宠物，再提供一种固定位置的宠物。

（8）为捕捉场景中的效果，利用 ARCore 的平面感知功能，尽可能将宠物显示在某个平面上。为了简化，就不扔宠物球了，直接单击宠物完成捕捉。

最终总图如图 13-20 所示。

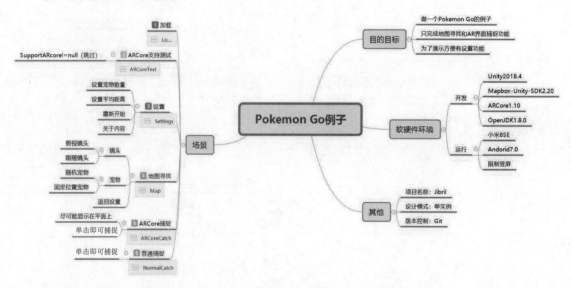

图 13-20

13.3.3　界面设计

这里的设计依旧是以完成功能为主，使用 Unity 默认的 GUI 来实现。

（1）加载场景和测试场景有简单提示即可，如图 13-21 所示。
（2）设置场景内容略多，这里使用滑动条来实现数字的修改，如图 13-22 所示。
（3）地图寻找场景提供 2 种视角：通过右上角的按钮切换（见图 13-23）；单击设备的返回按键，如图 13-24 所示。

图 13-21　　　　　　　　图 13-22　　　　　　　　　　图 13-23

（4）AR 捕捉界面只提供单击捕捉功能，如图 13-25 所示。

 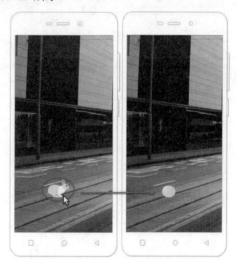

图 13-24　　　　　　　　　　　　　　　图 13-25

13.4　准 备 工 作

1. 软硬件环境的确认

开始之前，确认软硬件环境。下载官方的示例，在计划的软硬件环境下编译并运行，确认计划的环境下，官方示例能正常运行。

Git 版本控制正常。

2. 3D 模型准备

3D 模型依旧使用"Optimize, SD Kohaku-Chanz!",长头发的是玩家,短头发的是捕捉对象。

3. 准备 Mapbox 的地理信息

添加"JibrilDataset",在地图上添加几个点,用来显示固定位置的宠物。为每个点添加属性,分别是"ID"和"Name"。

根据 Dataset 导出 tileset 并设置"JibrilSytle",显示几个点的位置和名称,如图 13-26 所示。

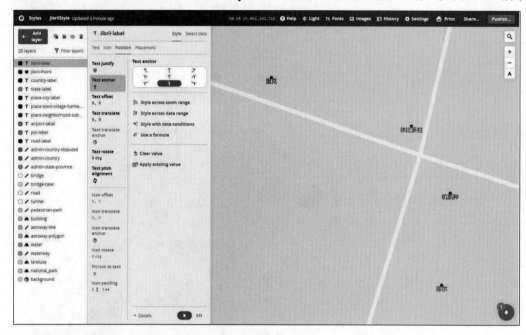

图 13-26

4. 其他

导入 DoTween 插件,在 UI 切换的时候使用。准备 logo 和字体(依旧使用"思源黑体")。

13.5 新建项目

(1)新建一个项目,使用的 Unity 版本及项目名称等与设计保持一致。这里,项目名称是"Jibril",Unity 版本是"2018.4.0f1",如图 13-27 所示。

(2)依次单击菜单选项"Window→Package Manager",打开 Packages 窗口,删除用不到的内容。当然略过这一步也没有太多影响,这么做只是为了减小项目体积。

(3)删除新增项目时自带的目录,如图 13-28 所示。

(4)新建一个文件夹,名称即为项目的名称,这里是"Jibril",如图 13-29 所示。除了需要放置到特殊目录的内容,自己添加的内容都放在"Jibril"目录下。这样可以避免导入插件和其他内容时发生冲突,也便于内容的管理。

第 13 章　用 Mapbox 和 ARCore 做 Pokemon Go

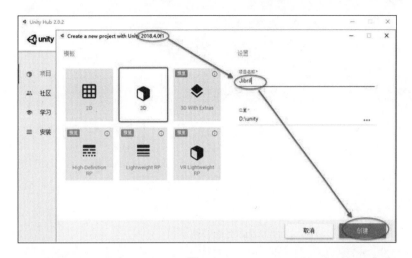

图 13-27

图 13-28

图 13-29

13.6　单实例类基础内容开发

这里使用的是最简单的单实例方式，即整个过程中只有一个单实例的类，所有逻辑在该类中实现。

在"Jibril"目录下添加"Scripts"目录，并在其中添加脚本"MainManager"，如图 13-30 所示。

脚本内容如下：

图 13-30

```
private static MainManager instance;
public static MainManager Instance
{
    get
    {
        if (isShuttingDown)        // 如果已经关闭则返回空
        {
            return null;
        }
        lock (_lock)               // 锁定避免同时创建
        {
            if (instance == null)  // 当前实例为空
            {
```

515

```csharp
            // 在场景中查找对象
            instance = FindObjectOfType<MainManager >();
            if (instance == null)      // 场景中没对象
            {
                // 查找游戏对象
                GameObject go = GameObject.Find(goName);
                if (go == null)        // 游戏对象为空则创建
                {
                    go = new GameObject(goName);
                }
                // 为游戏对象添加组件
                instance = go.AddComponent<MainManager >();
                // 不在场景转换时删除
                DontDestroyOnLoad(go);
            }
        }
    }
    return instance;
}
```

脚本说明

这段内容的核心其实就是通过静态方法 Instance 保证场景中只会出现一个包含"MainManager"组件的游戏对象。如果已经存在就返回，没有则创建，同时避免创建多个。

13.7 启动场景开发

启动加载场景很简单，利用 UI 的 Image 对象显示 logo，利用滚动条 Slider 对象显示进度。利用动态加载的方式，在不离开当前场景的状态下加载下一个场景，等全部加载完成再切换到下一个场景。

13.7.1 设置场景

1. 新建场景并设置分辨率

在项目名称目录"Jibril"下添加"Scenes"目录，如图 13-31 所示。

新建一个场景，根据设计命名为"Loading"，保存在"Jibril/Scenes"目录下，如图 13-32 所示。

根据百度流量研究院中移动设备分辨率的统计，大多数的移动设备宽都超过 720，如图 13-33 所示。在"Game"窗口中，添加新的分辨率，即宽为 720、高为 1280，如图 13-34 所示。添加完以后选中这个分辨率。

切换回"Scene"场景，当添加了 UI 之后会出现一个白框，就是 1280×720 大小的框，如图 13-35 所示。这个框有助于判断 UI 大小在最小分辨率的设备上是否合适。

第 13 章　用 Mapbox 和 ARCore 做 Pokemon Go

图 13-31

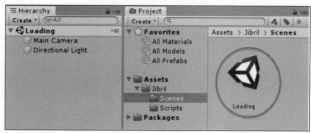

图 13-32

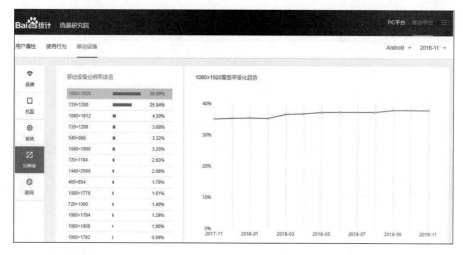

图 13-33

图 13-34

图 13-35

在本项目中只考虑应用即使在分辨率最小的设备上也能完整显示界面，保证功能正常；不考虑在分辨率大的设备上界面显示会比较小的情况。

2. 添加并设置 logo

在项目"Jibril"目录下新增"Images"目录用于存放图片。

517

将 logo 导入"Jibril/Images"目录,并设置"Texture Type"属性为"Sprite",如图 13-36 所示。

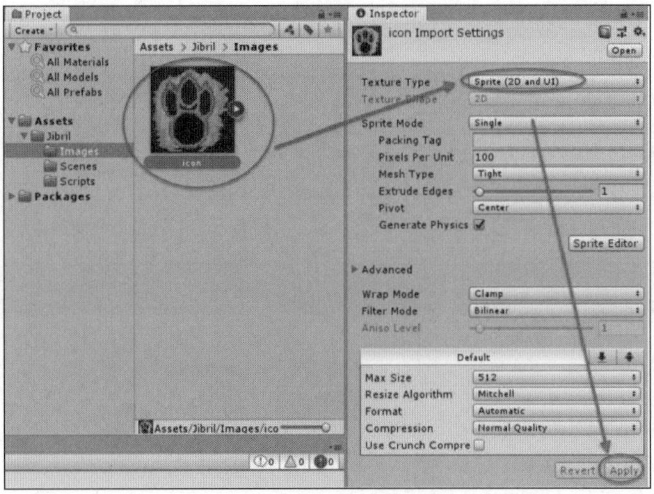

图 13-36

将"Scene"窗口切换为 2D 模式,单击"Main Camera"游戏对象,将"Clear Flags"属性修改为"Solid Color"。因为这个场景不需要天空盒,所以有一个单一颜色的背景即可,如图 13-37 所示。

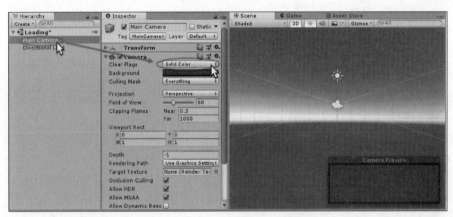

图 13-37

添加一个"Image"的 UI,如图 13-38 所示。

将 logo 拖到"Image"游戏对象的"Source Image"属性中,如图 13-39 所示。

将"Image"游戏对象设置为屏幕中心对齐,高和宽都是 256,也可以根据自己的 logo 大小进行调节,如图 13-40 所示。

3. 添加并设置滚动条

在"Canvas"游戏对象下添加一个"Slider"对象,用于显示进度条,如图 13-41 所示。

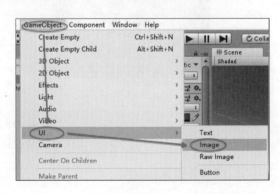

图 13-38

第 13 章 用 Mapbox 和 ARCore 做 Pokemon Go

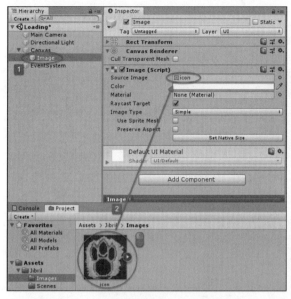

图 13-39

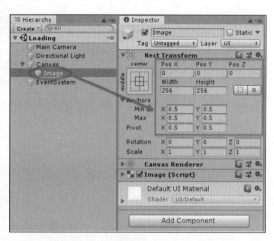

图 13-40

设置"Slider"游戏对象为中线对齐，左、右距离为 10，高为 30，向下 168，如图 13-42 所示。这样，无论在什么分辨率下进度条都略低于 logo、比屏幕略窄。

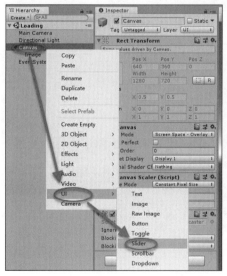

图 13-41

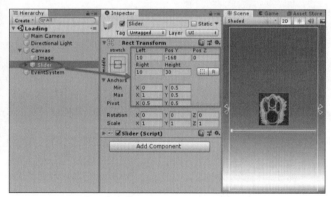

图 13-42

4．添加跳转之后的场景

在"Jibril/Scenes"目录下添加空的场景"ARCoreTest"和"Settings"。

依次单击菜单选项"File→Build Settings..."，打开"Build Settings"窗口，将所有场景添加到"Scenes In Build"中，如图 13-43 所示。

添加一个空的游戏对象，只用来挂脚本，如图 13-44 所示。将新增加的游戏对象名改为 GameManager，如图 13-45 所示。这个场景中所有的逻辑都挂在 GameManager 游戏对象下。

519

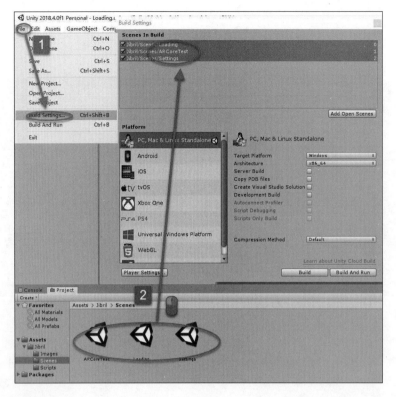

图 13-43

图 13-44

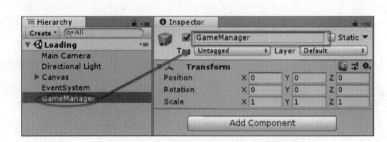

图 13-45

13.7.2　脚本编写

1. 修改"MainManager"脚本，添加逻辑

修改"MainManager"脚本，添加加载场景完成后跳转场景的逻辑。

```
public string LoadingEnd()
{
    string sceneName = "ARCoreTest";
    int isSupport = PlayerPrefs.GetInt("SupportARCore", -1);
```

```
        if (isSupport > -1)
        {
            sceneName = "Settings";
        }
        return sceneName;
    }
```

脚本说明

"PlayerPrefs"类下的方法可以将简单的浮点、整数或者字符串存储到设备并读取,但是如果设备进行过清理,存储的内容就会丢失。

2. 添加设置"LoadSceneSlider"脚本,控制滚动条显示

在"Jibril/Scripts"目录下新建脚本,取名为"LoadSceneSlider"。
脚本内容如下:

```
    void Start()
    {
        slider = GetComponent<Slider>();      // 找到游戏对象上的滚动条并赋值
        StartCoroutine("LoadScene");          // 启动协程
    }
    IEnumerator LoadScene()
    {
        string sceneName = MainManager.Instance.LoadingEnd();
                                              // 获取加载的场景名称

        async = SceneManager.LoadSceneAsync(sceneName);// 异步加载主菜单
        async.allowSceneActivation = false;   // 停止自动跳转
        while (async.progress < 0.9f)         // 没有加载完成则继续加载
        {
            slider.value = async.progress;    // 将异步加载进度赋值给滚动条
            yield return null;
        }
        yield return new WaitForSeconds(1f);  // 等待 1 秒
        async.allowSceneActivation = true;    // 场景跳转
    }
```

脚本说明

(1) RequireComponent 注解是确保该脚本所在的游戏对象上一定有一个 Slider 组件。

(2) StartCoroutine 是 Unity 的协程,可以让程序不等到指定的内容执行完成就继续后面的内容。Yield 后面的语句则必须等到前面的内容执行完才能继续。

将脚本拖到"Slider"游戏对象下成为后者的组件,如图 13-46 所示。

此时运行场景"Loading",虽然没有在场景中添加过"Main Manager",但是当"LoadSceneSlider"脚本引用的时候会自动创建,如图 13-47 所示。

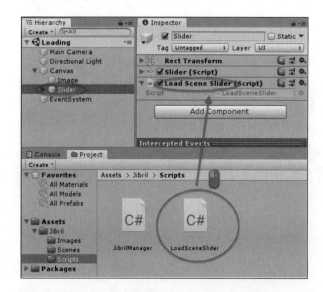

图 13-46

图 13-47

13.8 ARCore 测试场景开发

测试场景的界面很简单，有文字提示即可。

13.8.1 导入并设置相关 SDK

1. 导入并设置 Mapbox

因为没用 Mapbox 自带的 AR 模块，所以只需要导入"mapbox-unity-sdk_v2.0.0"的"Mapbox"目录即可。

修改错误，添加丢失的换行，如图 13-48 所示。

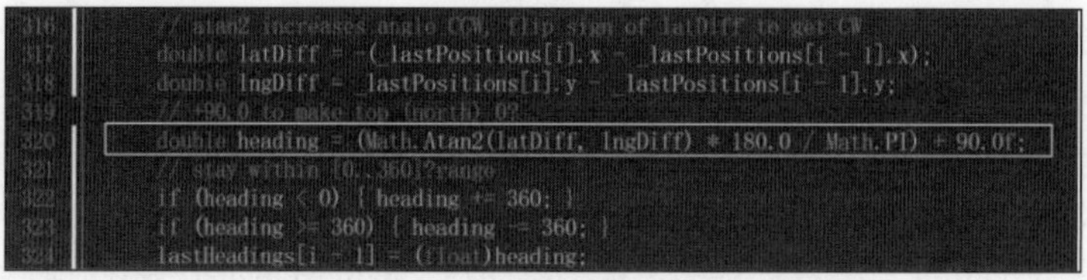

图 13-48

在弹出窗口中输入"tokens",如图 13-49 所示。

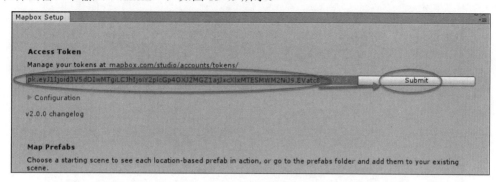

图 13-49

2. 导入并设置 ARCore

将"arcore-unity-sdk-v1.10.0"全部导入。

(1)添加 ARCore 支持。依次单击菜单选项"File→Build Settings...",打开"Build Settings"窗口;单击"Player Settings..."按钮;在"Inspector"窗口中的"XR Settings"选项组中勾选"ARCore Supported"选项,如图 13-50 所示。

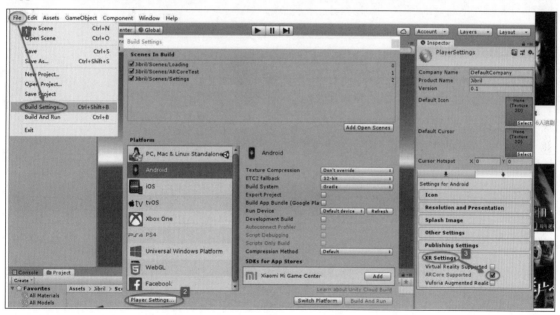

图 13-50

(2)设置默认配置。选中"GoogleARCore/Configurations"目录下的"DefaultSessionConfig"文件(见图 13-51),修改配置:

- Plane Finding Mode:Horizontal。
- Light Estimation Mode:Disabled。

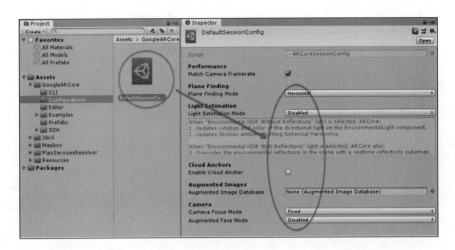

图 13-51

13.8.2 设置场景

1. 添加预制件

打开"ARCoreTest"场景，删除场景中默认的内容，将"GoogleARCore/Prefabs"目录下的"ARCore Device"预制件拖动到场景中，如图 13-52 所示。

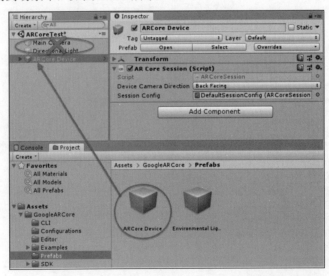

图 13-52

2. 导入字体

在"Jibril"目录下新建目录"Fonts"，将中文字体导入到该目录下，如图 13-53 所示。

3. 添加并设置 Text 组件

依次单击菜单选项"GameObject→UI→Text"，在场景中添加一个 Text 组件。

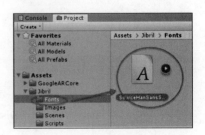

图 13-53

设置 Text 为全屏对齐，并设置内容、字体、文字对齐方式、自适应字体大小和字体颜色，如图 13-54 所示。

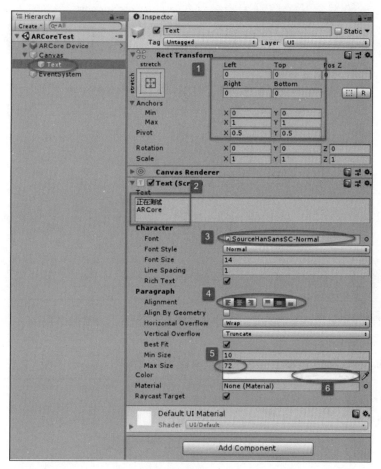

图 13-54

13.8.3 脚本编写

1. 修改"MainManager"脚本，添加逻辑

修改"MainManager"脚本，添加根据测试结果设置并跳转场景。

```
public void ARCoreStatus(int status)
{
    PlayerPrefs.SetInt("SupportARCore", status);
    SceneManager.LoadScene("Settings");
}
```

脚本说明

PlayerPrefs 类在这里进行存储，下次启动的时候就可以读取了。

2. 添加设置"TestARCoreSupport"脚本，测试 ARCore 是否支持

在"Jibril/Scripts"目录下新建脚本，取名为"TestARCoreSupport"。

脚本内容如下：

```
private void Test()
{
    int status = 1;
    if (Session.Status == SessionStatus.ErrorPermissionNotGranted)
    {
        status = 0;
    }
    else if (Session.Status.IsError())
    {
        status = 0;
    }
    MainManager.Instance.ARCoreStatus(status);
}
```

脚本说明

这里把测试过程简化了，不考虑是因为摄像头没打开或者是没安装 ARCore，只要没能正常运行就都视为不支持 ARCore。

将脚本拖到"ARCore Device"游戏对象下成为后者的组件。

13.9 设置场景开发

设置场景的界面不复杂，需要在 MainManager 中将一些数据定义好。这里先把设置距离数量的 UI 做成预制件。

13.9.1 文本滚动条预制件的制作

1. 添加画布

选中"Main Camera"，将"Clear Flags"属性设置为"Solid Color"。因为整个场景都只有 UI，不需要天空盒。依次单击菜单选项"GameObject→UI→Canvas"，在场景中添加画布。

2. 添加并设置一个空的游戏对象

在画布中添加一个空的游戏对象。选中"Canvas"游戏对象，单击鼠标右键，在弹出的快捷菜单中选择菜单选项"Create Empty"。

设置新增游戏对象的位置。选中"GameObject"游戏对象，将其设置为居中对齐，高度为 150。

3. 添加并设置滚动条

选中"GameObject"游戏对象,单击鼠标右键,在弹出的快捷菜单中依次选择菜单选项"UI→Slider"。

将滚动条设置为底部对齐,左、右距离各 20,高度为 30,距离底部 30。

4. 添加并设置文本显示

选中"GameObject"游戏对象,单击鼠标右键,在弹出的快捷菜单中依次选择菜单选项"UI→Text"。

将滚动条设置为底部对齐,左、右距离各 50,高度为 80,距离底部 90。

设置文本显示的字体、字体大小、字体颜色,如图 13-55 所示。

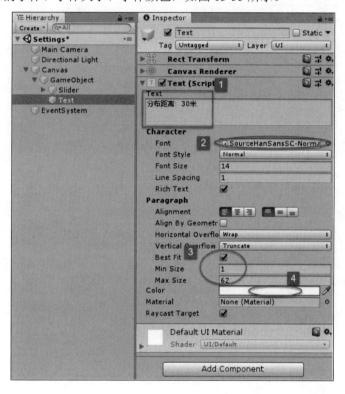

图 13-55

5. 添加控制脚本

在"Jibril/Scripts"目录下新建脚本"TextSliderController",并将脚本拖动到"GameObject"目录下。

脚本内容如下:

```
void Start()
{
    slider = GetComponentInChildren<Slider>();
    text = GetComponentInChildren<Text>();
    value = slider.value;
```

```
        UpdateTitle();
    }
    public void UpdateTitle()
    {
        text.text = title.Replace("{$}", slider.value.ToString());
        value = slider.value;
    }
```

脚本说明

脚本原理很简单，启动时获取子游戏对象中的滚动条和文本显示，提供方法；当滚动条值改变时，改变文本显示。HideInInspector 注解的作用是不在编辑窗口中显示。

设置"Text Slider Controller"组件的"Title"属性值，用"{$}"作为通配符，代替滚动条的值，如图 13-56 所示。

图 13-56

6. 修改滚动条设置

选中"Slider"游戏对象，修改"Slider"组件下的"Min Value"和"Max Value"属性值，并设置滚动条最小和最大值；选中"Whole Numbers"选项，使滚动条的值都是整数；修改"Value"属性，设置默认值，如图 13-57 所示。

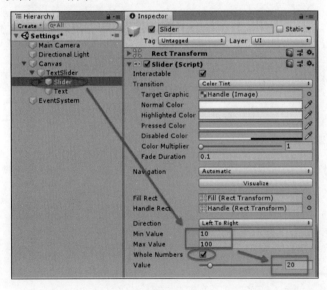

图 13-57

第 13 章 用 Mapbox 和 ARCore 做 Pokemon Go

单击"On Value Changed"右下角的"+"按钮，为滚动条添加事件响应；设置为当滚动条值发生改变时，执行"TextSlider"游戏对象上"TextSliderController"脚本的"UpdateTitle"事件，如图 13-58 所示。

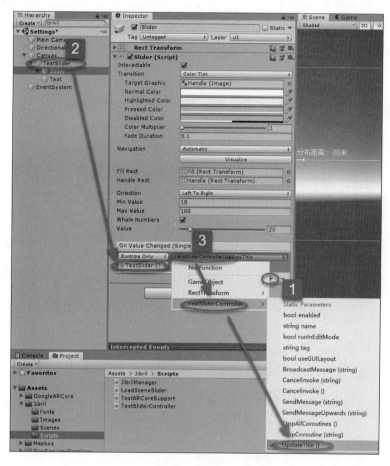

图 13-58

7. 保存成预制件

在"Jibril"目录下新建"Prefabs"目录，将"Hierarchy"窗口中的"TextSlider"游戏对象拖动到"Project"窗口中，即可保存成预制件，如图 13-59 所示。

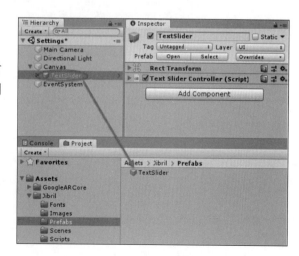

图 13-59

13.9.2 选择按钮预制件的制作

1. 添加并设置空的游戏对象

选中"Canvas"游戏对象，单击鼠标右键，在弹出的快捷菜单中选择菜单选项"Create Empty"。选中新建的游戏对象，设置对齐放式为中线对齐、高度为100。

2. 添加并设置按钮

选中"GameObject"游戏对象，在弹出的快捷菜单中依次选择菜单选项"UI→Button"。选中新添加的"Button"游戏对象，设置位置为左半边空间。

设置按钮显示的文字、字体以及字体大小和颜色，如图13-60所示。

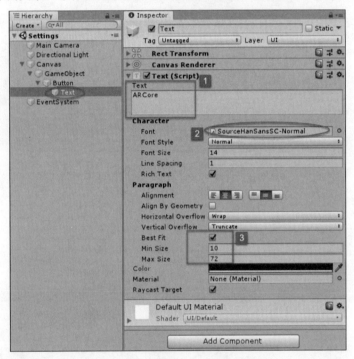

图 13-60

3. 重复添加按钮

复制"Button"游戏对象，将新复制出来的"Button(1)"游戏对象设置为占据右半边空间。修改按钮显示的文字以及游戏对象的名称，如图13-61所示。

图 13-61

第13章 用 Mapbox 和 ARCore 做 Pokemon Go

4. 添加脚本

修改"GameObject"游戏对象的名称为"SelectButton";在"Jibril/Scripts"目录下新建脚本"SelectButtonController",并把这个脚本拖到"SelectButton"游戏对象下成为后者的组件,如图 13-62 所示。

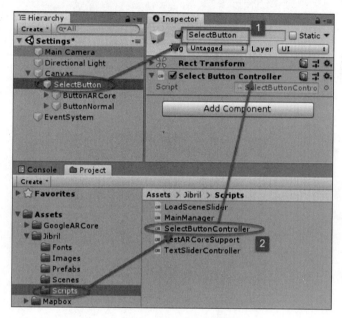

图 13-62

脚本内容如下:

```
public void SetButton(string key,bool enable)
{
    // 遍历按钮
    foreach (var btn in buttons)
    {
        // 获取名称
        string temp = btn.GetComponentInChildren<Text>().text;
        ColorBlock colorBlock = ColorBlock.defaultColorBlock;
        if (temp.Equals(key))         // 如果名称符合
        {
            colorBlock.normalColor = normalColor;
            btn.interactable = enable;
            break;
        }
    }
}
public void OnClicked(string key)
{
    // 遍历按钮
    foreach(var btn in buttons)
```

531

```
        {
            // 获取名称
            string temp = btn.GetComponentInChildren<Text>().text;
            ColorBlock colorBlock = ColorBlock.defaultColorBlock;
            if (temp.Equals(key))          // 如果名称符合
            {
                colorBlock.highlightedColor = selectedColor;
                colorBlock.normalColor = selectedColor;
                value = key;
            }
            else
            {
                colorBlock.highlightedColor = normalColor;
                colorBlock.normalColor = normalColor;
            }
            btn.colors = colorBlock;
        }
    }
```

脚本说明

虽然例子中只有 2 个按钮，但脚本还是按照不确定数量的按钮来编写。"OnClicked"方法将选中的按钮变成指定颜色，同时设置"value"。

5. 设置脚本

选中"SelectButton"游戏对象，设置其下的"Selected Color"和"Normal Color"属性，如图 13-63 所示。

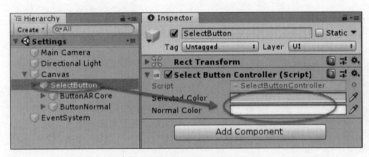

图 13-63

设置按钮单击响应事件。选中按钮，添加单击事件；设置单击事件为"SelectButton"游戏对象下的"SelectButtonController"脚本的"OnClicked"方法。

为方法添加输入参数，要和按钮显示的文本一致，如图 13-64 所示。

6. 保存成预制件

将"Hierarchy"窗口中的"SelectButton"游戏对象拖动到"Project"窗口中，即可保存成预制件，如图 13-65 所示。

第 13 章 用 Mapbox 和 ARCore 做 Pokemon Go

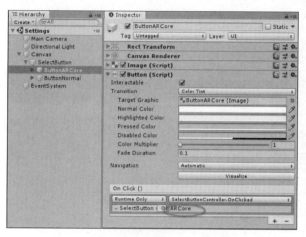
图 13-64

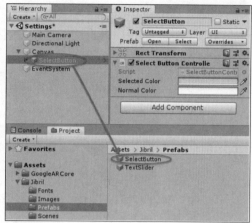
图 13-65

13.9.3 设置场景

1. 添加画布

依次单击菜单选项"GameObject→UI→Canvas",在场景中添加一个画布。

2. 添加并设置分布距离 UI

将"Jibril/Prefabs"目录下的"TextSlider"预制件拖动到画布下,并将名称修改为"TextSliderDistance";设置对齐方式是顶部对齐,高为 150,距离顶部为-100;设置"Title"的值为"分布距离:{$}",如图 13-66 所示。

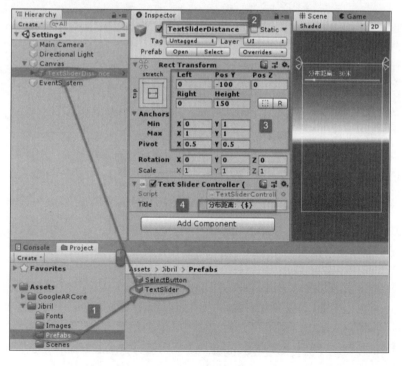
图 13-66

选中"TextSliderDistance"游戏对象下的"Slider"游戏对象；设置滚动条的最小值为1、最大值为10；选中"Whole Numbers"选项，即滚动条的值都是整数；设置"Value"的默认值为"5"，如图13-67所示。

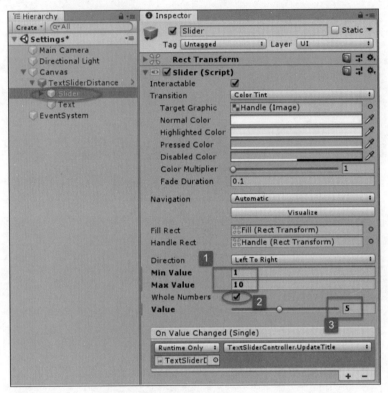

图13-67

3. 添加并设置分布数量UI

将"Jibril/Prefabs"目录下的"TextSlider"预制件拖动到画布下，并将名称修改为"TextSliderNumber"；设置对齐方式是顶部对齐、高为150、距离顶部-250；设置"Title"的值为"分布数量：{$}只"。

选中"TextSliderNumber"游戏对象下的"Slider"游戏对象。设置滚动条的最小值为1、最大值为20；选中"Whole Numbers"选项，即滚动条的值都是整数；设置"Value"默认值为5。

4. 添加并设置捕捉场景类型UI

将"Jibril/Prefabs"目录下的"SelectButton"预制件拖动到画布下，设置对齐方式是顶部对齐，高为100，距离顶部-400；接着设置选中时的颜色和默认的颜色，如图13-68所示。

5. 添加底部按钮

选中"Canvas"游戏对象，单击鼠标右键，在弹出的快捷菜单中依次选择菜单选项"UI→Button"，在画布中添加一个按钮。

选中新添加的按钮，设置名称为"ButtonExit"，对齐方式为底部对齐，左、右边距为20，高为80，距离底部40。

第 13 章 用 Mapbox 和 ARCore 做 Pokemon Go

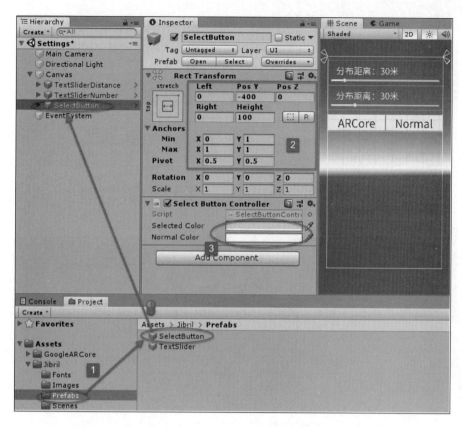

图 13-68

选中"ButtonExit"游戏对象下的"Text"游戏对象，设置"Text"文本的内容；设置"Font"字体为导入的字体；选中"Best Fit"选项，使字体大小自动适应。

重复上面的步骤，按照设计在画布底部添加 4 个按钮，如图 13-69 所示。

6. 添加关于内容

（1）添加并设置 Panel

选中"Canvas"游戏对象，在弹出的菜单中依次选择菜单选项"UI→Panel"，添加一个 Panel。

选中"Panel"游戏对象，修改名称为"PanelAbout"；设置"Image"组件的"Color"属性颜色。

（2）在 Panel 下添加并设置文本

选中"PanelAbout"游戏对象，单击鼠标右键，在弹出的快捷菜单中依次选择菜单选项"UI→Text"。

选中"Text"游戏对象，设置对齐方式为全屏对齐，左、右边距为 20，距离顶部 20，距离底部 120。

设置"Text"组件的文本内容、字体以及字体大小和字体颜色，如图 13-70 所示。

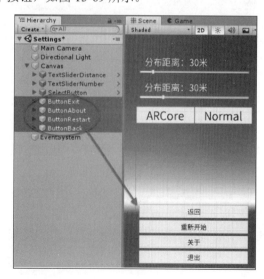

图 13-69

535

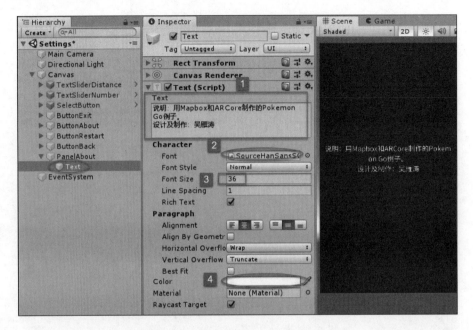

图 13-70

（3）添加并设置返回按钮

选中"PanelAbout"游戏对象，单击鼠标右键，在弹出的快捷菜单中依次选择菜单选项"UI→Button"。

选中"Button"游戏对象，设置底部对齐，左、右间距为 20，高度为 100，距离底部为 60。

选中"Button"游戏对象下的"Text"游戏对象，设置"Text"组件的"Text"文本内容为"返回设置"；接着设置"Font"选项；选中"Best Fit"选项，使字体大小自适应。

13.9.4 脚本编写

1. 关于脚本编写和设置

（1）添加脚本

在"Jibril/Scripts"目录下添加脚本 SettingsUIController，添加 UI 控制脚本；将新建的脚本"SettingsUIController"拖到"Canvas"游戏对象下成为后者的组件。

（2）编写脚本

在脚本中添加用来设置关于内容是否激活的方法和对应的变量：

```
public GameObject about;
public void SetAbout(bool active)
{
    about.SetActive(active);
}
private void Start()
{
    SetAbout(false);
}
```

（3）设置脚本变量

选中"Canvas"游戏对象，将"PanelAbout"游戏对象拖动到"About"属性中为该属性赋值。

（4）设置显示按钮方法

选中"ButtonAbout"游戏对象，为其上的按钮添加单击响应事件；设置单击按钮后执行"Canvas"游戏对象下的"SettingsUIController"脚本的"SetAbout"方法，如图13-71所示。

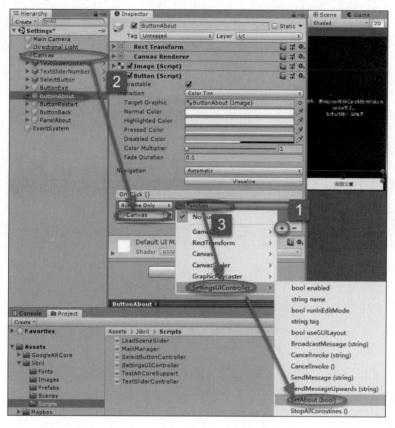

图 13-71

"ButtonAbout"单击事件传入的参数为true，勾选方法下的复选框，如图13-72所示。

（5）设置隐藏按钮方法

选中"PanelAbout"游戏对象下的"Button"游戏对象，为其上的按钮添加单击响应事件，设置单击按钮后执行"Canvas"游戏对象下的"SettingsUIController"脚本的"SetAbout"方法。

这里需要传入的参数是false，不用处理，因为是默认值。

2. 退出应用脚本编写和设置

修改"MainManager"脚本，添加应用退出的方法：

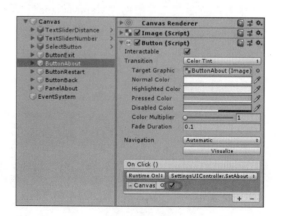

图 13-72

```csharp
public void AppExit()
{
    Application.Quit();
}
```

在"SettingsUIController"中添加对应的方法:

```csharp
public void AppExit()
{
    MainManager.Instance.AppExit();
}
private void Start()
{
    SetAbout(false);
}
```

选中"ButtonExit"游戏对象,为其上的按钮添加单击响应事件;设置单击按钮后执行"Canvas"游戏对象下"SettingsUIController"脚本的"AppExit"方法。

3. 选择按钮初始化

修改"MainManager"脚本,添加是否支持 ARCore 的方法:

```csharp
public bool IsSupportARCore()
{
    int isSupport = PlayerPrefs.GetInt("SupportARCore", -1);
    if (isSupport ==1)
    {
        return true;
    }
    return false;
}
```

在"SettingsUIController"脚本中,添加选择按钮的变量 SelectButtonController,在"Start"方法中为变量赋值,并根据"MainManager"返回的信息设置选择按钮:

```csharp
private void Start()
{
    SetAbout(false);

    // 设置选择按钮
    selectButton = FindObjectOfType<SelectButtonController>();
    if (MainManager.Instance.IsSupportARCore())
    {
        selectButton.OnClicked("ARCore");
    }
    else
    {
        selectButton.SetButton("ARCore", false);
```

```
            selectButton.OnClicked("Normal");
        }
    }
```

4. 设置返回按钮是否有效

修改"MainManager"脚本，添加变量标识初始化的状态：

```
    public class MainManager : MonoBehaviour
    {
        ...
        public bool gameInitialization;
    }
```

在"SettingsUIController"脚本中，添加返回按钮的变量 btnBack，在"Start"方法中根据"MainManager"返回的信息设置按钮状态：

```
    public Button btnBack;
    private void Start()
    {
        ...
        btnBack.interactable = MainManager.Instance.gameInitialization;
    }
```

设置脚本，选中"Canvas"游戏对象，将"ButtonBack"游戏对象拖动到"Btn Back"属性中为该属性赋值，如图 13-73 所示。

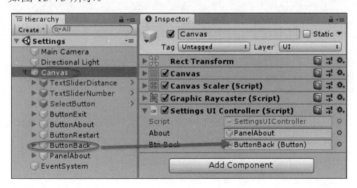

图 13-73

5. 添加返回和重新开始的脚本

（1）修改"MainManager"脚本

```
    public void StartGame()
    {
        SceneManager.LoadScene("Map");
    }
    public void StartGame(float distance, int number)
    {
```

```
        InitializeGame(distance, number);
        StartGame();
    }
    private void InitializeGame(float distance, int number)
    {
        randomPositions = new Vector2[number];
        for(int i = 0; i < randomPositions.Length; i++)
        {
            randomPositions[i] = Random.insideUnitCircle * distance;
        }
    }
```

脚本说明

变量"catchSceneName"用来记录选择的场景，"gameInitialization"用于标识游戏是否初始化过，"randomPositions"数组用于记录随机宠物的位置偏移。

初始化"InitializeGame"方法调用 Random.insideUnitCircle 方法获得一个圆内的随机点位置，记录在"randomPositions"数组，给下一个场景使用。

（2）修改"SettingsUIController"脚本

在脚本中添加对应方法：

```
    public void Back()
    {
        MainManager.Instance.catchSceneName = selectButton.value;
        MainManager.Instance.StartGame();
    }
    public void Restart()
    {
        MainManager.Instance.catchSceneName = selectButton.value;
        MainManager.Instance.StartGame(
            distance.value,
            int.Parse(number.value.ToString()));
    }
```

（3）设置返回按钮事件

选中"ButtonBack"游戏对象，为其上的按钮添加单击响应事件；设置单击按钮后执行"Canvas"游戏对象下的"SettingsUIController"脚本的"Back"方法。

（4）设置重新开始按钮事件

选中"ButtonRestart"游戏对象，为其上的按钮添加单击响应事件；设置单击按钮后执行"Canvas"游戏对象下"SettingsUIController"脚本的"Restart"方法，如图 13-74 所示。

（5）变量赋值

选中"Canvas"游戏对象，将"TextSliderDistance"游戏对象拖到"Distance"属性中为该属性赋值，将"TextSliderNumber"游戏对象拖到"Number"属性中为该属性赋值。

第 13 章 用 Mapbox 和 ARCore 做 Pokemon Go

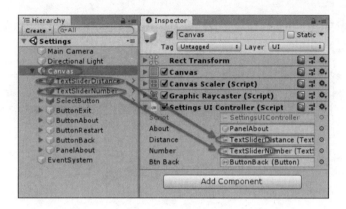

图 13-74

13.10 地图寻找场景开发

地图寻找场景的主要逻辑如图 13-75 所示。

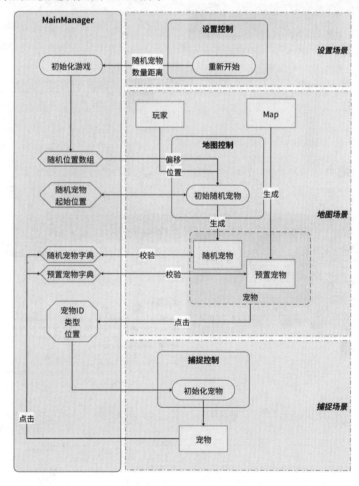

图 13-75

541

设置场景"重新开始"方法将随机宠物的数量和距离信息交给"MainManager"的方法，并转换成一个圆上的随机点数组再存入"随机位置数组"。

预置宠物通过"Map"游戏对象生成。

随机宠物的位置以"玩家"第一次开始时的位置为中心，"随机位置数组"是相对位置生成的。

宠物字典的目的是让玩家捕捉了其中的一个宠物回到地图场景的时候不再继续显示被捕捉的宠物。

13.10.1 导入模型和摄像机插件

1. 导入模型

打开 Unity 商城，找到"Optimize, SD Kohaku-Chanz!"，单击"导入"按钮，如图 13-76 所示。

图 13-76

在弹出窗口中单击"Import"按钮即可导入。

2. 导入摄像机插件

打开 Unity 商城，找到"Cinemachine"，单击"导入"按钮，如图 13-77 所示。

图 13-77

在弹出窗口中单击"Import"按钮即可导入。

13.10.2　3D模型动作关系修改

1. 添加控制器

在"Jibril"目录下新建一个"Animation"目录。

选中"Jibril/Animation"目录，单击鼠标右键，在弹出的快捷菜单中依次选择菜单选项"Create→Animator Controller"，新建一个动画控制，并命名为Game Animator Controller，如图13-78所示。

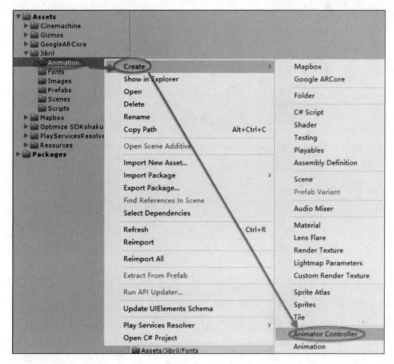

图 13-78

2. 添加动作

双击"Game Animator Controller"，会打开"Animator"窗口，里面默认有3个标签，如图13-79所示。

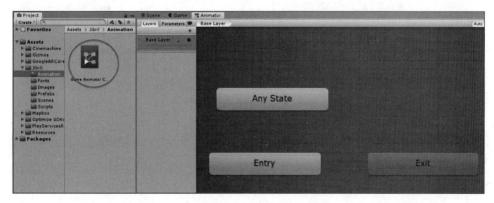

图 13-79

打开"Optimize SDKohaku-Chanz/Animation/FBX"目录，将动作"StandB"、"StandA_idleA"、"StandA"和"Walk"拖入"Animator"窗口中，如图 13-80 所示。第一个被拖入的动作会被作为默认动作，这里是"StandB"。

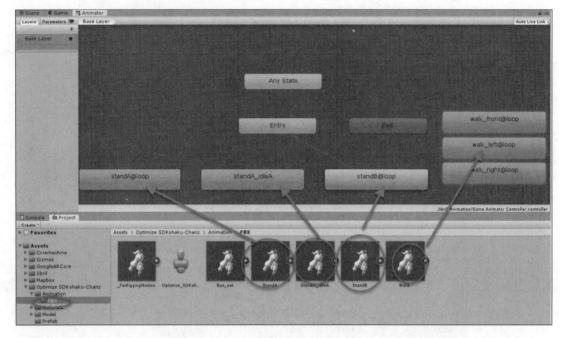

图 13-80

将不用的动作删除。跑步和行走的动作都是带方向的，只保留往前的即可，所以只留下 4 个动作，即"StandB"、"StandA_idleA"、"StandA"和"walk_front"，如图 13-81 所示。

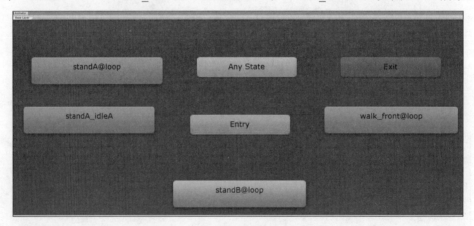

图 13-81

3. 添加动作转换参数

单击"Animator"窗口下的"Parameters"标签，开始添加变量。单击"+"按钮，选择"Trigger"，添加名为 Pose 和 Look 的参数；继续单击"+"按钮，添加"Bool"参数，并命名为 Walk，如图 13-82 所示。

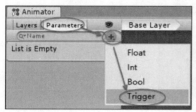 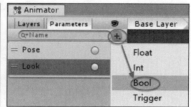

图 13-82

4. 设置默认动作

选中"standB@loop",在"Inspector"窗口中修改名称为"stand",如图 13-83 所示,用相同的方法把"standA_idleA"改为"look"、"StandA@loop"改为"pose"、"walk_front@loop"改为"walk"。

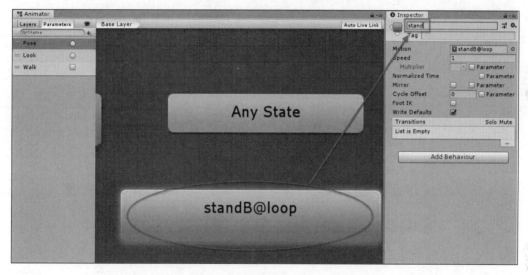

图 13-83

将"stand"设为默认动作(默认动作是橘黄色的,有一条从"Entry"的线连接过来)。如果不是默认动作,在"stand"上单击鼠标右键,选中"Set as Layer Default State"即可设为默认动作,如图 13-84 所示。模型开始的时候会执行默认动作。

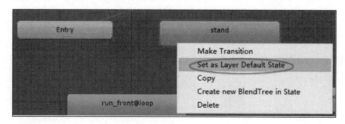

图 13-84

5. 添加"stand"和"pose"动作间的过渡

在"stand"上单击鼠标右键,选择"Make Transition",添加一个过渡;这时会出现一条线,将这条线连接到"pose"上,如图 13-85 所示。

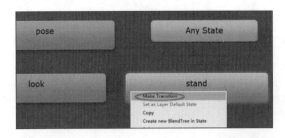 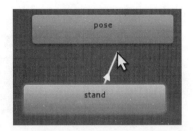

图 13-85

选中连接线,在"Inspector"窗口中单击"Conditions"下的"+"按钮,如图 13-86 所示。

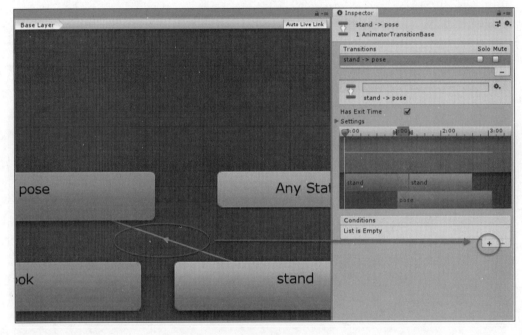

图 13-86

在下拉列表中选中"Pose",当调用 Animator.SetTrigger("Pose")方法时,模型的动作就会从"stand"转换到"pose";在"pose"上单击鼠标右键,选择"Make Transition",添加一个过渡;将线连接到"stand",当"pose"动作做完以后就会自动回到"stand"动作,如图 13-87 所示。

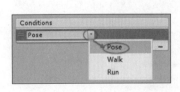  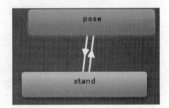

图 13-87

6. 添加其他的过渡

在"stand"和"walk"之间添加过渡,参数用"Walk"。

最终效果如图 13-88 所示。相关的过渡条件及动作如表 13-1 所示。

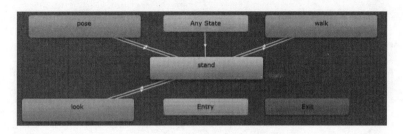

图 13-88

表 13-1 起始动作、目标动作及条件

起始动作	目标动作	条　件
stand	pose	SetTrigger("Pose")
pose	stand	动作结束
stand	look	SetTrigger("Look")
look	stand	动作结束
stand	walk	SetBool("Walk", true)
walk	stand	SetBool("Walk", false)

13.10.3 设置场景

1. 添加并设置地图

（1）添加地图

选中"Mapbox/Prefabs"目录下的"LocationBasedGame"预制件，将其拖到场景中，如图 13-89 所示。

（2）将预制件变为普通游戏对象

因为之后要修改玩家的显示模型等内容，所以把预制件变为普通游戏对象，要避免不小心而误将 Mapbox 的预制件给改了。

选中"LocationBasedGame"，单击鼠标右键，在弹出的快捷菜单中选择菜单选项"Unpack Prefab"，如图 13-90 所示。

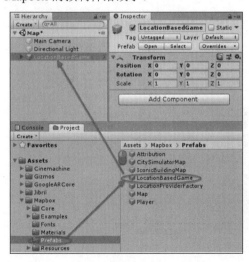

图 13-89

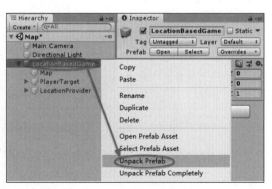

图 13-90

（3）设置地图基本信息

根据 Mapbox Studio 中修改地图的位置，设置地图默认位置，如图 13-91 所示。

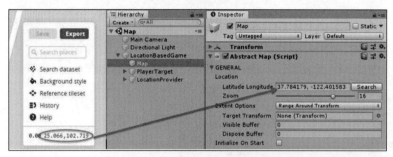

图 13-91

设置地图显示方式为显示当前坐标所在的地图块及周边的地图块，如图 13-92 所示。

设置地图的"Map Id/Style URL"和"Map Id"属性，如图 13-93 所示。

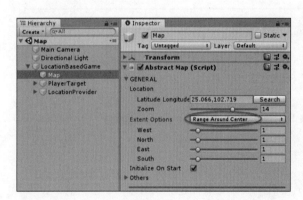

图 13-92

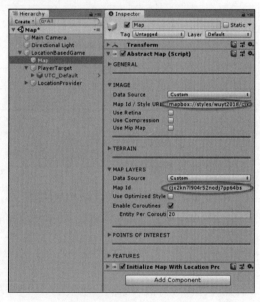

图 13-93

2. 修改调试方式

选中"LocationBasedGame"游戏对象下的"LocationProvider"游戏对象，将下面的"EditorLocationArrayProvider"游戏对象拖到"Editor Location Provider"属性中为该属性赋值，如图 13-94 所示。

图 13-94

选中"EditorLocationArrayProvider"游戏对象，设置其下的"Latitude Longitude"数组属性，如图 13-95 所示。简单的设置办法就是将数组大小设为 1，值和地图默认位置一样。

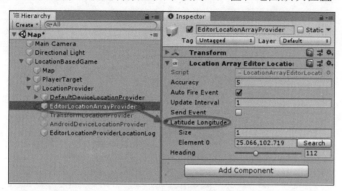

图 13-95

3. 修改玩家模型

删除"PlayerTarget"游戏对象下的子游戏对象，将"Optimize SDKohaku-Chanz/Prefab"目录下的"UTC_Default"预制件拖动到"PlayerTarget"游戏对象下成为后者的子游戏对象。

选中"UTC_Default"游戏对象，将"Jibril/Animation"目录下的"Game Animator Controller"拖到"UTC_Default"游戏对象的"Controller"属性中，为该属性赋值，修改预制件中的动作关系设置，如图 13-96 所示。

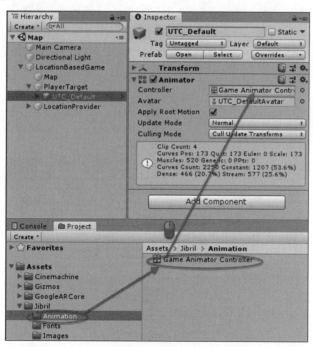

图 13-96

4. 添加并设置侧方观察的 Camera

依次单击菜单选项"Cinemachine→Create Clear Shot Camera"，添加多个 Camera 切换的镜头。

选中"CM ClearShot1"游戏对象,将"PlayerTarget"游戏对象拖动到"Follow"和"Look At"属性中,如图 13-97 所示。

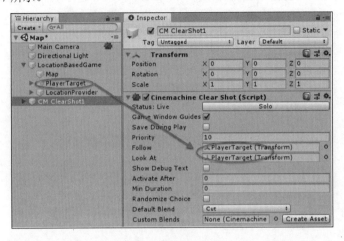

图 13-97

设置"CM vcam1"游戏对象的"Body"为"Transposer"、"Binding Model"为"Lock To Target No Roll";镜头的位置可以在场景中调整,也可以通过"Follow Offset"来设置,如图 13-98 所示。

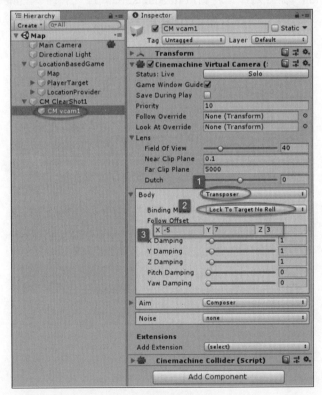

图 13-98

5. 添加并设置顶部观察的 Camera

依次单击菜单选项"Cinemachine→Create Virtual Camera",添加一个虚拟 Camera。

将新添加的虚拟 Camera "CM vcam2"游戏对象拖动到"CM ClearShot1"游戏对象下成为后者的子游戏对象；将"Field Of View"属性改为 75（修改 Camera 的视角大小），做出简单的地图缩放效果；设置"Body"为 Transposer、Binding Model 为 Lock To Target No Roll；将"CM vcam2"设置到玩家头顶部的位置；将 X、Y、Z 的 Damping 属性都设置为 0，就不会有旋转的效果了，如图 13-99 所示。

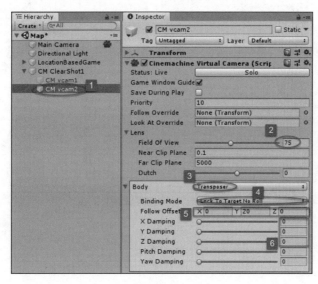

图 13-99

6. 处理警告提示

"CM ClearShot1"游戏对象会有警告提示信息。选中"CM vcam2"游戏对象，单击"Add Extension"属性，添加一个"CinemachineCollider"，如图 13-100 所示。

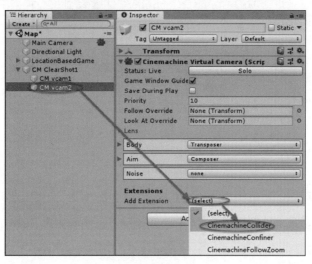

图 13-100

取消对新添加的"Cinemachine Collider"组件下的"Avoid Obstacles"属性选项的勾选，如图 13-101 所示。

7. 设置 Camera 切换方式

选中"CM ClearShot1"游戏对象，将"Default Blend"属性从默认的 Cut 直接切换改为 Ease Out 切换。

将切换动画时间设为 1，即 1 秒，如图 13-102 所示。

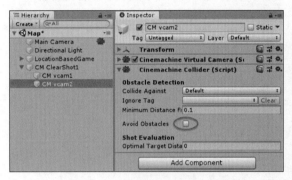
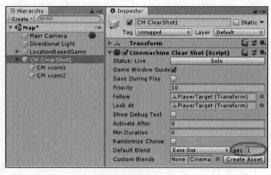

图 13-101　　　　　　　　　　　　　　　　图 13-102

8. 添加并设置 Camera 切换按钮

依次单击菜单选项"GameObject→UI→Button"，在场景中添加一个按钮。

设置按钮的对齐方式为右上角对齐。

设置按钮文本、字体并选中字体大小自适应选项。

13.10.4　玩家动作和镜头切换

1. 玩家控制脚本

这里先添加动作控制功能：默认是站立动作，改为行走动作。

在"Jibril/Scripts"目录下新增脚本"PlayerController"，并拖动到用户模型所在的"UTC_Default"游戏对象上成为后者的组件。

脚本内容如下：

```
private Animator animator;

void Start()
{
    animator = GetComponent<Animator>();
    animator.SetBool("Walk", true);
}
```

2. 镜头切换脚本

在"Jibril/Scripts"目录下新建脚本"CMController"，并拖动到"CM ClearShot1"游戏对象下成为后者的组件。

脚本内容如下：

```
void Start()
{
    clearShot = GetComponent<CinemachineClearShot>();
```

```
        num = 0;
        SetCamera(num);
    }
    private void SetCamera(int index)
    {
        for (int i = 0; i < clearShot.ChildCameras.Length; i++)
        {
            if (i == index)
            {
                clearShot.ChildCameras[i].Priority = 11;
            }
            else
            {
                clearShot.ChildCameras[i].Priority = 10;
            }
        }
    }
    public void ChangeVC()
    {
        if (num == 0)
        {
            num = 1;
        }
        else
        {
            num = 0;
        }
        SetCamera(num);
    }
```

脚本说明

通过设置子 Camera 对象的 Priority 属性即可实现切换。

选中切换镜头的"Button"游戏对象,为其上的按钮添加单击响应事件;设置单击按钮后执行"CM ClearShot1"游戏对象下"CMController"脚本的"ChangeVC"方法。这时,可以单独将"Map"场景编译发布到手机上运行,只有玩家在地图上走,如图 13-103 所示。

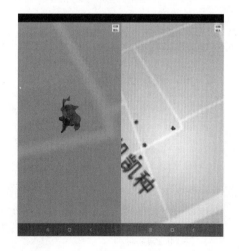

图 13-103

13.10.5 捕捉的宠物制作

1. 添加并设置模型

将"Optimize SDKohaku-Chanz/Prefab"目录下的"Misaki_SchoolUniform_summer"预制件拖到场景中。

将新添加的"Misaki_SchoolUniform_summer"游戏对象名称改为"Misaki";将"Jibril/Animation"目录下的"Game Animator Controller"拖到"Misaki"游戏对象的"Controller"属性中,修改模型动画,如图 13-104 所示。

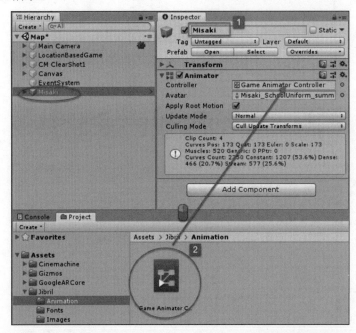

图 13-104

修改模型的缩放大小到原有大小的一半,以便在场景中区分玩家和宠物,如图 13-105 所示。

2. 添加并设置碰撞体

选中"Misaki"游戏对象,依次单击菜单选项"Component→Physics→Capsule Collider",添加胶囊形状的碰撞体。

图 13-105

选中"Is Trigger"选项允许穿透;设置碰撞体的中心和模型中心一致,并设置碰撞体范围("Center"属性为"0,0.5,0","Radius"属性为 1,"Height"属性为 1),如图 13-106 所示。

3. 添加空脚本

在"Jibril/Scripts"目录下新建脚本"PokemonController",并拖到"Misaki"游戏对象下成为后者的组件。

第 13 章　用 Mapbox 和 ARCore 做 Pokemon Go

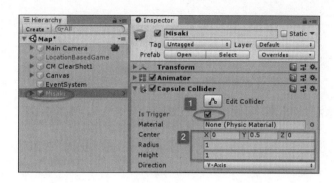

图 13-106

4．生成预制件

将"Misaki"游戏对象拖到"Jibril/Prefabs"目录下，会弹出提示框，单击"Prefab Variant"按钮，会生成原有预制件的变体，如图 13-107 所示。

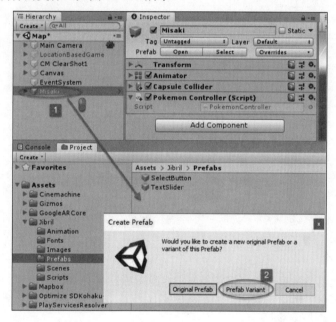

图 13-107

用同样的方法将"Optimize SDKohaku- Chanz/Prefab"目录下的"Yuko_SchoolUniform_Winter"模型制作成"Yuko"预制件。

13.10.6　玩家控制脚本的编写

在"Jibril/Scripts"目录下新建脚本"PlayerController"，并拖到"UTC_Default"游戏对象上成为后者的组件。

玩家控制脚本很简单，目的只是将玩家模型的动作调整为行走，内容如下：

```
private Animator animator;
void Start()
```

555

```
    {
        animator = GetComponent<Animator>();
        animator.SetBool("Walk", true);
    }
```

13.10.7 宠物控制脚本的编写

当玩家移动到宠物周围的时候，宠物变为可单击的状态，同时做一个动作。这里用碰撞事件来判断玩家移动到宠物周围。

1. 修改"PokemonController"，添加基本动作

宠物基本动作是站立，过一段时间就会摆个造型。这里用随机时间来处理。

```
private Animator animator;
void Start()
{
    animator = GetComponent<Animator>();
    StartCoroutine("WaitAction");
    // 修改模型大小
    transform.localScale = Vector3.one;
}
IEnumerator WaitAction()
{
    float time = Random.Range(2f, 15f);
    yield return new WaitForSeconds(time);
    animator.SetTrigger("Pose");
    StartCoroutine("WaitAction");
}
```

2. 添加 Layer 层

为了避免影响到其他内容，为碰撞和单击的对象单独创建 Layer 层。

选中一个游戏对象，在"Inspector"窗口中单击"Layer"下拉列表底部的"Add Layer..."按钮，如图 13-108 所示。

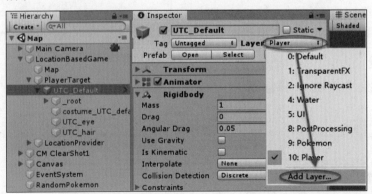

图 13-108

第 13 章 用 Mapbox 和 ARCore 做 Pokemon Go

在对应的地方添加 Layer 层的名称，如图 13-109 所示。

3. 修改玩家

宠物要和玩家发生碰撞，双方就必须有 Collider 组件，所以在玩家的游戏对象上添加 Collider 组件。碰撞的其中一方还必须有 Rigidbody 组件，在玩家上添加最方便。选中 "UTC_Default" 游戏对象，依次单击菜单选项 "Component→Physics→Capsule Collider"，为玩家添加碰撞体；依次单击菜单选项 "Component→Physics→Rigidbody" 为玩家添加刚体，如图 13-110 所示。

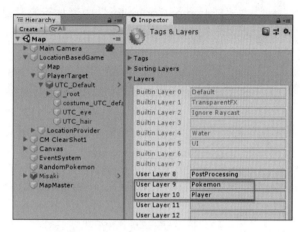

图 13-109

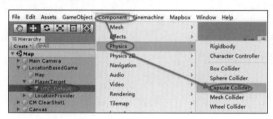 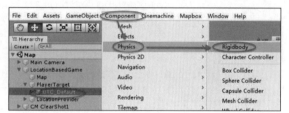

图 13-110

单击 "Layer" 下拉列表，选择 "10：Player"，将玩家的 Layer 设置为 10，只需要修改当前的游戏对象，不需要修改子游戏对象；取消对 "Use Gravity" 选项的勾选，使之不受重力影响；勾选 "Is Trigger" 选项，允许被穿透；修改 "Center"、"Radius" 和 "Height" 属性，设置碰撞体的大小和中心，如图 13-111 所示。

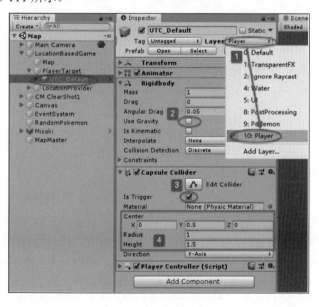

图 13-111

4. 在"PokemonController"中添加玩家移动到周围的逻辑

添加"catching"变量来标识是否可以单击捕捉：

```
public bool catching;
void Start()
{
    ...
    catching = false;
}
private void OnTriggerEnter(Collider other)
{
    if (other.gameObject.layer == 10)
    {
        catching = true;
        StopCoroutine("WaitAction");
        animator.SetTrigger("Look");
    }
}
private void OnTriggerExit(Collider other)
{
    if (other.gameObject.layer == 10)
    {
        catching = false;
        StartCoroutine("WaitAction");
    }
}
```

5. 在"PokemonController"中添加预置宠物获得 Mapbox 中设置的参数

脚本内容如下：

```
public int pokemonID;
public bool pokemonType;
public void Set(Dictionary<string, object> props)
{
    if (props.ContainsKey("ID"))
    {
        pokemonID = int.Parse(props["ID"].ToString());
        pokemonType = true;
    }
}
```

脚本说明

要获得 Mapbox 中自定义的参数，需要继承 IFeaturePropertySettable 接口并实现 Set(Dictionary<string, object> props)方法，自定义的参数被存储在名为 props 的字典中。

6. 在 "MainManager" 中添加宠物字典和检查方法

脚本内容如下:

```
private Dictionary<int, bool> presetPokemon = new Dictionary<int, bool>();
private Dictionary<int, bool> randomPokemon = new Dictionary<int, bool>();
public bool CheckPreset(int id)
{
   if (id <= 0)
   {
      return false;
   }

   if (presetPokemon.ContainsKey(id))
   {
      presetPokemon.TryGetValue(id, out bool visible);
      return visible;
   }
   else
   {
      presetPokemon.Add(id, true);
      return true;
   }
}
public bool CheckRandom(int id)
{
   if (id <= 0)
   {
      return false;
   }

   if (randomPokemon.ContainsKey(id))
   {
      randomPokemon.TryGetValue(id, out bool visible);
      return visible;
   }
   else
   {
      randomPokemon.Add(id, true);
      return true;
   }
}
```

7. 在 "PokemonController" 中添加校验是否显示

在 "Start" 方法中添加校验是否显示当前游戏对象,如果不显示则销毁当前游戏对象:

```
void Start()
{
   ...
   if (pokemonType)
```

```
            {
                if (!MainManager.Instance.CheckPreset(pokemonID))
                {
                    Destroy(gameObject);
                }
            }
            else
            {
                if (!MainManager.Instance.CheckRandom(pokemonID))
                {
                    Destroy(gameObject);
                }
            }
        }
```

13.10.8 设置预置宠物

1. 添加 Feature 特征

选中"Map"游戏对象,单击"FEATURES"标签下的"Add Feature"按钮(见图 13-112),在弹出的菜单中选择"Points"选项(见图 13-113)。

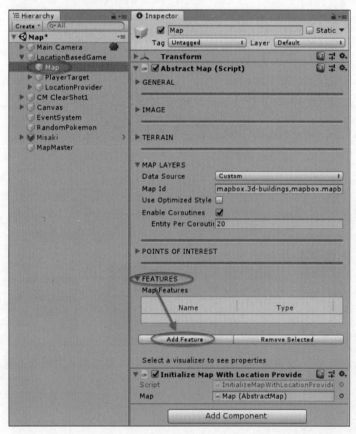

图 13-112

2. 选择数据

单击"Data Layer"下拉列表按钮，选中自己定义的 Tileset，如图 13-114 所示。

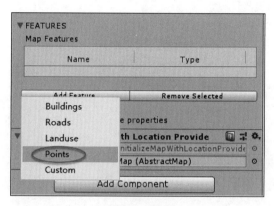

图 13-113

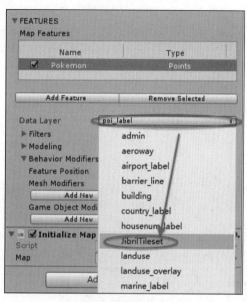

图 13-114

3. 添加 Modifiers

在"Jibril"目录下新建 Modifiers 目录。选中"Modifiers"目录，单击"Game Object Modifiers"下的"Add New"按钮，如图 13-115 所示。

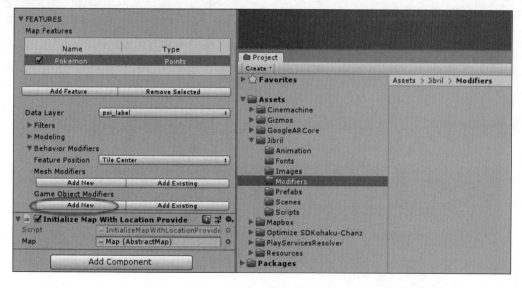

图 13-115

在弹出的菜单中选择"PrefabModifier"选项，如图 13-116 所示。这时会在"Game Object Modifiers"下多出一个项目，在"Jibril/Modifiers"目录下多出一个 assets 资源文件，如图 13-117 所示。将新增的 assets 资源文件名称改为"PokemonPrefabModifier"。

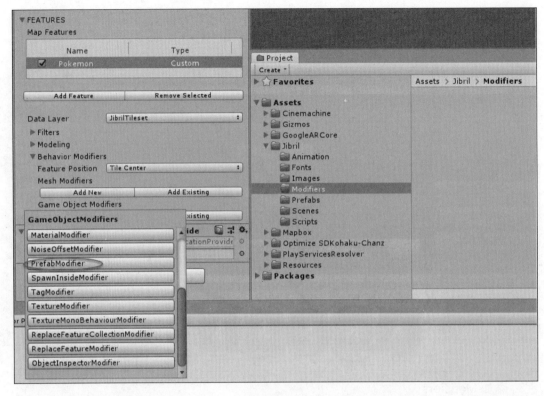

图 13-116

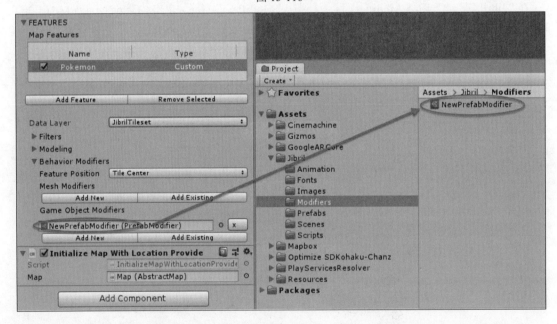

图 13-117

4. 设置 Modifier

选中"PokemonPrefabModifier"资源文件，将"Jibril/Prefabs"目录下的"Misaki"预制件拖到"Prefab"属性下为该属性赋值，如图 13-118 所示。

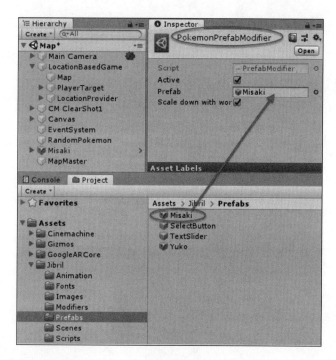

图 13-118

运行，在 Mapbox 中设置的点处出现作为宠物显示的 Misaki，如图 13-119 所示。

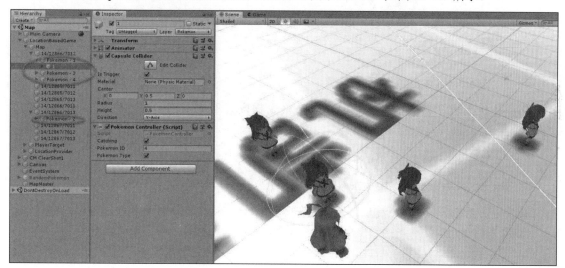

图 13-119

13.10.9　编写随机宠物初始化脚本

1. 添加"MapController"脚本

在场景中添加一个空的游戏对象，命名为"MapMaster"。在"Jibril/Scripts"目录下新增脚本"MapController"，并拖到"MapMaster"游戏对象下成为后者的组件。

2. 添加随机宠物位置的游戏对象

在场景中新增一个游戏对象，命名为"RandomPokemon"。

3. 添加地图加载成功的事件

在地图加载成功后，根据玩家位置设置随机宠物位置。

添加"Map"属性，在"Start"方法中注册"MapInitialized"事件，在"OnDestroy"事件中注销"MapInitialized"事件：

```
private AbstractMap map;

void Start()
{
    // 添加地图初始化完成事件
    map = FindObjectOfType<AbstractMap>();
    map.OnInitialized += MapInitialized;
}
void MapInitialized()
{

}
private void OnDestroy()
{
    // 销毁时注销事件
    map.OnInitialized -= MapInitialized;
}
```

4. 在"MainManager"中添加位置

为了让玩家再次返回地图场景的时候随机宠物位置不会变化，在"MainManager"添加"startPosition"属性，用于存储玩家最初的位置：

```
public Vector3 startPosition;
```

5. 在"MapController"中添加初始化内容

设备定位会有一点延迟，用 Invoke 方法在地图初始化完成后延时 1 秒再生成随机宠物：

```
void MapInitialized()
{
    Invoke("InitializeRandomPokemon", 1f);
}
private void InitializeRandomPokemon()
{
    if (MainManager.Instance.gameInitialization)
    {
        // 之前初始化过就直接使用之前的数据
        randomPlace.position = MainManager.Instance.startPosition;
    }
```

```
        else
        {
            // 否则,将随机宠物位置中心设置在玩家处
            randomPlace.position = player.position;
            MainManager.Instance.startPosition = randomPlace.position;
            MainManager.Instance.gameInitialization = true;
        }

        Vector2[] randomPositions = MainManager.Instance.randomPositions;
        // 遍历并生成宠物
        for (int i = 0; i < randomPositions.Length; i++)
        {
            PokemonController pokemon = Instantiate<PokemonController>(prefab, randomPlace);
            pokemon.pokemonID = i;
            pokemon.pokemonType = false;
            pokemon.transform.localPosition =
                new Vector3(randomPositions[i].x, 0f, randomPositions[i].y);
        }
    }
```

6. 设置"MapController"脚本

选中"MapMaster"游戏对象,将"PlayerTarget"游戏对象拖动到"Player"属性中为该属性赋值;将"RandomPokemon"游戏对象拖动到"Random Place"属性中为该属性赋值;将"Jibril/Prefabs"目录下的"Yuko"拖到"Prefab"属性中为该属性赋值,如图 13-120 所示。

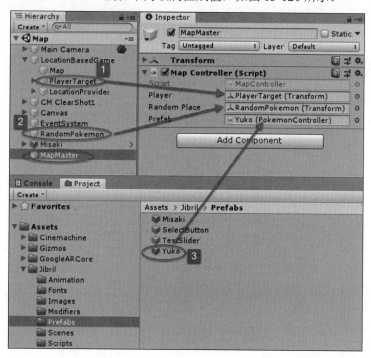

图 13-120

13.10.10 编写宠物单击处理

修改"MainManager"脚本，添加单击宠物后的处理方法，将 ID、类型和位置信息保存，然后跳转场景：

```
public void ClickedPokemon(int clickedId, bool clickedType,Vector3 position)
{
    pokemonID = clickedId;
    pokemonType = clickedType;
    pokemonPosition = position;
    SceneManager.LoadScene(catchSceneName);
}
```

修改"MapController"脚本，在"Update"事件中判断单击的逻辑。这里用平台判断代码：在 Editor 环境下是单击鼠标，在安卓和苹果设备上是直接单击。将被单击的宠物的父节点设置为玩家的目的是获得宠物相对于玩家的位置，在后面的场景中使用。

```
void Update()
{
    if (Application.platform == RuntimePlatform.WindowsEditor)
    {
        if (Input.GetMouseButtonDown(0))
        {
            Ray ray = Camera.main.ScreenPointToRay(Input.mousePosition);
            HitPokemon(ray);
        }
    }
    else if (Application.platform == RuntimePlatform.Android
        || Application.platform == RuntimePlatform.IPhonePlayer)
    {
        if (Input.touchCount == 1)
        {
            if (Input.GetTouch(0).phase == TouchPhase.Began)
            {
                Ray ray = Camera.main.ScreenPointToRay(Input.touches[0].position);
                HitPokemon(ray);
            }
        }
    }
}
private void HitPokemon(Ray ray)
{
    // 指定 Layer9
    int layerMask = 1 << 9;
    // 如果射线碰到物体
    if (Physics.Raycast(ray, out RaycastHit hitInfo, 100f, layerMask))
```

```
            {
                PokemonController pokemon = hitInfo.transform.GetComponent
<PokemonController>();
                if (pokemon.catching)
                {
                    pokemon.transform.parent = player;
                    MainManager.Instance.ClickedPokemon(
                        pokemon.pokemonID,
                        pokemon.pokemonType,
                        pokemon.transform.localPosition);
                }
            }
        }
```

13.11 普通捕捉场景开发

普通捕捉场景的 AR 效果需要利用两个 Camera 来联合实现：一个 Camera 显示设备摄像头获取的图像信息，作为背景；另一个 Camera 显示场景内的东西，并利用陀螺仪实现 Camera 和手机姿态联动，如图 13-121 所示。

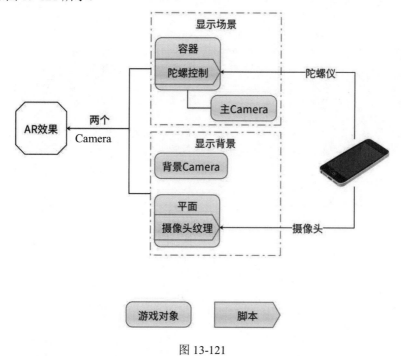

图 13-121

13.11.1 添加陀螺仪控制 Camera 旋转

（1）打开"Normal"场景，将"Main Camera"的位置和角度都重置为零。
（2）在场景中添加几个物体，供测试用，如图 13-122 所示。

图 13-122

（3）在"Jibril/Scripts"目录下新增脚本"GyroController"。

脚本内容如下：

```
private bool gyroEnabled;
private Gyroscope gyro;
private GameObject cameraContainer;
private Quaternion quaternion;

void Start()
{
    // 添加容器
    cameraContainer = new GameObject("Camera Container");
    cameraContainer.transform.position = transform.position;
    transform.SetParent(cameraContainer.transform);

    gyroEnabled = EnableGyro();
}
private bool EnableGyro()
{
    if (SystemInfo.supportsGyroscope)
    {
        gyro = Input.gyro;
        gyro.enabled = true;
        cameraContainer.transform.rotation = Quaternion.Euler(90f, 90f, 0f);
        quaternion = new Quaternion(0, 0, 1, 0);
        return true;
    }
    return false;
}
void Update()
{
    if (gyroEnabled)
    {
        transform.localRotation = gyro.attitude * quaternion;
    }
}
```

第13章 用Mapbox和ARCore做Pokemon Go

> **脚本说明**
>
> Gyroscope 是 Unity 提供的陀螺仪相关的类。其中，Gyroscope.attitude 方法提供了当前手机在姿态信息单击"下载"，但是不能直接使用，所以通过给 Camera 添加容器的方法重新转换一下。

（4）将"GyroController"脚本拖到"Main Camera"游戏对象下成为后者的组件。这时，可以单独将这个场景打包到手机，测试效果。

（5）测试正确后，将添加测试用的物体删除，同时将光源也删除。

13.11.2 添加显示摄像头内容

1. 禁用"Main Camera"

"Main Camera"是主摄像头显示场景内容。为了避免干扰，选中"Main Camera"游戏对象后将启用的选项去掉。

2. 添加并设置平面

依次单击菜单选项"GameObject→3D Object→Plane"，在场景中添加一个平面。设置平面的位置和角度都是 0，设置缩放为 1。

3. 添加并设置背景 Camera

依次单击菜单选项"GameObject→Camera"，在场景中添加一个新的 Camera。

选中新加的"Camera"游戏对象，将名称修改为 Camera Background，以便于区别，修改游戏对象的位置为"0，10，0"，即在平面正上方；修改游戏对象的角度为"90，0，-180"，使 Camera 面向平面；修改游戏对象"Projection"属性为"Orthographic"，使平面的远近不影响显示大小。

4. 添加脚本

在"Jibril/Scripts"目录下新增脚本"WebCamController"，并拖到"Plane"游戏对象下成为后者的组件，如图 13-123 所示。

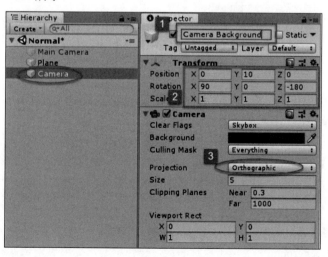

图 13-123

脚本内容如下：

```csharp
private WebCamTexture webcamTexture;
IEnumerator Start()
{
    webcamTexture = new WebCamTexture();
    // 等待授权
    yield return Application.RequestUserAuthorization(UserAuthorization.WebCam);
    if (Application.HasUserAuthorization(UserAuthorization.WebCam))
    {
        CallWebCam();
    }
}
private void CallWebCam()
{
    // 如果有后置摄像头，调用后置摄像头
    for (int i = 0; i < WebCamTexture.devices.Length; i++)
    {
        if (!WebCamTexture.devices[i].isFrontFacing)
        {
            webcamTexture.deviceName = WebCamTexture.devices[i].name;
            break;
        }
    }
    // 获得并设置平面的纹理
    Renderer = GetComponent<Renderer>();
    renderer.material.mainTexture = webcamTexture;
    // 显示摄像头内容
    webcamTexture.Play();
    // 调整内容角度
    transform.localRotation =
        Quaternion.Euler(0f, webcamTexture.videoRotationAngle, 0f);
}
```

脚本说明

WebCamTexture 是 Unity 中用于显示摄像头内容的类，与摄像头相关的操作都在其中。

程序启动时，再次确认一下是否授权使用摄像头。

不同的设备，摄像头角度不一定相同，所以在显示摄像头内容以后要根据 webcamTexture.videoRotationAngle 属性调整角度，以避免图像是横着的。

5. 添加并设置光源

背景没有光源的时候会比较暗，所以需要添加一个光源。

选中"Camera Background"，单击鼠标右键，在弹出的快捷菜单中依次选择菜单选项"Light→Directional Light"，添加一个光源。

选中添加的光源，修改"Intensity"属性到合适亮度（可以在运行状态下调整），如图 13-124 所示。

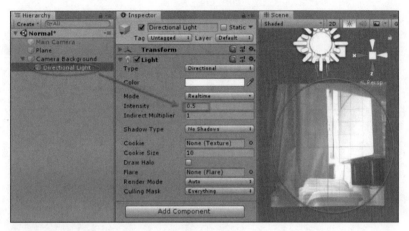

图 13-124

13.11.3 双摄像头显示设置

1. 添加新的 Layer 层

为了让背景内容的显示和其他内容分开，不产生干扰，所以必须在不同的层上实现。

打开"Layers"编辑界面，在"User Layer 11"上填写"Background"，如图 13-125 所示。

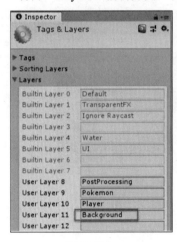

2. 设置相关游戏对象的层

选中"Plane"、"Camera Background"、"Directional Light"这 3 个游戏对象，将"Layer"属性改为 Background，如图 13-126 所示。

图 13-125　　　　　　　　　　图 13-126

3. 设置背景光照

选中"Directional Light"，修改"Culling Mask"属性为选中 Background，即该光源只对处于 Background 层中的物体产生效果，如图 13-127 所示。

4. 设置背景 Camera

选中"Camera Background"游戏对象，设置"Culling Mask"属性为 Background，即该 Camera 只能显示处于 Background 层中的物体，如图 13-128 所示。

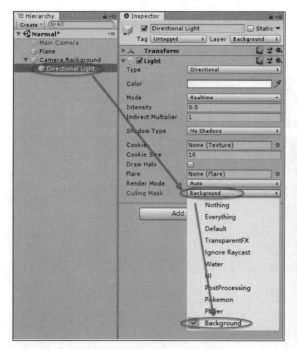
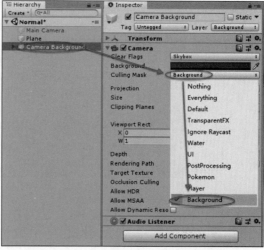

图 13-127　　　　　　　　　　　　　　图 13-128

将"Depth"属性修改为-1；单击"Audio Listener"组件右边的设置按钮，在弹出菜单中选择"Remove Component"，删除 Camera 自带的 Audio Listener 组件，如图 13-129 所示。一个场景中只允许一个 Audio Listener 组件被激活，在该场景中，保留"Main Camera"游戏对象上的 Audio Listener 组件。

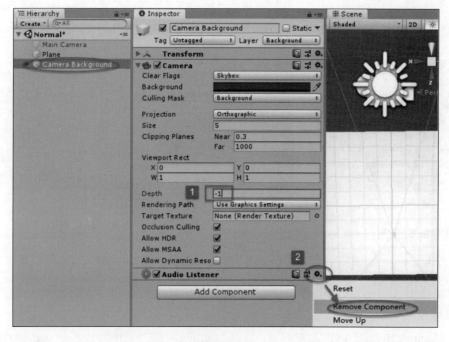

图 13-129

5. 设置主 Camera

选中"Main Camera"游戏对象,激活选项;修改"Depth"属性为 0,如图 13-130 所示。不同的 Camera,Depth 值大的显示在前面。

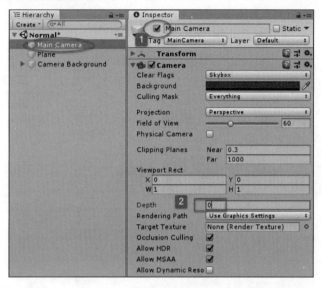

图 13-130

将"Clear Flags"属性改为 Depth Only,即不显示背景内容,如图 13-131 所示。修改"Culling Mask",取消对 Background 选项的勾选,即该 Camera 显示除 Background 层以外各层的内容,如图 13-132 所示。

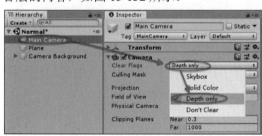

图 13-131

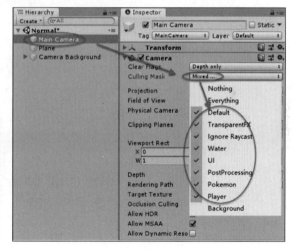

图 13-132

13.11.4 添加抓捕特效

单击宠物时,直接消失会让人不知道发生了什么,这里不打算做很复杂,所以播放一个粒子特效然后跳转回上一个场景。

在 Unity 商城中有很多免费的资源,可以直接拿来使用。

(1)打开 Unity 商城界面,选中"VFX"下的"符文"和"火焰与爆炸"。

(2)修改排序方式为"价格(由低到高)",然后选择其中一个免费的,这里选中的是"48 Particle Effect Pack"。

（3）选中以后，单击"下载"，如果已经下载，则单击"导入"按钮，如图 13-133 所示。

图 13-133

（4）在弹出窗口中单击"Import"按钮导入资源。

在"48 Particle Effect Pack/DemoScene"目录下有场景文件，单击运行后可以看到特效效果，点 X 按键切换。

13.11.5 宠物生成和抓捕脚本的编写

宠物生成和抓捕的功能可以编写在同一个脚本中，但考虑到抓捕功能在 ARCore 抓捕的场景中是一样的，所以将生成功能和抓捕功能分到两个脚本中，这样在 ARCore 抓捕的场景中就不用再编写抓捕功能了。

1. 添加并设置宠物生成脚本

在场景中新建空的游戏对象，并命名为"NormalManager"。在"Jibril/Scripts"目录下新建脚本"NormalController"并拖到"NormalManager"游戏对象下成为后者的组件。

脚本内容如下：

```
public Transform presetPrefab;
public Transform randomPrefab;
```

```csharp
void Start()
{
    CreatePokemon();
}
private void CreatePokemon()
{
    // 判断类型
    Transform prefab;
    if (MainManager.Instance.pokemonType)
    {
        prefab = presetPrefab;
    }
    else
    {
        prefab = randomPrefab;
    }
    // 设置位置
    Vector3 position = new Vector3(
            MainManager.Instance.pokemonPosition.x + 1,
            -1.5f,
            MainManager.Instance.pokemonPosition.z + 1);
    // 生成宠物
    Transform tf = Instantiate(prefab);
    tf.localScale = new Vector3(0.2f, 0.2f, 0.2f);
    tf.position = position;
    // 宠物面向 camrea 所在方向
    GameObject go = new GameObject();
    go.transform.position = new Vector3(
        cam.transform.position.x,
        tf.position.y,
        cam.transform.position.z);
    tf.LookAt(go.transform);
    Destroy(go);
    // 设置 id 和类型
    PokemonController pokemon = tf.GetComponent<PokemonController>();
    pokemon.pokemonID = MainManager.Instance.pokemonID;
    pokemon.pokemonType = MainManager.Instance.pokemonType;
}
```

脚本说明

宠物面向 Camera 所在方向时，没有通过计算角度然后旋转的方法，而是通过 LookAt 方法面向一个位置在 Camera、高度和宠物一样高的游戏对象来实现的。

设置脚本。选中"NormalManager"游戏对象，将"Jibril/Prefabs"目录下的"Misaki"预制件拖到"Preset Prefab"属性中，将"Jibril/Prefabs"目录下的"Yuko"预制件拖到"Random Prefab"属性中，如图 13-134 所示。

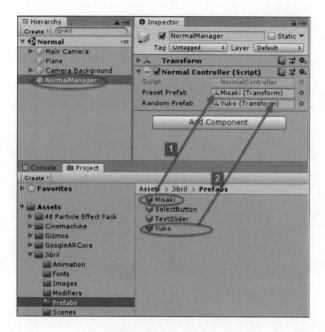

图 13-134

2. 修改 "MainManager" 脚本，添加抓捕后的逻辑

添加抓捕后，根据类型和 ID 更新字典的方法及结束后跳转的方法，脚本内容如下：

```
public void UpdatePokemon(bool updateType,int id)
{
    if (updateType)
    {
        if (presetPokemon.ContainsKey(id))
        {
            presetPokemon[id] = false;
        }
        else
        {
            presetPokemon.Add(id, false);
        }
    }
    else
    {
        ...
    }
}
public void CatchEnd()
{
    SceneManager.LoadScene("Map");
}
```

3. 添加并设置抓捕脚本

在"Jibril/Scripts"目录下新建脚本"CatchController",并把这个脚本拖到"NormalManager"游戏对象下成为后者的组件。

脚本内容如下：

```
private void CatchPokemon(Ray ray)
{
    // 设置层，只检查第 9 层
    int layerMask = 1 << 9;
    // 射线检测
    if (Physics.Raycast(ray, out RaycastHit hitInfo, 100f, layerMask))
    {
        // 生成特效
        Instantiate(effectPrefab, hitInfo.transform.position, Quaternion.identity);
        // 获取宠物信息并更新字典
        PokemonController pokemon =
            hitInfo.transform.GetComponent<PokemonController>();
        MainManager.Instance.UpdatePokemon(
            pokemon.pokemonType,
            pokemon.pokemonID);
        // 删除宠物
        Destroy(pokemon.gameObject);
        Invoke("CatchEnd", 5);
    }
}
```

选中"NormalManager"游戏对象，将"48 Particle Effect Pack/Effect"目录下的"Cube"预制件拖到"Effect Prefab"属性中为该属性赋值，如图 13-135 所示。

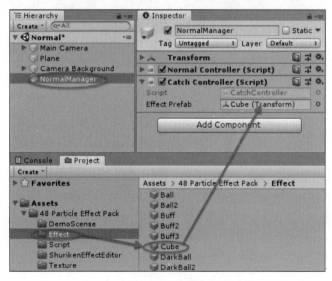

图 13-135

13.12 ARCore 捕捉场景开发

13.12.1 场景设置

1. 配置 ARCore

选中"GoogleARCore/Configurations"目录下的"DefaultSessionConfig"配置文件,设置"Plane Finding Mode"为"Horizontal",即侦测平面。

2. 新建场景并添加 ARCore

在"Jibril/Scene"目录下新建场景"ARCore"。将"GoogleARCore/Prefabs"目录下的"ARCore Device"预制件拖到场景中,并删除场景默认内容。

3. 添加光照

选中"First Person Camera"游戏对象,单击鼠标右键,在弹出的快捷菜单中依次选择菜单选项"Light→Directional Light",添加一个光照。

4. 添加并设置抓捕脚本

在场景中新增一个空的游戏对象;将"Jibril/Scripts"目录下的"CatchController"脚本拖到这个空的游戏对象下成为该对象的组件;修改游戏对象名称为"ARCoreManager"。

将"48 Particle Effect Pack/Effect"目录下的"Cube"预制件拖到"Effect Prefab"属性中,为该属性赋值,如图 13-136 所示。

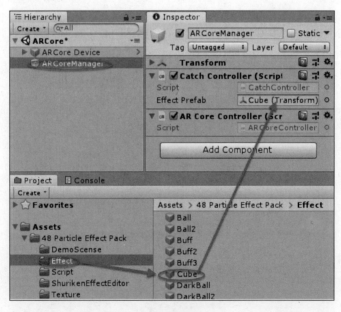

图 13-136

13.12.2 脚本编写

1. 添加脚本

在"Jibril/Scripts"目录下新建脚本"ARCoreController",并将这个脚本拖到"ARCoreManager"游戏对象下成为后者的组件。

脚本内容如下:

```
void Update()
{
    if (!status)
    {
        FindPlace();
    }
}
private void FindPlace()
{
    // 是否面向目标方向
    if (Vector3.Dot((targetPosition - cam.position).normalized, cam.forward) > 0.65f)
    {
        // 是否有平面
        TrackableHit hit;
        TrackableHitFlags raycastFilter = TrackableHitFlags.PlaneWithinPolygon |
            TrackableHitFlags.FeaturePointWithSurfaceNormal;
        if (Frame.Raycast(0.5f, 0.5f, raycastFilter, out hit))
        {
            // 是否在平面正面
            if ((hit.Trackable is DetectedPlane) &&
                Vector3.Dot(cam.position - hit.Pose.position,
                    hit.Pose.rotation * Vector3.up) > 0)
            {
                // 有识别平面,进入等待状态
                status = true;
                CreatePokemon(hit.Pose.position);
            }
        }
    }
}
private void CreatePokemon(Vector3 position)
{
    // 判断类型
    Transform prefab;
    if (MainManager.Instance.pokemonType)
    {
        prefab = presetPrefab;
```

```
        }
        else
        {
            prefab = randomPrefab;
        }
        // 生成宠物
        Transform tf = Instantiate(prefab);
        tf.localScale = new Vector3(0.2f, 0.2f, 0.2f);
        tf.position = position;
        ...
    }
```

脚本说明

不直接在某个位置生成宠物,而是记录为目标坐标。利用 Vector3.Dot 向量点乘的方法判断方向,当屏幕面向目标坐标的时候,判断是否查找到平面,然后在平面上生成宠物。

和普通捕捉相比,可以走近从不同方向看宠物。

2. 设置脚本

选中"ARCore Manager"游戏对象,将"First Person Camera"游戏对象拖到"Cam"属性中为该属性赋值;将"Jibril/Prefabs"目录下的"Misaki"预制件拖到"Preset Prefab"属性中,将"Jibril/Prefabs"目录下的"Yuko"预制件拖到"Random Prefab"属性中,如图 13-137 所示。

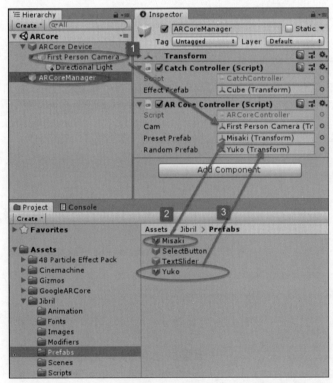

图 13-137

13.13 打　　包

（1）依次单击菜单选项"File→Build Settings..."，打开"Build Settings"窗口；将所有用到的场景添加到"Build Settings"窗口的"Scenes In Build"中，如图 13-138 所示。其中，"Jibril/Scenes/Loading"场景必须在最前面，其他场景顺序不重要。

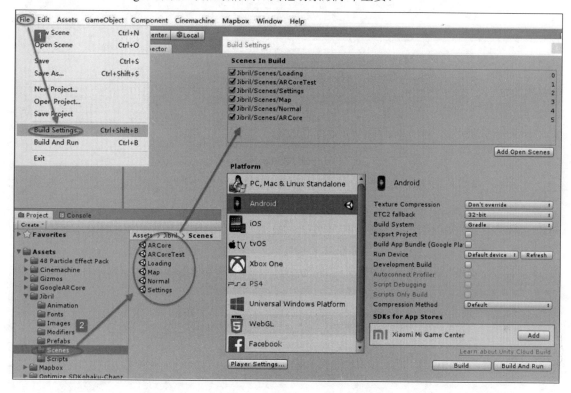

图 13-138

（2）在"Build Settings"窗口中的"Platform"下拉列表中选择"Android"选项，选中安卓平台；单击"Player Settings"按钮，在"Inspector"窗口中进行设置，如图 13-139 所示。

- "Company Name"是应用发布的单位。
- "Product Name"是应用安装以后显示的应用名称。
- "Default Icon"是应用图标，这里选择之前导入到"Jibril/Images"目录下的 logo。

（3）在"Resolution and Presentation"选项组中，将"Default Orientation"设置为"Portrait"，即强制竖屏显示，不可以旋转，如图 13-140 所示。

（4）在"Other Settings"选项组中，设置编译版本不低于 7.0，因为有 ARCore，如图 13-141 所示。

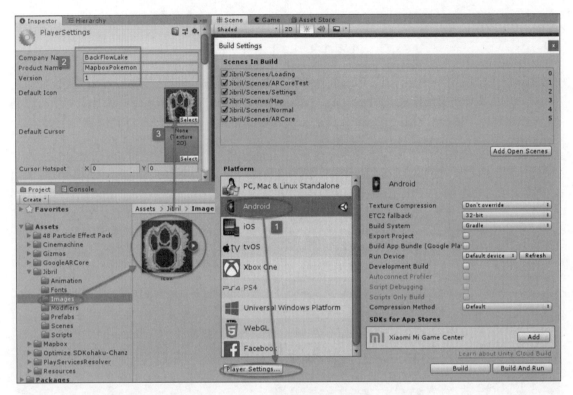

图 13-139

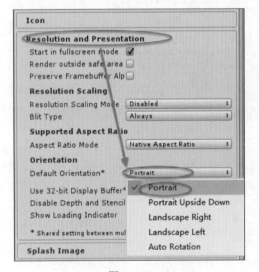

图 13-140

图 13-141

第 14 章 虚拟现实简介

14.1 虚拟现实基本概念

虚拟现实（Virtual Reality，VR）。是利用计算机系统生成一个模拟环境，提供使用者关于视觉、听觉、触觉等感官的模拟，让使用者如同身历其境一般，可以及时、没有限制地观察模拟环境内的事物。

全景照片、全景视频和全景漫游虽然也算是 VR，但是似乎更像是 VR 里的一个分支。

前几年 HTC Vive 和 Oculus 的出现，让 VR 火了一把。开始让大家都觉得 VR 时代到来了，经过实际体验以后发现还有很多需要解决的问题。当前的 VR 基本解决了如何显示和操作，区别无非是效果好坏。但是，如何移动这个问题拦在了所有人面前，虽然有各种解决方案，但是都不完善，有着这样那样的缺陷。所以，VR 火了一把以后又从大众视线开始淡出，在一些小众领域继续保留或者说坚持了下来。

14.2 VR 设备总体介绍

在 VR 解决方案中，Google Cardboard 是最便宜的一个极端，而 HTC Vive 是最贵的一个极端，其他的 VR 设备可以说是在两个极端中间的设备，如图 14-1 所示。

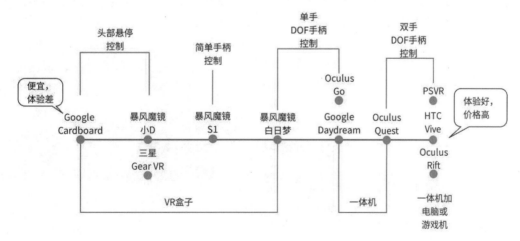

图 14-1

首先是把 Google Cardboard 改成佩戴舒适的设备,包括三星的 Gear VR 第一代、暴风魔镜小 D。

接下来添加一个手柄,提供单击功能,在手柄上提供摇杆实现移动等功能,例如暴风魔镜 S1。这里面有一个异类,三星的 Gear VR 后面几代都是在手机盒子上添加按钮及触摸控制的。

再进一步是提供一个带 3DoF（3 自由度）或者 6DoF（自由的）的手柄,将手部动作同步到 VR 内容中,例如暴风魔镜白日梦和 Google Daydream。

然后就是通过 VR 一体机,相当于把手机做成固定的,提供两个手柄进行控制,例如 Oculus Quest。当然也有类似 Pico NOLO CV1 这种连接手机的 VR 交互套件。此时离 HTC Vive 就很近了,区别只是运算是用计算机、移动设备还是 VR 一体机上的设备了。

14.3　Google Cardboard

Google Cardboard 利用已经大规模普及的智能手机以及硬纸板、镜片、橡皮筋等就可以实现 VR 体验。在网络购物平台上,最便宜的 Google Cardboard 只要 9.90 元,完全是路边摊的节奏,如图 14-2 所示。

Google Cardboard 最大的特点就是便宜,缺点是显示效果受智能手机的影响可能会很差,佩戴体验也不太好,最致命的是操作方式极其有限,只能通过头部控制屏幕中间的原点悬停指向某个对象几秒钟来实现单击效果。

图 14-2

14.4　HTC Vive、PSVR、Oculus Rift

HTC Vive 是由 HTC 与 Valve 联合开发的一款虚拟现实头戴式显示器产品,于 2015 年 3 月发布。

HTC Vive 采用的定位技术是激光扫描定位,有两个传感器。设备安装的时候,要求玩家设置活动空间的大小,最大支持约 3×4（平方米）的空间,同时设备会要求玩家设置地面位置。当玩家在游戏中要靠近设置空间的时候,会显示边框,提醒玩家避免受伤。

HTC Vive 搭载的是 2160×1200 OLED 屏幕,刷新率为 90Hz,因此对计算机的配置要求也略高,如图 14-3 所示。官方推荐配置是 Intel i5 处理器,4GB 以上的内存,GTX 970 以上的显卡。也就是说,要一块 1500 元以上的显卡才能带动。

HTC Vive 虽然贵,但是显示效果好,佩戴体验和操作体验都不错。

HTC Vive Pro 加上无线套装一共要接近 16000 元,再加上一台配置不错的计算机,要 20000 多元。当然,效果也是顶尖的。

图 14-3

Oculus Rift 也是头戴显示设备连接计算机，而 PSVR 则是连接 PS 游戏机。各家采用的定位方式略有不同。

14.5　VR 应用介绍

1. Audioshield

这是一款 VR 音乐游戏，随着音乐节拍，会有红色、蓝色、紫色的球飞过来，玩家需要用手上对应颜色的"盾"把球挡住，如图 14-4 所示。可以当成是打鼓机的 VR 版，还算有趣。

图 14-4

2. Destinations

这算是一个 VR 社交应用。用户可以选择一些虚拟或现实的场景，独自在场景里逛；也可以把场景变成一个聊天室，让好友用各自的虚拟形象在场景中聊天，如图 14-5 所示。只是用户可能从来没有在场景里见到其他人，如图 14-6 所示。

图 14-5

图 14-6

3. PaintLab

这是一个在三维空间作画的应用。玩家用手柄可以在空间中喷出各种颜色、不同粗细的东西，如图 14-7 所示。

虽然一开始会觉得很有趣，但是可能很快就会发现自己没有能力在三维空间制作出一个漂亮的东西，不管是画还是只写一个字。

4. theBlue

这是一个做得非常逼真的海底体验场景，让玩家有置身海底的感觉。在体验过程中，还可以用手柄触碰周围的一些生物，如海葵、珊瑚鱼等，这些被触碰到的生物会做出相应的反应，如图 14-8 所示。

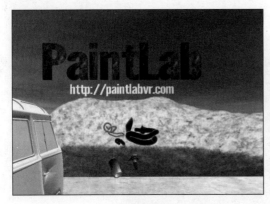

图 14-7

图 14-8

非常真实的体验感，但是不能在水里游来游去很遗憾。

5. TheLab

这是一个塔防游戏。游戏开始后，黑色的纸片人会攻打玩家的城门，而玩家在城墙上用弓箭射杀纸片人来保卫城堡，如图 14-9 所示。

这款游戏虽然简单，但是很受欢迎。在 VR 游戏中，虽然舞刀弄枪很容易，但是对于冷兵器而言，弓箭最安全。在玩家无法看到周围情况的时候，非常投入地在游戏者大幅度挥舞手臂实在是一件危险的事情。

图 14-9

14.6　VR 开发常见的问题

1. 模型比例

在常规的 3D 内容开发中，模型只要是相互之间的比例没有问题，大小并不重要。在 Vive 开发中，因为视角高度是和真实世界是一致的，所以模型比例就很重要。

例如，3D 模型师习惯性地把玩家的视角定到 2 米，为了方便画贴图，会将其中一个场景的物体做得很大。在普通屏幕显示的时候并没有什么异样，戴上 Vive 设备后，立即就会感觉到不同了：所有 NPC 都比玩家高很多，需要仰视；那个物体特别大的场景，进去后就像是到了巨人王国，所有东西都大得出奇，比人还高的小草在风中摇摆。

在做 Vive 开发时，模型一定要按照真实物体 1:1 的比例制作，除非内容确实是进入巨人国或者小人国。

2. 特效

很多特效、模糊、烟雾等在普通计算机屏幕上看的时候还行，在戴上 VR 设备后，因为沉浸度加强，特效会变得很差。在 VR 开发时，对特效的要求要高于普通 3D 内容开发。

3. 眩晕感

眩晕感是 VR 开发里面最麻烦的一个问题。

据说，人体也有加速度计和陀螺仪。在 VR 设备里，当玩家快速移动时，眼睛发给大脑的信息是玩家在快速移动而不是玩家看见屏幕里的虚拟玩家在快速移动，与此同时，身体发给大脑的信息是玩家自己没有运动。当大脑收到两条完全背离的信息时，做出的判断是玩家有病，躺下，于是就产生了眩晕感。

在 VR 开发中，小范围的移动是靠玩家自己走动；对于远距离的位置变化，官方推荐的是用传送的方法，以避免产生眩晕。如果必须让玩家远距离移动，那么速度要尽量放慢，并通过缩小视野范围的方法来减少眩晕感。

另外，不让玩家做低头等容易使传感器丢失的动作也可以避免因为画面的突然变化产生的眩晕感。

第 15 章

基于Google VR SDK 针对Cardboard的虚拟现实的开发

15.1 Google VR 简介

Google VR 是 Google 公司的一款 VR SDK，主要针对 Google 的 Cardboard 和 Daydream 设备。

不过，市面上很多低端的 VR 眼镜在本质上都是 Cardboard 的加强款，将纸盒变成塑料盒，使佩戴使用更舒服，并没有更多技术上的提升，使用方法也是需要插入智能手机。所以，在面对低端的 VR 开发时，Google VR 仍然是一款不错的 VR SDK。

Google VR 提供了很好的调试功能，可以在 Unity 的编辑器中方便地调试，也可以通过在手机上安装 Instant Preview 实现连机调试。唯一的缺点是，Google VR 中没有自带"注视单击"的功能，默认带的是需要利用简单的手柄实现单击操作输入的功能。

在本章中，只介绍针对 Cardboard 的开发方法，不涉及手柄控制的内容。

- Google VR 官方网站地址：https://developers.google.cn/vr/、https://developers.google.com/vr/。
- Google VR SDK 下载地址：https://github.com/googlevr/gvr-unity-sdk/releases。

15.2 下载导入开发包

1. 下载开发包

打开 Google VR SDK 下载页面，找到最新的 Unity 包，单击即可下载，如图 15-1 所示。

2. 导入开发包

依次单击菜单选项"Assets→Import Package→Custom Package…"，如图 15-2 所示。

在打开的窗口中选中下载的 unitypackage 文件，并单击"打开"按钮，如图 15-3 所示。

第 15 章 基于 Google VR SDK 针对 Cardboard 的虚拟现实的开发

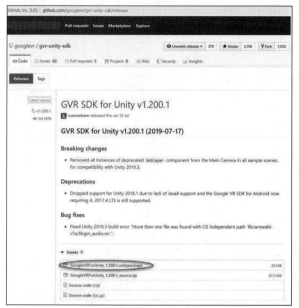

图 15-1

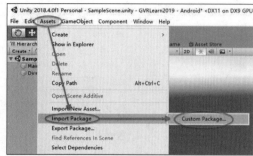

图 15-2

在弹出窗口中有导入的目录结构,其中"Demos"目录下是官方示例,单击"Import"按钮导入开发包,如图 15-4 所示。

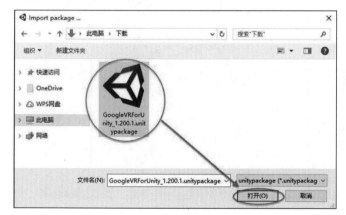

图 15-3

图 15-4

3. 设置项目

依次单击菜单选项"File→Build Settings";在弹出窗口中设置"Platform"为"Android",并单击"Player Settings..."按钮;在"Inspector"窗口中选中"XR Settings"标签下的"Virtual Reality Supported"选项,添加 VR 支持,如图 15-5 所示。

选中"Virtual Reality Supported"选项后,单击"+"按钮,在弹出列表中选择"Cardboard"(见图 15-6),结果如图 15-7 所示。

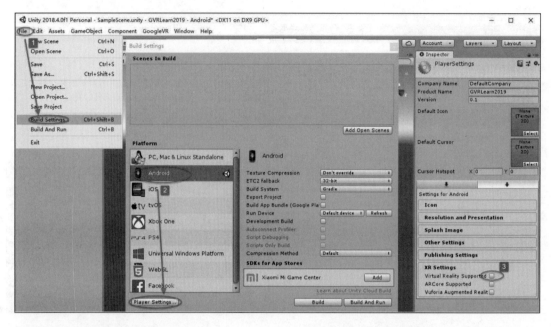

图 15-5

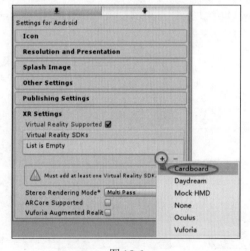

图 15-6

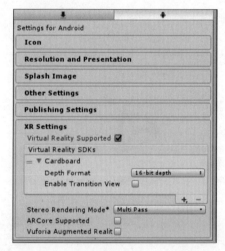

图 15-7

15.3　Google VR SDK 概述

Google VR 的结构如图 15-8 所示。如果只是可运行，在 Google VR 场景中只需要有 Main Camera 即可，启动以后，Google VR 会自动将其变成横屏的 VR 模式。在图 15-8 中，必选内容是可用的情况下的必要内容。

- Player

Player 游戏对象是一个空的游戏对象，唯一要求就是 position（坐标位置）为"0,1.6,0"。其目的主要是把视角提高到普通人的高度。

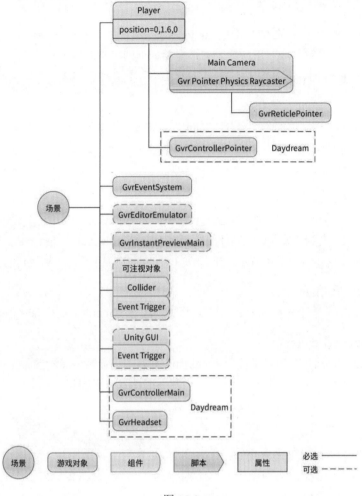

图 15-8

- **Main Camera**

Main Camera 游戏对象的相对位置要求是"0,0,0",需要在其下添加 GvrPointerPhysicsRaycaster 脚本。脚本位置在"GoogleVR/Scripts/EventSystem"目录下,如果没有添加该脚本,就无法对 Unity GUI 之外的游戏对象进行注视并进行单击互动。

- **GvrReticlePointer**

GvrReticlePointer 预制件的作用是生成注视的效果,即当使用者注视到一个可互动的游戏对象或者 Unity GUI 的时候屏幕中间的小点会变成一个圆圈。要修改这个圆圈的效果,在这个预制件中修改即可。该预制件的位置在"GoogleVR/Prefabs/Cardboard"目录下。

- **GvrEventSystem**

GvrEventSystem 预制件的作用是将使用者的注视和离开的效果转换成 Point Enter 和 Point Exit 事件,方便使用。该预制件的位置在"GoogleVR/Prefabs/EventSystem"目录下。

- **可注视对象**

Google VR 场景中游戏对象需要拥有 Collider 组件和 Event Trigger 组件才能响应注视事件。

591

- Unity GUI

在 Google VR 中，Unity 的 GUI 中的 Button（按钮）、Toggle（选择框）、Slider（滑块）、Scrollbar（滚动条）、Dropdown（下拉列表）不需要处理即可响应单击事件；如果需要响应注视事件，还是需要添加 Event Trigger 组件。

- GvrEditorEmulator

GvrEditorEmulator 预制件的作用是用在 Unity 编辑器中模拟 VR 效果。当场景中有这个组件时，在 Unity 编辑器中运行，按住 Alt+鼠标左键即可模拟头部旋转。该预制件的位置在"GoogleVR/Prefabs"目录下。

- GvrInstantPreviewMain

GvrInstantPreviewMain 预制件的作用是让开发者可以利用 Instant Preview 应用进行连机调试，不用安装即可在安卓手机上看到效果。该预制件的位置在"GoogleVR/Prefabs/InstantPreview"目录下。

以上这些内容是官方提供的 Google VR 开发 Cardboard 应用可能需要用到的内容。

- GvrControllerMain

GvrControllerMain 是开发 Daydream 必需的预制件，在"GoogleVR/Prefabs/Controller"目录下。

- GvrControllerPointer

GvrControllerPointer 是在场景中接受 Daydream 手柄并进行响应显示的预制件，最常见的就是从控制手柄位置发射出一条射线用于指示。该预制件在场景中必须和"Main Camera"位于同一个层级，位置在"GoogleVR/Prefabs/Controller"目录下。

- GvrHeadset

GvrHeadset 预制件的作用是接收 Daydream 头戴设备信息并进行前、后、左、右、上、下移动。Cardboard 设备默认只有 3DoF（自由度），即只能接收 X、Y、Z 轴的旋转；Daydream 头戴设备有 6DoF（自由度），除了 X、Y、Z 轴的旋转，还能接收 X、Y、Z 轴的移动。该预制件的位置在"GoogleVR/Prefabs/Headset"目录下。

15.4 制作一个 VR 场景

场景的大致设计是，在场景中有一个方块，注视单击后会随机移动到周围另外一个位置，脚下有一个按钮，注视单击后可以退出。Event Trigger 组件在脚本中动态添加。

15.4.1 设置场景

1. 新建场景

新建项目，导入 Google VR SDK。新建一个"Learn"目录，在目录下新建场景并命名为"GVRLearn"，如图 15-9 所示。

图 15-9

2. 添加并设置 Player 游戏对象

依次单击菜单选项"GameObject→Create Empty",往场景中添加一个空的游戏对象;将游戏对象的名称命名为"Player"(作为程序,要注意规范),并设置"Position"为"0,1.6,0",如图 15-10 所示。

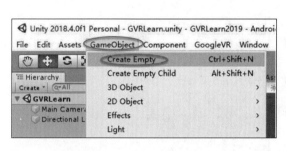

图 15-10

3. 设置"Main Camera"

将"Main Camera"游戏对象拖到"Player"游戏对象下成为后者的子游戏对象,设置"Main Camera"游戏对象的"Position"属性为"0,0,0",如图 15-11 所示。

选中"Main Camera"游戏对象,单击"Add Component"按钮,在搜索框中输入"gvr",选中"GvrPointerPhysicsRaycaster"脚本。往游戏对象上添加脚本组件,如图 15-12 所示。

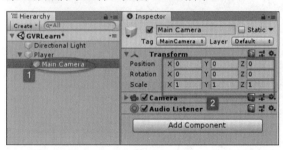
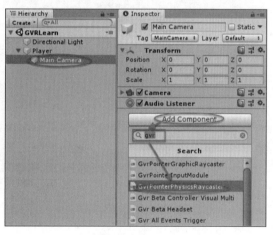

图 15-11　　　　　　　　　　　　　图 15-12

4. 添加"GvrRecticlePointer"组件

将"GoogleVR/Prefabs/Cardboard"目录下的"GvrReticlePointer"组件拖动到"Main Camera"游戏对象下成为后者的子游戏对象,如图 15-13 所示。

5. 添加"GvrEventSystem"组件

将"GoogleVR/Prefabs/EventSystem"目录下的"GvrEventSystem"组件拖到场景中,如图 15-14 所示。

6. 添加"GvrEditorEmulator"组件

将"GoogleVR/Prefabs"目录下的"GvrEditorEmulator"组件拖到场景中。

593

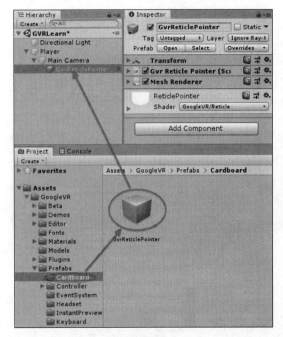
图 15-13

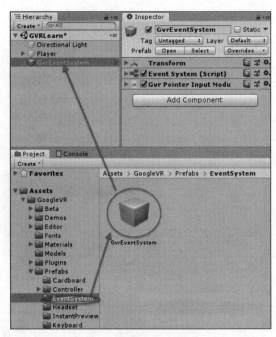
图 15-14

7. 添加并设置方块

依次单击菜单选项"GameObject→3D Object→Cube",往场景中添加一个方块,如图 15-15 所示。设置方块的"Position"为"0,1.6,2",即默认在视野正前方,如图 15-16 所示。

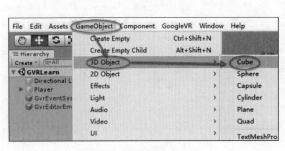
图 15-15

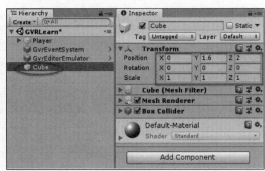
图 15-16

8. 添加并设置按钮

依次单击菜单选项"GameObject→UI→Button",往场景中添加一个按钮,如图 15-17 所示。

选中"Canvas"画布游戏对象,设置"Render Mode"为 World Space(世界坐标);将"Main Camera"游戏对象拖动到"Event Camera"属性中为该属性赋值;设置"Rect Transform"的坐标为"0,0,0",Width(宽)和 Height(高)为 100;设置"Rotation"为"90,0,0"旋转朝上,"Scale"缩放为"0.01,0.01,0.01",如图 15-18 所示。

选中"Button"按钮游戏对象,设置对齐方式为父节点对齐,即按钮大小和画布大小一致。

选中"Text"游戏对象,设置"Text"文本值为"Exit",选中"Best Fit"选项。

下面的两个设置主要是为了查看方便。

第 15 章 基于 Google VR SDK 针对 Cardboard 的虚拟现实的开发

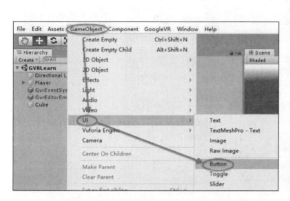
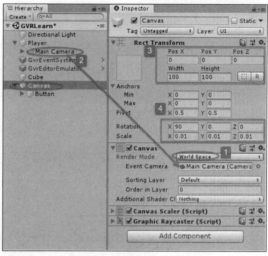

图 15-17　　　　　　　　　　　　　　图 15-18

9. 设置按钮颜色

选中"Button"游戏对象，设置"Color"属性，将按钮背景颜色从白色修改为除黑色、白色以外的其他颜色，如图 15-19 所示。

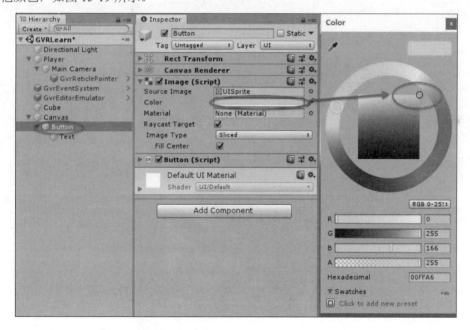

图 15-19

10. 设置光照

设置光照的目的是让方块看上去不是白色。

删除场景中"Directional Light"默认的光源游戏对象；选中"Main Camera"游戏对象，单击鼠标右键，在弹出的快捷菜单中依次选择菜单选项"Light→Point Light"，添加一个点光源在"Main Camera"下，如图 15-20 所示。

595

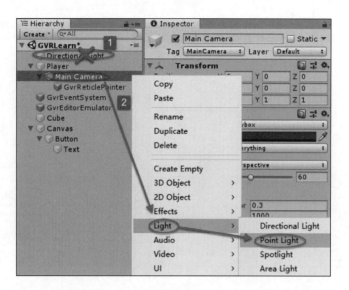

图 15-20

选中"Point Light"游戏对象,修改"Color"属性,修改光照颜色,如图 15-21 所示。

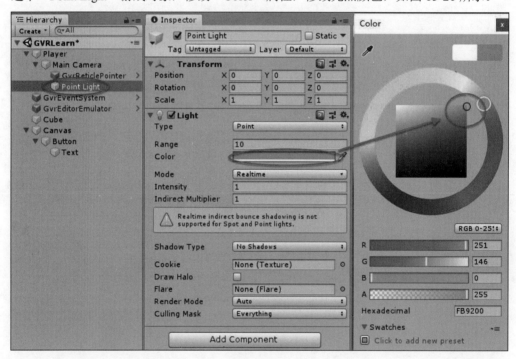

图 15-21

在 Unity 编辑器中运行,屏幕正对方块或按钮时,会显示一个白色点;屏幕面对按钮时,会显示一个白色圆圈,如图 15-22 所示。

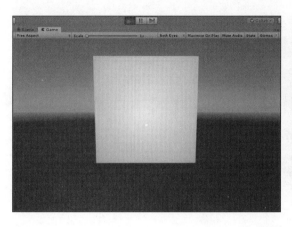

图 15-22

15.4.2 添加 DOTween 插件

在场景中，注视方块后用 DOTween 来实现方块移动比较方便。另外，注视时的计时显示用 DOTween 改变颜色的方式来实现。

注视以后通常的做法是用圆圈形状来计时，可以考虑用 GazeClick 插件（见图 15-23）来实现，虽然是收费的，但是还算便宜。

图 15-23

导入并设置 DOTween 插件：

（1）在"Asset Store"窗口中找到 DOTween 插件，单击"导入"按钮，如图 15-24 所示。

（2）在弹出窗口中单击"Import"按钮导入，如图 15-25 所示。

（3）导入完成后，会弹出窗口，单击"Open DOTween Utility Panel"进行设置，如图 15-26 所示。

（4）在新的弹出窗口中单击"Setup DOTween..."按钮，如图 15-27 所示。

图 15-24

图 15-25

图 15-27

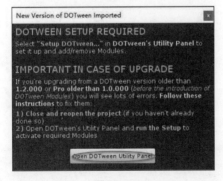

图 15-26

（5）这里只用到最基本的移动和颜色变换，可以不选择任何内容，单击"Apply"按钮即可，如图 15-28 所示。

（6）如果需要重新更改设置，依次单击菜单选项"Tools→Demigiant→DOTween Utility Panel"即可，如图 15-29 所示。

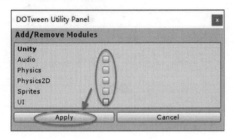

图 15-28

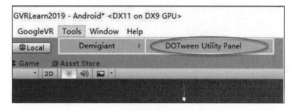

图 15-29

15.4.3 添加注视计时单击功能

1. 添加脚本

在"Learn"目录下新建脚本"GazeTimmer"。

2. 添加组件和事件响应

脚本内容如下：

```
    void Start()
    {
        // 添加 Event Trigger
        EventTrigger eventTrigger = gameObject.AddComponent<EventTrigger>();

        // 添加 Point Enter 事件响应
        UnityAction<BaseEventData> enter = new
UnityAction<BaseEventData>(PointerEnter);
        EventTrigger.Entry pointerEnter = new EventTrigger.Entry();
        pointerEnter.eventID = EventTriggerType.PointerEnter;
        pointerEnter.callback.AddListener(enter);
        eventTrigger.triggers.Add(pointerEnter);


        // 添加 Point Exit 事件响应
        UnityAction<BaseEventData> exit = new UnityAction<BaseEventData>
(PointerExit);
        EventTrigger.Entry pointerExit = new EventTrigger.Entry();
        pointerExit.eventID = EventTriggerType.PointerExit;
        pointerExit.callback.AddListener(exit);
        eventTrigger.triggers.Add(pointerExit);
    }
    public void PointerExit(BaseEventData data)
    {
        Debug.Log("Exit");
    }
    public void PointerEnter(BaseEventData data)
```

```
    {
        Debug.Log("enter");
    }
```

3. 为事件响应添加具体内容

当触发 PointEnter 事件时，开始计时，1 秒后圆圈开始变绿，2 秒后，圆圈变成绿色，并且向所在的游戏对象发送 SendMessage 信息，触发同一游戏对象下名为 OnClicked 的方法。

```
public void PointerEnter(BaseEventData data)
{
    GetMaterial();
    tween = material.DOColor(Color.green, 2)      // 2 秒变成绿色
        .SetDelay(1f)                 //  等待 1 秒
        .OnComplete(TweenComplete);                // 完成后执行 TweenComplete 方法
}
private void TweenComplete()
{
    SendMessage("OnClicked",SendMessageOptions.DontRequireReceiver);
}
```

15.4.4 添加移动脚本

1. 添加脚本

在"Learn"目录下新建脚本"Move"。脚本内容如下：

```
private void OnClicked()
{
    // 目标点
    Vector3 point;
    do
    {
        // 获得半径为 5 的球体里的随机点
        point = Random.insideUnitSphere * 5;
    }// 如果点在脚下则重新获取
    while (point.z > 0
    && point.x > 0.5
    && point.y > 0.5);

    // 移动
    transform.DOMove(point, 1.5f);
}
```

脚本说明

脚本的 RequireComponent 注解可以自动检查并添加脚本需要的组件。用 Random.insideUnitSphere 方法获取球体中的随机点。

2. 设置脚本

选中"Cube"游戏对象,将"Learn"目录下的"Move"脚本拖到"Cube"游戏对象上成为组件。因为有 RequireComponent 注解,所以会自动添加"Gaze Timmer"脚本。

15.4.5　添加退出脚本

在"Learn"目录中添加脚本"Exit"。脚本内容如下:

```
private void OnClicked()
{
    Application.Quit();
}
```

选中"Button"游戏对象,将"Learn"目录中的"Exit"脚本拖到 Button"游戏对象上成为组件。

打包安装在手机上就可以看到如图 15-30 所示的效果了。如果有 VR 眼镜盒子,可以放到盒子里看。

图 15-30

第 16 章 基于VRTK的虚拟现实的开发

16.1 VRTK 简介

VRTK（Virtual Reality Toolkit）是国外的一个 VR 开发工具，最大的特点是支持主流的多个 VR SDK，包括 SteamVR、Oculus、GearVR 等。VRTK 屏蔽了各个不同 VR SDK 的差异，能够做到一次开发就能在多个不同的 VR 设备上使用，如图 16-1 所示。其次，VRTK 提供了比官方更丰富的示例，并且提供了模拟器，让开发者能够更方便地开发 VR 内容。

VRTK（官方网站地址为 https://www.vrtk.io/）可以在 Unity 商城中直接下载，如图 16-2 所示。

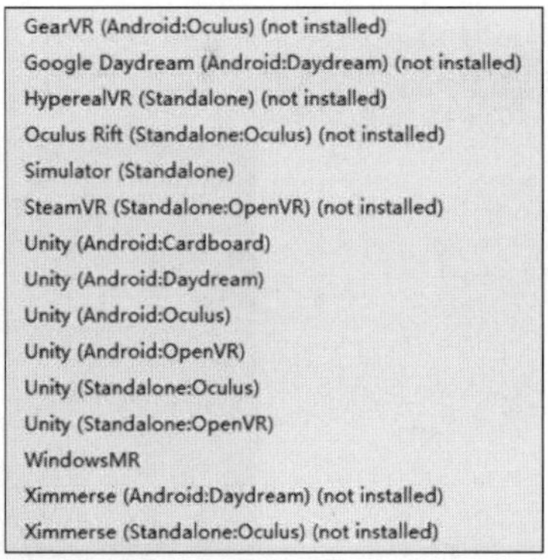

图 16-1

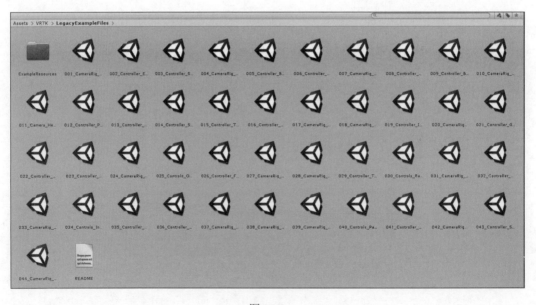

图 16-2

16.2　下载导入开发包

1. 导入 VRTK

在 Unity 商城中搜索"VRTK"，找到资源，单击"导入"按钮，如图 16-3 所示。

图 16-3

在弹出窗口中单击"Import"按钮即可。

在项目中，"Examples"目录下是基本的例子，"LegacyExampleFiles"目录下是更多更详细的例子。

2. 导入其他 VR SDK

VRTK 还需要其他 VR SDK 的支持才能在 VR 设备上运行，所以还需要导入对应的 SDK，如 SteamVR 或者 Oculus。

16.3　VRTK 基本结构

16.3.1　VRTK 基本结构概述

VRTK 的中心是 VRTK_SDK Manager 脚本。这个脚本所在游戏对象就是场景中玩家所在位置，包括 Unity 摄像机。

VRTK_SDK Manager 脚本所在游戏对象是 VRTK_SDK Setup 所在的游戏对象。VRTK_SDK Setup 脚本设置具体的 VR SDK，并将对应的内容设置为子游戏对象。当需要同时针对多个 VR SDK 的时候，需要多个 VRTK_SDK Setup 脚本游戏对象。

VRTK 靠 VRTK_Controller Events 脚本响应手柄的按键，需要根据手柄添加 VRTK_Controller Events 脚本游戏对象，如图 16-4 所示。

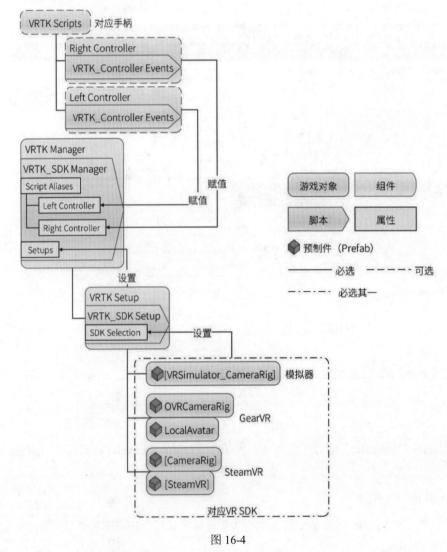

图 16-4

16.3.2　VRTK 基本结构搭建

这里以模拟器为例子搭建基本结构。如果需要搭建其他 VR SDK，请参考官方视频教程。官方视频都是在 YouTube 上，不过好在 B 站有搬运工。

- GearVR
  - https://www.youtube.com/watch?v=ma2AetALN_k
  - https://www.bilibili.com/video/av27077452/?p=5

- Oculus SDK
  - https://www.youtube.com/watch?v=psPVNddjgGw
  - https://www.bilibili.com/video/av27077452/?p=7
- Oculus Avatar
  - https://www.youtube.com/watch?v=N7F0KqgNrAk
  - https://www.bilibili.com/video/av27077452/?p=6
- SteamVR
  - https://www.youtube.com/watch?v=tyFV9oBReqg
  - https://www.bilibili.com/video/av27077452/?p=8

1. 新建场景

在项目目录下新建目录"Learn"，并在"Learn"目录下新建场景"Base"。

2. 添加 SDK Manager

打开场景"Base"，依次单击菜单选项"GameObject→Create Empty"，添加一个空的游戏对象。删除场景中原有的 Camera；选中新添加的游戏对象，修改名称为 VRTK Manager；单击"Add Component"按钮，在搜索框中输入"VRTK Manager"，选中"VRTK_SDK Manager"，如图 16-5 所示。

3. 添加 SDK Setup

选中"VRTK Manager"游戏对象，单击鼠标右键，在弹出的快捷菜单中选择菜单选项"Create Empty"，在其下添加一个空的游戏对象。

选中新添加的游戏对象，修改名称为"Simulator"（最好和使用的 VR 设备类型一致）；单击"Add Component"按钮，在搜索框中输入"vrtk setup"，选中"VRTK_SDK Setup"，如图 16-6 所示。

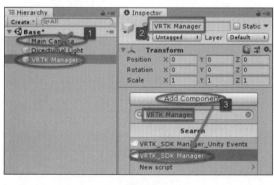

图 16-5

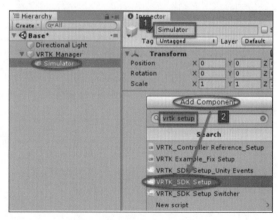

图 16-6

4. 添加模拟器

模拟器是 VRTK 自带的。将"VRTK/Source/SDK/Simulator"目录下的"[VRSimulator_CameraRig]"预制件拖到"Simulator"游戏对象下成为后者的子对象，如图 16-7 所示。

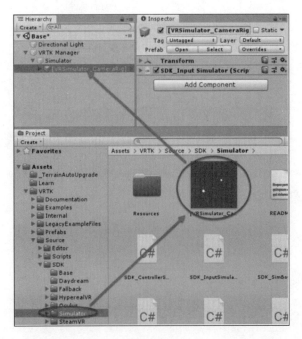

图 16-7

5. 设置 SDK Setup

选中"Simulator"游戏对象，取消激活选项；在"Quick Select"属性的下拉列表中选中"Simulator(Standalone)"，如图 16-8 所示。

6. 设置 SDK Manager

选中"VRTK Manager"游戏对象，单击"Setups"标签下的"Auto Populate"按钮，更新 Setup 列表，如图 16-9 所示。

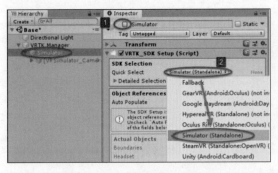

图 16-8

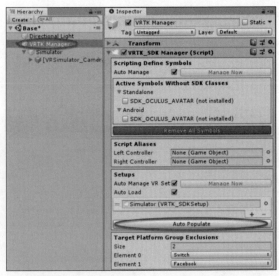

图 16-9

7. 添加手柄响应支持

新建一个空的游戏对象，命名为"VRTK Scripts"，如图 16-10 所示。

在 VRTK Scripts 下添加一个空的子游戏对象，命名为"Left Controller"；单击"Add Component"按钮，在搜索框中输入"vrtk event"，选中"VRTK_ControllerEvents"，如图 16-11 所示。

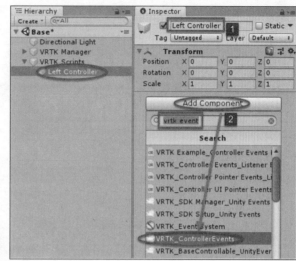

图 16-10   图 16-11

选中"Left Controller"游戏对象,在键盘上按 Ctrl+C、Ctrl+V 键,在同一位置复制一个同样的游戏对象,将名称修改为"Right Controller",如图 16-12 所示。

8. 设置 SDK Manager 手柄支持

选中"VRTK Manager"游戏对象,将"Left Controller"游戏对象拖到"Script Aliases"标签下的"Left Controller"属性中为该属性赋值,将"Right Controller"游戏对象拖到"Script Aliases"标签下的"Right Controller"属性中为该属性赋值,如图 16-13 所示。

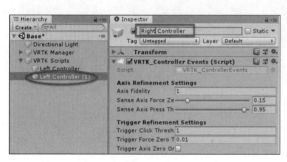

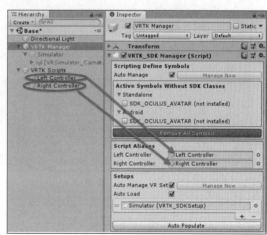

图 16-12   图 16-13

9. 添加其他内容

新建一个空的游戏对象并命名为"SceneObjects",用于放置场景中的其他内容。在其下添加一个"Plane"游戏对象作为地面,并用官方示例中的贴图修改地面材质,如图 16-14 所示。

运行程序,在屏幕左上角会有操作提示,同时有两个模拟手柄位置的小球出现在屏幕下方,如图 16-15 所示。

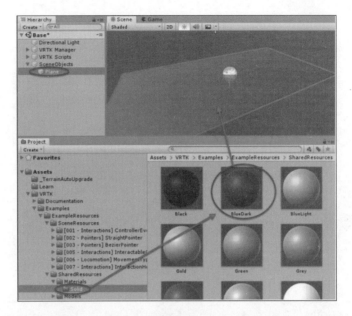

图 16-14

图 16-15

16.3.3 VRTK 模拟器的操作

VRTK 模拟器操作有两种模式,即整体控制模式和手柄控制模式,通过"左 Alt"键来切换。具体的操作按键如表 16-1~表 16-3 所示。

表 16-1 在两种模式下都一样的操作按键

按　键	操　作
F1	显示/隐藏操作提示
F4	鼠标锁定,锁定后鼠标隐藏且无法控制场景外的内容

(续表)

按 键	操 作
左 Alt	模式切换
WASD	人物前后左右移动
Tab	左右手柄控制交换
Q	Touchpad 按下
E	按钮 1 按下
R	按钮 2 按下
F	开始菜单按下

表 16-2　默认模式（整体控制模式）下的操作按键

按 键	操 作
鼠标	身体左右转动，头部上下转动
左 Ctrl	拾取开关，按住后会在视野中间显示一个十字
鼠标左键	按住左 Ctrl 键后，用左手拾取对象
鼠标右键	按住左 Ctrl 键后，用右手拾取对象

表 16-3　手柄控制模式下的操作按键

按 键	操 作
鼠标	手柄前后左右移动，默认右手手柄
左 Shift	按住后，改变手柄角度
左 Ctrl	手柄 X/Z 轴交换，按下后，鼠标控制手柄上下左右移动
鼠标左键	Grip 键按下
鼠标右键	Trigger 键按下
T	鼠标单击变成 Touch
H	鼠标单击变成 Hair Touch

16.4　手柄按键事件响应

VRTK 手柄按键事件响应和 Unity 的 UI 事件响应是一样的，可以在 Unity 的编辑器中设置事件响应的方法，也可以在代码中设置。

1．复制场景

打开"Base"场景，将其另存为 HandleEvents，如图 16-16 所示。

2．添加编辑器设置事件响应组件

选中"Left Controller"游戏对象，单击"Add Component"按钮，在搜索框中输入"vrtk controller unity"，选中"VRTK_ControllerEvents_UnityEvents"，如图 16-17 所示。这时能看到一个长长的列表，所有的手柄事件都在里面，如图 16-18 所示。

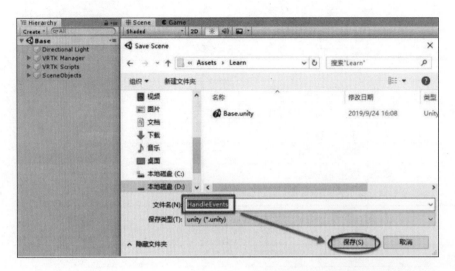

图 16-16

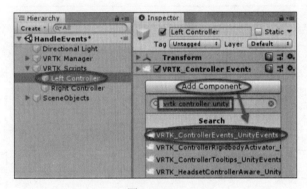

图 16-17

图 16-18

3. 添加编辑器设置脚本

在"Learn"目录下新建脚本"HandleEventsLeft",并拖到"Left Controller"游戏对象上成为该游戏对象的组件,如图 16-19 所示。

脚本内容如下:

```
public void TriggerPressed()
{
    Debug.Log("Button Pressed");
}
public void TriggerReleased(object sender, ControllerInteractionEventArgs e)
{
    Debug.Log(e.buttonPressure);
}
```

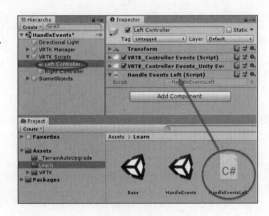

图 16-19

4. 在编辑器设置事件

选中"Left Controller"游戏对象,单击"On Trigger Pressed"标签下的"+"按钮,添加事件响应;将"Left Controller"游戏对象拖到标签中,设置响应方法是"HandleEventsLeft"脚本的"TriggerPressed"方法,如图 16-20 所示。

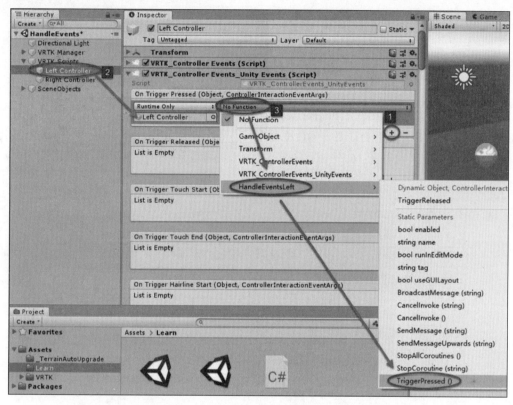

图 16-20

选中"Left Controller"游戏对象,单击"On Trigger Released"标签下的"+"按钮,添加事件响应;将"Left Controller"游戏对象拖到标签中,设置响应方法为"HandleEventsLeft"脚本的"TriggerReleased"方法。

5. 添加代码设置脚本

在"Learn"目录下新建脚本"HandleEventsRight",并拖到"Right Controller"游戏对象下成为其组件。

脚本内容如下:

```
void OnEnable()
{
    controllerEvents.TriggerPressed += DoTriggerPressed;
    controllerEvents.TriggerReleased += DoTriggerReleased;
}
private void DoTriggerPressed(object sender, ControllerInteractionEventArgs e)
{
```

```
        Debug.Log(VRTK_ControllerReference.GetRealIndex (e.controllerReference));
    }
    private void DoTriggerReleased(object sender, ControllerInteractionEventArgs e)
    {
        Debug.Log(e.controllerReference.hand);
    }
```

16.5 手柄射线

手柄射线是通过添加 VRTK_Pointer 脚本和射线类型脚本来实现的，被指示物体必须包含 Collider 组件；通常指示之后会需要物体边框高亮，需要响应 DestinationMarker 事件，VRTK 提供了物体边框高亮的脚本，如图 16-21 所示。

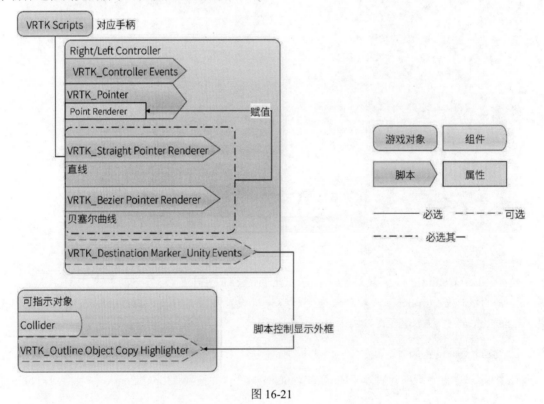

图 16-21

1. 复制场景

打开"Base"场景，将其另存为 Point。

2. 添加可指示物体

选中"SceneObjects"游戏对象，单击鼠标右键，在弹出的快捷菜单中依次选择菜单选项"3D Object→Cube"，添加一个方块。

设置方块的名称、位置和颜色，如图 16-22 所示。

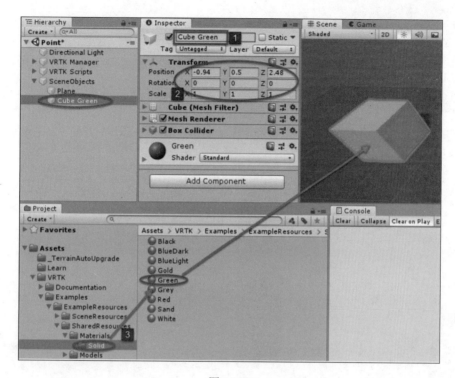

图 16-22

3. 添加不可指示物体

在"SceneObjects"游戏对象下添加一个方块,设置名称、位置和颜色,这里取消对"Box Collider"选项的勾选,如图 16-23 所示。

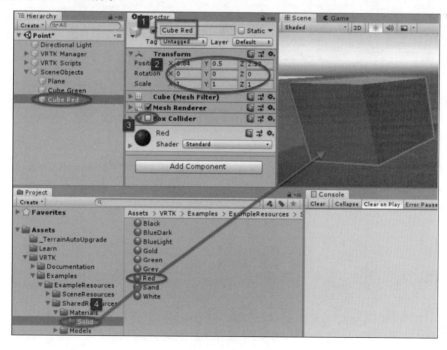

图 16-23

4. 添加 VRTK_Pointer

选中"Left Controller"游戏对象，单击"Add Component"按钮，在搜索框中输入"vrtk point"，选中"VRTK_Pointer"，添加脚本，如图 16-24 所示。

5. 添加指示线

选中"Left Controller"游戏对象，单击"Add Component"按钮，在搜索框中输入"vrtk render"，选中"VRTK_StraightPointerRenderer"，添加直线，如图 16-25 所示。

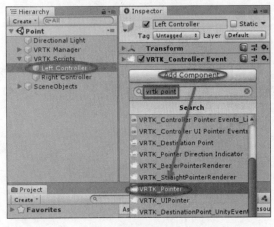

图 16-24

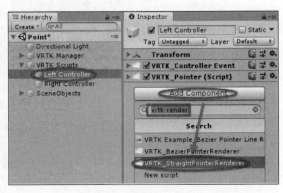

图 16-25

选中"Left Controller"游戏对象，将"VRTK_Straight Pointer Renderer"组件拖到"Pointer Renderer"属性中为该属性赋值，如图 16-26 所示。

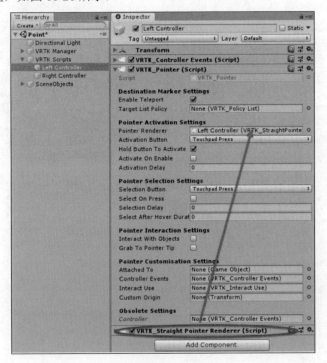

图 16-26

运行，当左手柄按下 Touchpad 的时候会发出射线，当射线指到可指示物体时显示绿色，否则显示红色，如图 16-27 所示。

6. 添加物体高光脚本组件

选中"Cube Green"游戏对象，单击"Add Component"按钮，在搜索框中输入"vrtk out"，选中"VRTK_OutlineObjectCopyHighlighter"，添加脚本组件，如图 16-28 所示。

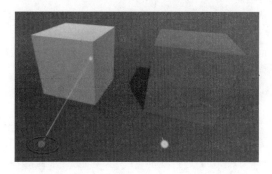

图 16-27

7. 添加高光脚本

在场景中新建空的游戏对象并命名为"GameMaster"。在"Learn"目录下新建脚本"PointLeft"并拖到"GameMaster"游戏对象下，如图 16-29 所示。

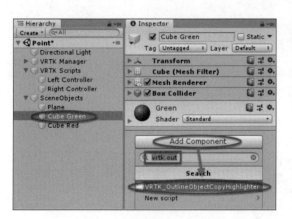

图 16-28

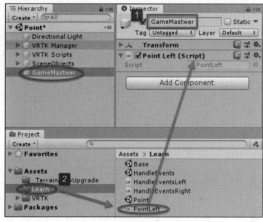

图 16-29

脚本内容如下：

```
private VRTK_BaseHighlighter highlighter;
public void DisplayLine(object sender, DestinationMarkerEventArgs e)
{
    highlighter = e.target.GetComponent<VRTK_BaseHighlighter>();
    if (highlighter != null)
    {
        highlighter.Initialise();
        highlighter.Highlight(Color.yellow);
    }
}
public void HideLine(object sender, DestinationMarkerEventArgs e)
{
    if (highlighter != null)
    {
        highlighter.Initialise();
```

```
        highlighter.Unhighlight();
        highlighter = null;
    }
}
```

8. 设置脚本

选中"Left Controller"游戏对象，单击"Add Component"按钮，在搜索框中输入"vrtk marker"，选中"VRTK_DestinationMarker_UnityEvents"单选按钮，添加脚本组件，如图 16-30 所示。

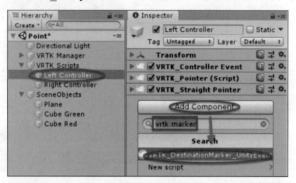

图 16-30

单击"On Destination Marker Enter"标签上的"+"按钮，添加事件响应；将"GameMaster"游戏对象拖到完成赋值操作；设置响应的方法为"PointLeft"脚本的"DisplayLine"方法，如图 16-31 所示。

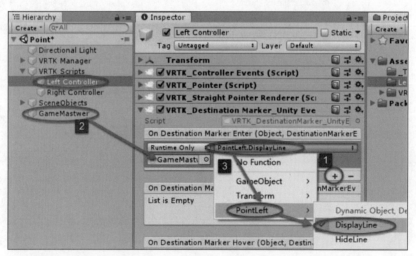

图 16-31

单击"On Destination Marker Exit"标签上的"+"按钮，添加事件响应；将"GameMaster"游戏对象拖到其中完成赋值操作；设置响应方法为"PointLeft"脚本的"HideLine"方法。

单击"On Destination Marker Set"标签上的"+"按钮，添加事件响应。将"GameMaster"游戏对象拖到其中完成赋值操作。设置响应方法为"PointLeft"脚本的"DisplayLine"方法。

运行程序，当左手柄射线指到绿色方块的时候会显示一个黄色边框，如图 16-32 所示。

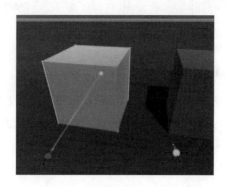

图 16-32

16.6 传　　送

VRTK 提供了 3 种传送方式：Basic 模式是最基础的模式，但是有限制，即只能在同一水平面传送，无法实现类似上楼梯的效果；Height Adjust 高度调整模式可以在不同平面传送；Dash 模式不是传送，而是快速移动过去，有点类似《魔兽世界》游戏中战士冲锋的技能，在模拟器上看挺好玩，估计到了设备上很多人都会晕，大概在特定的情景才能用到，如图 16-33 所示。

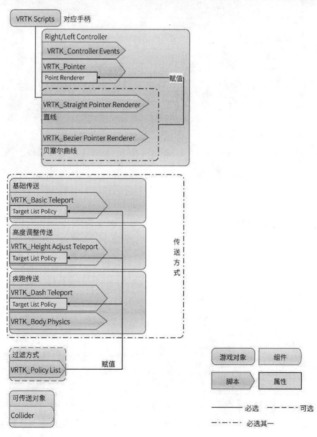

图 16-33

1. 复制场景

打开"Base"场景，另存为"Teleport"。

选中"Plane"游戏对象，将其范围修改大一些。

2. 添加射线

选中"Right Controller"游戏对象，单击"Add Component"按钮，在搜索框中输入"vrtk point"，选中"VRTK_Pointer"添加脚本组件。

选中"Right Controller"游戏对象，单击"Add Component"按钮，在搜索框中输入"vrtk render"，选中"VRTK_BezierPointerRenderer"添加脚本组件。

将"VRTK_BezierPointerRenderer"组件拖到"Pointer Renderer"属性中为该属性赋值，如图16-50所示。

3. 添加传送控制

选中"VRTK Scripts"游戏对象，单击鼠标右键，在弹出的快捷菜单中选择菜单选项"Create Empty"，在其下添加一个空的游戏对象，如图16-34所示。

更改新建游戏对象的名称为"PlayArea"，单击"Add Component"按钮，在搜索框中输入"vrtk teleport"，选中"VRTK_BasicTeleport"，添加脚本组件，如图16-35所示。

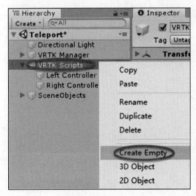
图16-34

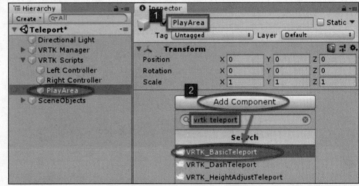
图16-35

"VRTK_Basic Teleport"组件的Blink属性用来设置传送的效果，以避免眩晕："Blink To Color"是传送时全屏的颜色，"Blink Transition Speed"是设置传送速度的，默认是两眼一黑就到目的地了，如图16-36所示。

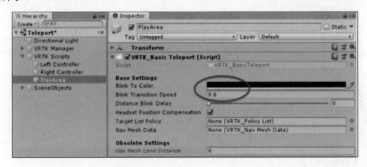
图16-36

4. 添加传送策略

传送对象必须有 Collider 组件，虽然可以通过禁用该组件实现设置物体不可传送，但是 VRTK 给了更好的解决办法。通过 VRTK_PolicyList 可以使用 Tag 或者 Layer 等方式设置不能传送的物体。

选中"PlayArea"游戏对象，单击"Add Component"按钮，在搜索框中输入"vrtk policy"，选中"VRTK_PolicyList"，添加脚本组件，如图 16-37 所示。

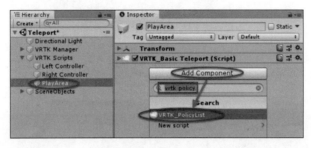

图 16-37

5. 设置传送策略

选中"PlayArea"游戏对象，将"Check Types"的值改为 Layer，如图 16-38 所示。"Operation"的值为 Ignore 表示选中的不能传送，Include 表示能传送。在"Element 0"中输入"Water"，如图 16-39 所示。

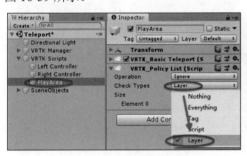

图 16-38　　　　　　　　　　　　图 16-39

选中"PlayArea"游戏对象，将"VRTK_Policy List"组件拖到"Target List Policy"属性中为该属性赋值，如图 16-40 所示。

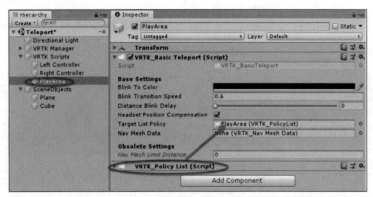

图 16-40

6. 添加不能传送的地方

选中"SceneObjects"游戏对象，单击鼠标右键，在弹出的快捷菜单中依次选择菜单选项"3D Object→Cube"，在其下添加一个方块，如图 16-41 所示。

设置方块的大小、位置和颜色，如图 16-42 所示。

选中"Cube"游戏对象，将其"Layer"属性修改为 Water，如图 16-43 所示。运行结果如图 16-44 所示。

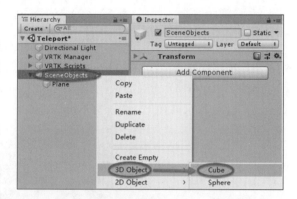

图 16-41

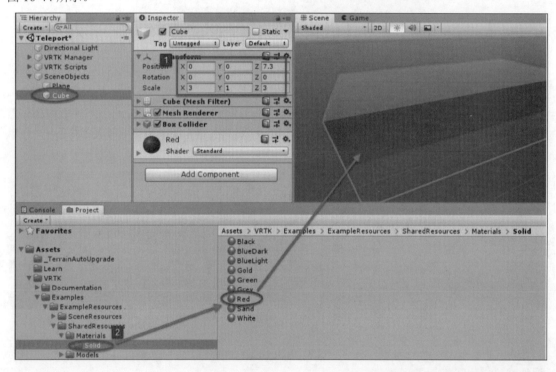

图 16-42

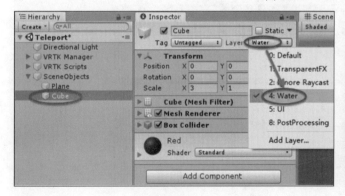

图 16-43

图 16-44

16.7 与物体交互

与物体交互分为 3 种基础类型：触碰、拾取和使用。其中，触碰是另外 2 种的基础，如图 16-45 所示。

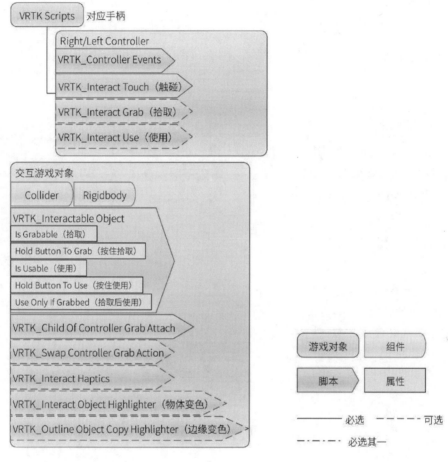

图 16-45

1. 复制场景

打开"Base"场景，另存为"Interact"。

2. 手柄添加触碰

选中"Right Controller"游戏对象，单击"Add Component"按钮，在搜索框中输入"vrtk touch"，选中"VRTK_Interact Touch"脚本组件，如图 16-46 所示。

3. 手柄添加拾取

选中"Right Controller"游戏对象，单击"Add Component"按钮，在搜索框中输入"vrtk grab"，选中"VRTK_InteractGrab"脚本组件，如图 16-47 所示。

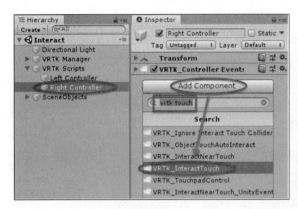
图 16-46

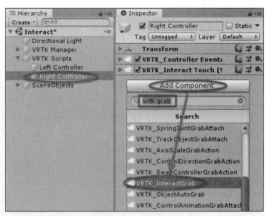
图 16-47

4. 手柄添加使用

选中"Right Controller"游戏对象，单击"Add Component"按钮，在搜索框中输入"vrtk use"，选中"VRTK_InteractUse"脚本组件，如图 16-48 所示。

5. 设置场景基本内容

在"SceneObject"游戏对象下添加一个方块，修改名称为"Desk"，设置位置、大小和颜色，用于放置其他游戏对象，如图 16-49 所示。

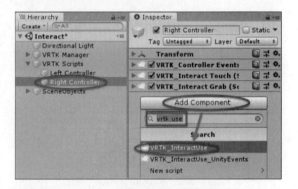
图 16-48

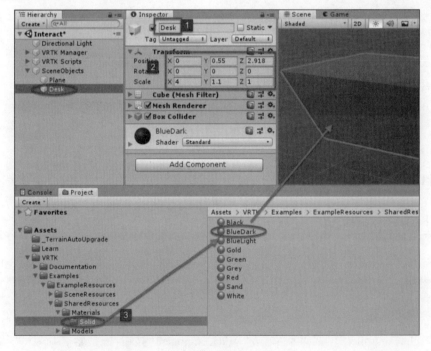
图 16-49

在"SceneObject"游戏对象下添加一个方块,修改名称为"Base",设置位置、大小和颜色,作为交互对象,如图 16-50 所示。可以稍微小一点,之后的游戏对象都通过它复制。

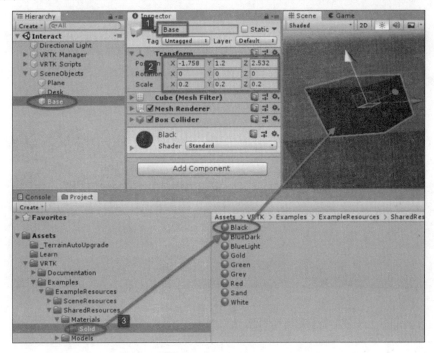

图 16-50

6. 添加触碰游戏对象

将"Base"游戏对象复制 2 个,分别命名为"Touch-1"和"Touch-2",拖动到旁边,如图 16-51 所示。

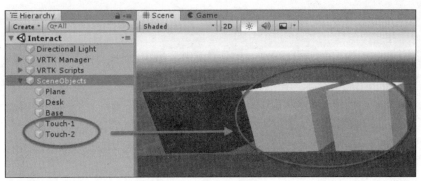

图 16-51

7. 设置触碰时整体变色

选中"Touch-1"游戏对象,依次单击菜单选项"Window→VRTK→Setup Interactable Object";在弹出的对话框中单击"Touch Highlight Color"修改颜色;取消"Is Grabbable"选项,使其不可拾取;单击"Setup selected object(s)"按钮,设置选中游戏对象。

这样,当"Touch-1"游戏对象被触碰的时候就会变成选中的颜色,如图 16-52 所示。

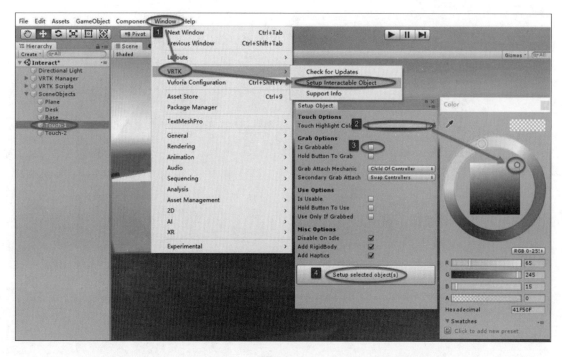

图 16-52

8. 设置触碰时高亮边框

选中"Touch-2"游戏对象，依次单击菜单选项"Window→VRTK→Setup Interactable Object"；在弹出的对话框中取消"Is Grabbable"选项，使其不可拾取；单击"Setup selected object(s)"按钮，设置选中游戏对象，如图 16-53 所示。

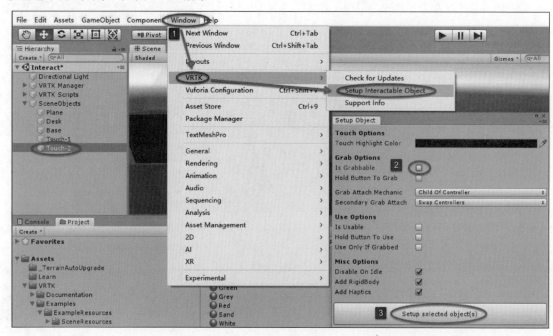

图 16-53

在弹出窗口中不修改"Touch Highlight Color"属性，则不会添加触碰变色的功能。选中"Touch-2"游戏对象，修改"VRTK_Interactable Object"组件下的"Touch Highlight Color"属性，如图16-54所示。

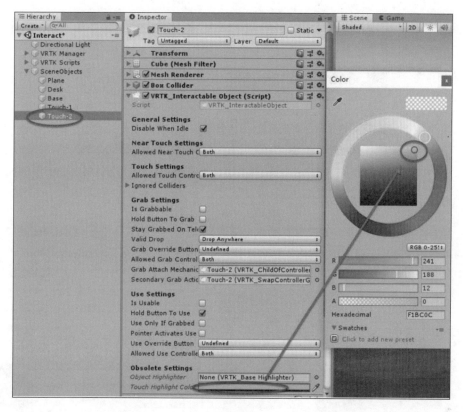

图 16-54

选中"Touch-2"游戏对象，单击"Add Component"按钮，在搜索框中输入"vrtk out"，选中"VRTK_OutlineObjectCopyHighlighter"脚本组件，如图 16-55 所示。

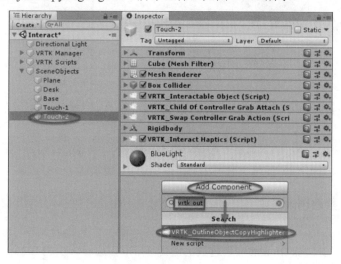

图 16-55

9. 添加拾取游戏对象

将"Base"游戏对象复制2个，分别命名为"Grab-1"和"Grab-2"，拖动到旁边，如图16-56所示。

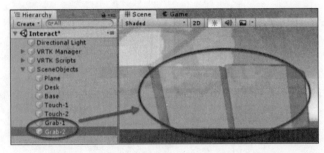

图16-56

10. 设置单击拾取游戏对象

选中"Grab-1"游戏对象，依次单击菜单选项"Window→VRTK→Setup Interactable Object"；在弹出的对话框中选中"Is Grabbable"选项，使其可拾取；单击"Setup selected object(s)"按钮，设置选中游戏对象，如图16-57所示。这样"Grab-1"游戏对象触碰以后，单击可以拾取，再次单击放下。

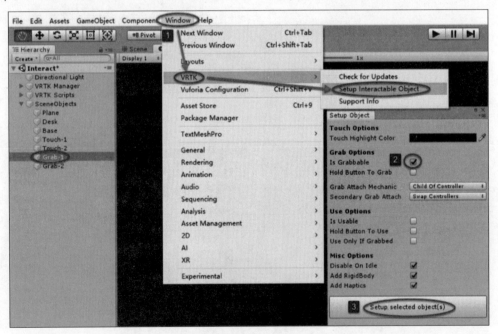

图16-57

11. 设置按住拾取游戏对象

选中"Grab-2"游戏对象，依次单击菜单选项"Window→VRTK→Setup Interactable Object"；在弹出的对话框中选中"Is Grabbable"选项，使其可拾取，选中"Hold Button To Grab"选项，使其按住才能拾取；单击"Setup selected object(s)"按钮，设置选中游戏对象，如图16-58所示。

"Grab-2"游戏对象触碰以后，按住可以拾取，松开放下。

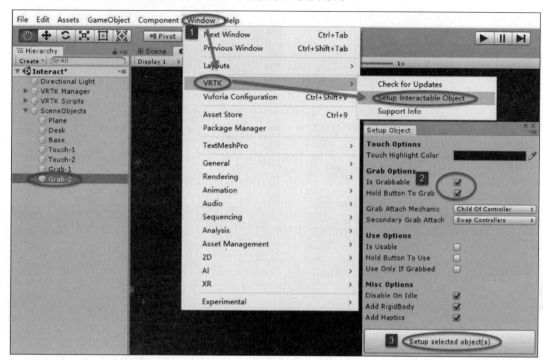

图 16-58

12. 添加使用游戏对象

将"Base"游戏对象复制 3 个，分别命名为"Use-1""Use-2"和"Use-3"，拖动到旁边，如图 16-59 所示。

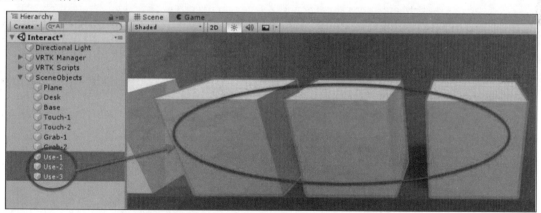

图 16-59

13. 添加使用脚本

在"Learn"目录下添加脚本"ObjectUse"，如图 16-60 所示。

选中"Use-1""Use-2"和"Use-3"游戏对象,将"ObjectUse"拖到其下成为组件,如图 16-61 所示。

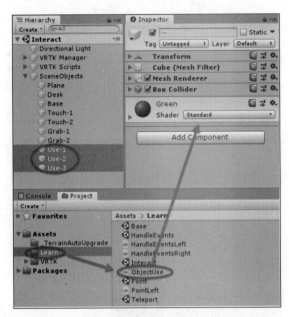

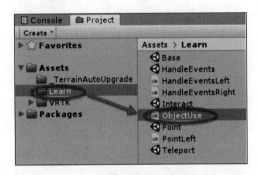

图 16-60　　　　　　　　　　　　图 16-61

脚本内容如下:

```
[RequireComponent(typeof(VRTK_InteractableObject))]
public class ObjectUse : MonoBehaviour
{
    void OnEnable()
    {
        // 激活时候注册事件响应方法
        interactableObject.InteractableObjectUsed += InteractableObjectUsed;
        interactableObject.InteractableObjectUnused += InteractableObjectUnused;
    }
    void InteractableObjectUsed(object sender, InteractableObjectEventArgs e)
    {
        Debug.Log(e.interactingObject.name + "→Used→" + transform.name);
    }
    void InteractableObjectUnused(object sender, InteractableObjectEventArgs e)
    {
        Debug.Log(e.interactingObject.name + "→Unused→" + transform.name);
    }
}
```

14. 设置单击使用游戏对象

选中"Use-1"游戏对象,依次单击菜单选项"Window→VRTK→Setup Interactable Object";在弹出的对话框中选中"Is Usable"选项,使其可被使用;单击"Setup selected object(s)"按钮,设置选中游戏对象,如图 16-62 所示。

"Use-1"游戏对象触碰以后,单击后即可使用,再次单击结束使用,能在 Console 窗口看见日志。

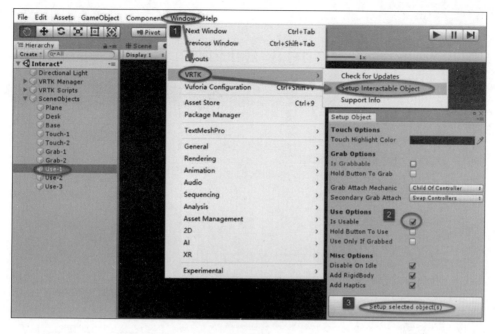

图 16-62

15. 设置按住使用游戏对象

选中"Use-1"游戏对象,依次单击菜单选项"Window→VRTK→Setup Interactable Object";在弹出的对话框中选中"Is Usable"选项,使其可被使用;选中"Hold Button To Use"选项,使其按住才能使用;单击"Setup selected object(s)"按钮,设置选中游戏对象。

"Use-2"游戏对象触碰以后,按住即可使用,松开结束使用,能在 Console 窗口看见日志。

16. 设置拾取后使用游戏对象

选中"Use-3"游戏对象,依次单击菜单选项"Window → VRTK → Setup Interactable Object";在弹出的对话框中选中"Is Usable"选项,使其可被使用;选中"Use Only If Grabbed"选项,使其拾取后才能使用;单击"Setup selected object(s)"按钮,设置选中游戏对象,如图 16-63 所示。这样,"Use-3"游戏对象触碰以后无法使用,只有在拾取后才能使用。

在 VRTK 的 Setup Object 窗口设置有时会失灵或者设错了,需要在"VRTK_Interactable Object"组件中确认或者重新设置对应属性。

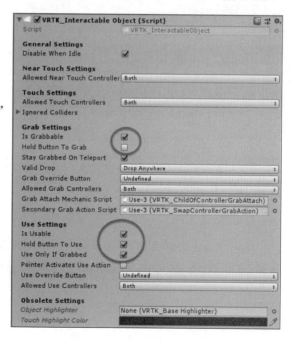

图 16-63

16.8　UI 操作

VRTK 操作 Unity UI 很容易，在手柄添加对应的组件，然后在 Canvas 中添加 VRTK_UI Canvas 组件即可，如图 16-64 所示。

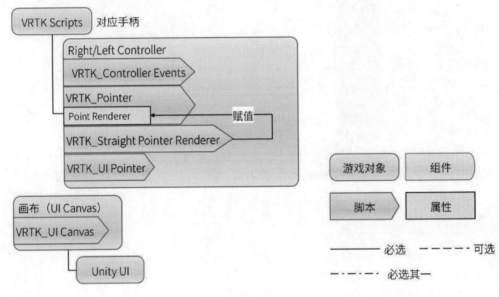

图 16-64

1．复制场景

打开"Base"场景，另存为"UI"。

2．添加 VRTK_Pointer

选中"Right Controller"游戏对象，单击"Add Component"按钮，在搜索框中输入"vrtk point"，选中"VRTK_Pointer"，添加脚本。

3．添加 VRTK_UIPointer

选中"Right Controller"游戏对象，单击"Add Component"按钮，在搜索框中输入"vrtk point"，选中"VRTK_UIPointer"，添加脚本。

4．添加指示线

选中"Right Controller"游戏对象，单击"Add Component"按钮，在搜索框中输入"vrtk render"，选中"VRTK_StraightPointerRenderer"，添加直线。

选中"Right Controller"游戏对象，将"VRTK_Straight Pointer Renderer"组件拖到"Pointer Renderer"属性中为该属性赋值。

5. 添加 UI 按钮

依次单击菜单选项"GameObject→UI→Button",添加按钮,如图 16-65 所示。

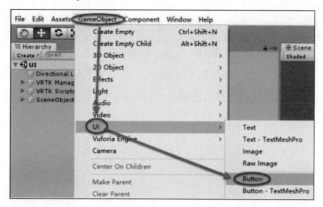

图 16-65

6. 设置画布和按钮

选择"Canvas"游戏对象,修改"Render Model"为 World Space,即世界模式;修改画布大小和位置;单击"Add Component"按钮,在搜索框中输入"vrtk ui",选中"VRTK_UICanvas"脚本组件,如图 16-66 所示。

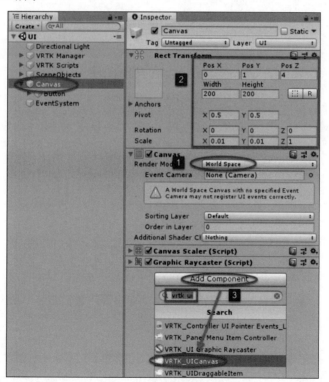

图 16-66

设置按钮大小,使其容易单击。这样,Unity UI 就可以接受射线指示后的单击操作了。

第 17 章 Unity 访问 API

17.1 UnityWebRequest 简介

Unity 是基于 C#的，所以可以使用 TCP、Socket 等方式和服务器进行交互。Unity 还专门提供了一个叫 UnityWebRequest 的类，用于请求 HTTP 和处理 HTTP 响应。

UnityWebRequest 通常用来获取服务器端的资源（Assets），在交互不频繁实时性要求不强的情况下，也可以用作和服务器端的数据交互。例如，手游 Fate/Grand Order 就是使用 UnityWebRequest 和服务器进行交互的。对于服务器端，需要支持跨域访问及移动端访问。

UnityWebRequest 下有两个重要的对象，downloadHandler 和 uploadHandler 分别用于处理服务器端到客户端和客户端到服务器端的传输。

接下来以获取天气信息为例子说明 UnityWebRequest 的使用。

17.2 聚合数据的免费天气

网络上有很多提供免费或收费 API 的地方，这里随便找一个聚合数据（网址为 https://www.juhe.cn/）的免费天气做例子。

1. 注册

打开网址，单击右上角的"注册"按钮。输入用户名、密码和邮箱，也可以用手机注册。注册以后，需要实名认证，上传身份证正反面。

2. 申请数据

登录以后回到首页，单击"API"标签，再单击"免费"按钮，找到天气预报后单击"申请数据"按钮，如图 17-1 所示。在跳转的窗口中单击"立即申请"按钮即可，如图 17-2 所示。

3. 信息查看

申请通过以后，在个人中心左边菜单"数据中心"下单击"我的接口"，可以看到申请通过的内容，其中包括"AppKey"，如图 17-3 所示。单击"接口"可以看到接口详细信息。

包括 API 的调用方法说明（见图 17-4），返回参数说明（见图 17-5），以及返回的 JSON 例子，如图 17-6 所示。

第 17 章 Unity 访问 API

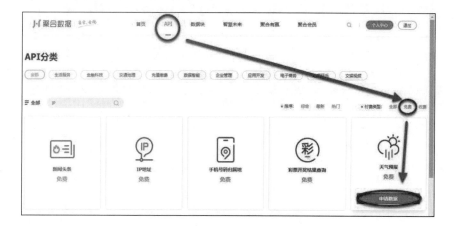

图 17-1

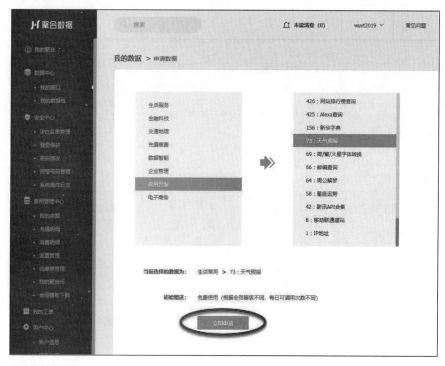

图 17-2

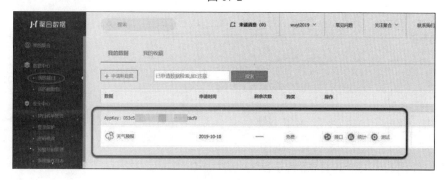

图 17-3

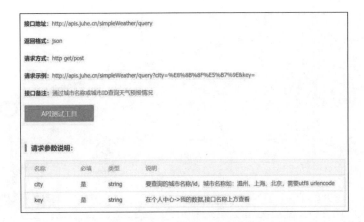

接口地址： http://apis.juhe.cn/simpleWeather/query

返回格式： json

请求方式： http get/post

请求示例： http://apis.juhe.cn/simpleWeather/query?city=%E8%8B%8F%E5%B7%9E&key=

接口备注： 通过城市名称或城市ID查询天气预报情况

API测试工具

请求参数说明：

名称	必填	类型	说明
city	是	string	要查询的城市名称/id，城市名称如：温州、上海、北京，需要utf8 urlencode
key	是	string	在个人中心->我的数据,接口名称上方查看

图 17-4

返回参数说明：

名称	类型	说明
error_code	int	返回码，0为查询成功
reason	string	返回说明
result	string	返回结果集
-	-	-
realtime	-	当前天气详情情况
info	string	天气情况，如：晴、多云
wid	string	天气标识id，可参考小接口2
temperature	string	温度，可能为空
humidity	string	湿度，可能为空
direct	string	风向，可能为空
power	string	风力，可能为空
aqi	string	空气质量指数，可能为空
-	-	-
future	-	近5天天气情况
date	string	日期
temperature	string	温度，最低温/最高温
weather	string	天气情况
direct	string	风向

图 17-5

JSON返回示例：


```
{
    "reason": "查询成功",
    "result": {
        "city": "苏州",
        "realtime": {
            "temperature": "4",
            "humidity": "82",
            "info": "阴",
            "wid": "02",
            "direct": "西北风",
            "power": "3级",
            "aqi": "80"
        },
        "future": [
            {
                "date": "2019-02-22",
                "temperature": "1/7℃",
```


图 17-6

17.3 获取天气信息

1. 新建项目

在 Unity 中新建一个项目，命名为 Senjougahara。删除项目默认的资源，新建目录“Senjougahara”，用于放置项目内容。在“Senjougahara”目录下添加“Fonts”，用于放置字体；添加“Scenes”，用于放置场景文件；添加“Scripts”，用于放置脚本文件，如图 17-7 所示。

图 17-7

将字体文件拖入“Senjougahara/Fonts”目录，如图 17-8 所示。

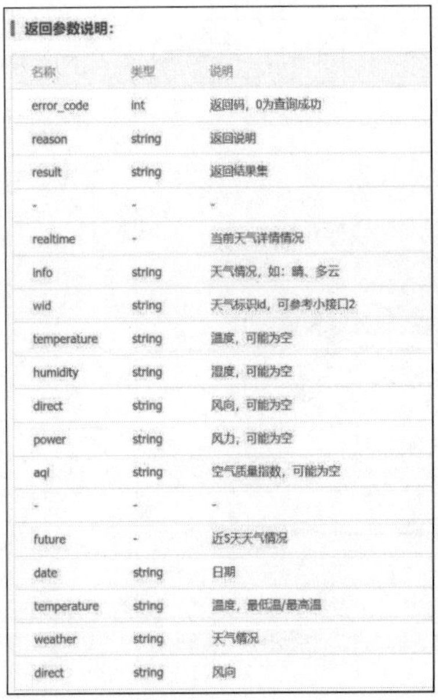

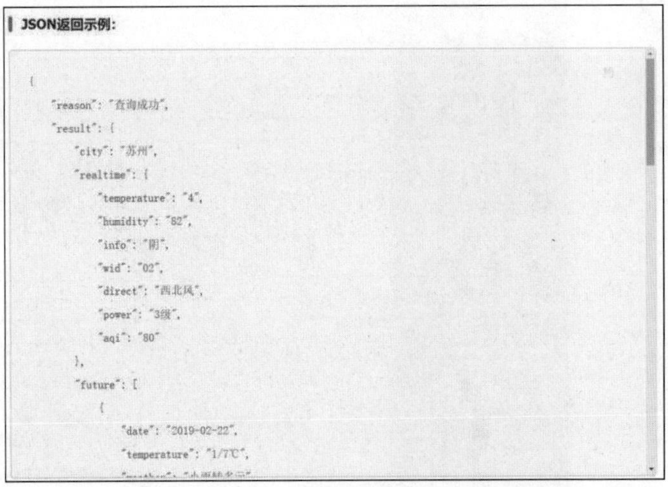

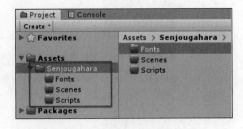

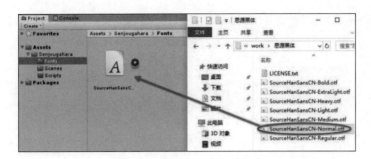

图 17-8

2. 添加并设置场景

在"Senjougahara/Scenes"目录下添加场景并命名为"Main",如图 17-9 所示。打开场景,选中"Main Camera"游戏对象,修改"Clear Flags"属性为"Solid Color",将背景设置为单独的颜色;单击"Background"属性,修改背景颜色,这里改成黑色,如图 17-10 所示。

图 17-9

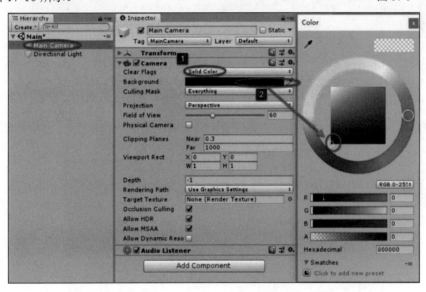

图 17-10

3. 添加并设置文本框

依次单击菜单选项"GameObject→UI→Text",添加一个文本框,如图 17-11 所示。

选中添加的文本框,设置其位置在屏幕上半部分;修改"Font"为导入的中文字体;修改"Font Size"(字体大小)属性,改大一些即可,如图 17-12 所示。

单击"Color"属性,在弹出的窗口中修改字体颜色,这里改成白色。

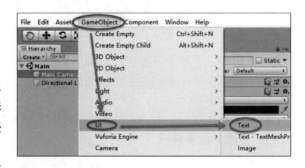

图 17-11

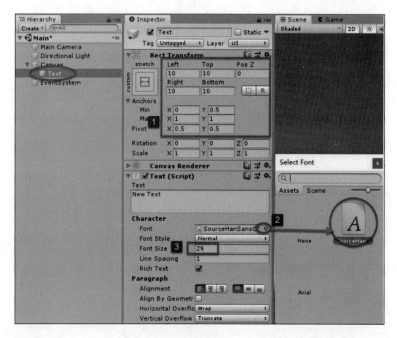

图 17-12

4. 添加并设置文本输入框

依次单击菜单选项"GameObject→UI→Input Field",添加一个输入框。

选中添加的文本输入框,设置其位置在屏幕底部左侧。选中"Input Field"游戏对象的 2 个子游戏对象,选中"Best Fit",打开自适应字体大小功能,如图 17-13 所示。

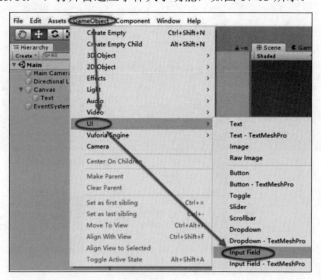

图 17-13

5. 添加并设置按钮

依次单击菜单选项"GameObject→UI→Button",添加一个按钮。选中添加的按钮,设置其位置在屏幕底部右侧。

选中"Button"游戏对象下的"Text"游戏对象,设置"Text"显示文本为"查询";单击"Font"属性,设置字体为导入字体;选中"Best Fit"选项,打开字体大小自适应功能。

6. 添加脚本

新建一个空的游戏对象,把名称修改为"GameMaster";在"Senjougahara/Scripts"目录下添加脚本"WebApiController",并将这个脚本拖到"GameMaster"游戏对象下成为后者的组件,如图 17-14 所示。

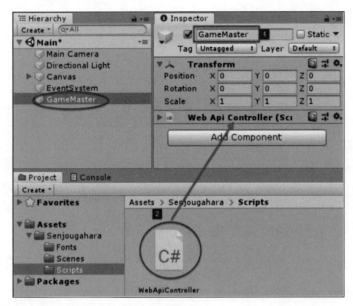

图 17-14

脚本内容如下:

```
public void Search()
{
    textJson.text = "start get...";

    StartCoroutine(GetWeather());
}
IEnumerator GetWeather()
{
    // 开始 api 访问
    using (UnityWebRequest webRequest = new UnityWebRequest())
    {
        // 网址
        webRequest.url = "http://apis.juhe.cn/simpleWeather/query?city="
        + input.text + "&key=053c5a42626e28e5ae01ea5ba5e28cf9";
        // 访问方法
        webRequest.method = UnityWebRequest.kHttpVerbGET;
        // 获取内容
        webRequest.downloadHandler = new DownloadHandlerBuffer();
```

```
            yield return webRequest.SendWebRequest();
            if (webRequest.isNetworkError || webRequest.isHttpError)
            {
                // 报错
                textJson.text = webRequest.downloadHandler.text;
            }
            else
            {
                // 正确时显示字符串，接收到的不是UTF-8时需要转换
                textJson.text = webRequest.downloadHandler.text;
            }
        }
    }
```

脚本说明

（1）因为网络访问不是立即完成的，所以需要使用协程：

`StartCoroutine(GetWeather());`

（2）使用 Using 定义 UnityWebRequest 使用范围，使用结束自动释放资源：

`using (UnityWebRequest webRequest = new UnityWebRequest())`

（3）当返回的是文本时，可以使用 downloadHandler.text 直接获取；如果是其他类型，可以使用 downloadHandler.data 获取以后再转换。

`textJson.text = webRequest.downloadHandler.text;`

7．设置脚本

选中"GameMaster"游戏对象，将"Text"游戏对象拖到"Text Json"属性中为该属性赋值，将"InputField"游戏对象拖到"Input"属性中为该属性赋值，如图17-15所示。

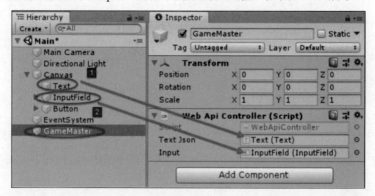

图 17-15

选中"Button"游戏对象，单击"On Click"标签的"+"按钮，添加响应事件；将"GameMaster"游戏对象拖到标签中；设置响应单击事件的方法为"WebApiController"脚本的"Search"方法，如图17-16所示。

在文本框中输入城市名称，单击"查询"按钮以后，可以看到返回的 JSON 字符串，如图 17-17 所示。如果需要在 Windows 以外的设备上使用，最好发布测试一下。有些 API 设置了不允许移动设备访问的限制，在 Unity 编辑器环境下访问正常但是发布成 APP 以后将无法访问。

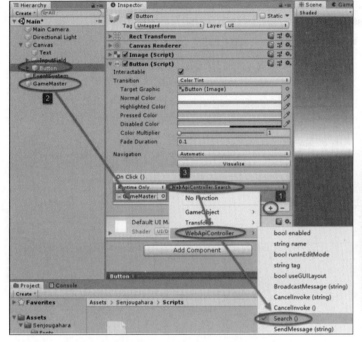

图 17-16　　　　　　　　　　　　　　　　图 17-17

17.4　JSON 的处理

JSON 字符串直接操作很麻烦，通常是转换成对象再操作。Unity 商城中有好几个相关的插件，包括免费的和付费的。JSON.NET For Unity 插件附带的 JSON.NET 虽然不是最新版的，但是一般使用足够了。

1. 下载导入 JSON.NET For Unity

打开 Unity 商城，在输入框中输入"json"，选中"免费资源"，找到 JSON.NET For Unity 插件。单击 JSON.NET For Unity 插件，在详细页面中单击"导入"按钮，如图 17-18 所示。在弹出的导入窗口中单击"Import"按钮即可。

2. 新增简单类

在"Senjougahara/Scripts"目录下新建脚本"Weather"用于存放天气相关的简单类。

3. 利用在线 JSON 编辑器添加简单类

JSON 字符串是不带格式的，看起来比较麻烦。网络上有很多在线 JSON 编辑器，可以方便地把 JSON 字符串转换成带合适的文本，方便编辑和查看，如图 17-19 所示。

图 17-18

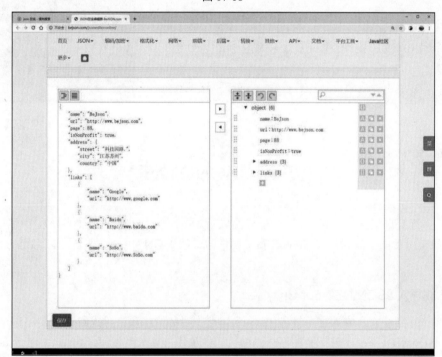

图 17-19

官方给出的示例如下：

```
{
    "reason": "查询成功",
    "result": {
        "city": "苏州",
        "realtime": {
```

```
            "temperature": "4",
            ...
        },
        "future": [
            {
                "date": "2019-02-22",
                "temperature": "1/7℃",
                "weather": "小雨转多云",
                "wid": {
                    "day": "07",
                    "night": "01"
                },
                "direct": "北风转西北风"
            },
            ...
        ]
    },
    "error_code": 0
}
```

（1）复制 JSON 字符串

在搜索引擎中搜索"json 在线"，找到一款 JSON 在线编辑器，将官方给出的 JSON 返回示例中的文本复制到在线编辑器中。之后，根据 JSON 字符串从最底层开始添加简单类，如图 17-20 所示。

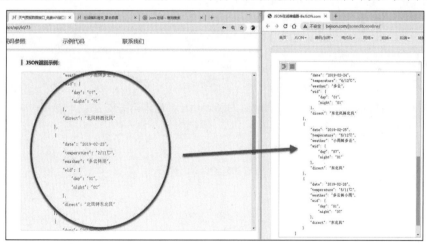

图 17-20

（2）添加 Wid 类

wid 属性，在脚本中添加以下内容：

```
public class Wid
{
    public string day { get; set; }
    public string night { get; set; }
}
```

（3）添加 Future 类

future 属性，在脚本中添加以下内容：

```
public class Future
{
    public string date { get; set; }
    public string temperature { get; set; }
    ...
}
```

（4）添加 Realtime 类

realtime 属性，在脚本中添加以下内容：

```
public class Realtime
{
    public string temperature { get; set; }
    public string humidity { get; set; }
    ...
}
```

（5）添加 Result 类

result 属性，在脚本中添加以下内容：

```
public class Result
{
    public string city { get; set; }
    ...
}
```

（6）添加最上层的类

最上层的类名可以自己命名，这里命名为 Weather。在脚本中添加以下内容：

```
public class Weather
{
    public string reason { get; set; }
    ...
}
```

4. 添加并设置显示文本框

依次单击菜单选项"GameObject→UI→Text"，添加文本框。设置文本框位置在屏幕下方，但不遮住按钮。

选中添加的文本框，修改名称为"TextObj"；单击修改"Font"属性为导入的字体；单击"Color"属性修改字体颜色，这里修改为白色，如图 17-21 所示。

选中之前的文本框"Text"游戏对象，修改其名称为"TextJson"。

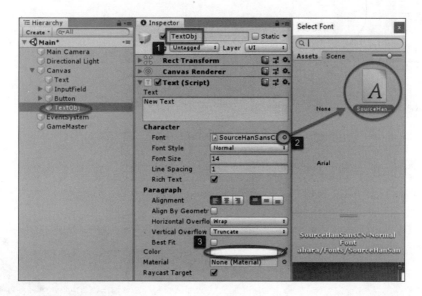

图 17-21

5. 修改"WebApiController"脚本

脚本内容如下：

```
IEnumerator GetWeather()
{
    // 开始 api 访问
    using (UnityWebRequest webRequest = new UnityWebRequest())
    {
        ...
        if (webRequest.isNetworkError || webRequest.isHttpError)
        {
            // 报错
            textJson.text = webRequest.downloadHandler.text;
            textObj.text = "";
        }
        else
        {
            ...
            // 字符串转对象
            Weather weather = JsonConvert.DeserializeObject<Weather>(webRequest.downloadHandler.text);
            // 显示结果
            textObj.text = "查询城市：" + weather.result.city
                + "；当前温度：" + weather.result.realtime.temperature
                + "℃；天气情况：" + weather.result.realtime.info + "。";
        }
    }
}
```

修改内容说明：

（1）用 JsonConver.DeserializeObject 方法即可将字符串转换成对应的类：

`Weather weather =JsonConvert.DeserializeObject<Weather>(......);`

（2）获取类以后直接操作方便很多：

`textObj.text = "查询城市: " + weather.result.city......`

6. 设置脚本

选中"GameMaster"游戏对象，将"TextObj"游戏对象拖到"Text Obj"属性中为该属性赋值，如图 17-22 所示。运行效果如图 17-23 所示。

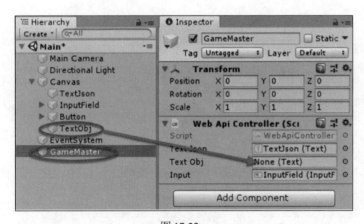

图 17-22

图 17-23

第 18 章 其他Unity3D相关的内容

18.1 单一数据存储

Unity3D 提供了简单的数据存储。通过 PlayerPrefs 类提供的方法，可以存储简单的字符串、整数和浮点。这样的存储即使在重新启动以后依然存在，如图 18-1 所示。不过，清理过系统以后，存储的数据会消失。

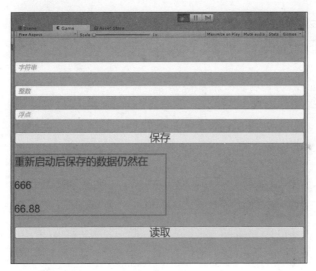

图 18-1

具体脚本内容如下：

```
        PlayerPrefs.SetString ("demoString", ifString.text);
        PlayerPrefs.SetInt ("demoInt", int.Parse (ifInt.text));
        PlayerPrefs.SetFloat ("demoFloat", float.Parse (ifFloat.text));
}

public void Load(){
    txtString.text = PlayerPrefs.GetString ("demoString");
    txtInt.text = PlayerPrefs.GetInt ("demoInt").ToString();
    txtFloat.text = PlayerPrefs.GetFloat ("demoFloat").ToString();
}
```

18.2 少量初始数据的存储

Unity 中会用到一些体量很小的数据，例如游戏的一些初始化数据仅在编辑的时候需要修改。如果用 txt 存储，读取和设置会比较麻烦；如果用数据库，则比较复杂。

可以用两种方法来处理：一种是将数据存储在预制件里；另一种是利用 ScriptableObject 将数据存储为资源。

假设有物品数据，仅 3 条。物品类，需要序列化才能在编辑器中可见。

```
[System.Serializable]
public class Item  {
    public int id;
    public string name;
    public Color color;
    public Vector3 position;
}
```

18.2.1 将数据存储在预制件里

新建一个类：

```
public class DataPerfab : MonoBehaviour {
    public Item[] items;
}
```

将其拉到游戏对象中，做成预制件，如图 18-2 所示。图中绿框里的就是数据。

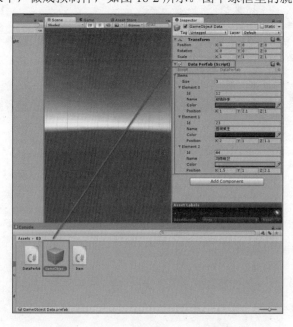

图 18-2

只要该预制件在场景中，用 FindObjectOfType<DataPerfab>().items[i]就可以读取数据。

18.2.2 利用 ScriptableObject 将数据存储为资源

（1）新建脚本 ItemSet.cs：

```
public class ItemSet : ScriptableObject {

    #if UNITY_EDITOR
    [UnityEditor.MenuItem ("Learn/Create item set")]
    public static void CreateItemSet ()
    {
        var objSet = CreateInstance<ItemSet> ();
        string savePath = UnityEditor.EditorUtility.SaveFilePanel (
            "save",
            "Assets/",
            "ItemAsset",
            "asset"
        );
        if (savePath != "") {
            savePath ="Assets/"+ savePath.Replace (Application.dataPath, "");
            UnityEditor.AssetDatabase.CreateAsset (objSet, savePath);
            UnityEditor.AssetDatabase.SaveAssets ();
        }
    }
    #endif

    public Item[] items;
```

（2）菜单中会多出一项，如图 18-3 所示。单击此项以后，会提示保存文件的地址，如图 18-4 所示。

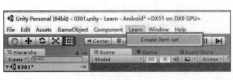

图 18-3　　　　　　　　　　　　　图 18-4

（3）保存以后会多出一个资源文件，如图 18-5 所示。单击文件以后，可以编辑数据，如图 18-6 所示。

（4）在脚本中新建一个公开属性，是资源的类型（见图 18-7），可以直接调用，如图 18-8 所示。

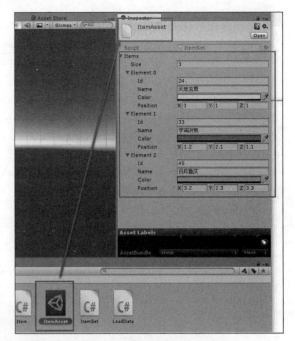

图 18-5　　　　　　　　　　　　　　图 18-6

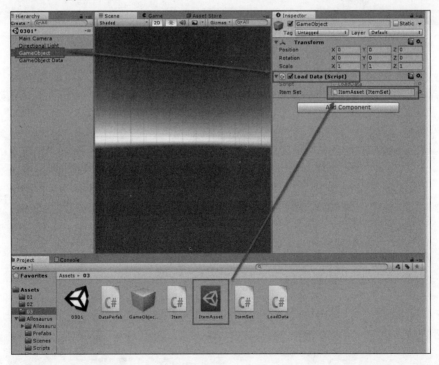

图 18-7

代码如下：

```
public ItemSet itemSet;
print (itemSet.items [i].id +  itemSet.items [i].name + itemSet.items [i].color + itemSet.items [i].position);
```

第 18 章 其他 Unity3D 相关的内容

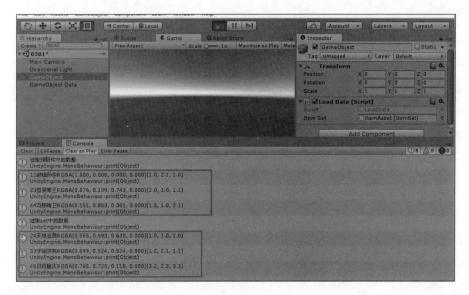

图 18-8

18.3 用 iTween 插件进行移动、缩放、旋转操作

iTween（官方网址为 http://www.pixelplacement.com/itween/index.php）是一个第三方提供的插件，可以用来对游戏对象进行移动、缩放、旋转等操作，虽然运行性能略差，但是开发起来比原生代码简单很多。

18.3.1 下载并导入插件

在商城中查找 iTween，下载并单击导入按钮，如图 18-9 所示。

iTween 插件很小，关键部分只有一个 iTween.cs 文件，如图 18-10 所示。

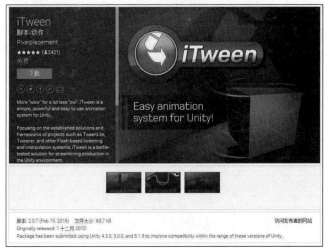

图 18-9

图 18-10

649

18.3.2 iTween 的基本调用

方法一

```
Hashtable ht = new Hashtable();

void Awake(){
    ht.Add("x",3);
    ht.Add("time",4);
    ht.Add("delay",1);
    ht.Add("onupdate","myUpdateFunction");
    ht.Add("looptype",iTween.LoopType.pingPong);
}

void Start(){
    iTween.MoveTo(gameObject,ht);
}
```

方法二

```
        iTween.MoveTo(gameObject,iTween.Hash(
            "x",3,
            "time",4,
            "delay",1,
            "onupdate","myUpdateFunction",
            "looptype",iTween.LoopType.pingPong));
```

如果编写时系统提示没有找到 iTween 类，就打开一下 iTween.cs 文件。

18.3.3 常见参数

常见参数如表 18-1 所示。

表 18-1 常见参数说明

参　　数	说　　明
target	被变化的游戏对象
islocal	是否是本地坐标，默认为否
time	动作时长
speed	动作速度
delay	开始前的停留时长
easetype	动作类型，如线性、弹跳等
looptype	循环类型：来回，不循环或者循环
onstart	动作开始时要运行的方法名称、方法所在的游戏对象及方法需要的参数
onstarttarget	
onstartparam	

(续表)

参　数	说　明
onupdate onupdatetarget onupdateparams	动作每帧要运行的方法名称、方法所在游戏对象及方法需要的参数
oncomplete oncompletetarget oncompleteparams	动作完成后要是运行的方法名称、方法所在游戏对象及方法需要的参数

18.3.4　iTween 实现移动

脚本内容如下：

```
public class iTweenMove : MonoBehaviour {

    // Use this for initialization
    void Start () {
        iTween.MoveTo (gameObject, iTween.Hash (
            "position",new Vector3(0f,0f,0f),
            "time",2f,
            "easetype",iTween.EaseType.easeInOutBounce,
            "looptype",iTween.LoopType.pingPong
        ));
    }
}
```

把脚本拖到游戏对象上即可，运行时会自动给游戏对象添加 iTween 脚本，如图 18-11 所示。

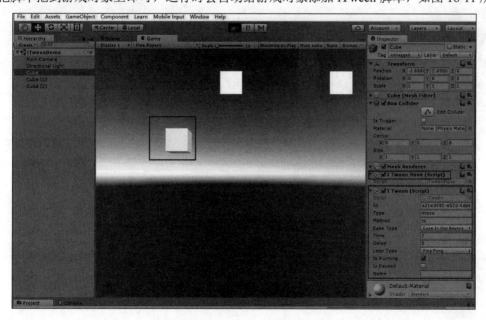

图 18-11

18.3.5　iTween 实现旋转

脚本内容如下：

```
public class iTweenRotation : MonoBehaviour {

    void Start () {
        iTween.RotateTo (gameObject, iTween.Hash (
            "rotation",new Vector3(45f,90f,30f),
            "speed",20f,
            "easetype",iTween.EaseType.linear,
            "looptype",iTween.LoopType.loop
        ));
    }
}
```

把该脚本拖到游戏对象上即可，如图 18-12 所示。

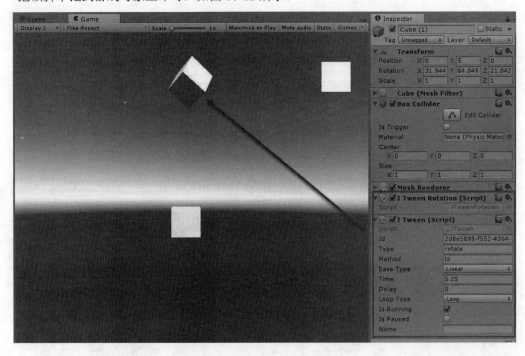

图 18-12

18.3.6　iTween 的变化值

iTween 虽然提供了很多方法，但是也会有预设里面没有的，这时可以用 ValueTo 方法。新建一个白色的 Image 的 UI，默认的 iTween 方法无法改变其颜色，如图 18-13 所示。

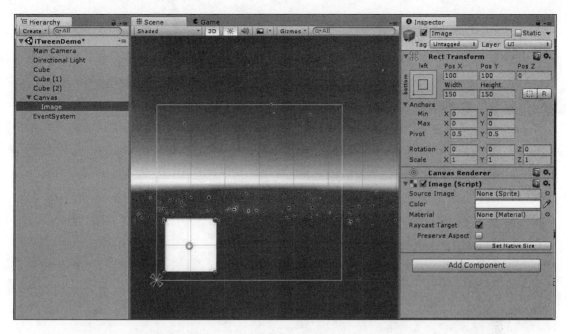

图 18-13

脚本内容如下：

```
public class iTweenValueTo : MonoBehaviour {

    private Image img;

    void Start () {
        img = GetComponent<Image> ();
        iTween.ValueTo (gameObject, iTween.Hash (
            "from",new Color(1f,1f,1f,1f),
            "to",new Color(1f,1f,1f,0f),
            "time",3f,
            "looptype",iTween.LoopType.pingPong,
            "onupdate","ColorUpdate",
            "onupdatetarget",this.gameObject
        ));
    }

    public void ColorUpdate(Color color){
        img.color = color;
    }
}
```

把脚本拖到 Image 游戏对象上即可，如图 18-14 所示。

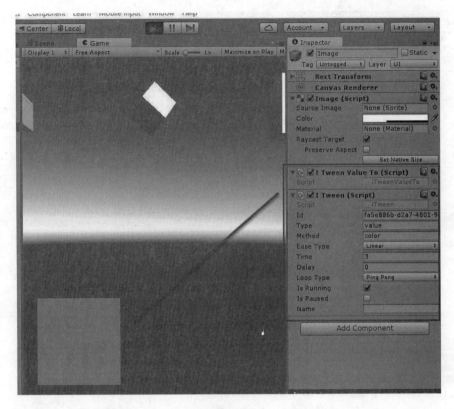

图 18-14

18.3.7　iTween Visual Editor 导入

iTween Visual Editor 是 iTween 插件的插件,可以让 iTween 变得更简单。单击"下载"按钮导入,如图 18-15 所示。注意,iTween Visual Editor 本身包含了一个 iTween 插件,如果之前导入过 iTween 插件,就不要重复导入了,如图 18-16 所示。

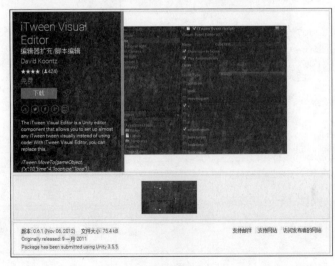

图 18-15

图 18-16

18.3.8 iTween Visual Editor 控制变化

（1）在要控制的游戏对象上添加 iTweenEvent 组件，如图 18-17 所示。

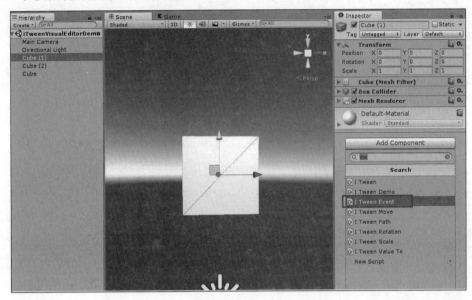

图 18-17

（2）选择要进行的变化，如图 18-18 所示。
（3）设置对应的参数，如图 18-19 所示。

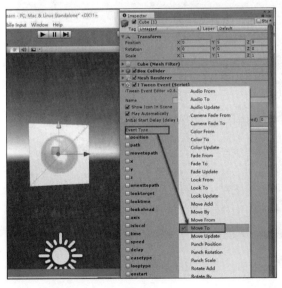

图 18-18

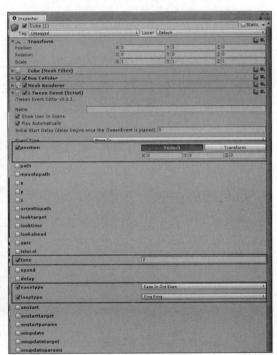

图 18-19

(4) 单击运行，如图 18-20 所示。

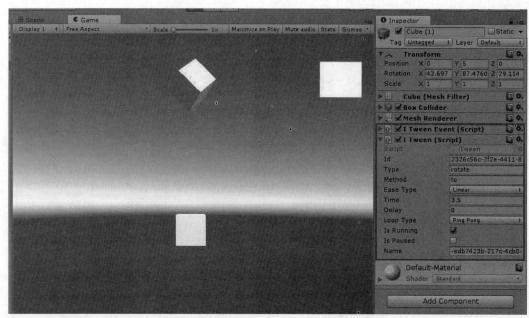

图 18-20

18.3.9 iTween Visual Editor 指定运动路径

（1）新建一个游戏对象，如图 18-21 所示。

图 18-21

（2）在其上添加 I Tween Path 组件，如图 18-22 所示。

(3) 设置路径的关键坐标点数,如图 18-23 所示。

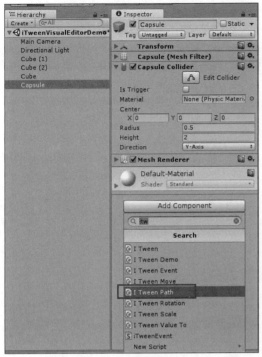

图 18-22

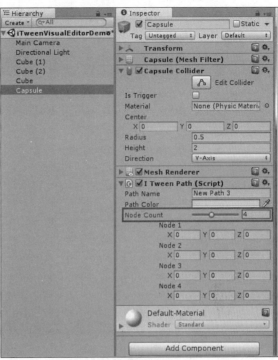

图 18-23

(4) 在 Scene 界面中可以拖动节点来指定位置,也可以直接输入,如图 18-24 所示。

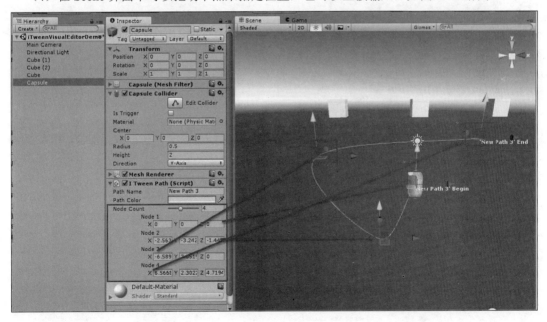

图 18-24

(5) 在游戏对象上添加 I Tween Event,类型设置为 MoveTo,路径设置为 I Tween Path 的 Path Name 属性值,如图 18-25 所示。

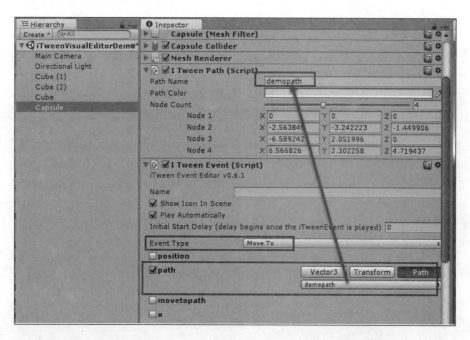

图 18-25

（6）设置好其他值，如图 18-26 所示。

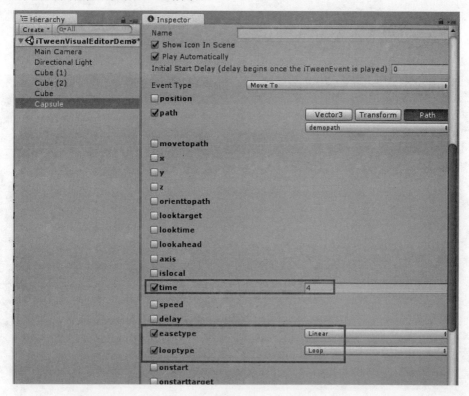

图 18-26

（7）游戏对象会按照设定路径运动，如图 18-27 所示。

第 18 章 其他 Unity3D 相关的内容

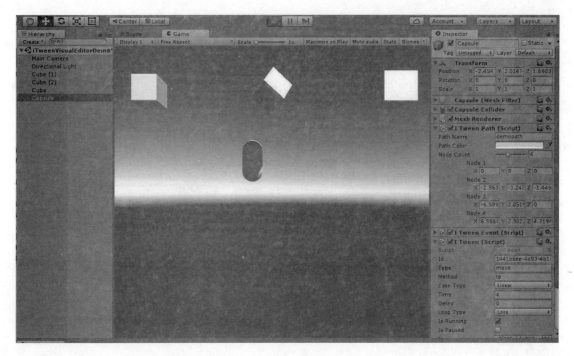

图 18-27

18.4 插件推荐

1. Lean Touch

Lean Touch 是一个免费的触控插件，常见的滑动、拖曳等功能都有，关键是免费，如图 18-28 所示。

图 18-28

2. EasyTouch

EasyTouch 是一款在移动端开发用得非常多的插件，封装了移动端常用的操作，例如滑动、放大、拖曳等。此外，还提供了虚拟摇杆等功能，如图 18-29 所示。

图 18-29

3. iTween

iTween 是一款常用的动作控制插件，可以实现游戏对象的移动、大小变化、角度旋转等功能，大大简化了开发的工作量和代码量，而且是一款免费插件，如图 18-30 所示。

图 18-30

4. Playmaker

在游戏中常用的实现 AI 的方法有两种，其中一种就是有限状态机。Playmaker 是最常用的一个有限状态机插件，提供了图形化的编辑界面，使用起来非常方便，甚至可以不用编写代码就能开发游戏，如图 18-31 所示。

5. Behavior Designer

在游戏中实现 AI 的另外一种常见方法是行为树。Behavior Designer 是一款不错的行为树插件，也提供了图形化的编辑界面，如图 18-32 所示。

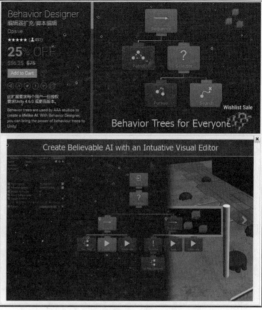

图 18-31　　　　　　　　　　　　　　　　图 18-32

6. Bolt

Bolt 是一款可视化脚本工具，可以通过鼠标拖曳等方式实现对 Unity 内容的开发。学习入门难度略大，但是比 Playmaker 能做更多、更细致的事情，如图 18-33 所示。

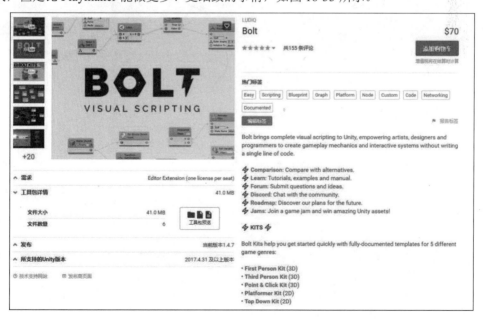

图 18-33

7. ShareSDK

ShareSDK（官方网址为 http://www.mob.com/）是国内厂商提供的一款用于分享的插件，可以将截图或文字内容分享到微信、QQ、新浪微博等一些国内的社交媒体上，使用起来还算方便，如图 18-34 所示。

图 18-34